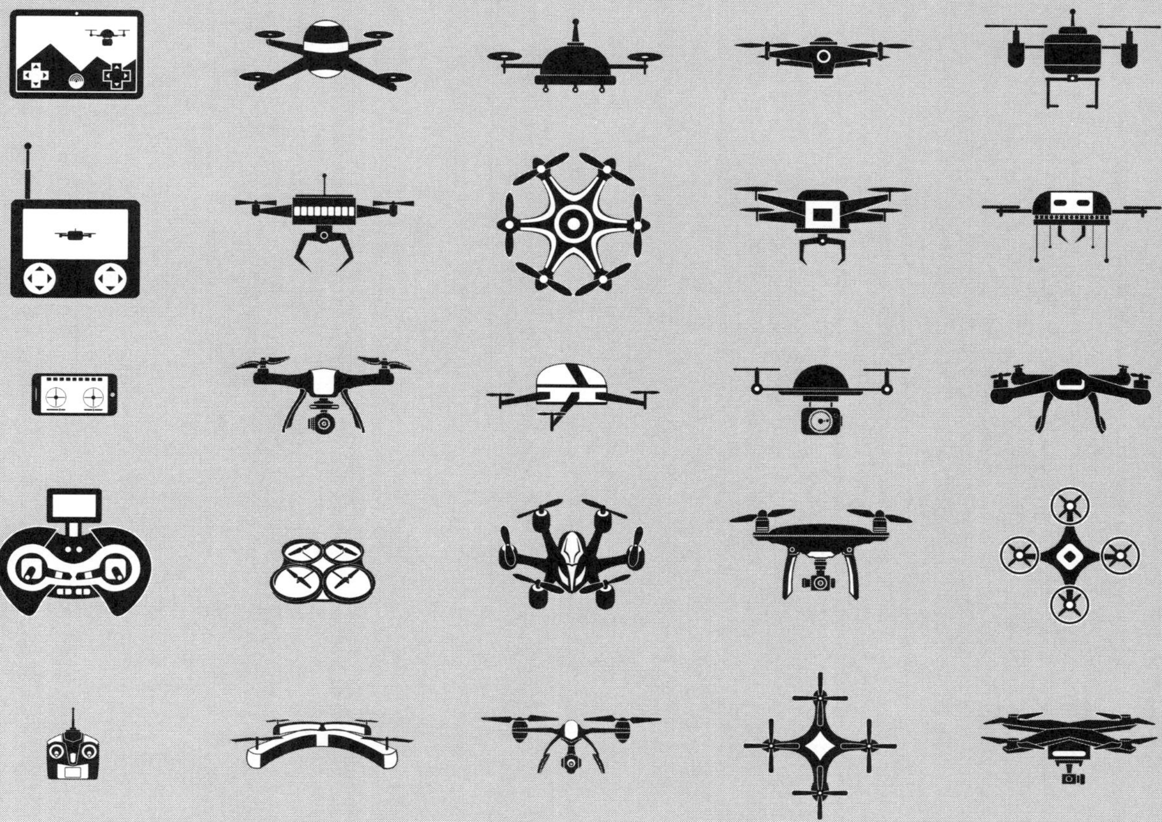

하늘의 눈
드론학

드론 이론에서
정착까지

권희춘 최준호 지음

홍릉과학출판사

PREFACE

드론은 현재 다양한 산업과 융합하며 새로운 가치 창출이 가능한 지속가능한 4차 산업의 핵심 기술이다. 드론은 불과 수년전만 하더라도 미국이 주도하는 군사용 및 공공분야에 활용되었고, 최초 군사용에서 출발하여 산업용으로 시작할 당시에는 대형 드론 위주였다. 하지만, 드론을 이용한 영상의 공중촬영, 물품 배송 외에 인터넷 통신, 농업, 환경보호, 재난재해 감시 등 다양한 분야에서 활용 시도되고 또한 신제품들이 개발되고 있다. 또한 소형드론은 민간부분에서 장난감부터 레저용으로 현재 많이 각광받고 있다.

2015년 1월 라스베가스에서 열린 세계최대 정보가전쇼(CES)에서 드론 전시관을 최초 별도 설치하고 퀄컴, AirDog 등 전세계의 16개 업체가 드론 및 관련 제품 전시하면서 2016년도 현재까지 이어서 지속적으로 드론이 다양한 분야에 더욱더 확산될 것이라는 전망이 많다.

드론의 장점인 뛰어난 이동성과 다양한 센서의 이용 가능성은 인간이 접근하기 어려운 환경에서 다양한 임무를 수행할 수 있으며, 드론의 소형화 및 제작가격의 하락으로 일반 소비 계층에게도 다양한 활용방안을 제시하고 있다. 이에 향후 드론 시장은 급속히 성장할 것으로 예상되나, 드론 상용화를 위해서는 현실적 여건을 반영한 안전성 인증, 사생활 침해, 테러 대비, 관련 법률 제도 등은 드론산업의 발전을 위한 토대가 되기에는 아직 미비한 상태이다.

이제 드론은 더 이상 군사적 용도로만 사용하지 않는다. 우리 일상생활 속에서도 드론을 쉽게 접할 수 있다. 해마다 드론 시장은 급성장하고 있고 하늘의 블루오션이라고도 불린다. 왜냐하면 이 기술은 다양한 분야에 활용할 수 있다는 장점이 있기 때문이다.

IT기술 경쟁력이 우수한 한국은 드론 산업에 대한 잠재력을 보유하고 있다고 하나, 증가하는 시장 수요에 비해 업계의 상업화 노력이 여전히 부족한 상황이다. 성장세에 있는 미국 상업용 드론시장에서 미국, 영국, 프랑스, 이스라엘 등 전통 강국과 중국이 주도하고 있는 현실을 고려할 때, 한국은 정부주도의 기업의 육성책과 전략적 투자가 그 어느 때보다 필요한 상황이다. 국내에 드론관련 민간자격증이 취득과정이 만들어져서 많은 분들이 시험에 응시를 하지만 아직 쉽게 자격을 취득하기 위한 과정과 교재가 부족한 상황이라 금번 드론 교재를 통하여 많은 분들이 쉽고 빠르게 드론에 대한 이해와 드론에 대한 이해력과 지식을 습득하여 사용하고자 하는 분야에 다양한 활동이 일어나기를 희망한다.

2020년 1월

권희춘, 최준호

CONTENTS

SECTION 1 초경량비행체 무인멀티콥터(DRONE)란?

SECTION 2 드론의 즐거움 3종

SECTION 3 드론의 기술부품 분석

SECTION 4 기술부품 사이의 접속

SECTION 5 캘리브레이션

SECTION 6 드론 기술 관련 뉴스

SECTION 7 드론 서비스 관련 뉴스

SECTION 8 항공안전법

1 SECTION

초경량비행체 무인멀티콥터 (DRONE)란?

1 개요

2 드론(Drone) 개요

3 드론산업 시장현황과 주요국가의 정책현황

4 상업용 드론활용 분야 및 사례

5 드론상용화 관련 논란점과 활성화를 위한 과제

6 드론의 비행원리

7 항공 촬영 기법

8 기본 드론 용어집

SECTION

1-1 개요

드론은 현재 다양한 산업과 융합하며 새로운 가치 창출이 가능한 지속가능한 4차 산업의 핵심 기술이다. 드론은 불과 수년전만 하더라도 미국이 주도하는 군사용 및 공공분야에 활용되었고 , 최초 군사용에서 출발하여 산업용으로 시작할 당시에는 대형 드론 위주였다. 하지만, 드론을 이용한 영상의 공중촬영, 물품 배송 외에 인터넷 통신, 농업, 환경보호, 재난재해 감시 등 다양한 분야에서 활용 시도되고 또한 신제품들이 개발되고 있다. 또한 소형드론은 민간부분에서 장난감부터 레저용으로 현재 많이 각광받고 있다.

2015년 1월 라스베가스에서 열린 세계최대 정보가전쇼(CES)에서 드론 전시관을 최초 별도 설치하고 퀄컴, AirDog 등 전세계의 16개 업체가 드론 및 관련 제품 전시하면서 2016년도 이어 지속적으로 드론이 다양한 분야에 더욱더 확산될 것이라는 전망이 많다.

드론의 장점인 뛰어난 이동성과 다양한 센서의 이용 가능성은 인간이 접근하기 어려운 환경에서 다양한 임무를 수행할 수 있으며, 드론의 소형화 및 제작 가격의 하락으로 일반 소비 계층에게도 다양한 활용방안을 제시하고 있다. 이에 향후 드론 시장은 급속히 성장할 것으로 예상되나, 드론 상용화를 위해서는 현실적 여건을 반영한 안전성 인증, 사생활 침해, 테러 대비, 관련 법률 제도 등은 드론산업의 발전을 위한 토대가 되기에는 아직 미비한 상태이다.

이제 드론은 더 이상 군사적 용도로만 사용하지 않는다. 우리 일상생활 속에서도 드론을 쉽게 접할 수 있다. 해마다 드론 시장은 급성장하고 있고 하늘의 블루오션이라고도 불린다. 왜냐하면 이 기술은 다양한 분야에 활용할 수 있다는 장점이 있기 때문이다.

IT기술 경쟁력이 우수한 한국은 드론 산업에 대한 잠재력을 보유하고 있다고 하나, 증가하는 시장 수요에 비해 업계의 상업화 노력이 여전히 부족한 상황이다. 성장세에 있는 미국 상업용 드론시장에서 미국, 영국, 프랑스, 이스라엘 등 전통 강국과 중국이 주도하고 있는 현실을 고려할 때, 한국은 정부주도의 기업의 육성책과 전략적 투자가 그 어느 때보다 필요한 상황이다. 국내에 드론 관련 민간자격증이 취득과정이 만들어져서 많은 분들이 시험에 응시를 하지만 아직 쉽게 자격을 취득하기 위한 과정과 교재가 부족한 상황이라 금번 PIA드론 조종과정을 교재개발을 통하여 많은 분들이 쉽고 빠르게 민간자격을 취득하기를 바란다.

SECTION

1-2 드론(Drone) 개요

1 드론의 개념 및 구성

조종사가 탑승하지 않고 무선전파 유도에 의해 비행 및 조종이 가능한 비행기나 헬리콥터 모양의 항공기를 총칭한다.[1] 사전적인 의미로서의 드론은 벌이 왱왱거리는 소리 또는 낮게 웡웡거리는 소리를 뜻한다.

또는 UAV(Unmanned Aerial Vehicle)이라고 통칭하기도 한다.

드론은 최초 군사적 목적[2]에 의해 개발되어 정찰, 감시, 폭격 임무를 수행하였으나 민간 시장에서 영상촬영, 농업, 물류운송 등 다양한 분야로 확대되고 있다. 1916년 'Aerial Target Project'를 진행하면서 군사용무인기 개발 시작했다. 'Aerial Target Project'는 무기를 실은 비행체가 원격으로 날아가 적을 타격한다는 원리를 기반으로 무인기를 개발하였다.

이처럼 전투 비행조종사 교육에 필요한 시간과 비용을 줄이고, 조종사 안전을

---

1) 미국국방부는 드론을 '동력을 갖추고 있지만 조종사가 탑승하지 않으며, 항공역학을 이용하여 기체의 양력을 얻고, 자율적인 비행과 원격조정이 가능하며, 폐기 또는 회수가 쉽고 살상 및 비살상장비를 탑재할 수 있는 항공기'로 정의하며, 기본적으로 날아서 이동할 수 있고, 센서와 카메라를 통해 사물을 감지할 수 있는 특징을 가진다. 국내 「항공법」에서는 연료를 제외한 자체 중량이 150kg 이하인 것은 '무인비행장치'로, 150kg을 초과하는 것은 '무인항공기'로 규정한다.

2) 드론은 냉전시대의 군사위성을 활용한 무인항공에서 시작되었다, 1960년대 소련을 정찰하던 미국의 U-2가 격추되는 사건이 발생했는데, 이 사건을 계기로 보다 효과적이고 안전한 정찰방법을 찾다가 개발된 것이 바론 드론이다. 군사용 드론으로는 1995년 코소보 태 때 처음으로 작전 투입되었던 프레데터와, 세계에서 가장 큰 인정찰기 글로벌호크, 영국이 개발한 타라니스, 중국의 공격형 무인기 리젠 등이 유명하다.

위한 부가장치가 필요 없으며, 조종석 공간을 활용하여 무기나 연료를 대신 탑재할 수 있는 장점 때문에 전세계의 공군은 오래 전부터 UAV 개발에 노력해왔다 한편 드론이란 단어가 처음 등장한 것은 1930년대다. 방산전문가 Steven Zaloga의 주장에 따르면 대공포 사격용 연습물체로 개발된 DH 82B Queen Bee에서 비슷한 단어인 드론 이란 단어가 유래되었다고 한다. 이때까지 드론은 원격 조종의 한계로 실제 전장에 참여하기 보다는 교육 및 훈련 용도로 사용되었다. 무인기의 역사는 생각보다 오래전부터 발전되어 왔는데 1회용 표적기나 무인폭탄의 용도로 쓰이다가 60년대부터 본격적인 기능이 탑재되어 발전되어 왔으며 전자통신기술의 발전에 따라 최근 급격한 발전세를 이루고 있다. 1982년 이스라엘의 레바논 침공시 처음으로 실전에 투입되었다. 90년대 이후 위성을 통한 실시간 영상획득과 GPS가 가능해짐에 따라 세계 각지의 분쟁시 미군의 무인기를 통한 작전 및 정찰이 본격화 되었고 2010년대 들어서 민간용 드론이 각 분야로의 이용범위가 확대되고 있는 추세이다.

출처 무인항공기(Drone) 기술 동향과 산업전망(한국산업기술평가관리원, 2015. 7)

	1960년대 초기무인비행체	1970년대 개량형 무인비행체	1980년대 무인기시스템	1990년대 구성능 무인기 시스템	2000년대 전략 무인기 시스템	2010년대 자율화 수준 향상 및 상업화
주요 역할	• 베트남전 전장 녹화	• 중동전 기만기, 파괴용 무인기 투입 • 중동전 전장녹화	• 저고도 및 근거리 무인 시스템 출현 • 민수용(농업용) 개발	• 걸프전 전술무인기 활약 • 민수용 무인기 (농약살포용) 실용화	• 아프간 전 요격기능 보유 무인기출현 • 민수용무인기 산업화 개발 착수 (통신중계 등)	• 광역정찰, 고도 장기체공 무인기 • 상업용 무인기 실용화 무인전투기 (UCAV)
주요 기술 트렌드	• 무인 비행체 기술 전장 녹화 등 • 초기 항공전자 기술 구현	• 생존성 증대기술 •레이더 교란기술 •아날로그 데이터 링크, 관성항법 등 •실시간 영상 전송 기술	• 실시간 정보처리 기술 • 주·야간 관측 영상	• 디지털 맵 • GPS항법 및 유도 제어기술 등 • 디지털 통신	• 장기체공/스텔스 기술 • 인공지능 이미지 인식, 정밀유도 제어기술 등 • 위성통신	• 통합 체계화 기술(합동 전술 개념 도입) •자율화 • 군집화 (Swarming)
주요 Product	• AQM-34	• Mastiff • Ryan 147 • Scout	• CL-89 • Pioneer, Searcher • R50	• CL-289, Hunter • Predator • Rmax	• Predator, Reaper • Global Hwak, Fire Scout • Smart UAV, Helios 등	• X-45, X-47 • Zephyr • Solar Eagle

△ 무인기의 시대별 발전상

세계 각국은 현재 앞 다투어 무인정찰과 폭격기, 교육용 등으로 개발중이다. 최근 가격하락, 소형화, 이동성 강화 등으로 상업적 사용이 확대되고 있으며, 의학, 기상, 과학, 예술분야 등 다양한 분야에서도 드론 도입이 확대되고 있다.

드론 체계는 운영하는 목적에 따라 다를 수 있으나 크게 필수 구성 장비, 선택 장비, 지상 지원 장비로 구분할 수 있다. 필수 구성 장비로는 드론, 지상 통제, 임무 계획, 이착륙 통제소, 지상 송수신 장비, 탑재 장비로 구성되며, 선택 장비로는 지상중계기, 공중중계기, 발사대, 회수용 그물망, 원격 영상 수신 및 감지기 조정기 등이 있다.

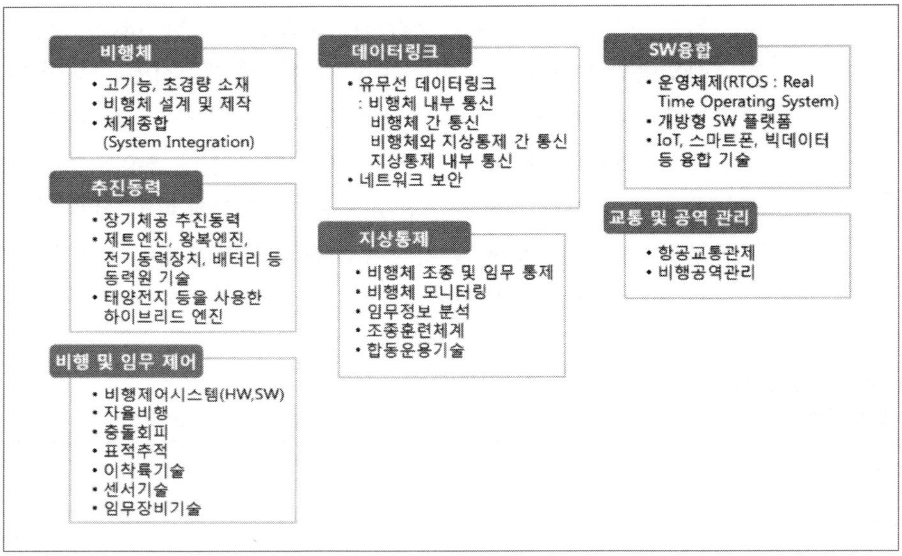

2 드론의 역사

(1) 1910년대

1차 세계대전 미국에서 최초 무인 항공기가 하늘을 날았다. 이 항공기는 전투, 정찰용으로 돋보였다. 미국과 각국은 이 항공기를 관찰하며 무인 항공기의 필요성을 인식했다. 1917년 미국에서 피터쿠퍼, 엘머 스페리는 Sperry Aerial Torpedo라는 무인항공기를 개발한다. 1918년에는 미국 GM사에서 Charles Lettering이 'Bug'라는 폭격용 무인항공기를 개발했다. 이 항공기는 자동 비행 후 목표지역에 도달하면 엔진이 꺼지며 낙하했다. 그리고 목표를 파괴했다. 하지만 성공률이 낮았기 때문에 실전에 사용할 수 없었다.

(2) 1920년대

1차 세계대전이 끝나고 드론 개발은 세계적으로 감소하기 시작했다. 미국항공서비스는 1차 세계대전 후 자신들만의 항공기를 설계, 구축하고 싶어서 항공 산업에 자문을 구했다. 그리고 1922년 Sperry Messenger가 만들어졌다. 이 항공기는 테스트 비행을 거친 후 최초의 원격조종비행기가 되었다. 하지만 그 시기는 전쟁이 끝난 후 매우 평화로운 시기여서 큰 주목을 받지 못한채 사라졌다.

(3) 1930년대

영국에서 최초 왕복 재사용 무인항공기 'Queen Bee'가 개발된다. 이 항공기는 오늘날 드론 무인표적기의 원조라고 불린다. Queen Bee는 공항 이륙을 위해 바퀴를 장착했고 바다 사용을 위해 플로츠를 장착했다. 미국도 무인표적기 개발에 착수했으며 1939년부터 2차 세계대전이 끝날 때까지 'Radioplanes'라는 무인표적기 15,000여대를 생산한다.

(4) 1940년대

제 2차 세계대전 당시 히틀러는 전투용 무인항공기 V-1(Vergeltungswaffe-1)을 실전 투입한다. V-1 무인항공기는 2000 파운드의 탄두 운반이 한 번만에 가능했고 폭탄 투하 전 150 마일을 미리 비행할 수 있었다. V-1은 1944년 영국에 처음 투입됐다. 영국 도시 900여명이 V-1에 의해 사망했다. 그리고 약 35,000명의 시민이 V-1에 의해 부상을 당했다.

미국은 V-1에 대응하고자 PB4Y-1과 BQ-7를 개발했다. 이 무인항공기는 2000피트를 날고 있는 비행기에 탑승해 독일군의 V-1 경로를 설정하는 임무를 맡은 승무원을 태우고 이륙했다. 승무원들은 착륙해 있는 V-1이 회수되기 전 재빨리 V-1을 제압했고 그 결과는 성공이었다.

△ PB4Y-1

△ BQ-7

(5) 1950년~1960년대

이전까지 전투용이었던 무인항공기를 베트남전부터 '감시목적'으로 이용했다. 1950년부터 60년대 미국은 Firebee라는 제트추진 무인기를 개발했다. 이 무인기는 감시 목적으로 베트남에서 이용을 시작했고 감시 무인기의 최초가 되었다. 1960년대 미 공군은 최초의 스텔스 항공기 프로그램을 시작하며 정찰임무용을 전투용 무인항공기로 변경했다. 그리고 AQM-34 Ryan Firebee라는 무인항공기를 개발했다.

이 무인항공기는 비밀 모니터링이 가능했다. 그리고 1964년부터 1975년까지 약 1000대 이상의 무인항공기가 감시임무를 시작했다. 이는 일본, 한국, 북 베트남과 중국 전역의 대공 미사일 레이더 감지를 하기도 했다. 주간, 야간을 가리지 않고 철저히 감시했고 전단지 살포 임무도 수행했다. AQM-34 Rayn Firebee는 베트남전에 날려 보내고 83%가 다시 돌아왔다. 이는 항공기 자체가 신뢰성이 높다고 받아들여졌다.

미 공군은 다양한 성공들에 힘입어 마하 3의 속도로 90,000ft고도를 비행하는 D-21이라는 극초음속 무인기를 배치한다.

모든 프로젝트는 극비리에 이루어졌다. 그러나 1960년대 러시아 그레이 파워스의 U-2라는 대공사격기가 이 무인항공기를 격추 시켰다. 곧이어 미국은 록히드사의 초고속항공기와 스텔스를 개발하는 것에 심혈을 기울였고 1965년 록히드사의 D-21을 탄생시킨다. 이 항공기는 마하4의 속도로 역사상 가장 빨랐다. D-21은 유인 항공기 M-12에 의해 상공 방출되었고 스텔스 기능이 포함되어 레이더에 감지되지 않았다. 그리고 8000피트를 날았으며 총 3,000마일 범위를 감시하는 것이 가능했다. 하지만 베트남전이 끝나고 미국의 투자 약화로 무인항공기 개발 경쟁 주도권이 자연스럽게 이스라엘로 넘어갔다.

(6) 1970년대

1970년대는 다른 나라도 무인항공기 개발에 박차를 가한다. 1970~80년대 이스라엘 공군은 무인항공기 개발을 새롭게 개척했는데 세계 최초로 기만용 항공기와 무인항공기를 개발해 사용했다. 이스라엘 공군의 Firebee 1241은 미국 AQM-34 Ryan Firebee기술로부터 영감을 받았는데 1970년 미국 비밀리에 Firebee 12대를 구입해 기만정찰기로 발전시켰다. 이스라엘

공군은 무인항공기로 1973년 벌어진 제 4차 중동전쟁에서 큰 기여를 했고 전쟁 둘째 날 이집트 방공군의 미사일 32발도 성공적으로 피했다.
1970년 미국은 유인항공기가 격추를 당해 조종사가 사망하자 적의 미사일반경에서 벗어나는 높은 고도에서의 임무가 가능한 무인항공기 Ryan SPA 147를 개발했다. 개발임무를 맡은 라이언항공은 이 항공기를 60,000피트 상공에서 적의 라디오 메시지를 가로챌 수 있었고 사진을 찍는 임무도 수행했다. SPA 147은 300파운드 카메라를 장착하고 8시간 높은 고도에서 성공적으로 비행했다.

(7) 1980년대

1980년대 이스라엘은 새로운 무인항공기 개발에 성공했다. 1980년대 후반 미국과 각국에서 이스라엘제 무인항공기를 도입했다. 1978년 이스라엘항공사는 Scout라는 무인항공기를 개발했고 1982년 실전에 투입했다. 이 무인항공기는 피스톤 엔진이 탑재되었고 작은 레이더 신호를 발산했고 격추가 불가능했다. 또 중앙텔레비전 카메라로 실시간 모니터링 데이터 전송이 가능했다. 1982년 이 항공기가 이스라엘, 레바논, 시리아에서 일어난 베카계곡 전투에 투입돼 17개의 시리아 미사일 기지 중 15개를 파괴했다.
1989년대는 저렴하고 가벼운 무인항공기가 만들어졌는데 Pioneer는 로켓부스터엔진을 탑재해 땅, 바다위의 배 갑판에서도 이륙이 가능했다. 이 항공기는 걸프전에 533회 출격했고 모니터링 작업이 효과적이어서 이스라엘, 미국 등지에서 지금도 사용 중이다.

(8) 1990년대

이스라엘은 정찰용 무인항공기 Firebird 2001을 개발한다. 이 항공기는 글로벌 포지셔닝 시스템 기술과 지리정보시스템매핑, 속도, 주변, 움직임을 실시간 정확히 전송 가능한 특징을 가진다. 1990년대 미국도 무인항공기 개발이 활발해져 5대의 새로운 모델을 개발했다. Pathfinder는 환경조사를 위해 개발된 태양전지식의 초경량연구항공기였다. 이 항공기는 바람, 날씨 데이터를 작은 센서를 통해 수집할 수 있었고 고해상도 디지털이미지를 찍은 후 전송할 수 있었다.

RQ-1 Predator는 순수정찰용으로 개발되다가 대전차미사일을 탑재하고 지금까지 성공적인 임무를 수행하고 있다. 이 항공기는 발칸반도에서 인정받고 아프가니스탄, 중동에서도 인정받았다. RQ-4 Global Hawk는 세계 무인항공기회사 텔레다인 라이언사가 만든 무인항공기였다. 이 항공기는 어디든지 감시가 가능했다 116피트의 날개를 가졌고 65,000 상공까지 모니터링, 데이터전송이 가능했다. Helios는 대기연구 작업과 통신플랫폼역할이 가능한 무인항공기로 현재까지 개발이 진행되고 있다. 100,000피트 상공 비행과 24시간 비행 중 14시간 이상 50,000피트 위 비행을 목표로 개발 중이다.

(9) 2000년대

미군은 2000년부터 Global Hawk를 본격적으로 사용하고 있는데 이는 현존하는 최고 성능의 무인정찰기라고 평가받고 있다. 최대 20km까지 비행이 가능, 지상 30cm 물체 식별도 가능, 35시간 운용 가능, 작전반경은 무려 3000km에 이르고 첨단합성영상레이더와 전자광학, 적외선 감시 장비로 날씨에 관계없이 밤낮 정보 수집이 가능하다. 조종사의 명령으로 비상시 임무부여도 가능하며 이륙, 비행, 착륙을 자동으로 할 수 있다.

영국은 2013년 Taranis라는 자국최초 무인항공기를 개발했다. 이는 2005년부터 개발해 2013년 비행을 마쳤는데 연구 개발이 비밀리에 이루어져 항공기에 대한 구체적 사항은 알 수 없다. 하지만 비행속도는 초음속이었으며 스텔스기능을 갖추고 있는 것으로 알려져 있다.

3 무인항공기의 분류

(1) 운용목적에 따른 분류

운용 목적에 따라 정찰용, 기만용, 공격용, 전투용, 표적용 등으로 분류할 수 있고, 특정 임무를 수행할 수 있도록 적외선 카메라, GPS, 열 움직임 감지 센서 등을 통해 지형, 지물, 사람등의 동향을 실시간으로 감시, 정찰, 정밀공격 등에 활용하는 무인항공기는 통합체계라는 의미로 UAS(Unmanned Aircraft System)라고도 불린다.

출처 드론(Drone) 부상이 산업에 미치는 영향과 시사점(KDB산업은행, 2015.6)

▽ 목적에 따른 무인항공기의 구분

구분	내용
정찰용	특정지역에 대한 실시간 감시, 정찰 및 정보수집을 수행・행동반경 및 작전운용 가능 시간에 따라 근거리 무인항공기, 단거리 무인항공기, 중거리 무인항공기, 장기체공 무인항공기로 구분
전투용	유인 전투기를 대체하여 공중 전투 및 지상 폭격 임무까지도 수행
전자전용 (EW: Electronic Warfare)	주로 전자전 임무를 수행하는 무인항공기・통신감청, 전자정보수집, 방향탐지 등의 임무를 수행
무인 전투기 (UCAV: Unmanned Combat Aerial Vehicle)	무인전투기는 공격용 무인항공기와 달리 자폭하는 것이 아니라 유도탄 등으로 무장을 하고 공대지 또는 공대공 전투 임무를 수행
통신중계용	통신용 저궤도 위성을 대체하는 고고도 장기체공 무인항기로 통신중계기의 역할을 담당

(2) 구동형태에 따른 분류

무인항공기는 구동형태에 따라 날개가 기체에 수평으로 붙어 있는 비행기 형태인 고정익(Fixed-wing), 회전축에 설치되어 그 주위에 회전 운동을 하면서 양력을 발생시키는 헬리콥터형태인 회전익(Rotary) 및 회전날개(Rotor)를 기울일 수 있도록 고정익과 회전익을 결합한혼합형으로 크게 구분된다.

▽ 무인항공기 구동형태에 다른 분류

출처 드론을 이용한 물류서비스 추진 방향(정보통신정책연구원, 2015.6)

분류	내용
고정익무인기	• 추력 및 양력발생장치가 분리되어 전진방향으로 기속을 얻으면 고정된 날개에서 양력을 발생하여 비행 • 무인기 구조가 단순하고 고속, 고효율 비행이 가능 • 적용분야 : 군용, 감시정찰
회전익 무인기	• 수직 이착륙 및 정점 체공이 요구될 경우 가장 적합 • 비행효율, 속도, 항속거리 등에 있어 고정익보다 불리 • 로터형, 덕트형, 여러개의 로터를 대칭으로 배치한 멀티로터형(드론) 등으로 구분 • 적용분야 : 항공촬영, 소방방재, 감시정찰, 디지털 맵핑
혼합형 무인기	• 틸트로터로 불리며, 수직상태에서는 헬기처럼 수직이착륙을, 수평상태에서는 고정익처럼 고속으로 비행 • 고정익 고속 순항 능력과 회전익 수직이착륙 능력을 모두 갖추어 비행능력이 뛰어나지만 복잡한 구조로 인해 조종 및 운용이 다소 복잡하고 기체 제작비가 높음 • 적용분야 : 함상 운용, 군용, 감시정찰, 통신중계

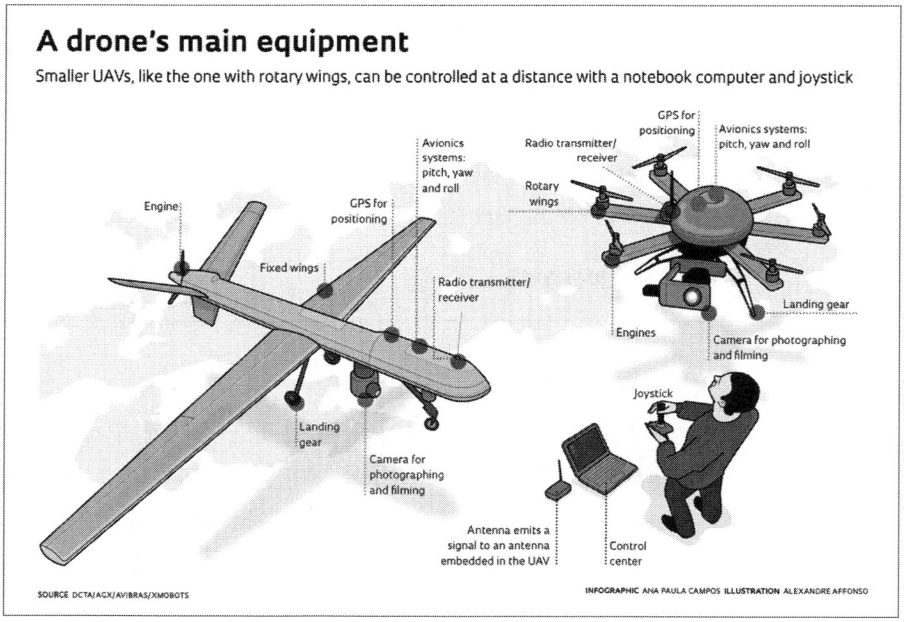

(3) 기체중량에 따른 분류

크기에 따라서 무게 25g의 초소형 드론에서부터 무게 1만 2천Kg에 40시간 이상의 체공성능을 지닌 드론까지 다양하다.

출처 고부가가치 파급효과 기대되는 드론(부산발전 연구원, 2015.6)

구분	무게 범위	내용
Small Drone	Each country 12, 20, 25, 30, 35kg or less Various criteria	• Engine displacement : 50CC or less • Applications of Recreation, Sports, Leisure • Only fly in Line of Sight • Prohibited aboard an organism
Drone	150kg or less	• Only fly into 400ft from the surface • Fly in sight of the pilot (500m) • The maximum speed is limited to 70kts • Kinetic energy should not exceed 95(KiloJoules)
Large Drone	150kg or more	• Generally, type approval is required

(4) 고도에 따른 분류

고도에 따른 구분으로는 고고도, 중고도, 저고도로 구분하며, 고고도는 10Km 이상, 중고도는 3~10Km, 저고도는 3Km 이하이다.

(5) 비행 목적에 따른 드론의 분류

출처 정성순,권기문(2016) 「원거리 드론 제어를 위한 MANET기반의 분산 제어 통신」

분류	사용 목적	운행거리 (인식거리)	비행시간 (속도)
방송	뉴스취재, 다큐멘터리제작, 영상촬영	22km (500~1200m)	23~25분 (16m/s)
		23~25분 (16m/s)	23~25분 (16m/s)
물류	택배, 배송, 구호물품지원	24km	30분 미만 (88km/h)
인터넷통신	인터넷통신지원	- (50km)	3개월
재난감시	재난예방 및 피해규모조사	22km (500~1200m)	23~25분 (16m/s)
		23~25분 (16m/s)	23~25분 (16m/s)
농업	농작물관리	4.8~13.2km 9.6~26.4km	10~24분 (8~22m/s)
여행/레저	취미생활 및 레저	17.16km	22분 (13m/s)

4 드론 구성 및 주요핵심 기술

무인기 핵심기술은 항법, 제어 및 하드웨어 설계/제작 기술을 기반으로 한다. 항법 시스템은 무인기의 위치, 속도 및 자세를 내장된 관성 센서 및 GPS등을 통해 알아내며 다양한 센서 융합 기술이 사용되는 부분이다. 제어 시스템은 무인기의 위치, 속도 및 자세를 사용자의 요구에 따라 동작할 수 있게 하는 부분으로 비행체에 따라 다르며 항법 시스템의 피드백을 통해 작동된다.

(1) 드론의 구성

▽ 드론의 구성

출처 한국드론산업협회

비행체	기체에 실리는 기체, 추진장치(연료장치) 전기장치, 항공전자장비(통신장치) 센서 및 작동기, 소재기술
비행제어	비행제어 컴퓨터, 비행제어 알고리즘
지상통제 및 지원	임무 수립 및 임무 탑재체의 조종 명령, 통제, 데이터(영상)수신 등 드론 통제 및 무인항공기의 효율적인 운영에 필요한 분석, 정비, 교육 시스템
임무 탑재체	카메라 등 영상장치, 레이더 등 탐지장치, 무장 등 임무 수행을 위한 장비
이착륙	발사대 등 발사 장비, 그물망, 낙하산 등 회수장비 등 이착륙에 필요한 장치

(2) 드론의 핵심기술

① 비행제어시스템

- 비행제어시스템은 드론의 안전한 비행과 임무 수행을 위한 비행제어 기술로서, 드론의 두뇌 역할을 함
  - 고신뢰성과 안정성을 보장할 수 있는 하드웨어 및 소프트웨어로 구성
  - 비행제어시스템의 System-On-Chip으로 소형화 및 고성능화 구현
  - 다양한 탑재장비 및 센서, 데이터링크 장비와의 인터페이스 기능 제공
- 형 드론의 비행제어장치로 미국 3DR社의 APM과 Pixhawk, 중국 DJI社의 NAZA와 A3, 중국 TAROT社의 ZYX, 미국 Openpilot社의 CC3D 등의 제품이 사용되고 있음

② **추진동력 기술**

- 추진동력 기술은 드론의 사용목적 및 환경 등에 최적화된 추진동력 체계 기술로서, 친환경·고성능·고효율 동력원 개발이 진행되고 있음
  - 드론에 특화된 소형경량 추진동력 기술
  - 고고도 장기체공(High Altitude Long Endurance, HALE)을 위한 태양전지, 수소연료 엔진 등 추진동력 기술
  - 내연기관, 태양전지, 연료전지 등을 조합한 하이브리드 동력 기술
  - 장시간 비행을 위한 고성능 배터리 기술
- 소형 드론은 리튬이온폴리머 배터리와 모터를 추진동력으로 주로 사용하며, 모터의 종류에 따라 전기속도제어기(Electronic Speed Controller, ESC)를 장착함

③ **탑재장비·센서 기술**

- 드론은 다양한 탑재장비와 센서를 통합한 집합체라 할 수 있으며, 최근 센서의 성능 향상과 가격 인하가 드론의 대중화를 이끈 요인 중 하나임
  - GPS3), INS4), ADS5) 등 항법 관련 센서의 소형경량 기술
  - 3차원 공간정보 획득 및 장애물 탐지용 소형 LADAR6) 기술
  - EO7)/IR8), 멀티스펙트럼 카메라9) 등 탑재장비 기술
- 소형 드론은 각속도를 측정하는 자이로센서(Gyroscope), 중력가속도를 측정하는 가속도 센서(Accelerometer), 방위를 측정하는 지자기센서(Magnetometer), 고도를 측정하는 기압센서(Barometer) 등의 센서를 장착함

④ **자율비행 및 충돌회피 기술**

- 자율비행 및 충돌회피 기술은 드론이 지정된 목적지까지 비행하는 동안 다른 물체를 탐지하고 회피하는 기술임
  - 3차원 지도 기반의 운행 경로에 따라 자율비행하는 기술
  - 주변 상황 인식 센서와 비행제어 소프트웨어의 장애물 충돌회피 기술
  - 유인기의 조종사 역할을 대신할 수 있는 비협조적 충돌회피10) 기술
  - 기체 고장 및 비행환경 변화에 스스로 안전하게 대처하는 기술
- 자율비행 및 충돌회피 기술은 드론 선진국에서도 아직 완성하지 못한 기술로서, 드론뿐아니라 자율주행차와 같은 무인이동체를 구현하기 위해서도 필수적인 공통 기술임

⑤ 데이터링크 기술

- 드론의 데이터링크 기술은 제어 데이터와 정보 데이터를 송수신하기 위한 무선통신 기술임
  - 비행 및 임무 제어 데이터, 임무 정보 데이터 등을 송수신하기 위한 양방향 통신 기술
  - 유효성, 신뢰성, 통합성을 보장할 수 있는 소형경량 통신시스템 기술
  - 무선주파수(Radio Frequency, RF), LTE 등 무선통신 적용 기술
- 향후 드론을 국가공역 내에서 운행할 수 있도록 데이터링크 기술의 고신뢰성 확보 방안과 표준화에 대한 연구가 진행되고 있음[3)]

3) 이성엽(2016)「드론 기술현황 및 기술경쟁력 분석」산은조사월보, 2016. 12 제733호

SECTION

1-3 드론산업 시장현황과 주요국가의 정책현황

1 전 세계 드론 시장 현황 및 전망

• 전 세계 민간 드론 시장은 2016년 26억 달러에서 2025년 109억 달러로 성장할 것으로 전망(美 Teal group)

출처 박봉원(2016.10.21), 美 Teal group; L. Geiver (2016.9.29), Exclusive Insight: Teal Group's new UAS market report, UAS magazine(재인용)

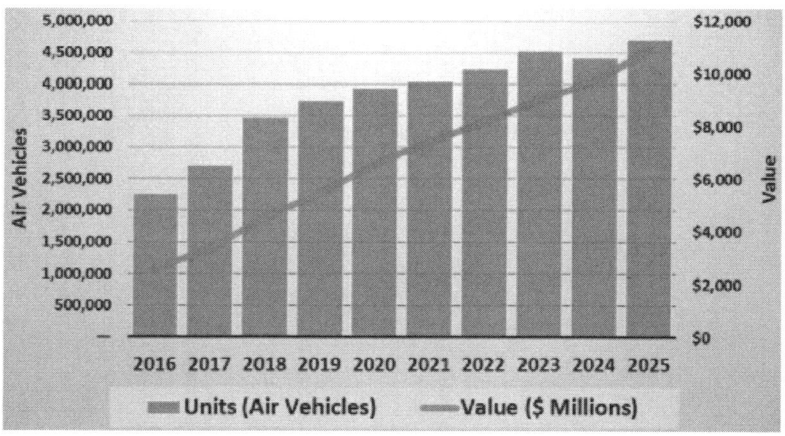

△ 세계 드론 생산량 및 생산액

• 드론 분야의 대표기업으로는 2016년 9월 기준으로, 중국의 DJI와 프랑스의 Parrot, 중국의 Xiaomi, 미국의 Hover를 꼽을 수 있음[4)]

4) 박봉원(2016) 「강원도 드론산업, 레저를 넘어 새로운 도약 시도」강원발전연구원

2 국내 드론산업 정책, 현황, 전망

(1) 국내 드론산업 정책

① 국내에서는 드론이 '초경량 비행장치' 중 무인비행장치에 해당하며, 비료, 농약살포, 산림 및 해상 측량, 사진 촬영 등과 일부 대여업에만 허용되고 있음.

② 자체중량 12~150kg인 무인비행장치는 신고를 하도록 되어 있으며, 교통안전공단에서 무인비행장치에 대한 안전성 인증검사를 정부로부터 위탁 대행하고 있음.

③ 2015 국가과학기술위원회에 따르면 2025년까지 무인자동차, 드론 등 무인시장 점유율 10%와 매출 15조원을 달성하기 위해 정부차원의 산업 육성을 본격 추진할 예정임.

- 국토교통부에서는 '무인비행장치실증시범사업'을 추진 중에 있으며, 산업통상자원부는 최근 '스마트드론 활용 기술기반 구축'을 위한 기관을 선정하였음.
- 과학기술정보통신부에서는 드론을 포함한 무인이동체 핵심기술개발을 추진하고 있음.

④ 드론산업과 관련하여 수원시는 드론산업특구를 지정해 전략산업으로 육성할 방침이고, 대구시는 최근 산업부로부터 스마트 드론관련 기술기반 구축사업에 선정되어 드론 집적 단지 조성 추진 중임.[5)]

(2) 국내 드론산업 현황

① 국내의 경우, 신고 대수가 2013년 195대에서 2016년 6월 1,344대로, 사용 사업체 수는 2013년 131개에서 2016년 6월 817개로 증가

② 국내 무인기 기술은 우수하나 제품화 시키는 전략이 미흡하고 핵심부품은 수입에 의존하고 있으며 경쟁력이 낮은 편임.

- 농업용 무인기의 80%는 일본 제품, 취미용 무인기 시장의 50% 이상은 중국제품이 차지하고 있으며, 가격은 중국, 기술력은 미국 및 유럽 등에 열위인 상태임.

---

5) 신진욱, 김대중(2015) 「전북 첨단산업의 융합허브, 드론 산업」 전북테크노파크, 2015 이슈앤테크 vol.39

③ 전통적인 기존 항공기 관련 제조업체를 중심으로 IT, 전자, 통신업체들의 융합, 완구용 비행로봇을 생산하는 업체 등에 이르기까지 다양한 사업영역에서 무인기 시장 진출 등이 이루어지고 있음.

- 보잉사, General Dynamics, Northrop Grumman, 3D 로보틱스 (이상 미국), 야마하 발동기, 히다찌(이상 일본), DJI, EHang, HuhSan (이상 중국)
- 대한항공, 한화, LG CNS, LG 유플러스, 바이로봇(완구), 성우 엔지니어링(무인헬기) 등[6)]

(3) 국내 드론 시장 전망

국내 드론(취미용 제외) 시장 규모는 2015년 약 1억달러에서 연평균 35%씩 성장하여 2020년 약 4억달러로 확대될 전망이다.

- 국내 드론 시장은 아직까지는 군수용 중심이지만, 점차 영상촬영용, 농업 방제용 등 상업적 활용 분야로 확대되고 있다.

▽ 국내 드론 시장 규모 전망

(단위 : 억달러)

구분	2015년	2016년	2017년	2018년	2019년	2020년	연평균성장률
규모	0.94	1.30	1.70	2.29	3.07	4.13	34.5%

출처 이성엽(2016) 「드론 기술현황 및 기술경쟁력 분석」 산은조사월보

3 주요국가 상업용 드론 개발지원 및 관련 정책

(1) 미국

미국은 전세계 군수용 무인항공기 시장의 60%이상을 점유중인 드론 선두국가이다. 미국은 9.11 사태이후 군수용 무인항공기 산업에 적극 투자하여, 2012년 기준 General Atomics, Northrop Grumman, Boeing 등 주요 미국 방산업체가 전세계시장의 약 60%를 차지하고 있다.

상업용 드론 시장은 아직 초기 단계로 기술적인 문제가 아닌 법규적 제약으로 시장 성장 지연되었다.

6) 신진욱, 김대중(2015) 「전북 첨단산업의 융합허브, 드론 산업」 전북테크노파크, 2015 이슈앤테크 vol.39

미국 연방항공청(FAA, Federal Aviation administration)에서 민간 무인항공기 인증 규정을 주관하여 연구담당 기관을 선정하고 기술 연구를 지원하고 있으며, 2015년까지 상업용 드론 관련 기술 연구를 수행하고 있다. 최대 이륙중량, 고도 및 속도 등 다양한 기준으로 등급을 분류한 무인항공기 인증 관련 안내서(Guidance)를 운용 중이나, 법 규정으로는 제시하지 않고있다. 미국 연방항공청에서는 상업 목적의 드론 사용을 금지하고 있으나, FAA Modernization & Reform Act of 2012에 따라 2015년 9월 이후 상업용 드론을 허용할 예정이다. 미국 연방항공청에서 2015년 2월에 면허증을 딴 조종사가 눈으로 볼 수 있는 거리에서 조종한다면 고도 500피트(152.4m) 이내에서 드론의 상업적 이용을 전면 허용한다는, 기업의 드론사업 활용에 적용할 가이드라인 발표하였다. 이에 따라 당장 택배용 드론은 도입하기 어렵지만 경작지 관리,항공 촬영, 고층 빌딩 외부 관리 등 다양한 분야에서 드론 활용이 가능해질 전망이다.

(2) 유럽

대부분의 유럽 국가들은 드론 규제를 유럽항공안전국(EASA)의 권한안에 두고 각국별 개별적 승인하는 형태이다. 스웨덴, 프랑스, 독일, 영국 등 주요 국은 드론 규제관련하여 개별적 관리 중이다. 통합적인 규제안 마련 요구에 따라, EASA는 드론의 영향 평가후 2016년까지 관련 규제를 마련할 예정이며 모든 종류의 드론을 허용할 것으로 알려지고 있다. 영국은 20kg 이하를 '작은 무인항공기'로 규정하고 최소한의 비행허가하고 있다. 독일은 유럽에서 가장 활발하게 무인항공기를 실전에 운용하는 국가로 고고도 장기 체공 정찰/감시 무인항공기 도입 추진중이다.
유럽방위청(EDA)이 군용 및 민수용 무인항공기 개발을 위해 '05~'11년까지 1억9천만 유로를 지원하는 등 무인항공기 개발을 위해 적극 투자중이다.

① 스웨덴

스웨덴회사 SAAB는 기술연구용 축소시험기로 SHARC와 FILUR를 제작해 04년 8월 자동제어 비행에 성공했다. 꼬리날개, 동체 공기흡입구 설계 등을 달리해 같은 기종의 엔진을 탑재, 자율항법과 비행능력을 동일한 수준으로 개발하는 것을 목표로 모듈화 전략을 적용했다. 스웨덴은 엔진, 동체 관련 기술과 함께 지상통제장비, 자율항법 또 전력관리, 충돌회피, 데이터링크 등의 다양한 기술을 통합, 축적하고 있다.

② **프랑스**

프랑스는 안보 외에도 정치적, 경제적 특수성을 고려해 UAV 연구개발 사업을 진행하고 있는 국가다. 프랑스를 중심으로 이탈리아, 그리스, 스위스, 스페인, 스웨덴 등 6개국이 공동 참가하는 NEURON 연구개발 사업을 추진 중이다. 이 사업은 단일 국가의 정부기관 프랑스에서 책임지고 산업체와 프로그램 컨트롤을 모두 리드한다. 2014년 프랑스에서는 개발시험을 거쳐 스웨덴에서 운영시험을 실시하고 이탈리아에서 스텔스와 실 사격 시험 등을 수행했다. 실전배치는 2030년쯤이 예상된다.

③ **독일, 스페인**

독일과 스페인은 공동으로 Barracuda를 개발하고 있다. 각국 소속 업체 합작으로 추진 중이고 제한적 수준의 스텔스 성능을 구현하고 있다.

④ **영국**

영국은 Raven을 제작했다. 이는 2015~20년 사이 UCAV 실용화를 예상하고 있다. 그 외 BAE systems의 Taranis는 가장 큰 무인항공기로 정밀유도 폭탄 탑재 능력을 가지고 있고 대륙 간 횡단 비행이 가능한 것으로 알려져 있다.

(3) 중국

중국은 군수용 및 민간용 드론 시장의 최대 성장국이다. Forecast International은 향후 무인기 제조 관련 1위 기업은 중국항공공업그룹(AVIC)으로 2023년까지 약 57.6억불 규모의 무인기 매출 예상하였다.[7)]

중국의 드론 시장은 아직 시작단계이나 2020년이면 시장 규모가 500억 위안(약8조7천억 원)에 달할 것이라는 예측(니혼게이자이(日本經濟)신문)이다. 각 성별로 드론을 차세대 성장동력으로 인식하고 지역 차원에서 드론 산업 진흥을 위해 노력중이다. 광둥(廣東)성 선전(深圳)시는 포스트 스마트폰 성장 분야로 지역 기업의 드론 개발을 지원하고 있으며, 관련 대학과 대기업의 연구기관을 유치해 스마트폰의 IT 기술과 센서 기술 전용을 통한 드론 개발 촉진중이다. 유럽 에어버스의 거점인 텐진(天津)시, 항공기 산업

7) 상업용 드론 1위업체는 중국 DJI로 기술력과 브랜드 인지도에서 가장 앞서고 있다고 평가되고 있으며, 특히 시제품을 주문하면 바로 다음날 성능 시험이 가능하다고 한다.

이 발달한 구이저우(貴州)성, 쓰촨(四川)성등도 드론 산업 성장을 위해 주력 중이다.

(4) 일본

아베노믹스 성장 전략의 하나로 로봇·드론 활용과 확산 지원하고 있다. '로봇 강국'의 명성을 이어가고 향후 신성장 산업인 로봇·드론 시장의 주도권을 확보하기 위해 도로·항공법 등 관련 5개 법 개정 및 규정 마련 검토중이다. 드론, 무인자동차 등을 실험할 수 있는 '미래 기술 특구'를 지정해 기업을 유치하고 개발 거점을 만든다는 구상을 하고 있다. 일본 정부는 노후 인프라 점검이 증가하는 가운데 전문기술자 부족 문제를 해결하고 검사의 정확도·안전성을 강화하기 위해 드론을 포함한 로봇 도입 관련 규제를 완화할 계획인데, 3월에 규제개혁을 통해 지방경제를 활성화시키기 위한 '지방창생특구(地方創生特區)'를 지정하고 드론 실증실험 추진을 허용하였다. 일본의 업무용 드론 시장규모는 '30년 1,000억 엔을 넘어설 것으로 전망이다.

출처 일본, 드론 시장 다크호스로 부상…기술개발·규제완화 가속화 (정보통신기술진흥센터 ICT Brief, 2015.7.23.)

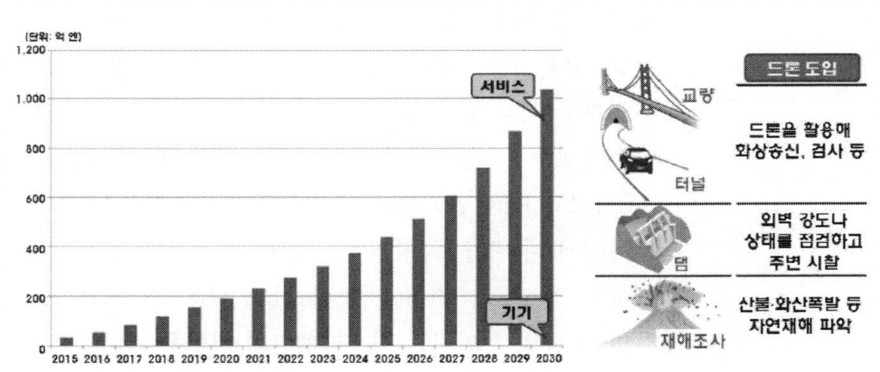

일본의 업무용 드론 시장규모 전망　　업무용 드론 활용 분야

△ 일본의 업무용 드론 시장규모 전망 및 도입 분야

'20년에는 드론 관련 법제도가 정비되고 보험서비스도 제공되면서 농업용뿐만 아니라 교량·철탑 점검, 재해 시 긴급 물자 수송 . 쇼핑 . 택배 등에서 도입을 본격화할 전망이며, '25년 이후에는 자율비행이 더욱 고도화되면서 일반 기업도 업무 효율화를 위해 드론을 도입하는 사례가 증가하고 인프라 점검·측정에 드론 사용을 일반화할 것으로 관측된다.

(5) 호주

무인항공기(드론) 관련 규정을 가장 먼저 제도화하였다.[8] 무인항공기가 유엔 국제민간항공기구 (ICAO)가 마련한 기본적인 기준을 충족한다는 사실 입증시 상업용 드론 사용가능하다. 운용고도, 무게를 기준으로 등급 분류하고 있으며, 무인항공기 형식승인을 위한 설계기준 준비중이다. 제반 운영기준 및 절차 등의 전반적인 체계는 미흡하다.

(6) 이스라엘

이스라엘은 비용대비 효과가 우수한 무인기 개발에 노력을 기울이는 편이다. 수출주도형 방산육성계획을 통해 국경을 넘나들며 무인항공기 연구개발을 진행했다. 이스라엘은 중소 규모의 국가이므로 한정된 지역을 대상으로 전술 감시와 유사시 소규모 공격이 가능한 체계개발에 주력한다는 점에서 미국과 차이점을 가진다. 따라서 고고도급보다는 중고도 이하급에서의 기술이 뛰어난 편이다. 현재 보다 저렴한 가격으로 구매국의 임무요구능력을 충족하고 있어 미국 영국 독일 등 자체 보유 기술수준이 이미 우수한 국가도 활용하고 있고 한국을 비롯한 러시아, 중국에서도 적극적으로 활용하고 있다. 최초 개발부터 수출을 염두하고 개발에 착수했으므로 이스라엘 무인항공기는 그 운영개념에 있어서도 경제성이 가장 큰 장점이다.
이스라엘은 즉흥 타격용 활용이 가능한 저렴한 Expendable UAV, Hand-launch UAV 등을 군사적으로 실용화시켜 미국이 집중하지 않았던 분야에서 우위를 차지했다. 세계적으로 그 실용성과 경제성이 입증된 Scout, Pioneer, Hunter, Searcher, Heron, Harpy, Hermes, Skylark, Skylite 등의 무인기는 이스라엘만의 기술을 기반으로 제작하고 있다. 같은 성능에도 체계 규모와 비용을 개선해 전 세계시장에서 이스라엘의 무인 항공기는 그 가치를 인정받는다. 또 국경 없는 국제공동연구개발 프로젝트를 추진해 독자적인 무인항공기 시장의 영역을 개척했다.

(7) 국내

상업용 드론 초기 단계이다. 국내는 항공법에 의거 규제되며, 무인비행장치는 비료 또는 농약 살포 등 농업지원, 사진촬영, 육상 및 해상 측량 또는

---

8) CASR Part 101 : 무인기 운용, 조종사/운영자 자격인증기준 제시

탐사, 산림 또는 공원 등의 관측 및 탐사, 조정교육으로 제한되어 법률이 적시되지 않은 사업을 위해서는 개별적인 특별허가 필요가 있다. 군사용 무인항공기는 1990년대부터 국방과학연구소 등을 주축으로 방산 관련 업체들이 개발하고 있으나 아직 상업용 드론 개발은 미미한 상태이다.'제6차 산업기술혁신계획'의 13개 대형 융합 과제중 하나로 무인항공기 시스템을 포함하였으며, 선도적 유망 신산업 발굴, R&D지원, 대중소 협업 강화 등 산업의 고도화 및 신상업생태계 창출을 위해 관련 정책 적극 추진중이다.

4 주요기업들의 상업용 드론 추진현황

상업용 드론은 농업, 물류운송, 영상촬영 등 다양한 분야에서 활용 가능성을 기대하며, 전자상거래업체, 택배회사, 배달음식 프랜차이즈, IT 기업 등 다양한 분야의 기업들이 참여하고 있다. 아마존, 구글과 같은 대형 인터넷 기업, BBC 등 방송기업, DHL 등 물류 회사, AirDroids와 같은 벤처기업 등 초기창업기업에서 대형 글로벌 기업, 제조업에서 서비스업까지 다양한 기업이 융합 사업 발굴중이다.

최근에는 DJI 등 중국업체가 저가형·초소형 드론으로 시장을 장악하고 있다. 중국 선전에 본사를 두고 있는 DJI가 기술력과 브랜드 인지도에서 가장 앞선다는 평가를 받고 있다. 설립자이자 최고경영자(CEO)인 프랭크 왕(34)이 홍콩과학기술대학 대학원생이던 2006년 창업한 DJI는 최근 3년 사이 급격한 성장을 이루었다.DJI는 작년한해 매출이 1조원을 넘었으며 전세계 73%의 상업용 드론시장을 점유하고 있다. DJI의 매출 신장을 도운 일등 공신은 2013년 1월 출시된 '팬텀'(Phantom)으로, 고화질카메라를 장착한 이 드론 제품은 누구나 쉽게 조작할 수 있어 드론의 대중화 주도하고 있다. 무게는 약 1.3kg이고 대당 가격은 1천 달러 선이다. 현재 팬텀은 다양한 드론을 생산하며 저가의 스파크 드론부터 고가의 촬영장비까지 보유한 다양한 드론을 개발중이다. 팬텀은 익스트림 스포츠의 공중 촬영이나 불꽃축제 및 나이아가라 폭포 촬영 등에 활용되면서 팬층을 확보했고 현재는 영화 제작이나 농업, 건설업 등에도 광범위하게 활용되고 있다.

SECTION

1-4 상업용 드론활용 분야 및 사례

1 물류(택배, 배송 등)

(1) 미국 아마존 드론 배송서비스

아마존은 상업용 드론 상용화에 가장 적극적인 움직임을 보여 화제가 되었다. 아마존은 2013년 8월에 드론을 이용하여 운송하는 아마존 프라임 에어(Amazon Prime Air)를 신청하였으며 2015년 이후 상용화 예정임을 밝혔다. 자체 개발한 옥토콥터(Octocopter)를 통해 상품구매 직후 30분 안에 물건을 배송하는 시스템으로 물류센터를 중심으로 반경 16km 안의 지역내에 최대 5파운드(약 2.3kg) 이하의 물건을 30분 안에 배송 해주는 것이 아마존의 계획이다. 현재 아마존은 5, 6세대 드론의 비행 테스트를 끝내고 7, 8세대에 해당되는 드론을 설계하고 있으며, 프라임에어 서비스는 소비자가 말만 하면 자동으로 주문되는 온라인 쇼핑을 위한 스마트 기기인 대시(Dash)와 연동된다. 물품 바코드 리더와 음성인식 기능을 탑재한 스마트 기기와의 연동은 온라인 쇼핑을 진화시켰다는 평가를 받고 있다.

(2) 중국 알리바바 드론 배송서비스

중국 알리바바 그룹의 B2C 쇼핑몰인 타오바오가 물류회사인 YTO 익스프레스와 제휴를 맺고 2015년 2월 드론을 통해 상품배송 테스트를 실시하였다. 알리바바 드론은 도심지인 베이징,상하이, 광저우를 중심으로, 한 시간 내의 반경에서, 450명의 생강차 구매 고객을 대상으로 3일(2월 4일~2월 6일) 동안의 택배 수송 시범 운행을 진행하였다(단, 택배 무게는 340g 미만). 미국에 비해 각종 안전문제나 규제를 공안정부가 일괄적으로 관리하는 중국의 경우에는 드론 활용 의지만 있을 경우, 아마존이나 DHL 보다 상용화가 더 빠르게 진행될 수 있을 것으로 여겨진다.

(3) 독일 DHL 드론 배송서비스

독일 DHL에서는 드론을 이용하여 의약품을 배달하였다. 유럽에서 물품 배송을 허가받고 배송서비스를 시작한 DHL은 2014년 9월 27일 DHL이 자체 개발한 파슬콥터(Parcelcopter)를 이용하여 독일 북부 노르덴시의 노르트다이흐 항구에서 12km 떨어진 북해의 위스트 섬에 의약품을 배송하는 데 성공하였다. 이 화물배송용 드론은 자동 비행 기능이 있어 사람이 무선조종을 하지 않고, 내장 컴퓨터에 입력된 비행경로를 따라 비행했으며, 섬에 착륙한 다음에는 현지 DHL 직원이 약품을 수령해 고객에게 전달하는 방식이다.

(4) 프랑스우정 드론 배송서비스

프랑스우정의 통운을 맡고 있는 특송회사인 지오포스트(GeoPost)는2014년9월부터CEEMA 센터에서드론 배송시험을 진행하였다. 특히 드론 시스템개발 기업인 Atechsys사는 2014년 12월, 자체적으로 개발된 지오드론(GeoDrone)을 이용하여 프랑스 남부지역에 1.2km 떨어진 지역으로 배송을 하는데 성공하였으며, 개발된 드론은 4kg 이하, 40cm×30cm× 20cm 이내의 물품을 배달할 수 있는 것으로 알려져 있다. 지오드론은 도서·산간 지역 등 물류 사각지대에 유용하게 설계되었으며, 자동 이륙단계에서, 착륙, 회귀 단계까지 자동화를 이루어 기술적 완성도를 높였다는 평가를 받고 있다.

(5) 도니노피자의 피자배달 드론 도미콥터

도미노피자는 2013년 영국에서 드론 '도미콥터(DomiCopter)'를 이용해 피자를 배달하는 테스트를 시도하였다. 도미노피자는 지난해 6월3일 영국 도미노피자는 드론 제조기업 에어로사이트의 옥타콥터로 피자를 배달하는 데 성공했다. 당시 도미콥터 드론은 피자2판을 들고 매장에서 6.5Km 떨어진 주문자의 집 안마당까지 10분만에 도착했다.

출처 날개달린 스마트 디바이스 : 드론(한국정보화진흥원, 2015.6) 및 드론을 이용한 물류서비스 추진 방향(정보통신정책연구원, 2015.6)

△ 아마존 프라임에어

△ DHL 파슬콥터

△ 타오바오 드론

△ 프랑스 Atechsys사의 택배드론

(6) 기타 쇼핑배송 등

일본 도쿄에 팝업스토어로 개장한 크록스 매장에서는 고객이 터치스크린 입력창을 신발의 색깔과 사이즈를 고른 후, OK버튼을 누르면 진열대 앞 이륙장에 준비된 드론이 날아올라 해당 신발을 찾아오는 서비스를 통해 이목을 끌었다.

타코 콥터(Tacocopter)는 미국 MIT 출신의 전기공학자 스타 심슨이 샌프란시스코주 베이지역에서 2012년 3월부터 옥타콥터를 활용한 타코(taco) 배달 시범서비스를 제공하고 있다. 고객이 스마트폰 앱을 통해 주문을 하면 입력된 주소 및 고객 스마트폰의 GPS 정보를 활용, 옥타콥터가 신속하게 고객 앞까지 타코를 배달해준다. 고객은 앱이 드론의 도착을 알려오면 마당으로 나가 타코를 받게 된다. 타코 콥터는 편의성을 극대화한 뒤 상용서비스에 나설 예정이다.

브리또 폭격기(Burrito Bomber)는 미국 다윈 에어로스페이스에서 타코 콥터에 맞서 브리또를 배달하는 드론을 개발, 2012년 12월 시험배달에 성공한 드론이다. 타코 콥터와의 차이는 고정익 드론을 이용한다는 것으로 고객이 앱으로 주문을 하면 고객 스마트폰의 GPS 위치정보가 자동으로 전송된다. 이후 드론이 해당 장소까지 날아가 원통에 포장된 브리또를 투하하면 원통에서 작은 낙하산이 전개돼 지면까지 천천히 하강한다.

웨이터 드론(Waiter Drone)은 영국 런던의 초밥 체인점 요! 스시(YO! Sushi)에서 사용되는 드론 웨이터이다. 아이트레이(iTray)로 명명된 쿼드콥터에 특수 제작된 쟁반과 함께 손님이 주문한 음식을 올려놓은 뒤 주방에서 식탁까지 배달하는 서비스를 제공하고 있다. 조종은 숙련된 종업원이 드론에 부착된 2대의 카메라 영상을 보며 전용 앱을 다운로드 받은 아이패드로 수행한다. 이동거리가 짧고, 사유지 내에서 운용되므로 현행법을 저촉하지 않고 상용화가 가능하다는 게 다른 드론 배달서비스와의 차별점이다.

출처 점원 대신 드론이 신발 갖다 주는 매장오픈(서울신문, 2015.3.8.) 및 드론을 이용한 물류서비스 추진 방향(정보통신정책연구원, 2015.6)

△ 크록스의 배달드론

△ 웨이터 드론

△ 브리또 폭격기

2 정보통신

(1) 구글

정보통신 분야에서 드론을 활용하는 것은 구글과 페이스북이다. 구글은 '룬(LOON) 프로젝트'를 이미 진행하고 있는데, 옥토콥터와 같이 동력을 갖춘 기존의 드론으로 하는 것이 아니라 성층권에 풍선과도 같은 열기구를 띄워 인터넷 인프라가 갖춰져 있지 않은 오지나 극지에 인터넷을 보급하고 있다. 이 열기구는 바람과 날씨의 영향을 거의 받지 않는 성층권에서 전 세계를 비행하며 무선 인터넷을 보급하고 있다.

혹자는 성층권에서 운항하는 항공기와의 접촉사고 위험은 없는지에 대해 궁금해 하고 불안해하는데, 일반적으로 항공사의 비행기들은 10~50km 높이의 성층권 구간 중 9~12km 정도의 높이에서 날아다니지만 구글의 룬 프로젝트의 열기구와 Solara50은 20km 구간에서 운행을 하고 있어 항공기와 부딪히는 등의 사고는 발생하지 않는다.

영국의 드론 업체 애센타를 인수한 페이스북은 드론과 인공위성, 레이저빔을 활용해 사막과 같은 오지에서도 인터넷을 할 수 있도록 돕는 기술을 개발하고 있다. 페이스북의 무인기는 태양광 전지를 탑재해 인터넷이 되지 않는 오지 상공에서 머물며 와이파이 공유기 역할을 한다. 페이스북은 약 11,000여대의 드론을 띄운다는 계획을 가지고 있다. 주파수 중계 장비를 탑재한 무인기만 띄워놓으면 정글, 사막 등의 오지는 물론 아프리카처럼 낙후된 지역에서도 인터넷에 손쉽게 연결하는 것이 가능하다.

(2) 페이스북

페이스북은 드론 "Aquila"를 통해 아프리카 및 남미 등의 오지에 무선인터넷을 공급할 예정이다. Aquila는 보잉 737보다 긴 날개를 장착하고 있으며 태양에너지를 이용하여 6만피트 상공을 수개월간 비행 가능하다. 인공위성을 대체하여 저렴한 가격으로 세계 네트워크 구축 가능하다. '아퀼라'(독수리)라는 이름이 붙은 이 드론은 1만8천~2만7천m 상공에 약 3개월간 떠 있도록 설계됐다. 크기는 보잉 737과 맞먹지만 소형 자동차보다 가볍다. 전력은 태양광 발전으로 얻으며 레이저를 이용해 인터넷 신호를 쏴 준다. 이런 드론들을 여러 개 띄워 서로 레이저로 통신하도록 하고, 지상에 무선으로 인터넷

신호를 쏘아 준다는 것이 이 계획의 기본 구상이다. 2015년 7월 30일 페이스북이 세계 곳곳의 오지에 인터넷 연결을 제공하려는 '인터넷닷오그'(Internet.org) 계획에 쓰일 드론(무인기)의 시험비행을 마쳤다고 밝혔다.

출처 드론(Drone) 부상이 산업에 미치는 영향과 시사점(KDB산업은행, 2015.6)

△ 구글이 인수한 타이탄 무인기

△ 페이스북의 통신용 드론(Aquila)

3 농업

(1) 일본 야마하의 'RMAX'

일본에선 야마하가 만드는 드론이 영농 분야에서 두루 쓰이고 있다. 일본 전체 농경지 중 40%에서 야마하가 만든 드론 'RMAX' 2400기를 이용해 비료와 살충제를 뿌리고 있다. 한국에도 야마하 제품 100여대가 소나무 방재나 영농작업에 쓰이고 있다. 일본 야마하는 20년 전부터 농업용 드론을 개발·판매하고 있다. 야마하는 일본 농림부의 의뢰로 1987년 세계에서 처음으로 농업용 드론인 'R-50'을 개발했다. 지난해 말까지 2400대 이상을 팔아 시장 점유율이 77%에 이른다. 지난해 기준 일본 전체 벼 재배 면적의 40%를 드론이 담당하고 있다. 신에너지산업기술종합개발기구(NEDO)는 자원에너지청의 지원을 받아 후쿠시마 제1원전 폐로에 사용할 로봇개발 지원을 위해 드론을 개발 중이다.

미국에선 소형 무인기로 작황을 살피거나, 농장에 있는 가축들의 이동 현황을 추적한다. 씨를 뿌리거나 농약을 살포하는 기계화 농업까지도 영역을 넓혀갈 것으로 관측된다.

이 외에도 농부들이 수확물을 확인하거나 농약을 뿌리는데 드론을 활용한다. 지난해 6월 미 연방정부의 승인을 받아 욜로 카운티에서는 야마하 헬리콥터 드론을 이용해 비료를 뿌렸다. 기존 항공기가 하던 역할을 드론이 대신 수행한 것이다. 이를 통해 비용을 줄일 수 있었으며, 무엇보다 안전하고 정확한 작업을 할 수 있었다.

(2) 프랑스 와인업체 샤또의 드론을 활용한 농장관리

프랑스 와인 제조업체 샤또 리쉬알드는 프랑스 항공기 제조업체 플라이앤센스와 손잡고 스캔콥터(Scancopter)라는 이름의 드론을 개발하고 있다. 이 드론에는 1만5000유로짜리 고가의 카메라가 장착될 예정이다. 샤또 리쉬알드가 소유한 브롱크스의 지역의 포도밭을 관찰하기 위해서다. 스캔콥터는 지상에서 불과 1cm 떨어진 곳에서 저공 비행을 포도나무의 줄기부터 잎까지 샅샅이 살피며 포도가 병충해 피해 없이 잘 자라고 있는지를 살필 예정이다.

출처 성큼 다가온 '드론' 상용화 시대(월스트리트저널 2014.3.13) 및 하늘 뒤덮은 '드론'... 추락시 2Kg 벽돌 날벼락(아이티투데이, 2015.1.12.)

△ 야마하가 만든 드론 'RMAX'는 농작물에 제초제와 비료를 살포하는 모습

출처 성큼 다가온 '드론' 상용화 시대(월스트리트저널 2014.3.13) 및 하늘 뒤덮은 '드론'... 추락시 2Kg 벽돌 날벼락(아이티투데이, 2015.1.12.)

△ 드론이 포도농장 관리용으로 사용되고 있는 사례

4 재난안전관리

(1) 네팔지진 구호활동

지난 4월 지진으로 인한 네팔 재난 현장에서 글로벌 기업인 구글과 페이스북은 가족, 친구들이 생존자를 확인하고 위치를 확인할 수 있도록 IT서비스를 제공하였고, 인도 및 네팔 당국은 드론을 이용해 재난 지역을 수색하는 등 재난에 인도주의적인 대응으로 기술을 활용하였다.

(2) 응급환자 수송

이스라엘의 어반 에어로노틱스(Urban Aeronautics)는 응급환자 수송용 드론 에어뮬(AirMule)을 개발하고 있으며, 미국의 매터넷(Matternet)은 도로 사정이 좋지 않은 신흥국 오지에 의약품이나 구호 물품을 전달하는 드론을 개발중이며 배송망도 구축할 계획이다. 미국 연방항공국(FAA)은 2014년 7월 영국계 석유회사 브리티시페트롤리엄(BP)과 무인항공기(드론) 제작사 아에로바이런먼트에 대해 드론의 상업적 활용을 처음으로 허가했다. BP는 이로써 알래스카 지역에서 석유 탐사 및 석유 파이프 라인 점검 등에 아에로바이런먼트 무인기 '퓨마' 모델을 활용할 수 있게 됐다.

최근에 미국의 디자인 업체인 아르고디자인은 드론 구급차 콘셉트 이미지를 제안하였다. 쿼드 콥터로 이뤄진 무인항공기로, 소형 자동차 크기의 착륙시스템을 갖춘 것이 특징이다.

출처 [what's 드론]③ '전천후 공익 요원' 효율적인 활용을(비지니스와치, 2015.5.20.) 및 신속하고 저렴하게…드론 구급차가 뜬다?(해럴드경제, 2015.3.26.)

△ 휴먼인러브와 ㈜ 드론프레스의 드론을 활용한 네팔지진 현장의 탐색과 구조작업 모습

출처 [what's 드론]③ '전천후 공익 요원' 효율적인 활용을(비지니스와치, 2015.5.20.) 및 신속하고 저렴하게…드론 구급차가 뜬다?(해럴드경제, 2015.3.26.)

△ 아르고디자인의 드론 구급차 콘셉트 이미지

(3) 드론을 활용한 산림보호활동

부산시 해운대구는 2014년 10월부터 드론을 활용한 산림보호활동을 활용하고 있다. 해운대구는 산림보호활동으로 산불감시, 산사태 우려지역 촬영, 산림병해충 예방 등에 효과적으로 대응하고자 도입하였다.

구청직원이 소형카메라를 장착한 드론을 조정하며, 드론이 찍은 영상을 실시간으로 스마트폰으로 볼 수있고, 영상을 구청 CCTV 관제센터로 전송해 감시할 수 있다. 이 드론은 무선 주파수를 이용해 조종자를 중심으로 반경 2km 높이까지 상승 가능하다. 해운대구는 해수욕장 관리 및 안전사고 예방에도 활용할 계획이다.

(4) 해양 밀입국 감시용 드론

소형 드론 리모아이006은 아프가니스탄 파병부대에서 활약했다. 해병대에서 해양 감시용으로 활용해 이름을 알렸고, 경기도 평택시의 해양경찰서는 이 드론을 실전에 배치했다. 밀입국과 밀수 범죄가 자주 일어나는 경기도 남부권 해역을 감시하기 위해서다. 이 드론은 2km 높이에 올라가 최고 시속 75km로 2시간 동안 바다를 감시할 수 있다. 특히, 열 영상 감시 카메라가 장착돼 있어 야간에도 실시간 모니터링이 가능하다.

△ 경찰이 사건현장에 투입할 드론

(5) 긴급구호물품 보급용 드론

물류기업인 CJ대한통운이 도입한 드론은 3kg 정도의 화물을 탑재할 수 있고, 반경 20km 내 지역에 최대시속 60km 정도로 운송할 수 있다. 지난 5월에 성공한 드론의 시범비행에서 드론은 GPS에 입력된 주소로 자동운행을 하고, 목표지점에 의약품을 배송하였다. 최근 국민안전처와 CJ 그룹 계열사는 재난 발생시 이재민 구호를 위해 고립지역에 드론 등을 활용하여 구호품을 신속하게 지원하기로 협약을 맺었다. 최근 CJ대한통운은 독일 드론 제작업체와 합작해 들여 온'CJ스카이도어' 6대를 국가재난처와 협약을 통해 재난 발생시 긴급구조 활동에 지원하기로 하였다. 재난 발생으로 고립된 지역에 의약품 키트를 긴급물품으로 지원하고, 구급대원 파견 시점부터 재난상황 프로세스별로 필요한 각종 전문의약품 및 수액의 지원이 가능하다. 의약품 키트에는 진통제, 연고제, 소독/세정제, 응급처치용품 등이 다양하게 들어있고 매우 가벼운 중량(145g)이기 때문에 드론 탑재에 매우 적합하다.

출처 해운대해수욕장 인명구조에 드론이 뜬다.(부산일보, 2015.5.27.) 및 드론으로 재해구호물자를 맏은 주민들(연합뉴스, 2015.7.22.)

△ 부산해운대해수욕장 드론 촬영 모습

출처 해운대해수욕장 인명구조에 드론이 뜬다.(부산일보, 2015.5.27.) 및 드론으로 재해구호물자를 맏은 주민들(연합뉴스, 2015.7.22.)

△ 재해구호물자 지원훈련에서 CJ스카이도어를 활용한 민간구호물자 지원모습

5 방송영화 등의 특수 촬영

1박 2일, '꽃보다 할배' 등의 꽃보다 시리즈, 삼시세끼 등 각종 예능프로그램과 영화 등 다양한 영상제작에 드론이 사용되고 있는 모습을 손쉽게 찾아볼 수 있다. SBS의 '정글의 법칙'에서 오지의 전경을 한 눈에 조망할 수 있는 것도 헬리 캠 촬영 덕이며, TVN의 '삼시세끼'에서도 옥순봉의 풍광을 담는데 헬리캠을 동원한다. 방송용 카메라를 탑재한 드론을 활용한 촬영은 영화나 예능방송 뿐만이 아니라 스포츠 중계 분야와 다큐멘터리에서도 이미 적용 중에 있다. 미(美) 로스앤젤레스의 '파이어파이트(FireFight)'라는 영화, 영상 제작회사의 전문가들이 'Bigger than Life'라는 프로젝트를 통해 사람들이 쉽게 접근 할 수 없는 동굴의 깊은 곳에 쿼드콥터(4개의 프로펠러를 이용한 헬리콥터 형태의 드론, 8개의 프로펠러를 가지고 있는 드론은 옥토콥터라고 한다)를 보내 탐색하게 했고, 실제 신비로운 분위기의 얼음 동굴을 영상으로 담아내는 데 성공했다. 언론사에서는 드론이 새로운 이동식 카메라로 각광 받고 있다. 영국 BBC는 태국과 홍콩의 시위 현장을 드론으로 찍어 생생한 현장을 전했다. 2005년 미국 언론들은 뉴올리온스를 강타한 허리케인 소식을 전하면서 드론을 활용해 촬영한 각종 영상을 시청자들에게 전했습니다. 2007년 캘리포니아 산불, 2010년 아이티 지진, 2011년 일본 동북부 대지진, 2013년 필리핀 태풍 참사 때도 드론이 활용되기도 했다.

출처 하늘을 나는 드론, 무궁무진 커지는드론시장(한국콘텐츠진흥원, 2015.3) 및 화산 근접 촬영 영상
기존에는 포착 불가했던 장면 담았다.(해럴드pop, 2014.3.18)

△ 꽃보다 할배에서 등장 헬리켐

출처 하늘을 나는 드론, 무궁무진 커지는드론시장 (한국콘텐츠진흥원, 2015.3) 및 화산 근접 촬영 영상
기존에는 포착 불가했던 장면 담았다.(해럴드 pop, 2014.3.18)

△ 드론으로 촬영한 화산근접촬영 영상

2014년 3월에는 오세아니아 섬나라 바누아투에 위치한 활화산의 폭발 장면을 포착한 영상이 유투브에 게시되어 많은 조회수를 기록하였다. 해당 영상은 숀 오칼라한이라는 남성이 무인기 비행체 '드론'을 이용해 촬영한 것이다. 기존 헬리콥터 촬영은 화산의 위험 탓에 근접 촬영을 할 수 없었지만, 무선전파의 유도에 의해 비행하는 비행체 '드론'을 통해 생생한 화산 폭발 장면을 담을 수 있었다. 이렇듯 과거에는 접근성문제, 위험등의 문제로 촬영이 불가능했던 특수 촬영분야에도 드론을 활용해 가능해 질것으로 예상된다.

6 기타

(1) 보안

드론은 무선으로 동작하는 무인항공기다. 운영하는 방식과 설계에 따라 카메라, 센서 등이 상이하게 탑재된다. 무선통신이 가능하고 위치, 온도, 밝기 등 다양한 센서를 탑재할 수 있어 활용 범위가 넓다.

ADT캡스는 드론을 자동화해 기존의 폐쇄회로티브이(CCTV) 카메라가 닿지 않는 사각지대를 감시할 예정이다. 특히 사업장 현장 상황에 따라 사전에 설정한 시간과 비행동선으로 위험 현장이나 외곽지역 등을 순찰하는 지능형 이동 CCTV 형태로 드론을 활용할 계획이다.

특히 드론에 장착된 카메라를 통해 영상뿐만 아니라 움직임 감지, 화재 감지를 통해 이상신호를 고객 사업장의 관제실이나 ADT캡스 상황실, 그리고 고객 모바일로 전송해, 실시간 모니터링 할 수 있도록 하고, 위험 감지 시 바로 출동까지 연계할 수 있는 서비스가 가능해질 것이다.

(2) 보험회사의 드론활용

미국의 주요보험 회사들은 최근 드론시험 비행에 나서고 있다. 재해로 인한 건물붕괴, 홍수피해 등의 규모를 조사하는데 활용될 예정이다. AIG는 위험측정, 위험관리, 손실제어, 고객들의 안전등에 소형드론을 활용할 계확이며, 스페이팜은 자연재해등의 상황에서 지붕파손 등의 여부를 관찰하는데 드론을 활용할 계획이다. AIG,스페이팜,USAA 등은 현재 드론시험비행 허가를 받았거나 준비중인 단계이다.

(3) 건설현장 활용

미국 Skycatch사가 제조한 드론은 고해상도 카메라와 GPS 및 여러가지센서를 부착하여 건설부지의 3차원 지도 제작, 건설공사시 콘크리트 투입량 측정 등에 사용되고 있다.

삼성물산의 경우 2014년 6월부터 사우디아라비아 복합발전소 건설 현장에서 공사 진행정도를 파악하는데 드론을 활용하고 있으며, 쌍용건설은 부산 기장군 동부산관광단지 공사 현장에서 드론을 활용하여 7만 5766m^2 부지의 공정을 기록하고 있다.

(4) 토지측량

그리스 Papastamos는 토지측량에 드론을 활용하여 인력 축소 및 비용절감하고 있다. 과거 토지 측량을 위해서는 현장에 12명의 팀원을 투입했으나 드론 도입후 드론 1대와 2명이 측량작업 수행하고 있다.

비용적인 부분에서도 15km2 면적의 측량비도 과거에는 2만 5천유로(U$34,345)로 1~3주가 소요되었으나 드론 도입 후 3~4일만에 5,000유로 미만으로 절감하였다.

스위스의 Pix4D라는 회사는 세 개의 드론을 이용해 2000장 가량의 사진을 찍어 마터호른 산에 대한 3차원 모델을 상세하게 만들어 냈다. 매우 높은 해상도로 제작된 3차원 모델은 작은 부분까지 완벽하게 재현해냈다. 이 작업은 센스플라이의 미니 드론을 활용했다.

영국 요크셔데일스 국립공원은 이탄지대의 훼손 복구를 위해 드론을 활용 중이다. 수 킬로미터에 이르는 넓은 지역을 드론을 이용해 사진 측량을 한다. 측량 데이터는 전문 프로그램을 통해 식생과 이탄지 특성을 자동 연결하고 3D 경관모델을 생성한다.

(5) 부동산중계

부동산 중개기업인 돈텔미쇼미(DON'T TELL ME SHOW ME)는 건물 외관과 내부 사진뿐만아니라 무인 항공기로 촬영한 공중 촬영 영상을 게재하여 부동산 마케팅에 새로운 방법을 선도하고 있다.

출처 민간영역 넘어온 드론, 활용법 무한 확장(미니투데이, 2015.5.18.)

△ 돈텔미 쇼미의 드론 촬영 화면

(6) 밀렵 감시

네팔군과 파크 레인저는 시험 드론 함대(test drone fleet)를 운용 중이다. 시험 드론 기는 1인칭 시점을 지원하는 FPV 랩터(Raptor)로 카메라가 탑재된 모델이다. 이들은 미리 짜인 경로를 따라 약 25km, 최대 50분까지 비행한다. 이 드론이 하는 일은 밀렵꾼을 차단하는 역할로, 드론이 활동 중 밀렵꾼을 발견하면 지상의 군부대 등으로 해당 위성좌표를 전송한다.

(7) 항공 트래픽 제어

호주에서는 항공 트래픽을 관리해주는 이른바 '말하는 드론'이 등장했다. 6일 중국 신화통신 등에 따르면 호주 멜버른 소재 로열 멜버른 공과대학(RMIT) 연구진은 항공 트래픽을 제어해주는 드론을 개발했다.

연구진은 이 매체와의 인터뷰에서 자신들이 개발한 제품이 항공기들과 자연스러운 소통을 통해 항공 트래픽 제어에 크게 기여할 것이라고 밝혔다.

SECTION

1-5 드론상용화 관련 논란점과 활성화를 위한 과제

1 드론상용화 관련 논란점

(1) 프라이버시 침해 문제

드론에는 고성능 카메라와 적외선 센서, 안면인식 기술, 자동차번호판 판독기를 장착할 수 있기 때문에 상상 이상의 프라이버시 위험을 초래할 수 있다. 아파트 등 주거지역에 드론을 날릴 경우 주택내부를 쉽게 촬영할 수 있으므로 그로 인한 사생활침해는 곳곳에 설치된 CCTV로 인한 사생활침해와 비교할 수 없을 만큼 심각할 수 있다. 유럽에서는 이미 유명 연예인의 사생활을 찍는데 드론이 사용이 되어 논란이 되기도 하였으며, 최근에는 영국 잉글랜드 도싯지역의 스터드랜드 누드비치에 무인기가 등장하여 한바탕 소동이 일어나기도 하였다.

개인정보에 대한 침해를 최소화할 수 있는 무인기의 비행범위, 비행조건 등에 대한 심사 및 허가기준이 마련되어야 할 것이며, 무인기를 운용 및 조정하는 기관이나 사람에 대한 심사 및 교육도 필요하다.

현재까지는 드론의 안정성에 초점을 맞춰 가항 거리, 조종자에 대한 라이센스 위주로만 제도적인 장치가 마련되고 있지만, 드론이 가져올 수 있는 프라이버시 침해의 문제를 방지하기 위한 노력은 미비하다.

(2) 안정성문제

GPS기술을 비롯한 기반기술이 고도화되고 있지만, 이외의 기반기술은 아직 개발중에 있으며 기본적으로 '무인기'라는 특성으로 돌발적인 기기결함이 발생할 경우 갑작스러운 추락 상황에 대처할 방법이 없다는 안전성 문제도 있다. 지난 2월 미국 Fox TV 생방송에서 Popular Science 잡지 편집장 Dave Mosher는 드론의 안전성에 관해서 말하고 있었다. 그 때 데모를 위해 날던 드론이 갑자기 균형을 잃으면서 추락하였다. 이 사고로 인해 드론이 안전하지 않을 수 있다는 인식이 퍼지게 되었다. 경미한 사고지만 심각한 위협감을 일으키기도 한다.

한국인들이 원격조종하던 카메라 장착 드론이 지난 6월22일 이탈리아 밀라노의 두오모 성당에 부딪히는 사고도 있었으며, 7월에는 부산 해운대 해수욕장에서 인명 구조를 위해 비행 중이던 무인항공기 드론이 바다로 추락하는 사고도 있었다.

(3) 드론관련 법,제도 정비문제

현재 증가추세에 있는 무인기 비행승인 요청회수 대비 실제 촬영 및 비행은 더욱 많을 것으로 예상되나, 규제사항이현실과 맞지 않는 측면이 있으며 군당국에서는 서울지역의 비행금지구역과 제한구역에서의 단속을 실시하고 있다. 무게를 기준으로 하는 규제 기준만 적용하고 있어서 비행체의 목적이나 성능 수준이 고려되지 않는 획일적인 규제를 하고 있는 것도 문제점이다. 현행법이 무인기 및 초경량 항공기를 근거리 저고도 스포츠 목적으로 제정됐기 때문에 민간용 무인기 개발 후 공역체계 내에서의 자유로운 임무수행이 불가능하다.

커져가고 있는 소비자시장의 소형 드론급에 대한 개발과 안전성 인증, 보험, 프라이버시 침해 방지 등 종합적인 논의와 제도정비가 필요하다는 의견이 많이 제기되고 있다.

(4) 테러, 마약운반 등 범죄 이용가능성

올해 3월 영국에서는 드론을 이용해서 교도소로 마약, 스마트폰, 무기를 밀반입하려 했던 시도가 있었다. 천만다행으로 날아가던 드론이 교도소 벽에 충돌하면서 실패하였다. 유명가수 엔리케 이글레시아스는 공연 도중 다가온 드론을 잡으려다가 프로펠러에 다친 일도 있다. 또한 테러리스트가 드론에 위험물질을 넣어 배달할 수도 있고, 드론 자체가 해킹을 당할 위험성이 상존한다. 일본에선 지난 4월 세슘이든 소형 드론이 총리 관저 옥상에서 발견돼 큰 논란이 됐다. 7월10일 유투브 동영상에 총쏘는 드론영상이 게시되어 많은 이들에게 공포심을 가져다 주었다.

또한, 최근에는 드론에 대한 통신 공격을 통해 드론을 탈취하거나 이를 해킹해 테러를 일으킬 수 있다는 위험성도 함께 제기되고 있다.

2 국내 드론산업활성화 방안

국내 드론산업활성화 방안에 대하여 살펴보면 아래와 같다.

첫 번재, 상업용 드론의 국내 기술력 확보 및 시장 진출을 위한 지원 필요하다. 한국은 드론과 관련되는 HW, 통신 네트워크, 스마트 기기 등과 관련한세계 최고 수준의 기술력을 갖춰 상업용 드론 제작 분야 경쟁력 보유하고 있다. 특히, 상업용 드론 시장은 드론과 새로운 서비스의 융합으로 신시장을 창출하고 있어 혁신적이고 창조적인 기술을 가진 스타트업 기업의 역할 기대된다.

국내 관련 기업이 성장하고 새로운 스타트업들이 많이 창출되기 위해R&D, 창업지원, 법·제도 정비 등 기반 마련 중요하다. 첨단기술을 보유한 선진국과 가격적 측면에서 유리한 중국 등과의 경쟁에서 우위를 차지하기 위해 차별화된 새로운 기술 개발 및 전략 모색이 필요하다.

두 번째, 상업용 드론의 신뢰성 있는 이용 환경 마련을 위한 법·제도 정비 시급하다.

드론의 상업화와 관련 국내는 관련 법률인 항공안전법을 적용되고 있으나, 드론의 상용화 및 관련 문제 해결은 어려운 현실이다. 국제민간항공기구(ICAO)는 국가별로 다르게 적용되고 있는 무인항공기 운용 기준을 표준화하기 위한 작업을 가속화하고 있다. 이에 따라 개별 국가 차원에서도 민간용 무인항공기를 국가 항공교통체계 내에 통합하기 위한 법규를 정비해나갈 것으로 예상된다.
상업용 드론 활성화를 위해 관련 법률 제정 및 각종 항공관련 규제 정비를 위한 논의 시급하다.
현행 항공법상 12kg 이상의 무인 비행장치는 모두 건설교통부에 신고해야 하며 12kg 이하에서도 사업용 기체는 신고하도록 돼 있다. 상업 촬영은 항공청에 등록하고 국방부의 허가가 필요하나 무인기 자체의 설계 및 신뢰성, 안전성과 운항 관련 규정은 없는 실정이다. 무허가 비행이 적발될 경우 1회에 20만원, 2회 100만회, 3회 200만원의 범칙금이 부과된다. 국내 무인항공기 규제는 무인

항공기 무게에 따라서만 획일적인 기준이 적용되고 비행체의 목적 및 성능 수준이 고려되지 않은 점은 문제이다.
또한, 핵심 법규인 항공법, 시행령, 시행 규칙, 세부 운영 규칙이 서로 얽혀있거나 명확하지 않은 상태로 종합적인 정비가 필요하다는 것이 전문가들의 의견이다. 국내의 드론 관련 규정은 무인항공기 기술 개발이나 지원이 군사용 및 산업용에 초점이 맞춰져 있기 때문에 중소기업이 다양한 전략으로 혁신적인 기기를 개발하는데 있어서는 큰 도움이 되지 않는다.

세번째, 안정성 확보이다.

충돌방지시스템(Traffic Collision Avoidance System, TCAS) 등 충돌감지 및 회피시스템을 가능한 한 모든 무인기에 탑재되도록 하는 규제가 필요하다. 현재 드론 기술은 GPS 기술의 고도화에 초점이 맞춰져 있지만, 보급화되기 위해서는 GPS 정보 이외에 3D인식 기술도 필요하며, 택배 물건을 수령하는 사람이 실제 주문자 인지를 정확히 판별하기 위한 센서도 필요하다. 3D인식 기술은 도시의 건물, 지형, 도로, 골목길, 개별 주택 등의 전체를 3D 형태로 데이터베이스로 축적하고, 드론이 지정된 3D정보와 목표지점을 비교하여 도착지점을 정확하게 판단하도록 하기 위한 기술이다.

네 번째, 우선 현재 여러 부처에 흩어져 있는 드론 정책을 한곳에 모아 컨트롤타워를 만들어야 한다.

처음부터 안전과 사생활 침해에 대한 규제도 명확하게 해줘야 한다. 그래야 기업들이 시장에 뛰어들었다가 사후에 발목을 잡는 규제로 고통 받지 않을 것이다. 공항·군사 시설, 인구 밀집지엔 드론 금지 구역을 지정하더라도 다른 지역에선 드론을 자유롭게 이용할 수 있도록 길을 터줘야 한다.

다섯 번 째, 드론활성화로 인한 부작용 최소화이다.

즉 드론을 이용한 범죄(마약 밀반입, 테러 등), 무분별한 드론 촬영에 따른 사생활 침해 등 드론 상용화에 따라 발생하는 문제 해결을 위한 제도적 장치 필요하다. 프라이버시 침해, 해킹에 의한 피해 우려를 해소하기 위한 대책 마련이 중요하다.

SECTION

1-6 드론의 비행원리

드론의 비행원리를 쿼드콥터 기준으로 설명을 하도록 하겠습니다.

1 균형원리

수평 지지대와 수직 지지대의 힘이 서로 상쇄된다. 이 상태에서 4개의 모터에 동일한 회전을 가하면 양력이 생성되고, 그 양력이 중력을 이길 때 공중에 뜨게 된다.

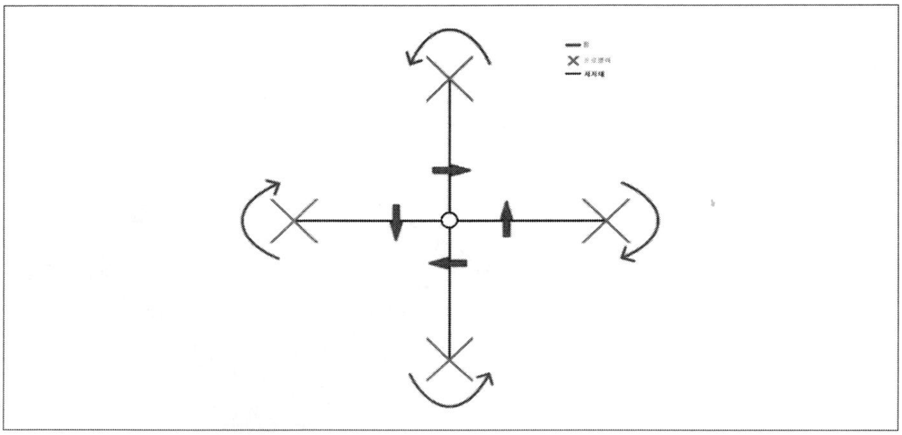

2 전진의 원리

왼쪽의 X형태의 쿼드콥터는 전진하기 위해 전방 두개의 모터에 힘을 주게 된다. 오른쪽의 +형태의 쿼드콥터는 전진하기 위해 전방 하나의 모터에 힘을 준다.

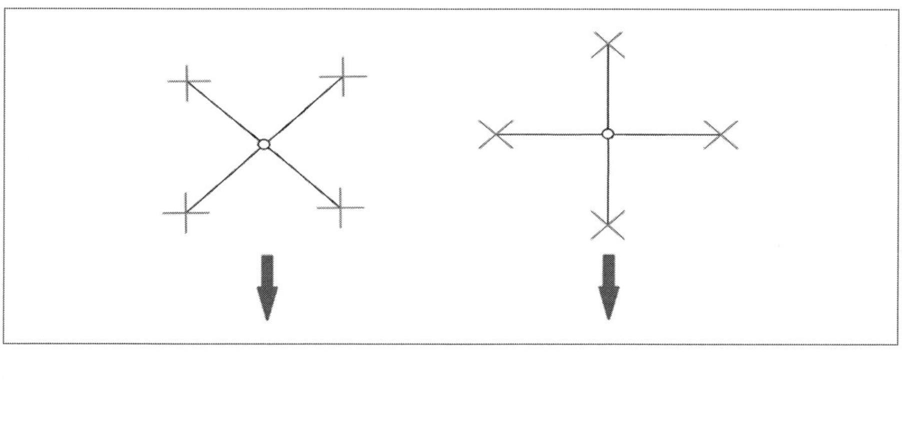

3 방향전환 원리

방향은 크게 Yaw, Roll, Pitch 3가지로 나눌 수 있으며, 모터의 회전수를 조정함으로써 방향을 전환한다.

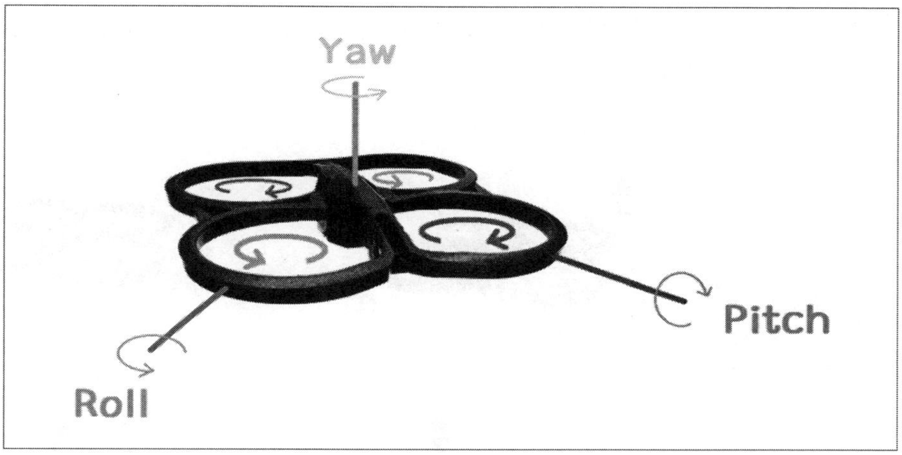

4 Yaw 방향전환 원리

보라색으로 표시된 프로펠러끼리 같은 속도를 내면서 분홍색으로 표시된 프로펠러와 다른 속도를 낸다면 Yaw 회전을 하게 된다.

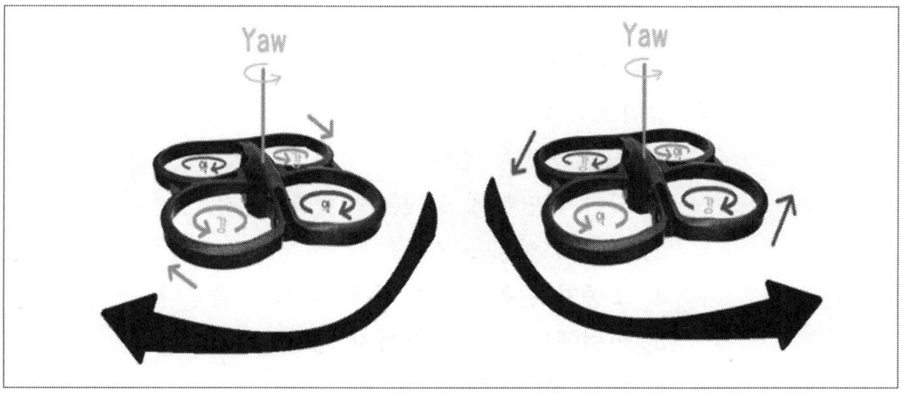

5 Roll & Pitch 원리

하나의 모터의 회전수만 증가 시킬 경우 해당 모터의 부분만 공중으로 뜨게 된다. 즉 하나의 모터의 회전수를 증가시켜 기울어지게 만들면 쿼드콥터는 양력에 의해 기울어진 채로 이동하게 된다. 의해 기울어진 채로 이동하게 된다. 날개 전체를 빠르게 회전시키면 더 높이 뜨고, 약하게 회전시키면 아래로 내려온다.

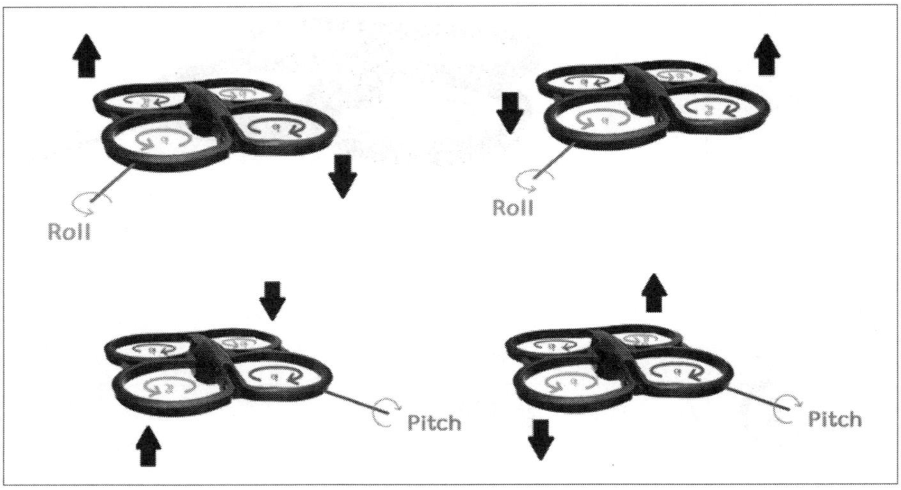

6 드론 조종하기

우선 조종기와 드론을 연결하는 바인딩이라는 것을 실시하여야 합니다. 바인딩의 방법으로는

1. 드론 전원을 킨다.
2. 드론 하단부에 불빛(깜빡깜빡) 감지
3. 조종기 전원을 킨다.
4. 조종기 왼쪽 레버를 위로 끝까지 올린다.
5. 이번에는 아래로 끝까지 내린다.
6. 드론 불이 계속 켜진다면 성공!

쿼드콥터 드론의 비행 원리

상승 및 하강

1, 2, 3, 4 프로펠러가 동일한 속도로 빠르게 회전하면 상승하고 느리게 회전하면 하강

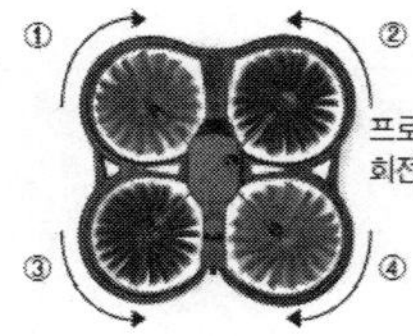

* 같은 색 프로펠러는 회전 방향이 동일

좌우 이동(ROLL 이동)

2, 4 프로펠러가 빠르게 회전하면 왼쪽으로 이동. 1, 3 프로펠러가 빠르게 회전하면 오른쪽으로 이동

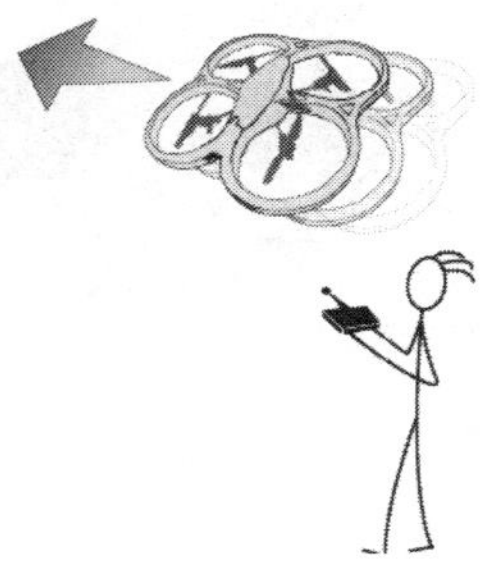

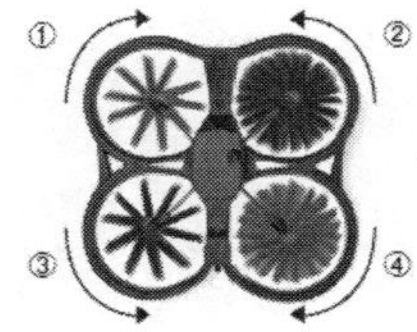

전·후진(PITCH 이동)

1, 2 프로펠러가 빠르게 회전하면 전진
3, 4 프로펠러가 빠르게 회전하면 후진

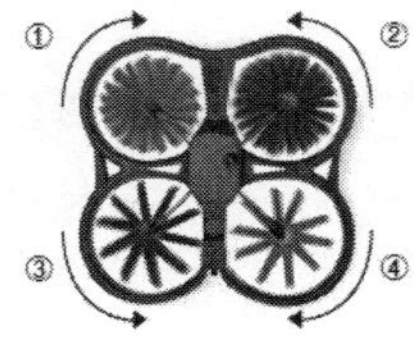

제자리 회전(YAW 이동)

1, 4 프로펠러가 빠르게 회전하면 반시계 방향 회전. 2, 3 프로펠러가 빠르게 회전하면 시계방향 회전

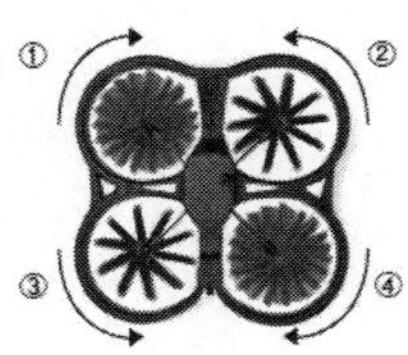

본격적으로 날리는 법을 알아봅시다.

(1) **스로틀(상하 조종)**

왼쪽에 위치한 스틱을 위로 올리면 드론이 위로 올라가고 반대로 아래로 내리면 하강한다.

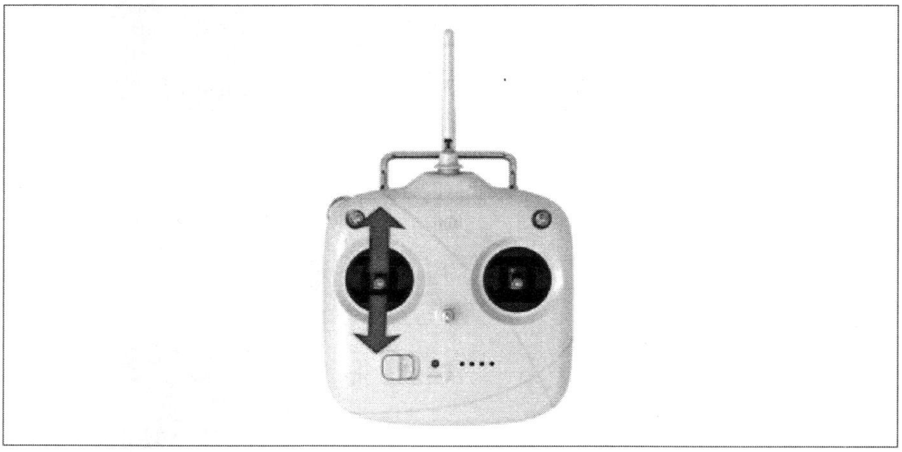

(2) **피치(전후 조종)**

이번에는 오른쪽에 위치한 스틱을 위로 올리면 전진하게 되고 아래로 내리면 후진을 한다.

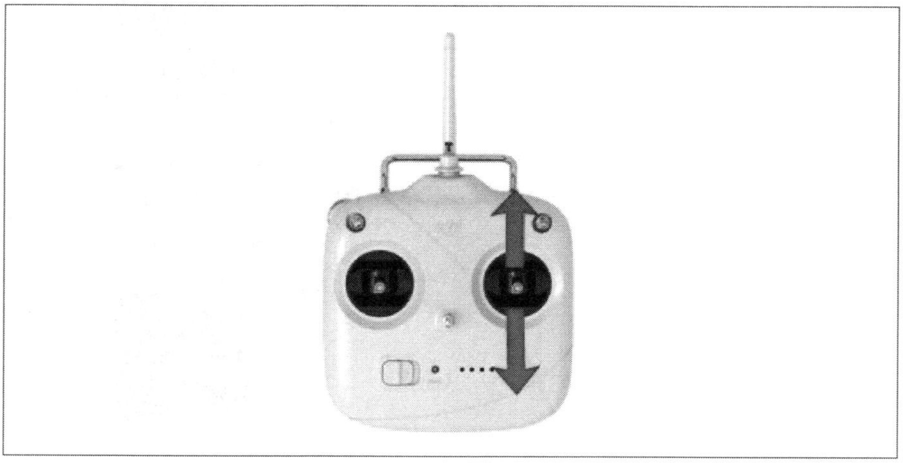

(3) **요우(회전)**

왼쪽 스틱을 좌로 움직이면 시계 반대로 우로 움직이면 시계 방향으로 회전한다.

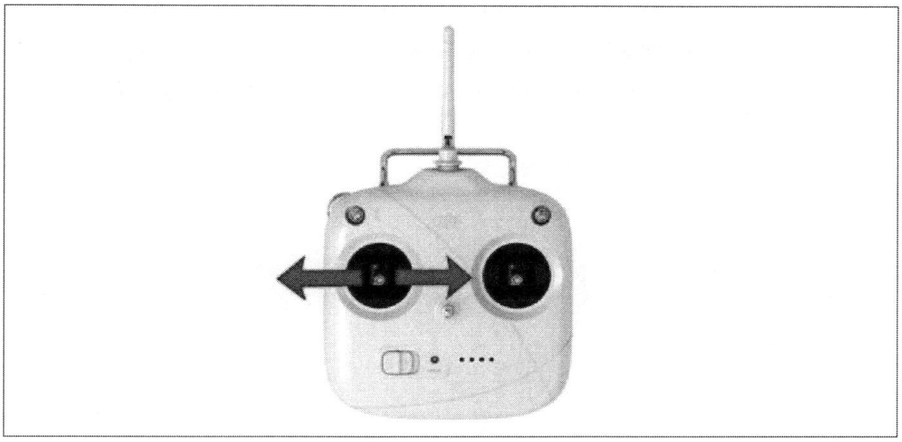

(4) **롤(좌우 조종)**

오른쪽 스틱을 좌로 움직이면 좌측으로 기울면서 좌로 가며 우로 움직이면 우측으로 기울면서 우로 간다.

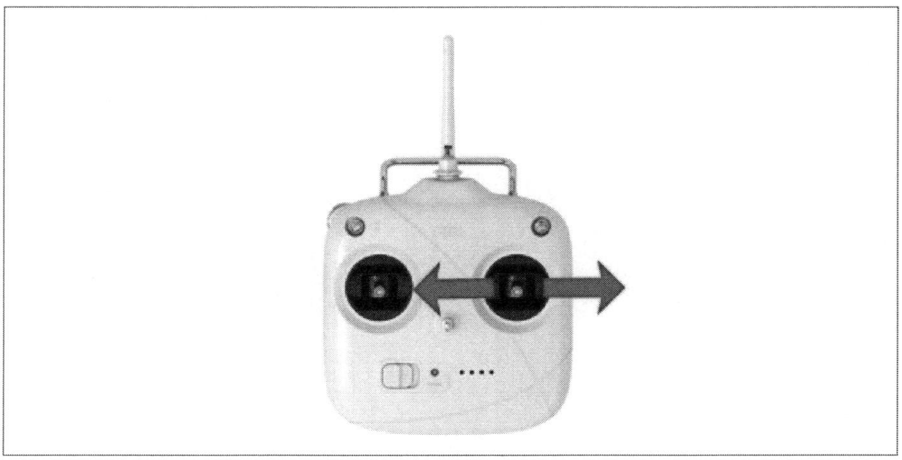

주의 모드에 따라 상하조종과 전후 조종의 스틱위치가 바뀔 수 있다.

주의

1. 바인딩 후 아래로 내린 스틱을 올릴시 바로 뜨니 주의!
2. 배터리 여러 개 구매해서 연속으로 비행할시 모터 가열 주의!
3. 바람에 날아가면 Throttle(상하 조종)를 살살 내리면서 랜딩!
4. 드론 근처로 사람들이 모이면 피하지 말고 살며시 랜딩!
5. 랜딩동안 계속 조금씩 Throttle(상하 조종)을 올리면 추락방지
6. 새들의 습격 → 고도를 확 올린다.
7. 드론의 배터리는 온도에 예민하며 과 충전 시 폭발 위험!

SECTION

1-7 항공 촬영 기법

초창기 드론은 조립 및 세팅이 어렵고, 크기가 크고 비싸서 일반인들이 이용하기에는 부담스러웠다. 하지만 이제는 구입 후 바로 비행할 수 있는 RTF(Ready To Fly) 드론이 나오고, 안정된 호버링(정지비행)과 자동비행이 가능해졌으며, 보다 작고 저렴해져 일반인들도 누구나 쉽게 드론을 조종하며 촬영하는 시대가 되었다.

드론을 이용한 항공촬영이전에는 항공촬영을 했다. 하늘에서 보는 그림은 흔히 볼 수 없는 장면을 보여줌으로서 시야를 확장시켜주고, 시각적 흥미를 일으키지만 공간에 좀 더 다가가고 싶은 갈증을 해소시키기에는 한계가 있었다

촬영현장에서 드론은 카메라가 달린 특수 촬영장비 중 하나다. 드론을 그냥 띄우기만 해서는 멋진 그림은 나오지 않는다. 높은 곳에 달린 CCTV와 같은 지루한 화면이거나 혹은 역동적으로 어지러운 화면만 만들어내는 떠있는 흉기가 될 수도 있다.

크레인 지미집 스테디캠 레일캠 등 움직이는 촬영장비들과 마찬가지로 화면에 운동감을 주는 원리나 작용하는 움직임이 주는 효과는 드론이라고 다르지 않다. 드론의 비행원리를 알고, 드론의 움직임과 카메라의 움직임, 이 두 가지의 복합적 움직임에 의해 생기는 화면의 운동감을 잘 활용하여 화면을 구성한다면 드론이 주는 효과를 보다 잘 이용할 수 있다

헬기를 이용한 촬영범위가 넓고 42배(13.5mm-570mm) 고배율 고해상도 렌즈가 장착된 무진동 항공촬영용 카메라인 cineflex로 고품질의 영상제작이 가능하다. 다만, 높은 유지보수 비용과 150M이하의 저고도의촬영은 어렵다는 단점이 있다. 저고도 근접비행이 가능하고 경제적이며 비행 및 촬영제약이 적지만, 기상변화나 바람에 취약하고 전파간섭의 위험이 있으며, 전파송수신의 한계로 촬영범위가 헬기에 비해 좁고, 비행시간이 짧다. 물론 기술발전을 통해 비행시간도 획기적으로 늘어나고 있고, 속도도 빨라지고, 안정성도 높아지고 있으나 무선원격

조종이 갖는 한계는 분명히 존재한다. 이렇듯 헬기와 드론은 항공촬영을 한다는 점만 같을 뿐 기계적 기술적 차이뿐만 아니라 제작방식에서도 많은 차이를 보인다. 헬기의 단점을 드론이 보완해주고, 드론의 단점은 헬기가 보완해 주기 때문에 항공촬영에 있어서 헬기와 드론은 대체할 수 없는 상호보완적 관계다.

1 촬영용 드론의 특징

촬영용 드론은 일반적인 드론형태에 수평을 유지해주는 장치인 짐벌과 카메라가 장착된다. 제품에 따라 카메라와 짐벌이 고정된 모델, 카메라의 렌즈만 교환 가능한 모델이 있고, 카메라와 짐벌 모두교환 가능한 모델이 있다. 뒤로 갈수록 확장성은 넓어지지만 고가에 크기가 커진다. 기체의 상하 좌우 회전의 움직임과 상관없이 화면의 수평을 유지해주는 역할을 하는 짐벌이 없다면 기체의 움직임이 그대로 화면에 전달되기 때문에 어지럽고, 표현하고자 하는 영상을 매끄럽게 구현하기 어려워진다. 드론에 카메라만 장착되었다고 촬영을 할 수 있는 것은 아니므로, 촬영용으로 드론을 구매하려고한다면 꼭 짐벌 유무를 확인해야 한다.

2 촬영용 드론의 종류

트라이콥터는 전방 2개, 후방 1개, 총 3개의 로터로 구성되어 있는데, 전방 2개의 로터간격이 넓어 보다 넓은 화각의 카메라를 장착할 수 있다. 헬기의 형태와 비슷해 기동성이 좋으나 제어가 복잡하며 적은 로터수로 인해 안정성은 다소 떨어진다.

쿼드콥터는 4개의 로터로 구성되어 있고, 필요한 부품수가 가장 적고 설계가 단순해 가장 많이 쓰이는 형태이다. +형태와 x형태가 있는데 농약살포용 드론에서는 일정하게 분사하고 분사면적을 넓히기 위해 +형태를 쓰지만 +형태는 전방 카메라에 프로펠러가 노출될 수 있어 촬영용 드론에서는 x형태를 많이 쓴다. 로터의 개수가 많은 헥사콥터나 옥토콥터보다 기체방향을 인지하기도 상대적으로 쉽다.

헥사콥터는 6개의 로터로 구성되어 있고, 페이로드(유효탑재량)가 증가하여 보다 크고 무거운 카메라를 장착할 수 있다. 쿼드형태에 비해 비행 안정성이 높고,

한 개의 로터가 정지해도 추락하지 않고 착륙할 수 있다.
옥토콥터는 8개의 로터로 구성되어 있고, 바람에 대한 저항성이 강하다. 2개의 로터가 정지해도추락하지 않고 착륙할 수 있다. 단, 로터의 간격이좁고 촘촘해 카메라는 최대한 아래쪽에 장착해야 카메라 화각에 프로펠러가 걸리지 않는다.

3 드론을 이용한 항공촬영

(1) 화면에 움직임을 주는 요소

- **기체스피드** : 촬영용 드론의 속도는 기체에 따라 최대 60km/h~75km/h 정도 되고, 최근에 출시된 드론의 경우 94km/h에 이르며0~80km/h까지 5초면 도달한다. 자동차 레이싱 경기나 드라마 차량씬과 같이 속도가 빠른 피사체를 팔로우 할 때 최고속도나 가속도는 중요하다. 최고속도와 가속도는 곧 카메라가 움직이는 속도와 같으므로 기체의 스피드는 역동적인 화면구성을 위해 중요한 요소다.
- **화면스피드** : 같은 속도라 할지라도 고도에 따라, 주피사체에 얼마나 근접하느냐에 따라 속도감에 차이가 있다. 같은 속도라 할지라도 화면에 속도감과 운동감을 주고 싶다면 고고도보단 저고도에서 화면에 스쳐가는 피사체들이 많을 때 화면에 움직임이 증가해 화면의 에너지를 높일 수 있다.
- **렌즈스피드** : 렌즈의 특성을 잘 활용하면 같은 속도라도 속도감을 과장할 수 있다.
  렌즈에 따라 원근감이 달라져 근거리 피사체와 원거리 피사체와의 거리감과 크기를 조절할 수있기 때문이다. 인스파이어1 pro와 같은 모델은 렌즈교환이 가능해 여러 화각의 렌즈를 장착할 수 있다.초점거리가 짧은 광각렌즈의 경우 화각이 넓어 화면에 스쳐가는 피사체가 많고, 렌즈에 가까운 피사체는 크게, 배경은 실제보다 축소시켜 원근감을 크게 하기 때문에 화면에 움직임을부각시킬 수 있다.반면에 초점거리가 긴 표준렌즈나 망원렌즈는 움직이는 피사체를 측면에서 팔로우 할 때 광각렌즈보다 배경의 크기가 확대되어 배경 변화의 속도가 빨라 속도감을 증가시킬 수 있다.

- **방향** : 움직임이 빠른 피사체를 추적할 때는 정면이나 후면보다는 측면에서 피사체의속도를 맞춰 촬영하는 것이 배경의 변화를 크게 해 속도감을 줄 수 있다. 이때 위에 언급했던 것처럼 광각렌즈보다는 초점거리가 긴 렌즈를 이용하면 속도감을 높일 수 있고, 배경의 빠른 변화로 인한 Blur(흐림) 현상으로 인물에 보다 집중할 수 있게 된다.

4 기체의 움직임

- **호버링** : 드론이 만들어낸 양력과 드론의 중량이 같을 때 공중에서 정지하게 되는데 이를 호버링이라 한다. 정지해서 촬영하면 안정적이고편안하다. 또한, 화면에 정보의 양이 많고 화면 내 움직임이 복잡할 때 이 방법을 이용하면 보다 효과적으로 표현할 수 있다.
- **상승과 하강** : 카메라 페데스탈이나 지미집, 크레인의 붐업과 붐다운과 같지만 움직임의 범위는 비교가 불가능할 정도로 넓다. 하강할 때보다는 상승할 때 속도가 빠르고 안정적이다.
- **전진과 후진** : 레일이나 스테디캠을 이용해 다가가고 멀어지는 동작을 달리인 달리아웃이라고 한다. 레일 카메라의 달리인 아웃의 범위는 레일 길이에 따라, 스테디캠은 사람이 갈수 있는 거리에 따라 제한적인 것에 반해 드론은 조종신호가 미치는 범위까지 이동이 가능하다.
- **좌우 수평 이동** : 기체가 좌우로 수평 이동하는 것으로 기체와 카메라를 따로 조종할 수 있는 2인모드 기체인 경우 기체는 전진하며 카메라만 측면으로 이동하여 촬영하기도 한다. 주로 인물을 측면에서 쫓아갈 때 자주 쓰인다.
- **선회** : 주피사체를 원형으로 도는 동작이며, 피사체를 가장 입체적으로 보여줄 수 있다. 움직임이 없는 정적이며 어느 방향에서도 보기 좋은 피사체를 담을 때 선회비행을 한다. 선회는 회전축이 중요하다. 일정한 방향으로 회전하면 보다 안정감 있게 보여줄 수 있다

5 카메라의 움직임

- **줌** : 카메라의 초점거리를 변화시키는 것을 말한다. 우리의 눈은 초점거리의 변화가 불가능하기 때문에 부자연스러운 기법으로 간주되기도 하지만, 이런 부자연스러움이 화면 내의 피사체에 관심을 갖게 한다. 피사체를 확대하며 시작의 의미가 있는 줌인과 배경을 넓게 보여주고 끝을 의미하는 줌아웃이 있다. 속도에 따라 부드러운 느낌의 슬로우줌과 박진감과 피사체에 집중도를 높이는 퀵 줌이 있다. 기체의 움직임에 카메라 줌을 복합적으로 사용하면 움직임의 효과는 증가한다.
- **팬** : 카메라의 수평축에 의한 움직임을 말하며 좌팬과 우팬이 있다. 한 화면에 담을 수 없을때나 밀집한 곳을 보여줄 때, 기체보다 빠른 피사체를 팔로우할 때 필요하다.
- **틸트** : 카메라의 수직축에 의한 움직임을 말하며 틸트업과 틸트다운이 있다. 절벽이나 폭포등 세로로 긴 피사체를 담을 때나 긴 행렬, 아름다운 길을 촬영할 때 쓰인다. 다만 틸업각도는 보통 30도 이내로, 그 이상으로 틸업시 프로펠러가 화면에 나오기 때문에 카메라 무빙에 한계가 있다. 그래서 지면과 근접한 저고도에서 로우앵글로 건물의 웅장함을 나타내고자 할 때에는 후진하면 기체가 후방으로 기울어 화면에 프로펠러가덜 걸리므로 보다 틸업각도를 높일 수 있다. 이 경우 화면 내 방향성이 있는 움직이는 피사체가 없다면 편집시 역재생하여 건물에 다가가는 효과도 줄 수 있다. 하지만 더 앵글을 더 높여야 하는 경우에는 카메라를 상단에 장착하기도 하는데 FreeFly사의 Alta드론은 상부에 카메라를 장착할 수 있어 기존에 불가능했던 각도의 촬영을 할 수 있다.

6 항공촬영기법

(1) 전진비행

달리인과 같은 효과로 시점샷으로 쓰이기도 하며 긴장감을 상승시킬 수 있다. 플라잉샷이라고 하는데 전진비행을 하면서 카메라의 방향을 다르게 해주는 방법을 가장 많이 이용한다. 일정한 속도로 일직선으로 보내는 것이 중요한데, 기대만큼 반듯하게 가지는 않는다. 그럴 때는 속도를 조금 더 높이면 수월해진다.

- **전진비행 + 카메라 틸트다운** : 기체는 전진하고 카메라는 전방을 바라보다가 틸트다운을 한다. 보통 도입 샷으로 쓰이고 대도시에서 빌딩들의 높이를 강조할 때나 차량을 팔로우 할 때 속도를 강조하고 화면에 운동감을 많이 주고 싶을 때 이용하는 기법이다.
- **전진비행 + 카메라 틸트업** : 기체는 전진하고 카메라는 하방을 보다가 진행방향으로 틸트업한다. 앞으로 가야 할 방향을 제시할 때나 처음에 보이지 않는 피사체를 나중에 드러냄으로서 피사체를 강조할 때 쓰이는 기법이다.
- **전진비행 + 카메라 틸다운 고정** : 카메라를 하방에 고정시키고 전진한다. 구불구불한 길이나 하천, 강 등을 팔로우 할 때 쓴다. 항공촬영이 아니면 직부감으로 내려보기 어려워 시각적 흥미가 가장 높은 숏이다. 행렬, 백사장, 벚꽃길등 길이를 부각시킬 때 쓰이며 정보제공 성격이 강한 설명적 기법이다.
- **전진비행 + 저고도** : 움직이는 피사체를 팔로우 할 때 주로 쓴다. 낮은 고도에서는 속도감이상승하며, 시점샷, 주관적 샷으로 혼동시킬 수 있다. 화면상에 스쳐 지나가는 피사체가 많을수록 속도감은 상승하며 시각적 쾌감은 증가한다. 차량과 말 등을 팔로우 할 때 주로 사용한다. 화면의 운동성이 가장 강한 기법이다. 다만 너무 낮은 고도에서는 하강풍에 의한 지면효과로 인해 기체의 기동이 불안정할 수 있다.
- **전진비행 + 고고도** : 속도감이 가장 낮은 기법이다. 화면 내 정보의 양이 많으며 안정적이고편안한 숏이다. 시청자에게 뒤이어 전개될 장면의 공간에 대해 포괄적으로 제시하는 설정샷으로 많이 쓰이는 기법이다. 하지만 현행 항공법상 드론은 항공기 안전을 위해 지면에서150M이상 상승할 수 없다. 조종 어플리케이션을 통해 고도제한을 걸어두면 기체가 150M이상 상승하는 것을 방지할 수 있다.
- **전진비행 + 저고도에서 고고도** : 피사체와 배경의 관계를 설정할 때 사용한다. 주관적 시점에서 객관적 시점으로 이동하는 샷이다. 조종자가 기체에 근접해 비행경로나 장애물을 명확히 볼 수 있는 위치에서 상승하기 때문에 조종이 쉬우면서 화면의 큰 변화로 시각적 에너지가 많다. 드론만이 할 수 있는 대표적인 움직임이기 때문에 가장 자주 쓰이는 기법이다.

- **전진비행 + 고고도에서 저고도** : 포괄적 정보에서 구체적으로 정보를 제시하는 기법이다. 카메라의 붐다운과 같은 효과이고, 상황 속으로 참여하는 느낌을 강하게 준다.

(2) 후진비행

후진비행은 달리 아웃과 같은 효과를 준다. 화면에 안 보이던 피사체들이 나타나면서 새로운 정보를 제공하는 숏이다. 주로 엔딩샷에 주로 쓰인다. 오디오의 볼륨을 서서히 줄이는 것과 같다. 드론에 장착된 카메라가 수평이동(PAN)이 가능한 모델은 기체는 전진하면서 카메라를 후방으로 향하게 하여 촬영할 수도 있다.

- **후진비행 + 저고도에서 고고도** : 피사체와 배경의 관계를 설정할 때나 관객의 심리에 변화가 생기길 원할 때 쓰는 기법이다. 또한 극적인 충격이나 의미 있는 순간을 드러내어 보여줄 때쓰기도 한다. 화면에 등장하는 피사체를 최대한 근접해 보여주면 시각적 충격이 강하다. 최근에 드론으로 셀카 동영상을 많이 찍으면서가장 자주 사용하는 기법이기도 하다.
- **후진비행 + 고고도에서 저고도** : 배경과 피사체의 관계를 설정할 때 쓰는 기법이다. 예를 들어 끝도 안 보이는 사막을 걸어 온 길을 보여준후 주인공을 보여주면 배경 속 주인공에 대한설명이 가능하다.
- **후진비행 + 저고도** : 피사체 정면을 팔로우 할 때 주로 쓰이는 기법이다. 역동적이면서 인물에 집중할 수 있다. 스테디캠의 효과를 내면서 스테디캠보다 빠르고 높이를 자유자재로 변경가능하며 타이트샷에서 풀샷을 한 컷으로 만들수 있다. 또한 움직이는 피사체가 아닌 정지한 피사체에서 멀어질 땐 화면에서 벌어진 상황으로부터 거리를 두기 위한 방법으로 사용한다.

(3) 측면비행

주변 환경과 주피사체와의 연관성을 연속적으로 보여주며 추적할 때 쓰는 기법이다. 주피사체와 같은 속도로 평행을 이룰 때 효과적이다. 자동차에서 앞을 볼 때보다 옆을 볼 때 속도감이 느껴지는 것처럼 측면을 바라보면 주피사체의 속도감이 강조된다. 줌을 함께 쓰거나 원경에 근경의 피사체를 적절히 걸고 보여주면 화면의 속도감이 증가한다. 측면에서 초점거리가 긴 렌즈를 사용시 배경이빠르게 흘러가면서 블러(초점이 흐려지는 것)가 생기는데, 블러가 많이 생길수록 화면에 더 많은 에너지가 생긴다.

(4) 기체상승

기체상승은 조종기의 스로틀을 올려 기체가 발생하는 양력이 기체중량보다 클 때 이루어진다.

붐업은 기체가 인물에서 수직으로 상승하면 관객에게 인물이 직면해야 할 대상이나 환경을 보여줄 수 있다. 보통 상승하면서 전진하는 경우가 많은데 사극과 같이 배경에 CG작업을 해야 한다면 상승해서 전진하기 보단 수직으로 상승하는 것이 CG작업량을 줄일 수 있다.

붐업하면서 틸다운 할 때는 바닥에 있는 피사체를 보여줄 때 쓰는데, 고층 난간에 서 있는 남자를 보여줄 때 인물에서 붐업을 하면서 카메라를 틸다운 하면 아찔함을 보다 더 강조할 수있다. 인물을 명확히 소개할 때나 인물의 고립감을 소개할 때 쓰인다.

카메라가 하방을 향한 상태에서 팬을 하게 되면 회전을 하게 되는데, 고립감이나 복잡한 심경을 나타낼 때, 극심한 외로움을 나타낼 때 쓰는 기법이다. 기존에 이 기법을 사용하기 위해서는 익스트림 지미집이나 크레인으로 했지만 이제는 드론 한 대면 어렵지 않게 구현할 수 있다.

(5) 기체하강

기체하강은 조종기 스로틀을 내려 기체가 발생하는 양력보다 기체중량이 클 때 이루어지며 붐다운 효과를 낸다. 시작, 참여의 의미로 주로 도입 장면에 사용한다.

또한 시점샷으로 쓸 수 있는데 인간의 시점이 아닌 빗방울의 시점을 표현할 때도 쓸 수 있다. 빗방울이 버스를 타고 가는 주인공의 손바닥 위로 떨어지는 장면이다. GPS 오차나 바람의 영향으로 높은 고도에서 버스 위로 정확히 내려오기 쉽지 않고, 기체 특성상 상승할 땐 수직으로 빠르게 상승할 수 있으나 하강할 때는 자세제어를 하면서 내려오기 때문에 속도도 느리고 불안정하다. 그래서 상승을 한 다음 역재생을 했다. 역재생을 할 때 중요한 것은 화면에 방향성이 있는 피사체가 없어야 하는데, 도로에는 온통 방향성을 가진 피사체가 많아 신호등 앞에서 차량들이 신호에 걸렸을 때 빠르게 상승했다.

(6) 아킹/선회비행

주로 정적인 피사체를 입체적으로 담고 싶을 때 쓰는 기법이다. 어느 방향에서 보아도 좋은 피사체를 선정하는 것이 좋다. 흐린 날이거나 해가 가장 높을 때 촬영해야 좋다. 한바퀴 돌아도 노출차가 적어 노출을 일정하게 유지할 수 있고, 그림자가 짧거나 희미해지기 때문에 드론 그림자가 화면에 나타날 여지가 적어진다. 돌고자 하는 주피사체의 회전축을 기준으로 속도와 거리를 일정하게 해서 회전하는 것이 좋다.

(7) 정지비행/호버링샷

무조건 기체가 움직여야만 하는 것은 아니다. 정보의 양이 많고 복잡할 때는 오히려 기체와 카메라가 움직이지 않고 보여주는 것이 좋을 수도 있다. 또한, 호버링하면서 내려다보는 직부감샷은 흔히볼 수 있는 앵글이 아니라 흥미롭고, 입체감 없이점 선 면이 강조되기 때문에 조형미를 돋보이게 할수도 있다.

여기까지 쓴 드론촬영기법은 현장에서 쓰는 기본적인 방법이며, 나열한 방법 외에 여러 가지 기법을 복합적으로 사용하며 촬영한다. 각 샷들이 주는 의미는 상황이나 의도에 따라 다르게 해석될 수도 있다.

모든 촬영기법은 공통적으로 움직임은 부드럽게 하고 속도를 지속적으로 가감하거나 유지하는 것이 안정적인 화면을 위해 꼭 필요하다.

7 드론항공촬영 – 자동비행모드

항공촬영을 할 때 보통 한 명은 기체를 조종하고, 다른 한 명은 카메라를 조종한다. 하지만 자동비행모드를 이용하면 혼자라도 어렵지 않게 비행하며 촬영할 수 있다.

현장에서 가장 많이 쓰이는 DJI사 드론들의 기능을 소개한다.

- POI : point of view 관심점이라고 하며 피사체를 중심으로 반경을 설정해 주면 피사체를 중심으로 시계방향 혹은 시계 반대방향으로 일정하게 회전을 한다. 피사체를 중심으로 회전 하는 아킹동작은 원근감 때문에 일정한 방향과속도로 회전하기 어렵다. 하지만 POI기능을 이용하면 회전

은 기체에 맡기고 카메라 각도만조종한다던지, 높이만 조정해 주면 쉽게 촬영 할 수 있다.

- Waypoint : 중간점이라고 하며 사전에 설정한 지점으로 기체가 이동하는 것으로, 지점으로 이동할 때 조종자는 카메라 각도를 조종하며 촬영에만 전념할 수 있다. POI와 마찬가지로 조종은 기체에 맡기고, 촬영에만 전념 할 수 있고, 특정 구간 반복적으로 움직이는 피사체를 촬영할 때도 유용하다.
- Active track : 이미지 인식을 통해 특정 이미지를 추적하는 기능이다. 뒤만 따라가는 것이 아니고 적당히 좌우로 이동하면서 촬영을 한다. Trace 모드, propile 모드, spotlight 모드가 있다.

Trace 모드는 피사체를 추적하는 모드로 피사체가 지나온 길을 따라가며 기동하고, 추가기능으로 로테이션을 선택하면 피사체를 중심으로 원을 그리며 촬영이 가능하다.

Propile 모드는 뒤에서 따라가는 것이 아니라 피사체를 바라본 방향 그대로 유지하며, 따라가며 촬영할 수 있다.

Spotlight 모드는 POI나 waypoint가 기체에 조종을 맡기고 카메라를 조종해 촬영을 했다

면, 지정된 피사체로 카메라가 추적하도록 하고 기체조종을 하는 모드다. 기체가 어느 방향으로 가던지 카메라는 처음 인식한 피사체를 계속 추적한다.

비행의 움직임과 카메라의 움직임이 주는 효과를 알고, 둘의 복합적 움직임이 주는 의미를 토대로 의도를 갖고 촬영한다면 보다나은 영상을 제작할 수 있다. 촬영현장에서 드론을 이용하는 가장 큰 이유는 카메라를 자유롭게 움직일 수 있다는 점이다. 이렇게 움직이는 카메라는 이야기를 부각시키며 화면에 시각적 에너지를 더한다. 이러한 에너지는 보는 사람으로 하여금 쾌감을 느끼게 한다. 하지만 의도하지 않은 과도한 움직임은 내용은 감춰지고, 움직임만 부각되어 보일 수 있어 때로는 절제도 필요하다.

더군다나 드론의 움직임은 자유로운 반면 많은 위험요소를 안고 있기 때문에, 계획없는 무분별한 비행은 사고를 유발할 수 있다는 점 명심하고, 명확한 의도와 철저한 계획을 바탕으로 한 비행 및 촬영을 해야 한다.

SECTION

1-8 기본 드론 용어집

1 기본용어

○ 드론

- 원격 제어가 가능한 초소형 무인 비행물체의 총칭

○ 완구드론

- 드론의 완구형. 기능이 제한적이나 장난감으로서 기동하는데 문제가 없는 제품

○ 드론(센서드론)

- 실질적으로 드론의 범주에 속하는 무인 비행물체.
- 각종 센서를 이용하여 자세제어나 자동 운행 등이 가능한 초소형 무인 비행물체.

○ 레이싱드론

- 경주를 위한 드론
- 작은 크기와 가벼운 무게를 위해 거의 모든 센서를 배제하고 속도만을 위해 소형화, 경량화한 기체

○ 비행제한구역

- 비행이 제한 된 구역
- 고도 150미터 이하로의 비행이 가능하지만 촬영은 금지
- 서울의 경우 제한구역에서도 비행 하기 위해서는 수도방위사령부의 허가가 필요함.

○ 비행금지구역
- 비행이 금지된 구역

○ 야간비행
- 일몰시간 이후에 비행하는 것
- 국내법상 야간비행은 불법이다(신청서 작성후 야간비행가능).

○ 시계비행
- 비행체가 육안으로 구분 되는 거리에서 비행
- 국내법상 초소형 무인 비행체는 시계비행을 원칙으로 한다.
- 원칙적으로 FPV모니터나 고글을 사용한 비행은 시계비행이 아니기에 불법

2 제품 구성에 대한 용어

○ RTF(RTP, PNP)
- Ready to Fly(Ready to play, Plug and play)
- 비행을 위한 모든 구성이 포함된 제품
- 기체와 배터리, 송신기 등이 모두 구비되어 구입 후 바로 비행 할 수 있는 구성

○ BNF
- Bind and fly
- 송신기와 바인딩만 하면 비행이 가능한 구성.
- 수신기는 포함되어있으나 송신기가 포함되어있지 않다.

○ ARF(ARTF)
- Assemble Required to Fly(Almost Ready to fly)
- 조립만 하면 비행 할 수 있는 거의 모든 구성품이 포함된 KIT
- 또는 80%가량의 조립이 완료된 상태로 주요 부품(변속기, 모터)을 선정하여 설치하면 비행 할 수 있는 상태로 판매되는 제품

○ KIT
- 본래 ARF의 본질적인 의미를 지니는 용어

- ARF가 최근 Almost Ready to Fly(얼추 다 된 상태. 주요부품만 조립하면 비행할 수 있는 제품)의 의미가 강해지면서 Assemble Required to Fly(조립만 하면 비행이 가능한 거의 모든 구성품이 포함된 제품)를 KIT라고 부르기도 한다.

○ 조종드(모드1, 모드2)

〉〉 송신기의 종류

- 모드1의 경우 : 스로틀과 에일러론이 우측레버에 할당되고,
- 모드2의 경우 : 스로틀과 러더가 좌측 레버에 할당 된다.

〉〉 실제 비행기의 조종방식에 가까운 것은 모드2

- 트라이콥터 : 세 개의 다리를 갖고 있는 형태
- 쿼드콥터 : 4개의 다리를 갖고 있는 형태 (가장 많이 사용한다.)
- 헥사콥터 : 6개의 다리를 갖고 있는 형태
- 옥타콥터 : 8개의 다리를 갖고 있는 형태

○ 드론의 크기

대각선 날개의 길이로 표현을 한다. 180, 210, 220, 250 정도가 레이싱 드론에서 많이 쓰이고, 촬영용으로는 크기가 큰 450, 500, 550, 650 등이 사용된다

3 기능에 대한 용어

○ FPV

- First Person View
- 1인칭 시점이라는 의미로 드론에 카메라와 영상 송신기를 달아 조종자가 드론의 시점으로 영상을 보며 조종할 수 있는 시스템

○ 비행모드

- 드론을 제어하는 모드
- 멀티콥터의 경우 약 14종류의 비행모드가 있다.
- 명칭은 제조사 마다 정리되지 않은 여러가지 이름으로 불리운다.
- 아래로는 비행모드중 범용적으로 사용되는 이름으로 설명하도록 한다.

○ Stabilize 모드

- 안정모드
- 주로 수동모드 라고도 불리며 FC에서는 드론의 자세제어만 한다.
- 모든 조작을 수동으로 해야 하는 모드

○ Altitude Hold 모드

- 고도유지모드
- 기압계를 이용하여 고도를 산출, 스로틀을 50% 중립에 두었을때 해당 고도를 유지하는 모드
- 이 모드에서는 고도만 유지되고, 기체가 돌아가거나 흐르는것은 조종자가 조작하여 제어해야 한다.

○ Loiter 모드

- GPS모드
- GPS, 기압계, 가속도계, 자이로, 지자계 등의 각종 센서를 이용해 기체를 제어하는 모드
- 스로틀 50%중립에 두었을때 해당 고도를 유지하고, 지자계를 이용하여 기체의 방향을 유지하며, 가속도계와 자이로를 이용하여 GPS에서 수신한 절대좌표에서 기체가 벗어나지 않도록 제어한다.

○ RTL(Return-to-Launch) 모드

- 백홈 모드
- GPS를 통해 이륙한 위치의 좌표를 저장 한 후, 해당 모드로 변경되면 이륙한 위치로 되돌아 오는 모드

○ Auto 모드

- 자동비행모드
- 미리 입력된 '미션'에 따라 자동으로 비행을 하는 모드

○ Acro 모드

- 완전수동모드
- FC에서 드론의 제어에 대한 아무런 도움을 주지 않는 모드
- 기체의 경사각 보정이 없어지므로 곡예비행, 패턴비행등을 할때 사용된다.

○ Follow Me 모드

- 기체가 조종자를 따라오는 모드
- 조종자의 위치를 식별 할 수 있는 GCS가 있어야 하며, 드론은 설정된 거리와 고도에서 설정된 동작을 하며 조종자를 따라온다.

○ Headless 모드

- 기체의 조작 방향을 절대방향으로 변경하는 모드
- 기수가 회전하더라도 조작방향은 이륙시의 방향에 따르는 모드

4 부품에 대한 용어

○ 프레임

- 기체의 몸체
- 각 부품이 이 프레임에 붙어 한기의 드론이 된다.

○ 쉘(바디, 캐노피, 하우징)

- 드론의 껍데기
- 완성형 드론의 경우 쉘을 프레임으로 사용하는 경우가 대부분이며, 여러 가지 디자인으로 제조사의 아이덴티티를 표현 한다.

○ 암

- 드론의 바디에서 뻗어나가 모터를 탑재하는 팔

○ 랜딩스키드

- 드론의 다리에 해당하는 부분으로 착륙시 기체를 지탱하는 부위

○ 송신기(Transmitter)

- 조종기
- 드론을 제어하는 신호를 송신하는 장치
- 간혹 조정기 라고 하는 사람이 있으나, 이는 틀린 표현이다.
- 조종은 manipulate의 의미를 가지고 조정은 modification의 의미를 갖는다.

○ 수신기(Reciver)

- 드론 내부에 들어가는 부품으로서 안테나가 연결되는 장치
- 송신기의 신호를 수신하여 FC로 전달하는 역할을 하는 장치

○ FC(Flight Controllor)

- 비행 제어장치. 드론의 두뇌이자 심장
- 드론을 제어하는 모든 연산을 하며 수신기 및 각 센서로부터 전달받은 데이터를 연산하여 각 변속기로 출력신호를 보냄.
- 주로 기압계와 지자계, 가속도계, 자이로 등을 내장하고 있다.

○ 리포배터리

- 드론의 연료. 리튬 폴리머 배터리의 줄임말
- 완구용으로는 1~2셀 배터리가 사용되며, 레이싱용으로 주로 3~4셀, 촬영용, 크루즈용은 주로 3~6셀을 사용한다.
- 셀 이란 배터리의 갯수로, 2셀은 2개의 배터리를 직렬로 연결한 배터리, 6셀은 6개의 배터리를 직렬로 연결한 배터리를 말한다.
- 셀 수가 높을수록 출력 전압이 높다.

○ ESC(Electronic Speed Controllor)

- 전자 변속기
- FC에서 연산한 속도로 모터를 돌릴 수 있도록 전류제어를 하는 장치.

○ 모터(로터)

- 프로펠러와 결합해 회전하며 바람을 일으키는 장치
- 드론에는 브러시드모터, 브러시리스모터를 주로 사용한다.
- 브러시드모터는 크기가 작은 장점이 있는 반면 토크나 회전수가 낮아 완구용으로 주로 사용된다.
- 브러시리스 모터는 토크위주, 회전수위주의 여러 사양의 모터가 있으며 용도에 따라 다른 모터를 사용한다.

○ GPS

- 좌표산출센서
- 위성신호를 수신하여 현재 좌표를 계산해 내는 센서

○ 컴퍼스(지자계)

- 나침반 센서
- 동서남북의 방위를 산출하는 센서

○ 가속도계

- 중력가속도를 계산하여 지표면으로부터의 기울기를 산출해 내는 센서

○ 자이로(각속도계)

- 가속도계로 측정할 수 없는 방위각을 산출해 내는 센서

○ 소나

- 초음파 센서
- 초음파를 바닥을 향해 쏘아 되돌아오는 음파를 감지하여 지면과의 거리를 산출하는 센서

○ 옵티컬 플로우

- 비전 포지셔닝 센서
- CCD모듈을 이용해 바닥 지형 또는 무늬를 인지하여 위치를 산출하는 센서

○ 풍속계(풍량계)

- 바람의 속도(양)를 산출하는 센서

○ 프로펠러

- 흔히들 드론이라고 말 하는 멀티로터는 날개가 없는 무익기다.
- 무익기는 날개 대신 프로펠러를 이용해 바람을 발생시켜 기체를 띄우고 제어한다.

○ LED

- 발광 다이오드
- 드론의 상태 표시, 방향표시, 위치표시 등에 사용 된다.

○ 부저

- 비프음을 내는 스피커
- 주로 경보를 조종자에게 알릴때 사용 된다.

○ 짐벌

- 수평유지장치
- 주로 카메라를 짐벌에 설치하여 드론에 장착한다.

○ 댐퍼

- 진동에너지를 흡수하는 장치. 즉, 방진장치
- 짐벌에도 댐퍼가 붙어있고, 랜딩스키드에 댐퍼가 붙는 경우도 있다.
- FC에 댐퍼를 붙여 설치하는 경우도 있다.

○ GCS

- Ground Control Station
- 지상국을 뜻하며 조종자가 송신기 이외의 PC 등의 장치로 비행제어를 할 수 있도록 한 장소
- 요즘에는 제어 프로그램의 명칭으로 사용되기도 한다.
- 대표적으로 DJI나 Parrot사의 드론들이 드론 제어용으로 사용하는 앱이 있으며, 많이들 알고 있는 미션플래너도 GCS의 일종이다.

○ 릴레이

- AUX를 이용하여 릴레이에 신호를 전달, 접점의 ON/OFF를 제어하는 장치
- 주로 LED제어용이나 카메라 제어용으로 사용 된다.

○ 영상 송신기

- 드론에 장착된 카메라의 영상을 송신하는 장치
- 카메라에 연결한다.

○ 영상 수신기

- 드론에서 송출하는 영상을 수신하는 장치
- 모니터형태, 고글형태, 모듈형태가 있다.
- 모니터 형태는 모니터 자체에 수신모듈이 내장된 형태로 확장성은 없지만 휴대가 간편하다.
- 고글 형태는 말 그대로 고글처럼 생긴 HMD를 쓰고 드론이 송출하는 영상을 볼 수 있다. 숙달되기 전 까진 사고의 위험이 크다.
- 모듈 형태는 수신기가 내장되지 않은 모니터 또는 고글에 장착하여 영상을 수신할 수 있다.

5 조작관련 용어

○ 스로틀

- 출력을 조절하는 레버

○ 러더(YAW)

- 기수를 회전하는 기능의 레버

○ 에일러론(ROLL)

- 기수를 돌리지 않고 좌측, 우측으로 이동하는 기능의 레버

○ 엘리베이터(PITCH)

- 기수를 돌리지 않고 전방, 후방으로 이동하는 기능의 레버

○ AUX

- 외부입력
- 드론의 제어 이외의 것을 제어하는데 사용한다.
- 대표적으로 모드변경 스위치에 AUX채널을 할당한다.
- AUX채널이 2개 이상 남는 경우 짐벌의 제어에도 사용한다.

○ 텔레메트리

- 주로 위성에서 데이터를 전송할때 사용되는 주파수 통신 방식.
- 드론에서는 FC와 GCS프로그램간의 무선통신을 가능하게 해주는 장치를 말한다.

○ BEC

- Break Electronic Controllor
- 본래는 과거의 RC카 에서 수신기 전압이 낮을경우 노콘으로 인해 차량이 발광하는것을 막기 위한 전원 차단장치.
- UBEC 라는 레귤레이터가 포함된 BEC가 발매된 이후로 본래의 의미를 잃고, BEC라 하면 높은 전압을 5V로 다운스텝 시키는 레귤레이터의 의미가 되었음.

○ 서보

- 신호에 의해 정해진 각도만큼 회전동작을 하는 모터의 일종. 주로 날개 제어, 짐벌제어 등에 사용한다.

○ **캘리브레이션**

- 지자계, 자이로, 변속기, 송/수신기 등의 설정값을 재 설정 하는 기능. 주로 비행 전에 행하며, 이 작업을 제대로 하지 않을 경우 비행에 문제가 생길 수 있다.

6 은어

○ **영숙이**

- 영상 수신기 → 영수기 → 영숙이....

○ **노콘**

- No Control
- 조작 신호가 미약하여 수신기로 전달되지 않아 드론의 제어가 불가능해지는 현상

○ **○○○급**

- 드론의 사이즈를 말하는 은어
- 예를들어 450급 이라면 휠베이스가 450mm 인 드론을 의미함.

○ **프롭**

- 프로펠러

○ **캘리**

- 캘리브레이션

○ **멀충이**

- 멀티 충전기

○ **발랑이**

- 밸런스 충전기

○ **장**

- Km를 의미한다. 최근, 조종자의 시야 밖으로 드론을 운용하는것에 대한 위험성이 대두 되면서 사용자들 간에 은어로서 자리잡은 좋지 않은 단어.
- 1장은 1Km를 의미 한다.

SECTION 2

드론의 즐거움 3종

1 드론의 즐거움 1 = 자작

2 드론의 즐거움 2 = 항공 촬영

3 드론의 즐거움 3 = FPV

4 드론의 3대 주요부

5 RC 조종 전파의 주파수 스펙트럼

SECTION

2-1 드론의 즐거움 1 = 자작

RC마니아는 3가지 장르를 섭렵해야 한다.

- **제1장르** : Fun-Flying(막비행, 곡예비행, 내맘대로 비행, 연습비행, 숙련비행, 초보비행) ⇨ 자작 지름길
- **제2장르** : 촬영비행(방송용, 개인 취미용, 출품용, 사업용, 가족행사 기록용, 등)
- **제3장르** : FPV(First Person View = 1인칭 시각 비행) = 종합적으로 높은 난이도와 만족감

자작 기체의 즐거움은 조립하면서 완성해가는 성취감과 드론에 관련된 지식을 하나하나 공부하며 습득해가는 재미와 직접 내 손을 거쳐 만든 드론을 하늘에 올려서 자유자재로 비행할 때의 3차원의 쾌감이라 할 수 있다.
물론 가격대비 성능을 따진다면, 단연코 저렴해진 중국발 기성품이 우위라고 할 수 있지만, 비행에 필연적으로 수반되는 정비와 한국인의 습관상 빠른 수리를 감안하면 역시 자작의 즐거움이 최상이다.

어떤 드론을 자작할 것인가?
자작 드론의 여러 가지 형태를 분류하면 다음과 같다.

1 프로펠러 개수에 따라 분류

- **바이콥터(Bi-Copter)** : 프로펠러 2개, 영화 아바타(Avatar,2009년)에 선보인 비행체.
- **트라이콥터(Tri-Copter)** : 프로펠러 3개, 후미 구동부의 장착 각도를 서보로 제어한다.

- **쿼드콥터(Quad-Copter)** : 프로펠러 4개, 가장 일반적인 드론의 형태.
- **헥사콥터(Hexa-Copter)** : 프로펠러 6개, 탑재중량이 일정 이상 필요할 때 사용되는 형태.
- **옥토콥터(Octo-Copter)** : 프로펠러 8개, 탑재중량이 일정 이상 필요할 때 사용되는 형태.
- **Y6** : 프로펠러 6개, 1축 당 구동모터를 상, 하로 2개씩 장착하고, 간편한 접이식이 가능한 형태.
- **X8** : 프로펠러 8개, 1축 당 구동모터를 상, 하로 2개씩 장착하고, 간편한 접이식이 가능한 형태.

2 기체 사이즈에 따라 분류

- 대각선 방향의 모터 축간 길이를 기체 사이즈로 정의
- 150, 160, 210, **250**, 280, 300, 330, 350, **450**, **550**, 650, 690, 800, 900, 1000

출처 직접촬영

△ 사진 1-1-1 250기체

출처 직접촬영

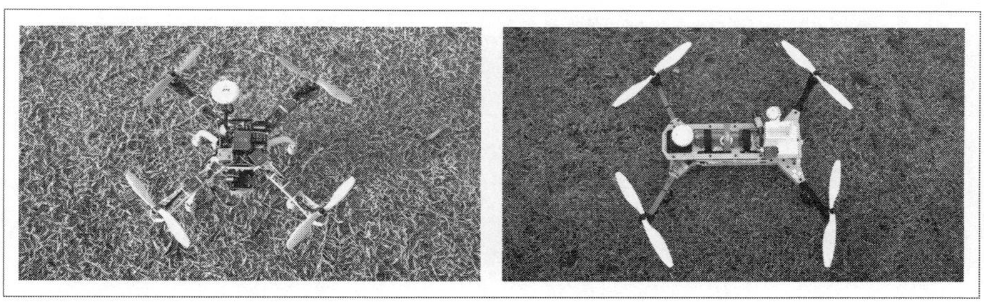

△ 사진 1-1-2 450기체

출처 직접촬영

△ 사진 1-1-3 550기체

이들 중에서 자작 기체의 대표적인 3가지를 고르면 250, 450-Quad, 550-Hexa라고 하겠다. 부품 입수가 쉽고, 저렴하며, 조립 및 정비성이 용이하므로 본문에서는 이들 3가지를 기술한다. 궁극적으로, 자작에서 필수인 드론 구성부품의 기능과 사용법 등에 대하여 자세히 설명한다.

3 비행 목적에 따라 분류

다양한 장르가 혼재하지만 다음과 같이 대별된다.

- 펀 플라잉(Fun Flying) : 초보의 비행연습 ~ 고난도 프리스타일(Free Style) 비행
- 항공 촬영 : 일반인의 취미생활 ~ 상업용 및 전문촬영 영역
- FPV 비행 : 팬텀 촬영 모니터링 ~ 고글착용 레이싱

SECTION 2-2

드론의 즐거움 2 = 항공 촬영

바야흐로 다양한 크기의 드론에 다양한 카메라를 장착하고 촬영할 수 있는 시대가 되었다. 아이들 선물로 사준 초저가 카메라 장착 완구 드론을 방안에서 날리는 방법을 알려주다가 역설적으로 아빠가 비행과 촬영에 흥미를 가지게 되어 드론 제작과 비행에 본격 입문한 열성파 동호인도 있다.

특히 드론으로 하는 항공 촬영은 기존 스마트폰으로는 얻을 수 없었던 정지 및 동영상 시각을 제공하므로 가족여행 시 추억의 기록물로 특별한 기록을 남길 수 있어서 여행 휴대품으로 자리잡아 가고 있다.

낚시를 가는 동호인은 새로운 장소에서의 항공 촬영에 대한 기대와 재미로 취미 생활에 백미를 더하고 있다. 바다 연안의 참치 낚시에 촬영 드론과 낚시대를 혼합하여 새 낚시 기법에 감탄을 자아낸 유투브 영상도 있다. 웨딩 촬영의 항공 촬영은 부부를 영화의 주인공화 시나리오를 가미하여 필수적인 자리매김해 가고 있다. 상업용으로 건물 또는 부동산 및 지인의 펜션을 촬영하거나 하는 일은 이제 동호인도 손쉽게 할 수 있다.

출처 dji.com

△ 사진 1-2-1 촬영기체- 팬텀3(프로페셔널)와 팬텀4

출처 dji.com

△ 사진 1-2-2 촬영기체- 인스파이어1과 인스파이어 프로

출처 직접촬영

△ 사진 1-2-3 촬영기체- 자작 스타일1(QUAD)

출처 직접촬영

△ 사진 1-2-4 촬영기체- 자작 스타일2(HEXA)

출처 직접촬영

△ 사진 1-2-5 촬영기체- 자작 스타일3(Y6)

DJI 팬텀으로 이제는 일반인의 드론 영상도 손쉽게 방송에 송출되는 품질을 갖추게 되었으므로 금후, 방송사의 제보도 시청자가 직접 현장에서 생동감 있게 촬영한 드론 영상이 점차 증가할 것이다.
뿐만 아니라, 중국의 샤오미도 최근 고성능 고 가성비의 mi 드론을 출시하고 있고 바야흐로 전세계의 기업들이 드론 사업에 본격적으로 출사표를 내놓으면서 드론의 가격 및 성능 면에서 시장에 일대 혁명을 일으키고 있다.
이제 4계절이 뚜렷한 금수강산을 공중에서 촬영한 수려한 영상으로 담아내는 것도 동호인의 취미가 되었으며 지자체에서도 수시로 드론영상 공모전을 실시하므로 동호인의 관심과 실력을 높일 수 있는 계기가 되고 있다.
촬영 드론은 기존 상업 모델을 구입하는 방법과 처음부터 하나씩 동작의 원리를 깨우쳐 가면서 자작의 즐거움과 함께 내 손으로 촬영 기체를 완성하고 직접 비행하며 촬영하는 방법이 있으니 각자 본인의 입장과 능력에 맞게 선택한다.
그렇지만 아무리 완성품 상업 모델이라도 날아다니는 것은 추락할 위험이 있으므로 주위를 살피고 넓고 안전한 곳에서 작동해야 하며, 혹시 추락하여 기기에 이상이 있다면 시간과 노력을 더하여 스스로 고장 부품만 구입하여 직접 수리할 수 있는 수준으로 작업능력을 키우는 것은 필요한 덕목이라고 하겠다.

SECTION

2-3 드론의 즐거움 3 = FPV

1 FPV : First Person View(1인칭 시점 비행)

아주 작은 기체에 카메라를 탑재하고 카메라에서 보는 그대로 영상 송신기와 영상 수신기를 통하여 모니터 또는 고글을 통하여 기체를 조종하게 되면 3차원 공간에서 비행하는 매우 빠른 속도감과 스릴감을 즐길 수 있다. 특히 소형 FPV 기체로 나무 사이를 날아다니게 되면, 실제의 비행속도는 느려도 체감속도는 어마어마하게 된다. 최근 유행하는 FPV고글 비행은 이러한 즐거움을 선사하므로 많은 취미동호인들이 빠져들게 된다.

고글을 통하여 화면을 보게 되면 역동적인 비행 화면이 리얼한 대화면으로 나타나므로 한번 고글의 묘미를 알게 되면 다른 비행 장르는 거들떠보지 않게 되는 경향이 생긴다. 이런 특이한 점이 FPV의 마력이라 하겠다. 비행기에 탑승하여 조종사가 보는 시각 그대로 바라보는 1인칭 보기로 RC 드론을 비행하는 즐거움은 최고라 할 수 있다.

FPV(First Person View = 1인칭 보기)를 즐기는 방법은, 모니터 보기와 고글 보기의 2가지 방법이 있다.

첫째, FPV 비행 영상을 모니터로 본다.

모니터를 통해서 비행 중인 기체의 카메라 영상을 보는 것인데, 주로 피사체 확인용으로 사용된다.

창공에서 비행중인 기체에서 바라보는 다양한 화각이 항공 촬영의 매력이라 할 수 있다.

출처 직접촬영

△ 사진 1-3-1 모니터를 통한 기체 확인

또는, FPV 드론레이싱 선수 중에서는 모니터 보기로 입상하는 사람도 있으므로 자기진단을 해 보자.
대부분의 사람들은 고글로 비행하는 것이 어렵지 않지만, 드물게 고글보다는 모니터보기에 적합한 체질인 사람들도 있다.

둘째, FPV 비행 영상을 고글을 통하여 본다.

출처 알리익스프레스

팻샥 2D고글 스카이존 3D/2D고글 웰케라 3D고글

△ 사진 1-3-2 고글의 다양한 형태

일반적으로 FPV에 사용되는 고글은 대부분이 2D형인데, 최근에는 3D 입체영상 고글도 판매되고 있다. 고글에 수신안테나가 2개 달려있다면, 다이버시티 수신형 고글이거나 3D 입체영상 고글의 둘 중 하나이다.
고글의 3D 영상 재현은 드론에 카메라를 좌, 우로 각각 장착하고 영상을 2배로 송신함으로써, 수신측에서는 마치 스테레오 음원을 듣는 것처럼 양쪽 눈으로 입체영상을 보면서 비행과 조종을 즐길 수 있게 한 것이다.
향후 FPV가 장착된 기체의 급격한 회전 시 가속진동을 느낄 수 있는 발전된 4D고글도 발매될 예정이다.

2 고속 레이싱

250사이즈 이하의 레이싱 기체에 주로 사용되며, 고글(Goggle)을 통해서 보는 것이다. 처음 비행 입문 시에는 기체의 후방을 바라보며 3인칭 시각의 호버링으로 시작하고, 비행에 익숙해지면 모니터를 보면서 3인칭 비행과 1인칭 비행을 겸용하면서, 비행에 자신이 생기면 FPV레이싱에 입문한다.

일반인들이 자동차 레이싱 장에 가서 실차 레이싱을 직접 경험하기는 쉽지 않은 일이지만, FPV 레이싱은 누구나 3차원 공간에서 비행의 즐거움을 누릴 수 있는 취미가 되었다. 레이싱이라는 목표 자체가 통과하기 어렵게 설치한 구간을 빠르게 지나서 목표지점에 도달하는 것이므로, 골인시각 0.01초를 영상판독까지 해야 하는 레이싱은 비행코스와 속도감 자체가 짜릿함의 끝판왕이다.

출처 직접촬영

△ 사진 1-3-3 레이싱드론

3 저속 FPV 비행

한편, 레이싱과는 반대로 천천히 비행하는 것도 특이한 재미를 준다.

소설 속의 요정처럼 저속으로 나무 사이를 초소형 드론으로 이리저리 살살 날아다니는 것은 묘미가 있다. 고도로 집중력이 배가되며, 2차원으로 보는 3차원 공간 지각력의 비약적인 향상을 가져다 줄 것이다.

이른 아침, 주변의 공원과 숲속, 놀이터 등에서의 얼리버드 1인칭 비행은 비행장의 제약에서 탈피하여 생활공간 주변의 좁은 장소만 있어도 비행할 수 있는 새로운 공간적 자유로움을 만끽할 수 있다.

바쁜 현대인의 주말 = 가족과 함께하는 시간 외에 주중 출근 전에 짬을 낸다면 생활의 활력소가 되기에 충분하다. 다만, 초보자가 숙달되기 전까지는 넓은 곳에서 충분한 비행연습이 필요하다고 하겠다.

- **FPV의 장점** : 비행장에서 수신주파수를 맞추면, 선수가 아닌 참관인들도 고글, 모니터로 비행영상을 공유해서 볼 수 있다.

SECTION

2-4 드론의 3대 주요부 (무선 조종계 + 비행 제어계 + 동력계통)

모든 형태의 드론은 3가지의 골격으로 이루어져 있는데 무선 조종계, 비행 제어계, 동력계통이다.

1 무선 조종계 : RC(Radio Control)

일반적으로 드론은 무선 전파를 사용하여 제어되는 무선 조종의 특징을 가지고 있다.

무선과 유선은 각기 용도가 다른데, 지하 매설관 탐사용으로는 유선 드론이 사용된다. 원격으로 멀리까지 충실하게 제어되어야 하는 무선 조종계는 신뢰성이 가장 중요한 선택의 요소이다. 이제는 일반에 널리 알려진 RC(Radio Control)라는 단어는 무선 조종이라는 의미로 통용되고 있다. 따라서, RC 조종과 같은 의미이다. 무선 조종은 송신기와 수신기의 2가지가 하나의 계통을 이룬다. 즉, 조종자의 송신기(Transmitter)와 기체에 탑재되어 송신기의 전파를 수신하는 수신기(Receiver)로 구성된다.

- **RC 조종을 위한 매개 전파의 주파수** : 초기 27MHz, 중기 40MHz, 후기 72MHz, 현재 2.4(GHz).
  따라서 현재 2.4(GHz)를 사용하는 송신기는 안테나의 길이가 2.6~2.9(cm)로 대폭 짧아지고 송신기는 물론 수신기 또한 매우 소형화되어 텔레메트리 기능까지 내장한 수신기도 일반화되었다.

또한, 현재 10(mW) 제한 송신기의 출력을, 5.0(GHz)대역에 10(W)까지 허용하는 법안이 추진되고 있다.

송신기의 전파 변조방식은, 후타바(FUTABA)의 FHSS(Frequency Hopping Spread System)을 필두로 제조사마다 다양한 명칭으로 부르기도 하는 주파수 호핑 시스템이 널리 사용되어진다. 수신기에서는 최종 출력으로서 PWM신호 또는 S-Bus 신호를 출력하여 변속기(ESC)를 통해 모터를 제어한다.

조종기 세트를 구입하면, 송신기와 수신기 그리고 기타 액세서리(S-Bus,기타 센서 등)가 포함되어 있다.

》 **고급형 RC 송신기** : FUTABA의 T14SG, T8FG

》 **중급형 RC 송신기** : FUTABA의 T10J, 타라니스(Taranis)의 X-9Dplus, FLYSKY의 FS-i10

수신기는, 기본 세트에 포함되어 있고, 추가 필요 시 별도 구입할 때 저렴한 짝퉁 버전들이 많이 활용되기도 한다.

출처 Futaba, fpvlab.com, 알리익스프레스

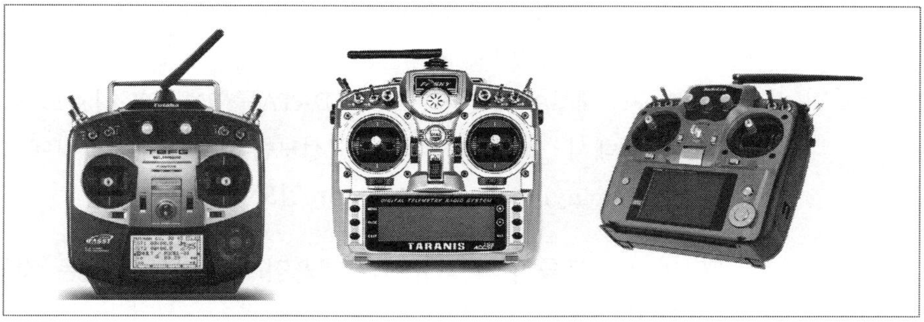

△ 사진 1-4-1 RC조종기- 8FG, X9Dplus, AT10

2 비행 제어계 : FC(Flight Controller)

드론의 가장 기본적이고 중요한 자세는 호버링(Hovering)으로, 이륙 후 수평상태를 잘 유지하는 것이 중요하다.

쿼드콥터의 경우, 4개의 모터에 부착된 각각의 프로펠러가 동일한 양력을 얻어야만 수평상태를 유지할 수 있게 되는데, 이것을 자동으로 제어해주는 것이 FC(Flight Controller) 비행 컨트롤러이다.

8비트, 16비트, 32비트 중의 한 가지 MCU(Micro Controller Unit)로 구성된 초소형 제어컴퓨터이다. 또한, FC에는 각종 센서들과의 조합으로 다음과 같이 여러 가지 특징적인 기능들을 수행할 수 있다.

1. 캘리브레이션과 그 DATA의 저장, 그리고 비교연산으로 모든 비행 상태를 상시 모니터링한다.
2. 조종자로부터 스틱 제어신호를 받아서 그에 상응하는 모터의 PWM신호를 출력시킨다.
3. 대기압 센서의 입력을 받아서, 고도를 감지하고 고도유지 기능을 활성화시킨다.
4. GPS신호와 지자계신호의 입력을 받아서, 이륙한 곳의 좌표점을 기억하며, 조종자로부터 RTH명령을 받으면 애초에 이륙한 곳으로 기체를 유도하여 이륙했던 지점에 착륙을 실행한다.
5. 3축, 또는 6축 자이로 센서의 입력을 받아서 기체의 3축 또는 6축 방향에서의 기체의 기울어짐을 감지하고 최대 기울어짐을 제한하거나 수평을 유지하게 한다.
6. FC 내부에서 연산한 모든 DATA를 RX, TX 신호로 텔레메트리 단자를 통해서 조종자가 필요한 정보를 모니터 스크린에 OSD(On Screen Display) 형태로 보여줄 수 있도록 한다.

FC(비행 컨트롤러)의 종류에는 대표적으로 다음과 같은 것들이 있다.

1) KK2.1
2) APM2.6, APM2.8, Pixhawk
3) CC3D
4) Naze32
5) DJI의 NAZA M-V2, U-KONG, A2
6) Tarot의 ZYX-M
7) JIYI의 P2

3 동력계통 : 동력계통은 배터리, 변속기, 모터, 프로펠러로 구성된다.

✔ 테슬라모터스의 전기자동차도 약 7천 개의 원통형 고방전 18650 배터리를 사용해서 안전을 담보해준다.

(1) **배터리(Battery)** : 드론 전체를 작동하게 하는 힘의 원천이다. 항공기체의 특성상, 가볍고 단위 중량당 용량이 크고 출력이 높은 고방전 리튬폴리머 배터리를 주로 사용한다. 간혹, 원통형 18650 리튬이온배터리도 8C출력 또는 20A를 낼 수 있어서 중량이 큰 기체에 사용되기는 한다.

》 **배터리와 드론 본체와의 연결** : 고전류 접속이 가능한 XT60커넥터를 가장 많이 사용한다.

(2) **변속기(ESC : Electronic Speed Controller)** : 모터에 흐르는 전류를 제어하는 목적으로 사용된다. 즉, 수신기로부터 PWM 속도제어신호를 입력으로 받아 모터의 RPM을 매 순간 제어한다. PWM신호의 폭이 1.0(ms)이면 정지, 1.5(ms)이면 중속, 2.0(ms)이면 최고속으로 모터가 제어된다.
변속기의 종류에는 일반형 변속기와 옵토(Opto)변속기의 2가지가 있는데, 용도에 따라서 사용한다. 변속기에서 5(V)의 전압을 출력해주는 단자가 있느냐, 없느냐에 따라서 구별한다.

변속기에서 출력되는 5(V)의 용도 : 수신기나 카메라 또는 기타의 전원으로 활용하게 된다.

》 **일반형 변속기** : 전원을 공급받아서, 5(V)의 전압을 출력해주는 단자가 있다. 3핀 커넥터에 3핀 삽입.

✔ 중간핀을 생략

》 **옵토(Opto) 변속기** : 5(V) 전압출력을 해주는 단자가 없다. 3핀 커넥터에 2핀만 삽입.

변속기와 외부연결 : 입력전원 2선과 모터출력 3선, 그리고 제어선 3핀(또는 2핀)의 3가지 배선으로 구성된다.

(3) **모터(Burshless 3Phase DC Motor)** : 3상 BLDC(Brushless DC)를 주로 사용하여 프로펠러를 회전시켜서 기체의 상승양력을 발생시킨다.

》 **모터와 변속기 연결** : 중성점이 없는 3상 모터로서 U상, V상, W상의 권선 3가닥을 변속기와 연결한다.

✔ 상측과 하측으로 상쇄시키는 구조

(4) **프로펠러(Propeller)** : 최종적인 양력의 발생장치이다. 정상회전용 CCW형과 역회전용 CW형이 구분되어 사용된다. 대부분의 기체는 CCW형과 CW형의 프로펠러를 50%씩 사용하여 반토크를 상쇄시킨다. 특이하게도, Y6형태의 기체는 CW방향 프로펠러만 6개를 사용하여 반토크를 상쇄시킨다.

SECTION

2-5 RC 조종 전파의 주파수 스펙트럼

1 주파수(Frequency)

흔히 가정이나 버스 안 그리고 지하철이나 커피숍에서 사용되는 스마트폰 와이파이의 사용 주파수가 바로 2.4(GHz)이다. RC 조종기도 이와 똑같은 2.4(GHz)의 주파수를 같이 사용한다.
2.4(GHz)는 일명 ISM밴드라고 불리는데

I(Industrial) = 산업 , S(Science) = 과학, M(Medical) = 의료

라는 의미로서 3가지 용도로 공통적으로 허가된 주파수라는 뜻이다. 그러므로 많은 혼신의 위험이 상존한다.

2 주파수 대역(Band Width)

주파수는, 일정한 넓이(폭)를 가지고 사용하게 되는데, 이것이 대역폭(B.W = bandwidth)이다. 주파수 2.4055~2.4750(GHz)의 대역을 사용한다면 점유 주파수 대역폭은 69.5(MHz)가 된다.
RC 조종기 FS-i10은 코딩방식 = GFSK, 점유 주파수 대역폭 = 0.5(MHz), 밴드 수 = 140(개)를 사용한다.

3 주파수 호핑 시스템(FHSS)

2.4(GHz)주파수 대역 내에서 14개 채널을 징검다리처럼 건너뛰면서 사용하는 것을 호핑(Hopping)한다고 한다. 후타바(Futaba)의 FHSS 시스템은 이러한 전파사용 방식을 뜻한다.

FHSS = Frequency Hopping Spread System

RC 송수신기를 제조하여 발매하는 회사마다, 각기 다른 송수신 방식을 자랑하면서 명칭이 다른 것이 많으나, 기본적인 통신 개념은 거의 같은 채널 건너뛰기 즉, 주파수 호핑이다.

출처 Analog.com

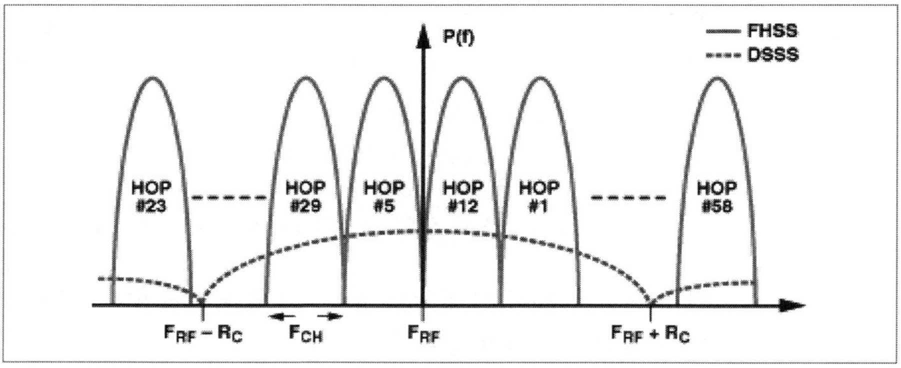

△ 사진 1-5-1 후타바의 FHSS와 기영전자의 DSSS의 호핑시스템

예
- Futaba : FHSS(Frequency-Hopping Spread Spectrum)
  FASST(Futaba Advance Spread Spectrum Technology) – 더욱 정교한 FHSS 시스템
- JR : DMSS(Dual Modulation Spectrum System), DSM(Direct Sequence Spread Spectrum)
- Frsky : DSM(Direct Sequence Spread Spectrum)
- 기영전자 : DSSS(Direct-Sequence Spread Spectrum)
- 하이텍알씨디코리아 : AFHSS(Adaptive Frequency Hopping Spread Spectrum)
- 성지 그라프너 : FHSS(Frequency-Hopping Spread Spectrum)
- FLYSKY : AFHDS(Automatic Frequency Hopping Digital System)

RC 조종기는 제조사 별로 다양한 대역폭, 변조 방식, 코딩 방식, 호핑 동작, 채널주파수를 사용함으로써, 전파방해로부터 자유로운 RC 조종이 가능한 시스

템을 보장하려 한다. 그렇지만, 다른 조종기와의 주파수 간섭을 완전하게 배제하기 어려울 수도 있다. 채널 점유폭이 넓은 인스파이어의 동시 비행 대수를 최대 3대로 제한하는 것이 현명하다. 팬텀, 인스파이어가 일반 송신기를 사용하는 기체와 함께 비행하는 것은 자제하는 것이 좋다.

4 2.4(GHz)를 사용하는 송신기와 수신기의 안테나 길이

통상 1/4파장의 수직 안테나 형태를 가장 많이 사용하고, 정확한 파장은, 2.9(cm)이다. 실제로 2.4(GHz) 전파수신용 안테나가 사용되는 예를 들면, 단축률을 95(%)로 가정하고 파장 x0.95로 계산, 동축케이블의 심선부위를 약 2.6(cm)만큼 실드선에서 빼내어 노출시켜서 수신기 안테나로 사용한다.

5 수신기와 쌍방향 통신이 가능한 텔레메트리 송신기

최근에는 송신기와 기체에 별도로 텔레메트리 송신 및 수신이 되는 장치를 하지 않아도, 이미 송신기는에 텔레메트리 수신기를 내장하고 있고, 수신기 쪽에는 텔레메트리 송신기를 내장하고 있어서, 수신기와 송신기가 자체교신 하므로, 기체의 배터리 전압 등, 각종 정보를 송신기 화면에 나타내 주는 것이 있다.

예 타라니스(Taranis) 조종기, 플라이스카이(FLYSKY) 조종기

거기에다가 더하여 송수신기 간의 에러 율(실시간 전송패킷의 손실비율)을 송신기 화면에 표시해 준다. 또한 수신기에서의 전파수신 감도를 송신기 화면에 표시해 주기도 한다.

예 FS-i10

6 수신기 감도

수신기의 감도는, 마이너스로 수치가 높을수록 좋은 것인데, 가장 좋은 수신기의 감도는 −105(dBm)이다. 이는 수신기에서 낼 수 있는 최고의 성능이라 할 수 있다. 또한, 수신기의 감도를 보완해서 성능을 UP시켜주는, 가장 중요한

요소는 수신기 측의 안테나이다. 그러므로, 송신기 출력을 올리기보다는 수신기 안테나를 보강하는 것이 감도를 올리는 현명한 방법이 되겠다. 수신안테나를 다이버시티 방식으로 배치해서 변화무쌍한 기체 위치에 따른 감도 변화를 보완하는 것이 필요하다.

7 스펙트럼 아날라이저 내장 송신기

점유 주파수 대역을, 눈으로 볼 수 있게 화면으로 제공해 주는 송신기도 있다. 아래는, FLYSKY사의 FS-i10(10채널 쌍방향 송수신기) 조종기의 실제 사용 화면이다.

출처 직접촬영

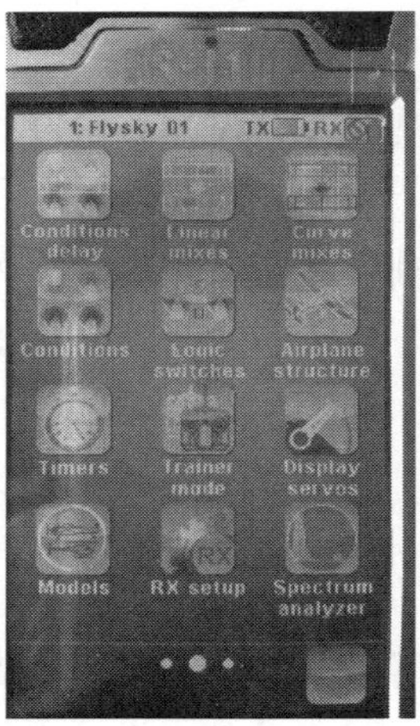

사진 1-5-2

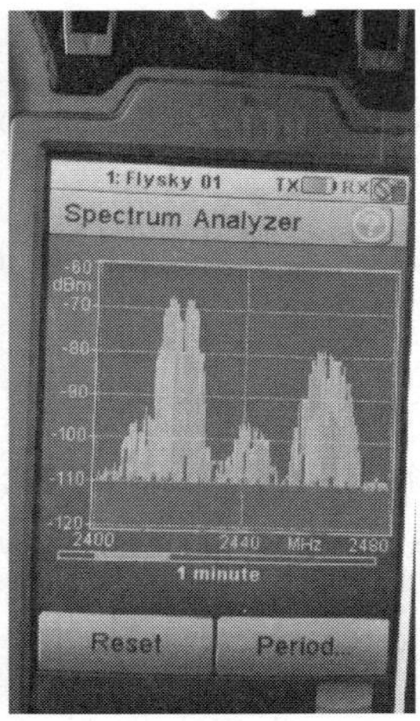

사진 1-5-3

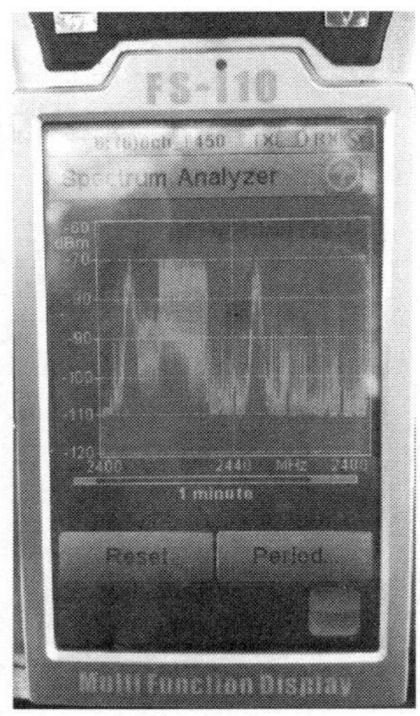

사진 1-5-4

△ 사진 1-5-2 조종기에서 Spectrum Analyzer 메뉴를 선택하는 아이콘(우측 맨 아래)

△ 사진 1-5-3 가정용 와이파이 중계기에서 나오는 주파수를 조종기에서 관측한 스펙트럼

△ 사진 1-5-4 3대의 드론이 동시 비행할 때의 주파수 스펙트럼(점유폭이 넓은 것 = 팬텀3)

3

SECTION

드론의 기술부품 분석

1. RC 조종기 & 수신기
2. 리튬폴리머 배터리
3. 배터리 충전기
4. 프로펠러
5. BLDC 모터
6. 변속기
7. FC
8. 고도 센서
9. 자이로 센서
10. 가속도 센서
11. 지자계 센서
12. GPS 센서
13. OSD
14. 초음파 센서 유닛
15. 이미지 센서 유닛
16. LED
17. 저전압 알람 = 리포 알람
18. 로스트 알람
19. FPV 고글
20. 영상 모니터
21. 영상 송신기
22. 영상 수신기
23. 영상 스위처
24. 짐벌
25. 리트랙터
26. 카메라
27. 안테나
28. 파워 분배 보드
29. 삼각대

SECTION

3-1 RC 조종기 & 수신기

RC 드론의 조종을 위한 송신기와 수신기는 1개의 세트로 구성된다.
2.4(GHz)대의 주파수를 사용하는 조종기는, 반드시 서로 무선연결을 위한 바인딩(Binding)을 해야만 동작한다. 바인딩을 하지 않으면, 송신기에서 아무리 스틱을 움직여도 수신기가 동작하지 않으므로 드론이 작동하지 않는다.
조종기는 송신기와 수신기의 제조회사가 같더라도 바인딩을 해야만 동작하고, 송신기 제조회사와 수신기 제조회사가 다르더라도 바인딩이 되면 사용할 수 있는 것이 2.4GHz 대역 송수신기의 특징이다. 특히 중국산 저가 제품 중에 이런 종류가 많고 높은 가성비로 많은 선택을 받고 있으나 세심한 주의가 필요하다. 또한, RC 조종기는 한번 구입하면 거의 반영구적으로 사용하게 되므로, 처음 구입 시에는 주변의 동호인 모임 등에 가입하여 잘 알아보고 품질이 인증된 제품을 구입하는 것이 결과적으로 현명한 선택이다.

1 RC 조종기(송신기)의 외형

출처 Futaba, fpvlab.com, 알리익스프레스

△ 사진 2-1-1 RC조종기- 8FG, X9Dplus, AT10

2 수신기

수신기는 RC 조종기 세트를 구입하면, 박스 내에 포함되어 있다. 필요하면 추가로 별도 구입한다. 조종기가 고가인 경우, 추가로 별도 구입할 수 있는 수신기는 원본대비 저렴한 세컨드 제품이 많이 이용된다.
Futaba 관련 세컨드 제품은 신뢰성과 거리적인 측면에서 다소 불리하지만 가성비로는 단연 최고이다. (FrSKY)

3 송신기와 수신기의 바인딩 방식

(1) 수동 바인딩의 2가지 타입

대부분의 송신기와 수신기는 수동으로 바인딩해야 한다.
송수신기 제조사마다 다르지만 수동바인딩 타잎은 다음의 2가지 방식으로 바인딩한다. 즉, 바인딩 플러그를 사용하는 방식과 바인딩 플러그를 사용하지 않는 방식이 있다.

바인딩 플러그를 사용해서 바인딩하는 방식

- 바인딩 플러그를 수신기의 바인딩 채널에 꽂고, 송신기의 바인딩 버튼을 누르면 바인딩된다.
- 바인딩 플러그는 서보제어용 3핀 커넥터에 1핀과 3핀을 SHORT시킨 것이 사용된다.

출처 알리익스프레스

△ 사진 2-1-2 바인딩 플러그

바인딩 플러그에 달린 작은 핀은 수신기를 리셋트(Reset)해야 할 필요가 있을 때 사용된다.

바인딩 플러그를 사용하지 않고 바인딩하는 방식

수신기에 부착된 바인딩 버튼을 누르고 있으면서, 송신기의 바인딩 버튼을 누르면 바인딩된다.

출처 직접촬영

△ 사진 2-1-3 좌측에 바인딩 스위치가 있는 GR-7

(2) 자동 바인딩 타입

NOVA(CX-20)는, 기체에 배터리를 연결하고 나서, 송신기를 켜면 자동으로 바인딩된다. 따라서, 바인딩 플러그 또는 별도의 바인딩을 위한 행위가 불필요 하다. 이러한 스타일은, 기체 1대에 여러 대의 송신기가 동시에 바인딩될 수도 있으므로 주의가 필요하다.

편리할 수도 있지만 여럿이 같은 기종을 날릴 때는 조심해야 한다.

〉〉 NOVA(CX-20)의 자동 바인딩 절차

1) NOVA(CX-20) 본체에 리튬폴리머 배터리(3셀)를 연결한다.
2) 연결 신호음이 나면서, 빨간 불과 녹색불이 교대로 점멸하기 시작한다.
3) GPS 신호가 잡히면 녹색불이 멈추고, 빨간불이 깜빡인다.
4) 송신기의 전원스위치 ON, 러더 키를 오른쪽으로 하고 기다리면, 빨간불이 켜진 상태가 된다.

4 RC 조종용 송신기의 모드1과 모드2

가장 흔한 구분이 모드1 조종기와 모드2 조종기인데, 트로틀 채널이 좌측 스틱 또는 우측 스틱 중 어디에 있는가에 따라서 크게 2종류로 나뉜다.
겉보기에 쉽게 구분하는 방법은, 트로틀 채널이 왼쪽에 있는지 오른쪽에 있는지 확인하는 것이다. 전통적으로 RC 조종에 사용했던 송신기는 모드1 이고, 트로틀 채널이 오른쪽에 있다. 최근 출시되는 드론에 포함된 조종기들은 대부분 모드2이고, 트로틀 채널이 왼쪽에 있다.
모드1과 모드2 조종기는, 스틱짐벌의 좌측변 상하 이동부와 우측변 상하 이동부만 바뀐 것이다. 즉, 트로틀 채널(CH3)과 엘리베이터 채널(CH2)만 위치가 반대로 세팅되어 있다.
요즈음 모드2 ↔ 모드1의 변경은, 스틱짐벌의 위치변경 또는 간단히 메뉴변경으로 할 수 있게 출시되고 있다. 모드2 조종기로 촬영 목적의 비행을 한다면, ALT-HOLD 및 GPS 모드와 같은 고도 고정 상태에서 우측 스틱만으로 비행을 편리하게 할 수 있다. 한편, 모드1 조종기로 펀 플라잉을 한다면, 수평 드리프트 비행이나 나선 상승, 나선 하강이 편리하다.

5 RC 조종용 송신기의 내장 배터리

- 염가의 조종기에는 AAM 1차 전지 4개를 사용하여 6V의 전원으로 동작하는 것이 대부분인데, 배터리의 사용량이 많으므로, 리튬폴리머 전지로 개조, 충전하여 사용할 수도 있다.
- 중급 이상의 조종기에는 1셀~2셀의 리튬폴리머 전지를 사용하고, 전용 충전기 또는 USB 단자로 충전한다.

6 RC 조종용 송신기에 현장 보험 모드가 있다 = 트레이너 모드

중급 이상의 조종기에는 반드시 2단으로 동작하는 트레이너 스위치가 부착되어 있다. 이는 조종기의 채널과는 별개로 동작하는데, 비교적 긴 봉을 갖는 리턴(복귀)형으로 되어 있다.

>> **용도** : 처음 RC 조종을 배우는 제자와 RC 조종을 가르치는 스승이 2인 1조로 안전한 비행을 하는 것이다.

처음 입문하는 조종자 혼자서 비행을 할 때는 3초의 법칙(첫 비행은 3초안에 추락한다)을 깨뜨리고 입문자가 안전하게 비행을 배울 수 있도록 위험한 순간에는 스승이 바로 조종하여 살려내는 것이다. 이와 같이 트레이너 모드는 많은 장점을 가지므로 비행 현장에서의 실질적인 안전 보험이라고 할 수 있는 것이다. 기체도 장수하고, 입문하는 조종자도 초보비행의 심적 부담이 없어지고, 단시간에 비행체의 조종기술을 습득할 수 있게 되므로, 그 시간적 경제적 이득은 보험료를 지불하는 것보다 상상 이상의 효과가 있다. 그러므로, 비행에 입문하는 초보자는 모두 인근의 오프라인 동호회를 찾아가서 트레이너 모드를 활용하여 안전한 비행을 하도록 권장한다. 물론 나이불문 꼭 사부님을 모시고 제자로서의 예를 다하기 바란다.
트레이너 모드에 관하여는 [9-5절]에서 상세히 설명한다.

SECTION

3-2 리튬폴리머 배터리

1 드론의 비행시간

드론의 비행시간을 결정하는 것은 결정적으로 에너지원이 되는 배터리 용량의 크기에 따라 다르다. 그러므로 배터리 용량의 크기는 드론의 짧은 비행시간을 해결함에 있어서 제1차 과제이다.

2 비행시간의 변수

비행시간을 상세하게 구분하면 배터리 용량과 비행 스타일, 그리고 기체의 소모 전력과 중량에 달렸다.

- 심하게 편 플라잉 또는 레이싱모드로 비행한다면 모터의 소모전류가 증가하여 비행시간이 크게 감소한다.
- 동일한 배터리로도 기체가 무거우면 상대적으로 비행시간이 줄어들기 때문에 경량의 탄소 소재를 사용한다.
- 전자회로에서의 소모전류는 별도의 부가 장치가 없다면 전체의 소모 전력에 비하면 무시할 수 있는 정도이다.

한편, 대형 드론에는 장시간 비행을 위하여 리튬배터리 충전용으로 발전용 엔진을 장착하기도 한다.

3 드론에 사용하는 배터리의 조건

✔ 높은 방전률 필요

✔ 중량대비 고출력 필요

✔ 이점은 리튬폴리머 배터리가 아직 부족하다. 겨울철 비행 추락의 원인

1) 다수의 모터가 필요로 하는 매우 높은 순간 전류량을 내줄 수 있을 것
2) 단위체적 대비 경량일 것
3) 온도 변화에 둔감할 것
4) 방전시의 최대전압과 최소전압의 차이가 작을 것
5) 신뢰성이 높을 것 등이라고 하겠다.

이렇게 하여 현재 가장 많이 쓰이고 있는 것은 여러 가지를 고려하여 다음 2종류가 있다.

1. 고방전 리튬폴리머 배터리
2. 고방전 18650 리튬이온 배터리

위의 2가지 형태 중에서 가장 많이 사용되는 것은 당연히 1항의 고방전 리튬폴리머 배터리지만 최근 2항의 리튬이온 배터리도 점차 용량이 증가하여 촬영용 기체용도로 사용되고 있는 추세이다.

출처 하비킹

△ 사진 2-2-1 리튬폴리머 배터리(Turnigy nano-tech 2200mAH/45C~90C)

RC 동호인들이 자주 접하게 되는 리튬폴리머 배터리 구입 웹주소

http://www.hobbyking.com/hobbyking/store/__378__85__Batteries_AccessoriesTurnigy_nano_tech.html

리튬폴리머 배터리는 파우치형(사각의 판형)으로서 **공칭전압은 3.7(v)이고, 만충 전압은 4.2(v)이다.** 한편, DJI사의 팬텀에는 만충 전압이 특별히 보통보다 약간 높은 4.35(V)의 리튬폴리머 배터리가 사용된다.

4 리튬폴리머 배터리에 연결된 커넥터 2종류

리튬폴리머 배터리에는 단일 셀을 제외하고는 모두 2종류의 커넥터로 구성되어 있다.

(1) 배터리 메인 커넥터(XT-60)

배터리에 매우 굵은 배선으로 연결된 노란색 커넥터(가장 보편적인 XT-60)를 가지고 있다. 드론 비행용 전원에 메인커넥터를 연결한다. 60(A)의 전류를 허용한다. XT-90은 90(A)를 허용한다.

(2) 배터리 서브 커넥터(밸런스잭)

흰색의 여러 핀이 달린 소형의 커넥터는 밸런스 잭이라고 부른다. 이것에는 배터리 내부에 있는 각 셀마다 빠짐없이 연결되어 있어서 충전 시 밸런스 충전에 사용되고, 비행 시 또는 보관 시에는 배터리 셀 간 전압의 확인 또는 저전압 알람을 검지하는 단자로 사용된다. 저가의 충전기에는 밸런스 단자로만 충전이 가능한 것도 있어서, 밸런스 잭은 매우 중요한 역할이 되기도 한다. 또한 밸런스 잭은 배터리의 각 셀 중에서 불량화된 셀을 발견하는 용도로도 사용된다. 밸런스 단자는 비교적 기계적 강도가 약하므로 사용 중 깨지거나 합선되지 않게 취급에 주의해야 한다.

5 드론에 사용하는 배터리의 조건

- ✔ 높은 방전률 필요
- ✔ 중량대비 고출력 필요
- ✔ 이점은 리튬폴리머 배터리가 아직 부족하다. 겨울철 비행 추락의 원인

1) 다수의 모터가 필요로 하는 매우 높은 순간 전류량을 내줄 수 있을 것
2) 단위체적 대비 경량일 것
3) 온도 변화에 둔감할 것
4) 방전 시 최대전압과 최소전압의 차이가 작을 것

RC용 리튬폴리머 배터리에는 보호회로가 없다. 대단히 많은 순간전류를 모터들이 필요로 하기 때문이다. 따라서, 높은 방전전류를 내보내기 위하여 보호회로인 PCM이나 BMS를 사용하지 않고 배터리 단자와 직결한다.

» PCM(Protection Circuit Module) : 출력회로의 단락이나 배터리의 저전압 차단, 고전압충전 차단 역할

» BMS(Battery Management System) : 셀 전체는 물론 셀 1개당 충, 방전 전압과 전류를 총합 관리하는 역할

직렬 연결된 배터리는 사용 중 셀 간의 전압밸런스가 틀어지면, 셀 밸런스 충전으로 보정하여 사용해야 한다.

6 아직은 부족한 저온특성을 갖는 리튬폴리머 배터리의 단점

현재의 리튬폴리머 배터리와 리튬이온 배터리 모두 현존하는 드론용 배터리로서의 조건을 충분히 갖추었지만, 낮은 온도에서 출력이 현저히 불량하므로 추운 곳에서의 비행은 반드시 보온 대책을 강구해야 한다. 즉, 배터리를 보온재인 스치로폼 등으로 감싸주거나 포맥스로 케이스를 만들어 기체에 부착한다.

- **C 레이트(Rate)** : 방전 시에는 출력전류의 배율로 사용되고, 충전 시는 충전전류의 최대값을 결정한다. 방전전류가 높을수록 FPV 레이싱에 적합하므로, 보통 45C를 사용하고 최대 65C까지도 사용한다. 한편, 충전전류의 최대값이 높으면, 충전시간을 단축시킬 수 있는 유용한 요인이 된다. 비행기용으로는 25C 근처를 많이 사용하고, 멀티콥터 레이싱용으로는 45C 이상을 사용한다.

C 레이트가 클수록, 성능이 좋은 배터리이고, 무게가 증가하며, 가격도 비례하여 높아진다.
리튬폴리머 배터리는 최대 100C까지도 있으나, 리튬이온 배터리는 고방전일지라도 현재는 12C가 한계이다.

- **하비킹의 B그레이드 배터리** : 중량이 다소 무겁지만, 고용량에서 가격이 저렴하므로 많이 찾게 된다.

7 리튬폴리머 배터리의 취급

✔ 화재 발생

1. 배터리가 합선되지 않도록 한다.
2. 배터리를 떨어뜨리지 않도록 하며, 강한 진동이나, 충격을 주지 않도록 한다. 왜냐하면, 물리적 변형은 전기적으로 합선상태가 되어 순간적으로 화재 발생으로 이어진다.
3. 충격에 매우 약하므로 주의한다. 추락 시 사소한 찌그러짐에도 주의하며, 관찰하고, 사용하지 않고 방전시켜서 폐기한다.
   찌그러진 배터리는, 충전 중에 발화할 수 있다. 폐기.
   찌그러진 배터리는, 방전 중에도 발화할 수 있다. 폐기.

✔ 비행 중에도 화재발생

✔ 덮개 있는 사기그릇 등

4. 운반 중에도, 안전하게 튼튼하고 절연된 공간에 담아서 이송한다. ; 탄통이 가장 좋다. 집에 보관할 때도, 안전하고 튼튼한 “탄통”을 구매하여 보관하도록 한다.
5. 보관 또는 충전 중에 불이 났을 경우를 대비한다. 애완동물에 의한 화재를 예방한다. 작은 소화기를 구비해 둔다. 불붙은 배터리를 집을 수 있는 집게도 준비해 둔다.
   불붙은 배터리를 넣을 수 있는 물이 담긴 방화수통(또는 덮개 있는 사기그릇 등)을 준비한다.
6. **충전 시의 화재발생** : 제1조치는 무조건 충전기의 전원코드를 최우선적으로 뽑아야 한다. 그리고, 제2조치로 위의 5항과 같은 준비물을 사용하여 즉각 화재를 수습한 후 환기한다.
7. 셀 불량이 1개라도 포함된 배터리를 “일반충전”하면 매우 위험하다. 배터리 화재가 발생한다. 가급적, 일반충전보다는 밸런스 충전을 한다. → 밸런스 충전은 상대적으로 안전한 편이다.
8. 충전 완료된 배터리는, 셀 전압 테스터로 반드시 셀별로 전압을 확인하고, 셀 전압을 관리한다. 4.20(V)가 넘는 셀은 불량화된 셀로 보고 특별관리 또는 폐기한다.
9. 주변에 소형 소화기를 비치하는 것은 물론, 비상시를 대비하여 대형 소화기가 있는 곳을 알아둔다.

8 리튬폴리머 배터리의 폐기

✔ 일반 충전하면 화재발생 원인
✔ 버스에서 부동액이 살짝 유출되었을 때 나는 냄새와 비슷하다.

1. 셀 당 전압이 3.3(V) 이하 또는 4.20(V)를 현저히 넘는다면 폐기한다.
2. 배터리의 냄새를 맡아 보아, 약하게 달짝지근한 냄새가 난다면 내부의 용액이 새어나오는 것이다. 반드시 폐기해야 한다.
3. 폐기대상 배터리는, 반드시 배터리 내부에 남아 있는 전기용량을 전기적으로 완전히 방전시킨 뒤 "배터리 분리수거함"에 넣어서 폐기한다.
4. **완전방전 요령** : 3셀 리튬폴리머 배터리의 경우, 자동차 브레이크 등 또는 전조등 전구를 부하로 연결, 또는 기타의 방법으로 안전하게 전기적으로 완전히 방전시킨다.

9 리튬폴리머 배터리를 보관하는 방법

1. 어린아이나 강아지 같은 애완동물로부터 격리시킨다.
2. 너무 뜨겁거나 차가운 곳에 두지 않도록 한다(뜨거운 곳은 화재염려, 차가운 곳은 용량저하)
3. 차량 앞쪽 유리창과 같이 태양광에 직사로 비치는 곳에 두지 않는다.
4. 습도가 높은 곳, 증기 또는 물방울이 있는 곳에 두지 않는다.
5. 진동이 센 곳, 먼지가 많은 곳 등에 두지 않는다.
6. 떨어져서 배터리가 찌그러질 가능성이 있는 곳에 두지 않는다.
7. 외부로부터 충격을 받지 않는, 튼튼한 철제탄통 같은 곳에 보관한다.
8. 배터리의 단자들이 합선되지 않도록 안전하게 절연되어 있는 상태로 보관한다.

10 리튬폴리머 배터리를 기체에 장착 시 주의점

1. 배터리는 기체에 너무 단단하게 고정(벨크로를 2중,3중 묶거나, 또는 완전 고정)하지 말 것과, 추락 시 충격으로 찌그러짐이 발생하여 그로 인한 화재 발생이 일어나지 않도록 대비한다.
2. 배터리 배선 주변에는, 강한 자계가 생성되므로 센서류가 배치되지 않도록 한다. 특히 지자계 센서와 GPS 센서는 FC가 오동작을 일으킬 소지가 있으므로 이격시킨다.

11 비행 중인 기체의 리튬폴리머 배터리 전압관리

1. 리튬폴리머 배터리를 사용할 때에는, 최소 3.3(V)이하로 떨어뜨리는 경우가 있어서는 안 된다. 단, 1회라도 3.3(V)보다 낮아지는 순간, 영구적으로 손상되기 때문이다.
2. 이와 같은 손상을 예방하기 위해서, 기체에 리포알람을 장착하고 비행 중 배터리 전압을 관리한다.
3. 겨울철, 배터리가 낮은 온도에 노출되면 급속히 용량이 감소하여 추락의 원인이 되므로 반드시, 따뜻하게 보온하고, 비행 시에는 보온재 등으로 감싸서 사용해야 한다.

12 리튬 이온 배터리

리튬폴리머 배터리는 일반인이 낱개로 구입하는 것이 현실적으로 불가능하지만, 리튬이온 배터리는 인터넷에서 얼마든지 개인적으로 구입하는 것이 가능하다는 장점도 있다. 리튬이온 배터리는 주로 원통형으로서 공칭전압은 3.6(v)이고 만충전압은 4.1~4.2(v)이다. 드론에 사용할 때는 직렬, 병렬로 조합하여 원하는 출력전압과 전류를 내도록 구성하여 스폿용접을 한다.

》 **케이스** : 가공이 쉽고 미려한 흰색 포맥스를 연필 깎기 칼로 쉽게 재단하여 401본드로 간편히 접합한다.

리튬이온 고방전 18650 배터리의 사용 : LG화학의 18650/20C/3000mAH로 3셀 2병렬 F450기체에 비행가능.

》 LG화학 18650/20C/3000mAH 3셀 2병렬 = 3셀/6000mAH 등가 → F450 기체에 탑재비행(DJI Quad 기체)

》 LG화학 18650/20C/3000mAH 6셀 2병렬 = 6셀/6000mAH 등가 → 잉스 기체에 탑재비행(인스파이어 자작)

출처 알리익스프레스

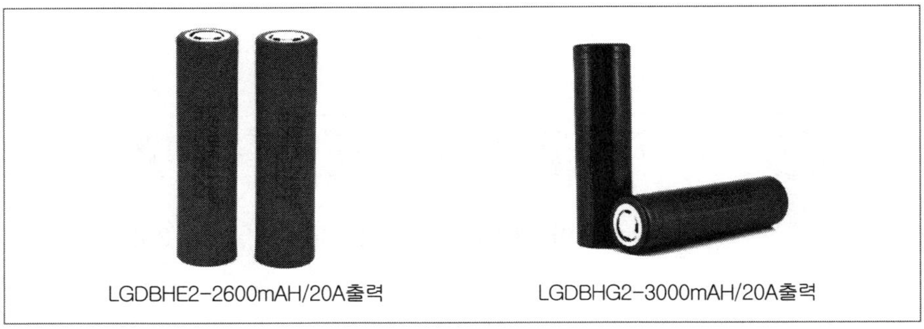

△ 사진 2-2-2 고방전 18650 리튬이온 배터리 2종

SECTION

3-3 배터리 충전기 (Battery Charger)

드론의 에너지원으로 주로 사용하는 리튬폴리머 배터리는 1회용 1차전지가 아니고 충전형 2차전지이다.
따라서 수백 번 충전하여 사용하려면, 전용 충전기가 필요하다.

1 충전기의 사용 대수

충전기의 종류는 실로 매우 다양하여 선택의 어려움을 겪을 수 있는데 물론 고가의 충전기가 좋겠지만 취미용으로 사용하는 데 있어서 적당한 등급의 것을 선택하여 2~3개 구입하는 것이 합리적일 것이다.

2 실용적이고 저렴한 충전기

일반적으로 군사우주항공용도 아니고 상업용이 아니라면 취미용으로서 일반적으로 가성비 높은 충전기를 선택하게 되는데, 이런 목적으로 손쉽게 구입할 수 있는 가격대비 성능이 최고인 제품이 있다. iMAX B6가 그것이다.

출처 알리익스프레스

윗면

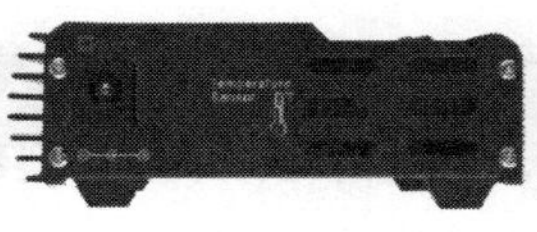

좌측면

우측면

△ 사진 2-3-1 iMAX B6 충전기

- 윗면 : 청색 바탕의 흰색 글자가 나오는 LCD창과 조작 버튼
- 좌측면 : 직경 5.5파이의 전원입력 단자
- 우측면 : 배터리 연결용 바나나 단자와 흰색의 사각 밸런스 단자들

웹주소

http://www.aliexpress.com/premium/imax-b6.html?ltype=wholesale&d=y&origin=y&isViewCP=y&catId=410299&initiative_id=AS_20160602024646&SearchText=imax+b6

- **가격대** : 여러 종류의 액세서리와 특징이 다른 것을 한화로 환산해도 2만원~4만원 범위에서 선택할 수 있다.

3 성능 제원

1. **충전 배터리 종류** : 2셀~6셀(리튬폴리머), 기타 NI-MH, 납축전지, LI-FE 등 충전가능
2. **셀 밸런스 충전** : 가능하다. 물론 셀 밸런스 아닌 일반충전도 가능하다.
3. **전원 입력 전압** : 11~18V ; 노트북 충전기 일부 사용가능
4. **충전 전류 출력** : 60W급의 경우 최대 6A. 실제로는 발열 문제로 4셀의 경우 3300mA까지 권장
5. **충전시간 제한** : 디폴트 120분, 조정 가능
6. **충전전류 제한** : 디폴트 5000mA, 조정 가능
7. **FAN less 방식** : 소음 없다. 케이스 전체가 방열판 역할
8. **화려한 청색 LCD 디스플레이** : 보기 쉽고, 알기 쉬운 표시 방식

취미용으로서 드론을 제작하고 비행하는 용도로서는 이정도의 충전기를 3개 정도 구비하면 충분할 것이다. 충전기의 사용방법에 관한 것은 각 제품의 사용 설명서를 참조바라며 여기서는 중요한 개념만 설명한다.

4 배터리 충전기에 공급하는 전원

iMAX B6 충전기의 전원은, 최소 11(V) ~ 최대 18(V) 사이의 전압을 넣어줘야 정상적으로 동작한다. 충전기에 공급하는 전원의 전류용량은 클수록 좋지만 가격이 비싸지므로, 5(A)정도의 것이라면 적당하다. 그러므로, 충전기 1개를 사용할 때는 12(V), 5(A)정도의 아답터 또는 파워서플라이를 사용하면 된다.

출처 알리익스프레스, 옥션

△ 사진 2-3-2 12(V), 5(A)급 전원 아답터

웹주소 1

```
http://www.aliexpress.com/premium/IMAX-B6-POWER.html?ltype=wholesale&d=y&origin=y&isViewCP=y&catId=0&initiative_id=SB_20160602035636&SearchText=IMAX+B6+POWER
```

웹주소 2

```
http://search.auction.co.kr/search/search.aspx?keyword=12V+5A&itemno=&nickname=&arraycategory=&frm=&dom=auction&isSuggestion=No&retry=&Fwk=12V+5A&acode=SRP_SU_0100&encKeyword=12V%25205A
```

5 배터리 충전기 전원을 자작 DIY

전자를 잘 알거나, DIY 매니아들은 중고 컴퓨터에서 떼어낸 파워 서플라이를 개조하여 사용하기도 하는데 컴퓨터 파워 서플라이에서는 12(V)출력 단자에서 최소 10(A)이상 ~ 30(A)정도의 출력이 나오기 때문이다.

5(V)단자에 10옴/10W급의 저항을 부착하고, 녹색선을 접지하면 충전기를 2~3

대 정도를 병렬로 구동할 수 있다. 자작하는 방법에 관한 상세한 정보는 드론관련 카페에서 검색어 "PC파워"로 찾을 수 있다.

6 배터리 충전기에서의 충전방식 2가지

통상적으로 리튬폴리머 배터리 충전기의 충전은 2가지 방식으로 수행하게 되는데 각각 장단점이 있다.
(1) 일반 충전 (2) 밸런스 충전이다.

(1) **일반 충전** : 전류용량 2200(mAH)의 3셀 리튬폴리머 배터리를 "일반충전" 할 경우, 배터리의 메인(XT-60) 커넥터만 충전기에 극성 맞춰 연결한다 → 커넥터 1개 연결.

》 **충전 개념** : 만충 전압 4.20(v) × 직렬 셀 개수 = 배터리 전체 전압으로 충전한다. "LiPo CHARGE" 모드에서, 전류 "2.2A" 및 전압 "11.1V(3S)"로 충전한다.

》 **장점** : 빠른 충전이 가능하다. (1C충전 시 1시간 이내)

》 **단점** : 충전 완료 후, 각 셀당 전압편차가 발생할 수 있다.
불량 셀이 만충 전압 4.2V를 초과하여도 감지하지 못하므로 충전중 화재 발생의 위험이 있다.

(2) **셀 밸런스 충전** : 전류용량 2200(mAH)짜리의 3셀 리튬폴리머 배터리를 "셀 밸런스 충전"할 경우, 배터리의 메인(XT-60) 커넥터 및 4핀의 셀 밸런스 커넥터도 함께 충전기의 극성에 맞춰 연결한다 → 커넥터 2개 연결. "LiPo BALANCE" 모드에서, 전류 "2.2A" 및 전압 "11.1V(3S)"로 충전한다.

》 **충전 개념** : 만충 전압 4.20(v) × 직렬 셀 개수 = 배터리 전체 전압과 셀1개당 전압을 감시하면서 셀 1개당 충전과 셀 1개당 방전을 미세 자동조정하면서 충전한다.

》 **장점** : 충전 완료 후, 각 셀당 전압편차가 거의 없이 모든 셀들이 4.20(V)에 근접하게 충전된다. 게다가 불량 셀이 있어도 감지하여 충전을 자동제어하므로 일반충전 대비 상대적으로 안심된다.

》 단점 : 충전 시간이 길어지므로 1시간~최대 2시간 정도 걸릴 수 있다. 시간여유가 있다면, 셀 밸런스 충전을 권장한다.

출처 직접촬영

△ 사진 2-3-3 셀 밸런스 충전의 모습

7 리튬폴리머 배터리의 관리전압 3가지

리튬폴리머 배터리는 많은 장점을 갖는 만큼 세심한 관리를 해야 안전하게 오래 사용할 수 있다. 다음 3가지 전압은 필수적으로 지키도록 항상 모니터링 하여야 하는 배터리 관리상의 전압값이다.

(1) 보관전압

보관 시에 항상 유지시켜야 할 목표전압 = 3.8(V)

(2) 방전 최소전압

배터리로 부하를 사용할 때 배터리 소진 최소전압 = 3.3(V)

(3) 충전 최대전압

충전기로 배터리를 충전할 때 배터리 양단 최대전압 = 4.20(V)

주의

- 높거나 낮은 보관전압의 경우 : 배터리가 부풀거나 수명이 현격하게 짧아진다.
- 최소전압보다 더 낮은 경우 : 배터리의 수명이 현격히 짧아지거나 망가진다.
- 최대전압보다 더 높은 경우 : 배터리가 부풀거나 진액이 나오거나 화재가 발생한다.

8 리튬폴리머 배터리 보관전압 3.80(V)

리튬폴리머 배터리를 1주일 이상 미사용 시, 반드시 3.8(V)로 유지한 상태에서 보관한다.

- 3.8(V)보다 낮은 전압이라면, 보관모드로 충전하여 3.8(V)로 맞춘다.
- 3.8(V)보다 높은 전압이라면, 보관모드로 방전하여 3.8(V)로 맞춘다.
- 3셀인 경우, 11.4(V)가 적정 보관전압 이고, 4셀인 경우, 15.2(V)가 적정 보관전압이다.

9 보관모드 충전

보관(storage)모드 충전이란 다음과 같은 경우에 실시한다.

1) 배터리를 1주일 이상 장기간 보관하여야 할 때(새 배터리는 보관모드 전압으로 배송)
2) 충전을 하다가 중지하였는데 오랫동안 사용할 계획이 없을 때
3) 비행 중에 추락 등으로 약간 방전된 배터리를 오랫동안 사용할 계획이 없을 때

대부분 중급 이상의 충전기에는 보관모드 충전 기능이 있다.

보관모드의 충전개념 : 배터리의 각 셀의 전압이 보관모드 전압 3.8(V)보다 높은 셀은 방전시키고, 3.8(V)보다 전압이 낮은 셀은 충전하여, 자동적으로 모든 셀들을 보관모드 전압 3.8(V)로 유지시킨다.

전류용량 2200(mAH)짜리의 3셀 리튬폴리머 배터리를 "보관모드 충전"할 경우,

» 배터리의 XT-60 커넥터 및 4핀의 셀 밸런스 커넥터도 충전기의 극성에 맞춰 연결한다.

» "LiPo STORAGE" 모드에서, 전류 "2.2A" 및 전압 "11.1V(3S)"로 충전한다.

배터리를 1주일 이상 장시간 보관하여야 할 때, 보관모드로 전압을 유지해야 한다. 만약, 비행주기가 2주일이라면 완충 배터리가 미사용인 채로 방치되지 않도록 방전해야 안전하고 수명이 길어진다.

10 리튬이온18650 배터리의 충전

리튬이온 18650 배터리는 내부 메뉴에 들어가서 셀당 전압 3.6(V)로 설정된 LiPo모드로 세팅하여 충전한다.

11 리튬인산철 배터리의 충전

리튬인산철 배터리는 내부 메뉴에 들어가서 셀 당 전압 3.3(V)로 설정된 LiFe 모드로 세팅하여 충전한다.

SECTION

3-4 프로펠러

(Propeller)

1 프로펠러의 규격

프로펠러를 유심히 살펴보면 4자리의 숫자가 표기되어 있는데 이 숫자는 인치를 단위로 표시한 것이다. 또한 2자리씩 끊어서 읽는데, 앞자리 2개 숫자는 프로펠러의 전체길이 = 회전 직경을 나타내며, 뒷자리 2개 숫자는 프로펠러가 1회전하였을 때 회전 축 방향으로 전진하는 길이를 나타낸다.

출처 직접촬영

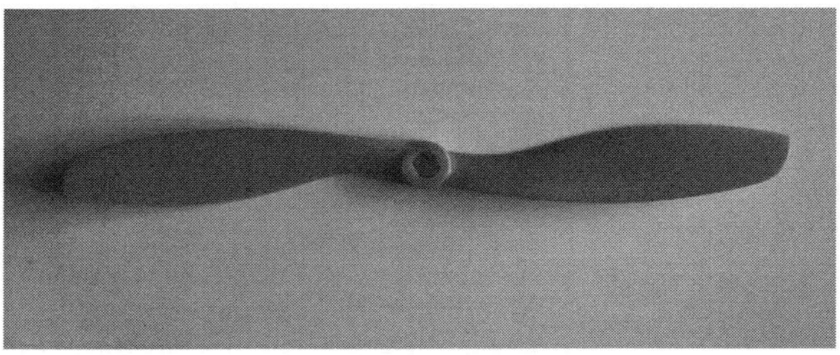

△ 사진 2-4-1 DJI style 8045 프로펠러

즉, 프로펠러의 숫자 8045라면, 길이 8.0인치×피치 4.5인치라는 의미로서 길이 8.0인치라는 뜻이므로 회전시의 직경이 8.0*2.54(cm) = 20.32(cm)가 되고 피치 4.5인치는, 프롭이 1회전할 때 전진하는 거리는 4.5*2.54cm = 11.43(cm)가 된다.

2 프로펠러의 방향 2종류

RC 비행기에서는 특별히 지정이 없으면 기본적으로 **반시계방향(CCW)**의 프로펠러만 사용된다.
모터 축 앞쪽(또는 모터 축 위쪽)에서 보았을 때, 왼쪽으로 회전하는 것이 항공계통 프로펠러의 기본이다.
한편, 드론에 사용하는 프로펠러는, 반토크를 제어하기 위해서 반시계방향과 시계방향의 2종류가 사용된다. 반토크를 상쇄시키고 안정된 비행을 할 수 있도록 반드시 2종류를 조합해서 구성된다. (Y6 제외)
NOVA(CX-20)와 같은 쿼드콥터에는 8045 프로펠러를 2종류 사용한다. : CW(시계방향)와 CCW(반시계방향).
쿼드콥터의 프로펠러는 X자 형태로 배치되는데, 대각선 방향으로 같은 방향의 프로펠러를 장착한다.

출처 dji.com(NAZA/M-V2)

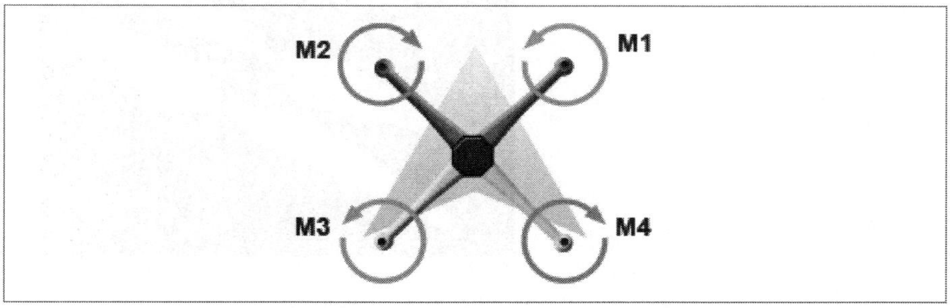

△ 사진 2-4-2 쿼드콥터의 프로펠러 방향

》 앞 좌측 + 뒤 우측 = 검정스피너 + CW 회전용 프로펠러
》 앞 우측 + 뒤 좌측 = 흰색스피너 + CCW 회전용 프로펠러

3 프로펠러를 고정하는 스피너도 2종류를 사용

프로펠러 고정용 너트, 즉 **스피너(SPINNER)도 2종류를 사용**한다. 비행 중 프로펠러와 프로펠러 고정 너트가 같은 방향으로 장착되는 경우, 실제로 회전 중에 고정 너트가 쉽게 풀려버릴 수 있으므로, 이를 인위적으로 방지하기 위하여 프

로펠러의 회전 방향과 프로펠러 고정 너트의 고정 방향을 역방향의 역 나사산으로 제작된 것을 장착한다. 따라서, 프로펠러 고정용 스피너의 조임 방향도 맞춰줘야 한다.

》 CW(시계 방향)용 = 검정색 : 일반나사와 반대 방향(왼쪽)으로 조임.

》 CCW(반시계 방향)용 = 흰색 : 일반나사와 같은 방향(오른쪽)으로 조임.

4 프로펠러 고정하는 모터 축의 특별구조

또 다른 특징이라면, 프로펠러 중앙부에 있는, 프로펠러 고정용 홀은 순수원형이 아니다. 프로펠러가 절대로 겉돌 수 없게 프로펠러의 고정 홀 내부가 양쪽으로 부분적 컷팅된 설계로 제작되어 있다.

출처 알리익스프레스

△ 사진 2-4-3 CW 흑캡, CCW 백캡 프로펠러

위 스타일의 프로펠러는 비행 중에 프로펠러 풀림에 대한 또 다른 대책의 형태이다. 프로펠러 고정용 너트(스피너)가 셀프 타이트닝(자가 조임) 방식이므로 CW, CCW에 맞게 대충 조여도 프로펠러가 고속으로 회전할수록 조여지기만 하고 풀리지는 않는 장점이 있다. 그러나 안전하게 조이는 습관을 들여야 한다.

5 DJI Style 프로펠러

NOVA(CX-20)에 사용되는 프로펠러는, DJI의 팬텀을 그대로 본뜬 것이므로 팬텀용 프로펠러도 그대로 사용가능.

이것은 모터의 축 허브 형태를 프로펠러에 대하여 2중적으로 적용될 수 있도록 개선한 것에 기인한다. 이렇게 프로펠러의 고정 hole에 DJI Fitting 또는 DJI Hub를 특징적인 프로펠러를 DJI style 프로펠러라고 한다.
해외직구 사이트, 하비킹에서 "DJI style"이라 검색하면 다양한 종류와 색상이 있으니 각자의 style대로 선정한다.
흔히 발매되는 자동 조임 방식이 적용된 프로펠러는 팬텀용 8045, 9045, 9047, 9443 사이즈가 일반적이다.

출처 직접촬영

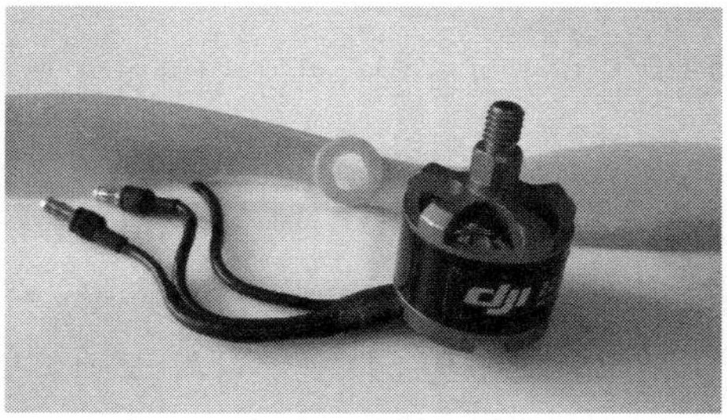

△ 사진 2-4-4 회전방지 모터허브와 DJI style 프로펠러

6 날개 개수에 따른 프로펠러의 분류

- 2엽이 가장 널리 사용되는 스타일이다. 가격도 저렴하다.
- 3엽은 초소형 기체에 쓰이면서 고속 레이싱 기체에 사용되기 시작했다.
- 4엽도 최근 레이싱 기체에 일부 사용된다.

7 재질에 따른 프로펠러의 분류

- **나일론, ABS 등** : 가장 흔한 재질이고 가격도 저렴하다.
- **카본** : 가벼워서 모터에 부하가 적다. 비교적 고가이고 다소 위험하다.
- **목제** : 비교적 튼튼하고 외관상 미려하다. 비교적 고가이고 원하는 크기가 없을 수 있다.

8 접힘 기능에 따른 프로펠러의 분류

- **일반형** : 가장 흔한 형태이다. 프로펠러는 접히지 않는다.
- **폴딩형** : 글라이더 또는 고속 기체에 사용된다. 모터가 회전하지 않으면 자동으로 접힌다.

9 고정 형태에 따른 프로펠러의 분류

- **일반 스피너 고정 형** : 가장 일반적인 형태. 완전히 조이지 않으면 진동에 의해서 풀릴 수 있다.
- **회전방지 고정 형** : DJI 팬텀의 모터허브 하부 축의 형태. 프로펠러가 회전할 수 없게 내경을 가공
- **셀프 타이트닝 형** : DJI 팬텀의 모터허브 상부 축의 고정 형태. 조임 가능, 비행 중 풀림 불가한 방향성나사 구조

SECTION

3-5 BLDC(Brush-Less DC, 브러시리스 DC) 모터

1 브러시(Brush)형 DC모터

장난감 등 낮은 가격이 중요하고 높은 신뢰도가 필요치 않은 제품에는 흔히 브러시 모터가 사용된다.

장점으로는 가격이 저렴하고 또한 간단하게 DC전압만 인가하면 회전하므로 구동제어부가 필요 없다. 단점으로는 브러시가 쉽게 마모되므로 수명이 짧고 정류자 잡음이 발생하여 전자회로에 영향을 미친다.

- **일반적인 구조** : (1) 회전자 (2) 고정자 (3) 브러시와 정류자

출처 알리익스프레스

미니드론 CX-10A용 브러시 모터

소형 장난감용 브러시 모터

△ 사진 2-5-1 초소형 및 소형 브러시 모터의 모습

2 왜 브러시리스(Brushless) 모터를 사용하는가

- **장점** : 고정자 코일에 공급되는 전류의 방향을 전자적으로 검출하여 전환시켜 줌으로써 브러시가 필요 없다. 또한, 브러시가 없어서 정류자 잡음이 발생

하지 않으므로 주변 전자회로에 영향이 적다. 따라서 장수명인 베어링을 긴 주기에 걸쳐서 교체한다면 거의 반영구적인 수명이 보장된다.

모터에 별도로 부가하는 센서, 장치 없이 3상의 모터선 만으로 속도와 위상까지를 정확하게 제어할 수 있고 정류자와 브러시가 없으므로 항공용에서 필요로 하는 안정된 초고속의 회전을 달성할 수 있는 특징이 있다.

- **단점**(1) : 높은 가격 → 장 수명, 고 신뢰성이 필수인 항공용에 맞게 해결.
- **단점**(2) : 제어기 → 전자기술의 발달로 고난도의 제어기인 ESC를 해결.
- **단점**(3) : 강한 자석 → 소재기술의 발달과 중국의 생산능력으로 해결.

3 3상 BLDC(Brush Less DC) 모터의 구동

변속기에서 전기적으로 120도의 위상차를 갖는 U, V, W상의 3상 교류전원을 출력해서 BLDC 모터를 구동한다. U, V, W상의 3상 교류전원이 BLDC 모터의 고정자 코일에 입력되면 120도 위상을 유지하며 전기적 회전 위상에 맞게 자력을 순차적으로 발생시켜서 다수의 영구자석이 장착된 회전자를 변속기에서 인가한 주파수로 회전시킨다. 마치 3상 전원 공급기처럼 동작하는데, 중성점이 없이 3선만을 연결하므로 3상 3선식이라고 할 수 있다.

4 취미용 드론 NOVA(CX-20)의 프로펠러 동력으로 사용되는 BLDC 모터(2212/920KV)의 사양

출처 하비킹

모터의 앞면(프로펠러 축 허브) 모터의 뒷면(고정나사 부위)

△ 사진 2-5-2 NOVA(CX-20) BLDC모터 외형

5 BLDC 모터의 사양에서 표기되는 4자리 숫자/KV가 의미하는 것

- 앞의 숫자 2212 : 회전하는 모터 캔의 외경이 22(mm), 모터 캔의 자석장착 유효높이가 12(mm)라는 뜻이고 920(KV)란, 인가전압 1(V)당 920번 회전을 한다는 뜻이므로 10(V)가 인가되면 9200회전/1분의 회전수를 낸다.

6 분당 회전수 RPM(Revolution Per Minute)과 920 KV

모터에 인가되는 배터리의 전원 전압의 크기에 따라 RPM(Revolution/Minute)이 직선적으로 증감한다는 뜻이므로, 간단한 곱하기를 하는 것만으로 전압변화에 따른 분당 회전수의 계산방법도 수월하다.

7 전원 전압에 따라서 변화하는 RPM

- 전원으로 사용하는 배터리가 3셀일 때
  만충 전압 12.4(V)에서, 12.6 × 920 = 11.592(회전/1분)
- 전원으로 사용하는 배터리가 4셀일 때
  만충 전압 16.8(V)에서, 16.8 × 920 = 15.456(회전/1분)

8 높은 회전수의 BLDC 모터를 드론에 사용하는 이유

3셀의 경우에도 최소 1만 rpm을 넘는다. 즉 속도 조절이 전압의 변화로 이루어지므로 매우 편리하게 제어할 수 있다. 일반 엔진의 경우에는 기계적 구조 및 점화후의 폭발 타이밍이 길어서 이처럼 빠른 회전속도를 내는 것이 어렵다. 또한, 엔진을 드론에 탑재해서 속도를 순간적으로 변화시키려 해도 기계적 관성이 커서 제어가 거의 불가능하다. 따라서, 빠른 속도변화 응답을 갖는 전기모터를 드론에 사용하고 있는 이유가 된다.

한편, 250급의 레이싱용 소형쿼드 기체에는 2300(KV)의 모터에 4셀 배터리를 인가하여 속도를 내는데, 이 경우에는, 분당 회전수가 자그마치 16.8 × 2300

= 38,640(rpm)이나 된다. 앵앵거리는 모기소리를 낸다.

1) 모터 캔의 외경은 22(mm) 그리고 유효한 출력을 내는 자석 장착부의 길이는 12(mm)이다.
2) 모터 축 샤프트의 프로펠러 삽입부는 직경 8mm. 즉, 프로펠러 고정 구멍은 최대 8mm이다.

출처 하비킹

△ 사진 2-5-3 NOVA(CX-20) 모터 축 허브

특이하게 DJI 스타일로 가공된 스피너(Spinner) 고정용 나사산의 직경은 6mm이다. 그러므로 일반적인 프로펠러는 장착이 되지 않는다.
프로펠러를 주문할 때는, 모터의 프로펠러의 고정 구조에 맞게끔, "DJI style"이라 검색해야 한다.

3) 무게는 49(gram)으로 무게가 가볍고 높은 출력을 내므로 330급 ~ 550급의 기체에 널리 사용된다.
   - **트라이콥터** : 2212/920KV 모터 3개는 파워가 넘친다. STICK SCALE을 50%로 낮추어 비행한다.
   - **대형 F550** : 4셀 배터리 또는 2212/920KV 모터를 6개 배치해서 헥사콥터를 구성한다.

9 모터 구입 시에 주의할 점

왼쪽 나사산으로 프로펠러가 조립되는 것과 오른쪽 나사산으로 프로펠러가 조립되는 것이 각각 따로 존재한다. 그러므로, 제작하고자 하는 기체의 형태에 따라서 FC(비행 컨트롤러)에서 지정하는 회전 방향의 개수를 확인하고 그에 맞게 모터의 회전 방향(엄밀하게는, 모터축의 프로펠러 고정나사의 방향)을 확인하여 주문해야 한다.

아래는 팬텀의 빨강색 모터이다. 앞서 소개한 2212/920KV 모터의 오리지널 소스이고 동일한 성능을 갖는다.

출처 알리익스프레스

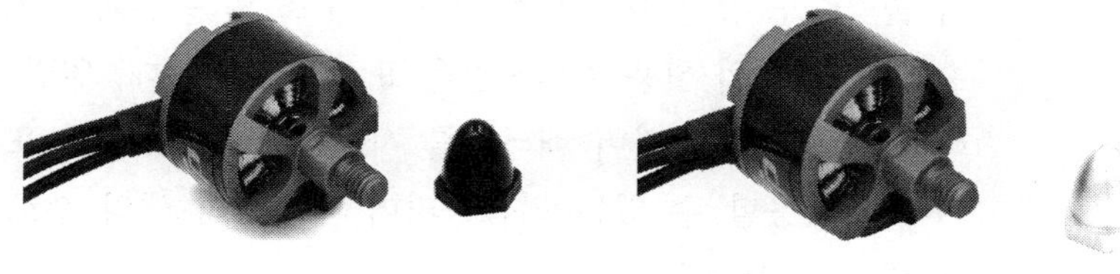

△ 사진 2-5-4 팬텀2용 2212/920KV 빨강모터 2종

10 BLDC 모터의 회전 방향 변경

BLDC 모터는 3선(U상, V상, W상) 중에서 2선만을 서로 바꿔서 연결하면 회전 방향이 반대로 바뀐다.

BLDC 모터의 회전 방향을 변경하는 또다른 방법 : 모터에 연결된 변속기(ESC)의 펌웨어에서 변경할 수 있다.

11 모터를 기체에 장착 시 주의할 점

쿼드콥터에 모터를 장착할 때에는 다음과 같이 구분해서 장착해야 재작업을 하지 않는다.

☑ 흰색 캡을 오른쪽으로 돌려서 프로펠러 고정

☑ 검정색 캡을 왼쪽으로 돌려서 프로펠러 고정

- 왼쪽(CCW) 나사산 모터를 전우, 후좌에 장착한다.
- 오른쪽(CW) 나사산 모터는 전좌, 후우에 장착한다.

12 BLDC 모터의 허용 셀 전압

모터에는 제작 부품의 구성에 따라서 허용 전력량이 결정되어 있으며, 그에 따라 출력량도 결정된다. 또한 권선의 구조 및 종류와 굵기 등에 따라서 인가할 수 있는 모터의 허용 최대전압을 표시하고 있는데, 일반적으로 전압으로 표시하지 않고 리튬폴리머 배터리를 사용하는 셀의 수로 표시하고 있다.

최대로 사용할 수 있는 리튬폴리머 배터리의 셀의 수로 표시한다.

예 3셀 또는 4셀 등으로 표시한다.

SECTION

3-6 변속기
(ESC = Electronic Speed Controller)

변속기(ESC)란, 전자식 속도 제어기로서 모터의 속도를 제어하는데 필수적인 전력제어 전자회로이다. 변속기(ESC)는 모터를 회전시킴과 함께 매 순간 매우 빠른 속도로 모터의 회전속도를 가변시키는 역할을 한다. 드론의 기본동작 호버링(Hovering)은, 쿼드콥터를 기준하면 4개의 프로펠러를 회전시키는 힘의 균형으로 이뤄진다. 이러한 4개소에서 발생하는 양력의 균형은, FC(비행 컨트롤러)가 각각 미세하게 다른 제어전압으로 변속기(ESC)에 속도제어 지령을 내리고 변속기(ESC)가 4개 모터를 각각 미세하게 다른 회전수로 회전시켜서 유지된다.

1 변속기(ESC)의 모터 종류에 따른 분류

변속기는 브러시형 모터를 사용할 것인가, 브러시리스형 모터를 사용할 것인가에 따라서 2종류로 나뉜다.

출처 하비킹

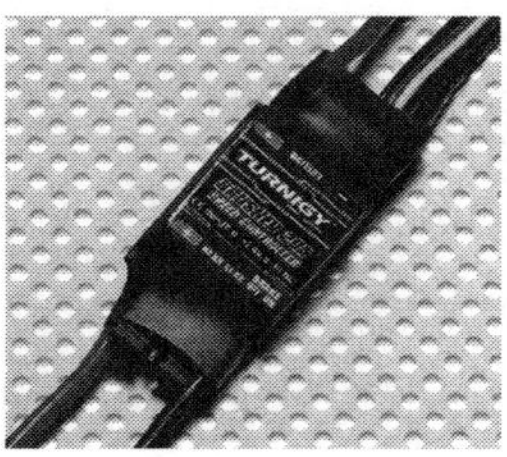

브러시형 변속기

브러시리스형 변속기

△ 사진 2-6-1 브러시형 변속기와 브러시리스형 변속기

외형상으로 크게 다른 점은, 브러시형 모터용 변속기는 모터 연결선이 굵은 2가닥(+전극, -전극)이고, 브러시리스형 모터용 변속기는 모터 연결선이 굵은 3가닥(U상, V상, W상)으로 쉽게 구분된다.

2 브러시형(Brush Type) 변속기

일반적으로 DC 모터는 대부분 브러시형 모터이다. 브러시형 모터의 속도 가변은 브러시형 변속기를 사용해야 한다. 구동 전선은 +, -의 2가닥이다. 브러시리스형 모터가 사용되기 이전에 DC(직류)로 동작하는 모든 모터는 이것이었다. 현재에도 장난감이나 RC 자동차, RC 보트에는 이것이 사용되고 후진이 가능한 변속기이다. RC 비행기 또는 드론에는 여러 가지 이유로 프로펠러를 구동하는 주 동력원으로는 사용되지 않는다.

3 브러시리스형(Brushless Type) 변속기

브러시리스형 모터에는 브러시리스용 변속기를 사용해야 한다. 구동전선은 U, V, W의 3가닥이다.RC 비행기와 드론에 주 동력원으로 사용되는 모터 구동 장치로 구동이 복잡하지만 장점이 많아서 유용하다.

이제부터는 브러시리스형 모터용으로 사용되는 변속기에 대하여만 설명한다.

4 변속기(ESC)의 허용 전류용량에 따른 분류

변속기는 모터의 구동과 제어를 위한 것이므로, 모터의 용량에 맞게 전류용량 중에서 적합한 것을 선택한다. 취미용 드론에서는 소형기체 5(A)급 ~ 중형기체 20(A) ~ 대형기체 50(A)가 사용된다. 전류용량이 큰 것일수록 대체적으로 좋지만, 가격이 비싸지고 중량이 무거워지므로 적당한 것을 채택한다.

5 변속기(ESC)의 허용 전압에 따른 분류

변속기는 배터리의 전원전압과 모터의 최대 허용전력을 감안하여 설계되고, 최대 허용전압 범위 내에서 사용한다. 특히 전압으로 지정하지는 않으며 변속기에 전원전압으로 입력이 가능한 범위의 전압을 **허용 셀 수**로 표기한다. 소형 기체는 2~3셀용이 저렴하여 주로 사용되며, 중급 기체에서는 3~4셀용, 대형 기체에서는 4~6셀용 까지 사용된다. 허용 전압이 높은 것일수록 대체적으로 좋지만, 가격이 비싸지고 중량이 무거워지므로 적당한 것을 채택한다.

6 변속기(ESC)의 전압출력단자 유무에 따른 분류

변속기는 기본적으로 모터를 구동시키는 역할을 한다. 그렇지만 부수적인 기능을 갖고 있는지에 따라 구별된다. 수신기(또는 FC)에서 필요한 5(V) 전압 출력 여부에 따라, 일반 변속기와 옵토(Opto) 변속기로 구분된다. 과거에는 일반 변속기만이 판매되었으나, 최근에는 수신기(또는 FC)의 전원을 별도로 구성하면서 선택폭이 넓어졌다.

- **일반 변속기** : 5(V)전압 출력단자가 있다. 5(V)정전압회로 내장. 3핀 커넥터에 중간 핀(빨강)이 있고 여기서 출력함.
  장점으로는 별도로 수신기(또는 FC)를 위한 정전압 장치가 필요 없다. 단점으로는 변속기가 복잡해지고 발열 및 고장요인이 추가되며 가격도 비싸진다.
- **옵토(Opto)변속기** : 5(V)전압 출력단자가 없다. 3핀 커넥터에 중간 핀(빨강)이 없으며 2핀만 들어있다.
  장점으로는 변속기가 간단해지고 발열 및 고장요인이 감소하고 가격도 저렴해진다. 최근 레이싱용과 고급형 기체에는 점차 옵토(Opto)형의 변속기를 사용하는 추세이다.

7 변속기(ESC) 펌웨어에서도 간편하게 모터의 회전방향을 바꾼다.

3상 BLDC 모터의 회전 방향을 바꾸기 위해서는, 3상배선 중에 2개의 선을 교차시켜 배선한다. 그러나, 카본 파이프 내에 배선이 커넥터로 결합되는 방식으로 제작되었거나 그에 상응하는 복잡한 구조로 제작된 기체에서는 기계적 완성이후에 모터의 배선을 바꾸는 작업이 장시간 불편한 공정을 수반하는 경우가 있다. 이럴 때 효과를 발휘하는 방법이 변속기의 셋팅 프로그램을 이용하여 모터의 회전 방향을 바꾸는 것이다. 비헬리(BLheli) 펌웨어 업데이트를 통하여 PC에 변속기의 펌업(Firm-Up) 소프트웨어를 설치하면 가능하다.

8 변속기(ESC)의 펌웨어 업데이트

변속기들 중에는 변속기 내부에 들어있는 제어용 MCU의 Firmware를 update할 수 있는 것들이 있다. 이런 변속기들은 펌웨어를 업데이트함으로써 여러 가지 장점을 가지게 되므로 펌업툴 구매로 펌업을 한다. 조종기 트로틀의 급격한 상승 시 모터가 빠르게 회전하여 응답하게 되며, 또한 쓰로틀의 미세구간을 제어할 수 있다. 즉, 펌업을 함으로써, 트로틀 속도제어에 대한 빠른 응답성과 미세한 컨트롤이 가능해지는 것이다.
드론의 기본 구조상 모터 간의 출력 조절로 자세를 제어하는 기체에서 중요한 비행성능을 향상시킬 수 있다. 레이싱 기체에서는 반드시 필요한 성능향상 방법이라고 할 수 있다. 한편, 최근 출시되는 변속기들은 이미 이런 기능들이 향상된 상태에서 판매되므로, 별도 펌업을 할 필요가 없다. 따라서 변속기의 구입 시에 사양을 잘 보고 개선된 것을 선택하는 것이 현명하다.

9 변속기(ESC)의 입력과 출력 그리고 내부 동작

(1) **입력신호** : FC(비행 컨트롤러)로부터 3핀의 커넥터를 통하여 PWM(Pulse Width Modulation) 형태로 받는다.
3핀 커넥터 배선 중에서 검정색 선은 접지(GND)이고, 흰색(노랑)선은 PWM 신호 입력선이다. 20(ms) 주기로 들어오는 최소 폭 1.0(ms)~최대 폭

2.0(ms)의 PWM 펄스를 입력으로 받는다. 1.5(ms)가 모터출력을 중간정도의 RPM으로 회전시키는 펄스폭이며, 입력신호의 레벨은 0~5(V)이다.

(2) **출력신호** : 3개의 선으로 연결되는 BLDC 모터에 모터 회전용 3상 출력전력을 내준다. 출력신호의 크기는 기체에 인가된 배터리의 전압과 같으며 U, V, W의 3상 교류로써 BLDC 모터의 회전수에 해당하는 주파수의 출력을 전력형태로 내준다. 전력 전자소자 FET를 각 상마다 2개씩 3쌍, 또는 3쌍의 배수로 배치하여 허용 전류를 높인다.

(3) **변속기 내부의 제어** : PWM 펄스를 입력으로 받아서, 그 펄스의 폭(Width)율에 비례하는 3상 교류출력을 내주는 역할을 한다. 3상 교류출력의 주파수는 통상 5~10(KHz)이다.

(4) **일반변속기의 5(V)출력** : 2셀~6셀까지의 배터리 전압을 5(V)의 정전압으로 강하시켜서 수신기에 사용케 한다. 옵토(Opto)변속기에는 이 부분이 들어있지 않다.

10 변속기(ESC)의 캘리브레이션

별도 캘리브레이션 장(4-3절)에서 상세히 설명한다.

11 변속기의 취급과 장착 위치

변속기는 진동과 충격에 약하므로 케이블 타이 또는 벨크로, 양면 폼 테이프 등을 이용하여 튼튼하게 고정한다. 동작 중에 열이 발생하므로 방열이 잘 되도록, 가능하면 기체 외부에 공기로 직접 냉각되도록 설치한다. 변속기는 사용 중 전기적인 잡음을 발생하므로 노이즈에 민감한 수신기와는 가능한 멀리 떨어뜨려 설치한다.

SECTION 3-7

FC (Flight Controller, 비행 컨트롤러)

드론 기술을 실현하는 핵심 두뇌가 바로 FC(비행 컨트롤러)이다. 비약적으로 발전해온 센서 기술 및 항공 역학적 제어 관점을 소프트웨어로 간단히 연산하며 초소형으로 집약시킨 하드웨어로 사용이 간편해진 드론의 꽃이라 하겠다.
드론을 취미로 즐기기 위해서는 이것들을 잘 활용해야 원하는 비행을 할 수 있으므로 공부를 해야 한다. 세인의 관심이 증가하고 있는 만큼 F/C의 종류도 점차 다양화, 고성능화, 저가격화, 차별화되어 가고 있다.
호버링(Hovering)을 근간으로 하는 쿼드콥터는 프로펠러를 회전시켜서 기체를 정확하게 수평으로 유지하는 것이다. 모터 4개의 회전속도를 각각 정확하게 제어해서 드론이 공기 중에 부양해서 외란을 물리치고 균형을 잡게 한다.
FC(비행 컨트롤러)는, 출력으로서 변속기(ESC)에 속도제어신호를 주어 모터의 회전수를 미세하게 제어한다.

1 FC(Flight Controller)의 구체적 역할

1) **입력** : 송신기에서 보낸 신호를 수신기로 받아 복조한 각 채널의 PWM 신호를 입력으로 받는다.
2) **출력** : PWM 신호를 연산하여 기체의 자세를 송신기의 명령대로 제어하기 위해서 각 변속기에 제어신호를 준다.
3) 조종기에서 보내는 비행모드대로 수행하기 위해서 비행 모드별(매뉴얼, 에띠, GPS 등)로 각기 다르게 연산한다.
4) 조종기에서 보내는 비행모드 외에 FC 자체에 특별옵션이 설정되었을 경우 그에 해당하는 연산을 수행한다.

5) FC 내의 LED 및 외부 LED 모듈 또는 모터에 특정한 빛과 소리를 발생시켜서 조작에 상응하는 반응을 표시한다.

2 지금부터 다양한 종류의 FC(Flight Controller)와 특징을 소개한다.

(1) KK 2.1 보드

드론의 초창기에 헬리콥터와 구별하기 위해서 불과 몇 해 전까지만 해도 멀티콥터라고 부르던 초기에 거의 최초로 발표되어 저렴하고 다양한 기능 때문에 인기를 끌었던 비행 컨트롤러이다. 초기에는 모터와 변속기 등의 가격이 고가였으므로 3세트만을 사용하던 트라이콥터에 대중적으로 많이 사용했다.

트라이콥터는 멀티콥터이면서도 비행기스러운 독특한 비행스타일 때문에 매력 있는 기체라고 하겠다. 또한, KK 보드에는 LCD 창이 내장되어 있어서 기체의 모든 Parameter를 비행 현장에서 손쉽게 세팅이 가능하다. 이러한 특징은 비행 현장에서 수시로 PID값을 변경할 수 있으므로 그에 따른 비행 특성의 변화를 체감하기 좋다.

출처 하비킹

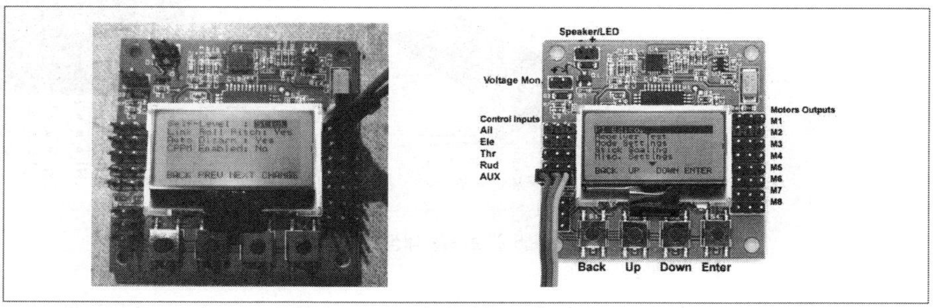

△ 사진 2-7-1 KK2.1 보드(특장점 : LCD 창이 달려있다.)

›› **특징**

셀프레벨 기능을 ON/OFF 시켜서 자동수평 기능을 동작/비동작. 자동수평 모드로 하면 비행이 수월하다.

›› **셀프레벨 ON/OFF 설정** : 수신기 5번 채널을 AUX에 연결하고 조종기의 CH5 스위치로 Self Level을 ON/OFF 추락으로 LCD창이 깨졌을 때, LCD

만 별도 구입해서 교체 가능(LCD창 별도판매 : 하비킹) 소형화시킨 KK2.1 Mini도 저렴하게 발매되고 있다. (알리익스프레스)

(2) APM 2.5.2(NOVA, CX-20 내장)

드론에 입문하면 저렴하고 깜찍한 모습의 흰색 쿼드콥터 치어슨(Cheerson)사의 NOVA(CX-20)를 만나게 된다. NOVA 쿼드콥터 내부에는 APM 2.5.2 버전의 hardware와 Arducopter 3.1.2 버전의 firmware가 탑재되어 있다. 매우 많은 비행 관련 파라메터를 PC 설치 소프트웨어를 통하여 손쉽게 변경하면서 다양한 기능을 실험할 수 있다.

출처 Google

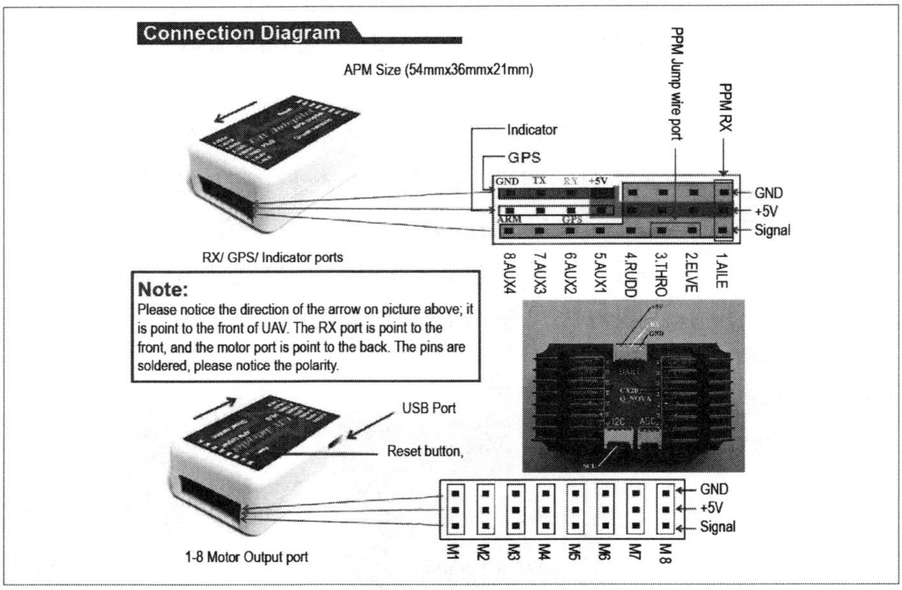

△ 사진 2-7-2 APM2.5.2 보드를 내장한 FC

어시스턴트 프로그램(Assistant Program) = 미션플래너(Mission Planner)

PC에 Mission Planner를 설치하여 Parameter 수정 및 변경을 행한다.

(3) APM 2.6

위의 NOVA에 장착된 APM2.5.2 버전을 상위 펌웨어로 업그레이드된 APM2.6 FC 세트를 별도로 구입할 수 있다. 고성능 M8N GPS를 포함한 APM2.8 시리즈 및 소형화 APM MINI V3.1도 저렴하게 발매된다. (알리익스프레스)

어시스턴트 프로그램(Assistant Program) = 미션플래너(Mission Planner)
PC에 Mission Planner를 설치하여 Parameter 수정 및 변경을 행한다.

FC의 펌웨어는 쿼드콥터 용으로 안정성이 높은 a/c3.1.5로 update해서 비행하는 것이 좋다. APM 계열의 FC는 가성비(cost 대비 performance)가 뛰어나고, 비행제어와 관련된 함수를 직접 변경해가면서 비행 특성과 기능 등을 각자의 입맛에 맞게 수정해서 체험할 수 있는 학습꺼리가 매우 풍부하므로 적극 권장한다. 드론을 장기적으로 취미/공부할 경우, 필수적으로 학습하며 거쳐야 할 비행 컨트롤러라고 하겠다. (멀콥의 정석)

출처 하비킹

APM 2.6

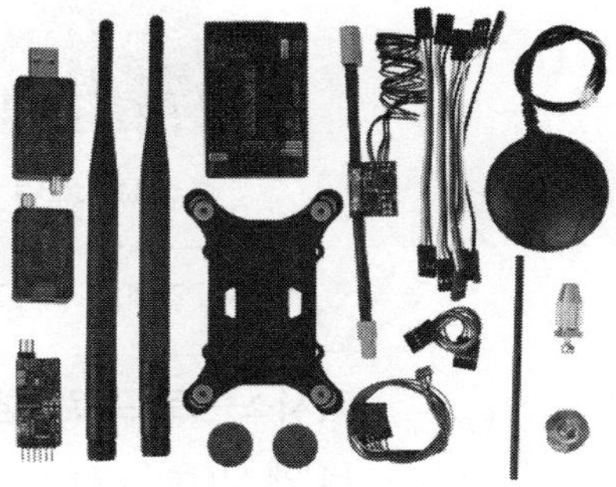
APM2.6 세트 전체구성품

△ 사진 2-7-3 APM2.6

Pixhawk(픽스호크)

한편, APM 계열의 비행 컨트롤러에는 이보다 성능이 뛰어난 상위 버전이라 할 수 있는 픽스호크(Pixhawk)가 있다. 현재 Pixhawk px4 2.4.6 버전과 Pixhawk px4 2.4.8 버전이 판매되고 있다.

›› 특징

GPS를 2개 장착할 수 있고, 기타 부가장치도 추가 채널이 많으며, OSD와 텔레메트리 채널을 분리할 수 있다. 수신기와는 PPM또는 S-BUS를 통한 접속만 지원하므로 PWM 수신기는 PPM 엔코더를 장착해야 연결 가능하다. 소형화시킨 Pixhawk lite 버전도 저렴하게 발매되고 있다. (알리익스프레스)

(4) CC3D

최근(2015년)들어, FPV 시스템이 장착된 250 사이즈의 소형 드론이 깜찍한 크기로 인기를 끌고 있다. 거의 모든 250에 필수적으로 사용되는데 가격도 저렴하고 셋팅도 간편해서 매력 만점인 비행 컨트롤러이다.

수평유지 능력이 탁월해서, 고도 센서가 없는데도 나무 사이를 비집고 돌아다니는 비행을 할 수 있다. 노랑 케이스에 들어 있는 오리지널 CC3D와 더욱 작아진 mini CC3D(Atom이라 부름)가 인기리에 판매된다.

출처 알리익스프레스

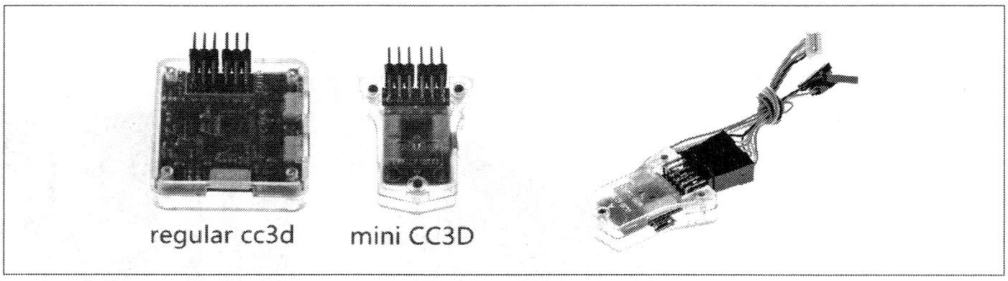

△ 사진 2-7-4 CC3D와 미니CC3D(아톰 = Atom)

어시스턴트 프로그램(Assistant Program) = OpenPilot GCS

PC에 OpenPilot GCS를 설치하여 Parameter 수정 및 변경을 행한다. 유용한 버전으로는 15.02.02를 권장한다. 이후의 버전은 지원되지 않는다.

어시스턴트 프로그램(Assistant Program) = LibrePilot

PC에 LibrePilot를 설치하여 Parameter 수정 및 변경을 행한다. 현재 버전은 Release 15.09(2016. 6.4일 현재)

웹주소

https://librepilot.atlassian.net/wiki/plugins/servlet/mobile?contentId=4128780#content/view/4128780

(5) NAZA/M-V2

항공 촬영용 드론의 바이블인 팬텀에 장착되어 유명한 FC(비행 컨트롤러)를 모르는 사람은 없을 것이다.

》 **매우 안정된 호버링과 비행이 가능한 특징적 부위** : 가속도 검출 센서 부위가 FC 전체의 1/2을 차지한다.

특이하게도 기체의 움직임 변화량, 가속도를 기계적 움직임을 갖는 전자 센서로 검출하도록 구성하고 있다. 최근 센서들이 기계적 움직임이 없는 전자화 부품으로 발전되어 가고 있는 시대에 짐짓 역행하는 듯 보이지만, 결과적으로 가속도 검출 방식을 기계 → 전자 변환 방식의 센서로 채택하여 매우 안정된 촬영 기체의 팬텀을 완성했고, 이것이 DJI를 세계 최대의 수익을 발생시키는 민간부분 드론의 1인자로 등극하게 한 숨은 공신이라고 하겠다.

출처 직접촬영

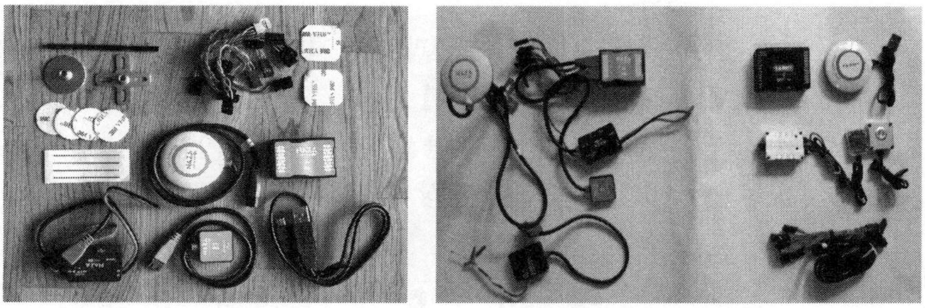

△ 사진 2-7-5 DJI의 NAZA-M/V2, 형태와 성능이 유사한 나자 M/V2와 타롯 ZYX-M

어시스턴트 프로그램(Assistant Program) = NAZA Assistant

PC에 NAZA Assistant를 설치하여 Parameter 수정 및 변경을 행한다.

나자 어시스턴트는, 앞서의 APM2.6에 적용하는 미션플래너에 비하여 매우 간단하여 편리하다. 다만, 초보자 또는 비전문가에게는 편리하나, 상대적으로 미션플래너와 비교하면 기능이 부족한 점이 많다. 또한 더욱 간단, 저렴해진 나자 라이트(NAZA Lite) 버전도 발매되고 있다. (DJI 홈페이지)

(6) Tarot ZYX-M

2015년 중국의 Tarot에서 저 유명한 DJI의 팬텀에 적용된 NAZA/M-V2와 완전히 똑같은 구성으로 발매되었다.

〉〉 특징

NAZA-M/V2에 들어 있는 가속도 검출 센서 부위가 비슷한 방식으로 구성되어 탑재되어 있다. 가격은 나자대비 1/2수준으로 유사한 안정화 능력과 비행성능을 나타내므로 가성비가 높은 제품이라고 하겠다. 팬텀, 인스파이어와 같은 안정도를 원하는 촬영 기체를 자작함에 있어서 적극적으로 권장한다.

튼실한 알미늄 케이스의 LED 모듈에서 나오는 보라색 불빛은 GPS가 안정된 개수 이상으로 수신되었을 때 반짝인다. 에띠모드에서는 노랑 불빛으로 바뀌게 된다. Manual 모드는 절대로 셋팅하지 말기를 바란다.

✓ 이륙과 동시 추락

간혹 짝퉁 버전에서 일정 시간이 지나면 GPS 모듈의 수신이 불량해지는 모습을 볼 수 있다. 이렇게 되면 조종기에서 GPS 모드로 전환해도 LED 모듈에서 보라색 불빛을 내주지 못하고 노랑색의 에띠모드로만 표시하게 된다.

》 **GPS 수신불가 원인과 대책** : 3.3V 레귤레이터가 불량해진 탓이므로 GPS 모듈을 분해해서 핀 배치를 확인하여 교환하고 1시간 정도 지날 때까지 전원을 인가해 두면 내부의 데이터백업 리튬충전지의 전압이 회복되므로 GPS의 수신이 정상적으로 빠르게 수행된다.

출처 하비킹

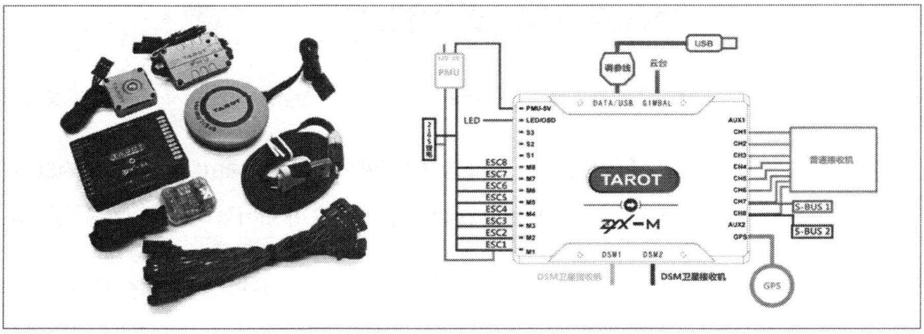

△ 사진 2-7-6 타롯의 ZYX-M 세트와 주변 연결도

어시스턴트 프로그램(Assistant Program) = ZYX-M Assistant

PC에 ZYX-M Assistant를 설치하여 Parameter 수정 및 변경을 행한다. 설정할 수 있는 파라메터가 NAZA-M/V2 보다 많아서 훨씬 실용적으로 사용할 수 있다.

어시스턴트 프로그램 다운로드 웹주소

http://tarotrc.com/Download/Detail.aspx?Lang=en&Id=15b775d6-e7f9-4ed2-8ccd-80cbe9840ac6

더욱 간단, 저렴해진 타롯 ZYX-MINI 버전도 발매되고 있다. (Tarot 홈페이지)

(7) Naze32(나제32)

250급 기체에 폭발적인 인기를 누리던 CC3D에 대항마가 출시되었다. 이름하여 **나제32(Naze32) : 32비트 FC**

FPV 레이싱을 좀 한다하는 선수들에게 인기를 누리는 중이지만, FPV 레이싱의 인기에 힘입어 계속하여 새로운 대항마들이 탄생하고 있는 점은 세팅이 비교적 복잡한 Naze32로서는 아크로용 FC로서 불리해지고 있다. RGB LED를 제어할 수 있다는 점이 또 다른 특징이라 하겠다.

제어기판(PWB)의 사이즈는 표준 CC3D와 같아서 250기체에 즉각 대체가 가능하며 4종류의 버전이 나와 있다.

1) **REV6 6 DOF 버전** : CC3D의 경쟁적 대체품에 해당. 고도센서 및 지자계 센서 없다.
2) **REV6 6 ACRO 버전** : 고도센서(BMP280) 내장.
3) **REV6 10 DOF 버전** : 고도센서(BMP280) 내장, 지자계 센서(HMC5983) 내장. GPS 없이도 제자리 호버링이 가능한 비행 컨트롤러.
4) **REV6 6 FULL 버전** : 고도센서(MS5611)내장, 지자계 센서(HMC5983) 내장. 10 DOF 버전보다 정밀하다.

DOF : Degree Of Freedom. 로봇 관절의 축수에 해당한다.

- 6 DOF = 3축 자이로 센서 + 3축 가속도 센서로 구성된 비행 컨트롤러
- 10 DOF = 6 DOF + 3축 지자계 센서 + 고도 센서로 구성된 비행 컨트롤러

출처 알리익스프레스

나제32 6DOF　　　나제32 10DOF

△ 사진 2-7-7 나제32 2종

어시스턴트 프로그램(Assistant Program) = Cleanflight–Configurator

PC에서 Cleanflight 웹주소에 접속하여, "앱실행" 버튼을 눌러서 Parameter 수정 및 변경을 행한다. "앱실행"을 하기 위해서는 구글의 Chrome 부라우저에서 해야 한다.

클린플라이트 앱실행 웹주소

https://chrome.google.com/webstore/detail/cleanflight-configurator/enacoimjcgeinfnnnpajinjgmkahmfgb?hl=ko&gl=KR

(8) SP racing F3

2015년 두바이 세계 레이싱 대회에서 입상한 선수들이 사용했다고 해서 일약 유명해진 F3 비행 컨트롤러.

국내에서는 그다지 알려지지 않아 사용자들이 별로 없으며 에띠모드는 오히려 CC3D가 안정적이라는 말이 있다. 한편, S-BUS도 지원하고, UART 등 확장성이 매우 좋으며 아크로모드에서 CC3D보다 정교하다는 평을 듣는다. SP racing F3 ACRO 6DOF 버전과 SP racing F3 Deluxe 10DOF 버전이 발매되고 있다.

1) ACRO 6 DOF 버전 : 고도센서 없다. 지자계 센서 없다.
2) Deluxe 10 DOF 버전 : 고도센서(MS5611) 내장, 지자계 센서(HMC5983) 내장. GPS 없이도 제자리 호버링이 가능한 비행 컨트롤러.

출처 알리익스프레스

SP Racing F3 ACRO 6DOF　　SP Racing F3 Deluxe 10DOF

△ 사진 2-7-8 SP Racing F3

위와 같은 2종의 버전이 발매되고 있으나, 겉모습은 완전히 똑같다. 내부의 부품구성만 다를 뿐이다.

어시스턴트 프로그램(Assistant Program) = Cleanflight-Configurator
Naze32와 동일한 어시스턴트 프로그램을 사용한다. PC에서 Cleanflight 웹주소에 접속하여, "앱실행" 버튼을 눌러서 Parameter 수정 및 변경을 행한다. "앱실행"을 하기 위해서는 구글의 Chrome 부라우저에서 해야 한다.

클린플라이트 앱실행 웹주소

https://chrome.google.com/webstore/detail/cleanflight-configurator/enacoimjcgeinfnnnpajinjgmkahmfgb?hl=ko&gl=KR

(9) 기타 비행 컨트롤러

- GPS포함 FC : 저가의 JIYI

출처 JIYI, 직접촬영

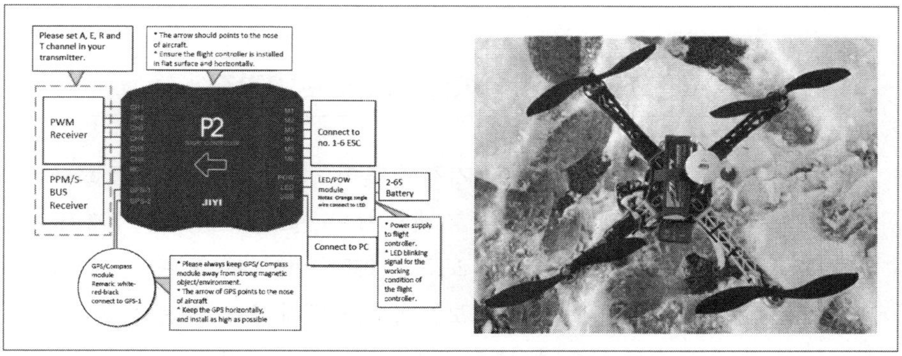

△ 그림 2-7-9 JIYI

(10) 기타 레이싱 FC : Lux, KISS 등이 있다.

SECTION

3-8 고도(Altitude) 센서

고도(Altitude) 센서는, 기체의 현재 높이를 측정하는 용도이다. 현재 고도를 검출하여 일정 고도에서 정지하여 호버링(Hovering)하거나, 일정 고도를 비행하거나, 기체의 페일세이프 동작 시에 비행 높이를 일정하게 하여 귀환하게 하거나, 착륙할 때에 높이 별로 강하속도를 다르게 하여 지면 근처에서 부드럽고 안전하게 접지시키는 목적 등으로 사용된다.

1 고도 센서를 사용하는 비행모드 2가지

고도 센서로 인식된 기체의 높이 정보는, FC(비행 컨트롤러)에 입력되어 비행 제어신호로 사용되며 기체의 높이 신호를 사용하는 2가지 비행모드에서 활용되어 진다. 고도 제어 모드인 **에띠(Attitude) 모드와 GPS모드**가 그것이다.
또한 고도 센서의 정보는 텔레메트리 전송 계통을 통하여 모니터에 표시하게 할 수도 있으며, RTH(Return To Home)작동 시에는 기체의 귀환 고도 제어에 유용하게 활용된다.

NAZA F/C의 자동귀환 기본 설정 높이 = 20(미터)

2 고도 센서의 3가지 형태

(1) 대기압력 검출형 고도 센서(Barometer Pressure Sensor, 바로미터 기압 센서)

지상에 가까울수록 대기의 압력이 높고 하늘로 높이 올라갈수록 대기의 압력이 낮아지는 원리로 검출한다. 대기압 검출형 고도 센서는 BMP280 또는

MS5611가 사용되며, 표면 실장형 8핀 칩으로 FC 기판 내에 장착된다. 부품 위쪽에 대각선 방향으로 뚫린 직경 약 1mm정도의 구멍을 통하여 기압을 감지한다. 대기압을 측정하는 센서이므로 대기압에만 반응하는 것이 정상이지만, 빛에도 반응하는 특성을 가지고 있으므로 대기압 검출 구멍에는 햇빛을 차단하며 프로펠러 후류에 의한 급격한 기압의 변화를 방지하기 위해서 보통 얇은 검정 스폰지로 덮어서 안정을 기한다.

출처 Measurement, Bosch의 spec sheet

Measurement의 MS5611(5.0×3.0×1.6mm)

BOSCH의 BMP280(2.5×2.0×0.95mm)

△ 사진 2-8-1 대기압 검출형 고도센서 2종류

(2) 초음파식 고도 센서

송신측에서 발신한 초음파가 물체와의 거리에 따라서 수신되는 시간이 달라지는 차이를 검출 하는 원리로 동작한다. 즉, 물체와 거리가 가까울수록 반사파가 빨리 수신되고 거리가 멀수록 느리게 수신되는 시간차를 이용한다. 일상생활 속에 이미 널리 사용되고 있는 초음파 방식의 거리 센서가 있다. 자동차의 뒷 범퍼에 장착되어서 후진 시 벽과의 거리를 검출하여 충돌하지 않도록 경보를 내주는 바로 그것과 원리가 완전히 동일한 것이다. 다만 드론의 밑 부분에서 검출하므로, 드론의 높이를 검출하는 것이 된다. 초음파는 단단한 바닥면을 검출하기 용이하므로 주로 실내 비행 시에 바닥과의 거리유지를 위하여 적용한다.

출처 알리익스프레스

초음파 센서 MA-40S(주파수 40KHz)

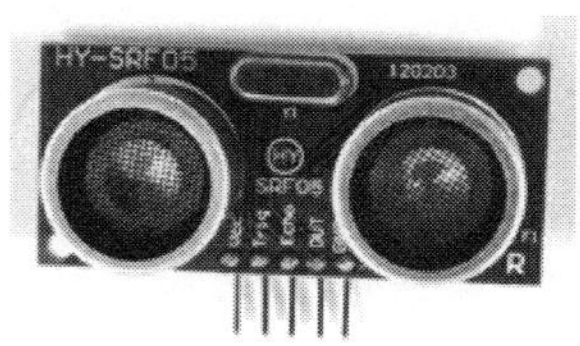

송신부와 수신부를 일체화시킨 초음파 센서

△ 사진 2-8-2 초음파 센서를 고도 센서에 이용

(3) 초음파식과 간이영상 센서를 혼합한 형태의 고도 센서

팬텀은 2종의 센서류를 혼합하여 고도 제어의 안정도를 높여서 제품을 출시하고 있다.

팬텀3 기체 하단에는 초음파 센서 1세트와 비전 포지셔닝을 위한 간단한 영상센서 1개가 함께 설치되어 있고, 팬텀4 기체 하단에는 초음파 센서 1세트와 비전 포지셔닝을 위한 간단한 영상센서 2개가 함께 설치되어 있다. 이러한 구성으로 실내에서도 안정된 고도로 비행할 수 있다. 최대 검출 높이는 수 미터(m) 이내이다.

출처 DJI

팬텀3의 초음파 센서 포함 비전시스템

팬텀4의 초음파 센서 포함 비전시스템

△ 사진 2-8-3 초음파 센서와 간이영상 센서를 합체한 팬텀의 고도센서

SECTION

3-9 자이로(Zyro) 센서

자이로 센서는, 비행 중 기체의 자세를 3축(X, Y, Z) 또는 6축으로 판별해서 자동 수평제어를 하게 한다.

1 자동 수평제어

24핀 QFN 형태의 표면실장형 IC로 MPU-6000 또는 MPU-6050을 FC(비행 컨트롤러)기판에 장착하여 동작시킨다. MPU6050은 가속도와 각속도를 측정하는 2계통이 하나의 칩에 들어 있고 x, y, z축 각 3방향의 각속도와 가속도를 측정하므로 6축 가속도계라고도 한다.
자이로 센서는 가속도 센서와 한 짝을 이루어 동작시키며, 상생 협력적으로 보완하여 비행 중 수평을 맞춰준다.

출처 greetech.coml

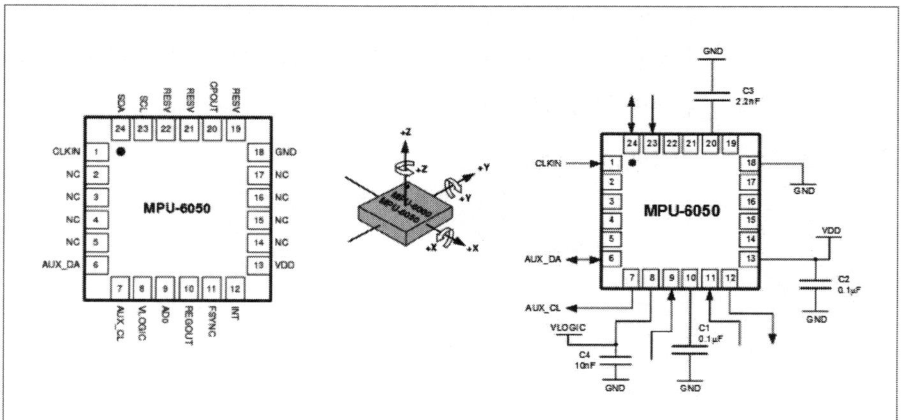

△ 사진 2-9-1 자이로 센서 MPU-6050(3축 자이로 센서와 가속도계가 혼합된 형태)

자이로 센서는 X축 = ROLL, Y축 = PITCH, Z축 = YAW 방향으로 각속도를 검출해서 자세제어 계통이 현재 기체가 어느 방향으로 기울어져 있는지를 추출하여 FC(비행 컨트롤러)가 인식할 수 있도록 한다.

조종자가 임의로 스틱을 움직이지 않은 상태라면, 바람이 불어도 기체가 항상 자동으로 수평을 유지하도록 FC(비행 컨트롤러)가 ESC를 통하여 기울어진 쪽 모터의 RPM을 상승시켜 균형을 잡게 한다.

2 자이로 센서와 가속도 센서의 차이점과 조합

- **자이로 센서 만으로 동작** : 각도 변화량 또는 각속도를 검출
- **가속도 센서 만으로 동작** : 어떤 방향으로 움직였는지 그것만을 검출. 진동센서로 활용
- **자이로 센서 + 가속도 센서** : 절대각도 검출 = 기체가 땅의 수평면에 대해서 몇도 틀어져 있는지 알 수 있다.

따라서, 드론의 FC(비행 컨트롤러)에서는 자이로 센서+ 가속도 센서의 형태로 2가지를 모두 검출하여 사용한다. 드론이 비행할 때 3차원 공간을 이동하므로, 움직임 제어요소는 롤(Roll = 좌우), 피치(Pitch = 앞뒤), 요(Yaw = 회전)의 3가지가 되고, 이것의 양을 X, Y, Z축에 대하여 표현한다. 기본적으로 3축의 각도를 제어해야 하는 것이다. 또한, 단위시간당 회전 각속도 역시 3개축을 측정해야 기체를 정밀하게 제어할 수 있으므로 6축 제어를 한다.

이외에도 더욱 안정성을 부가하기 위하여 지자계 보정과 온도특성 보상 등을 더하여 행하기도 한다.

SECTION

3-10 가속도(Accelo meter, 액셀로미터) 센서

가속도 센서는, 단독으로 사용되는 경우가 없다. 항상 자이로 센서와 함께 사용된다. 따라서, **자이로 센서 + 가속도 센서**의 형태로 합체된 상태의 반도체 칩을 발매한다. 앞서 자이로 센서 항목에서 설명되었던, MPU-6050 CHIP 내에 가속도 센서가 내장되어 있다. 자이로 센서가 검출한 각속도(degree/sec)를 적분하여 회전각을 검출하여 사용한다. 그런데, 자이로 센서의 검출출력을 적분을 하다 보니 시간이 걸리게 되어 누적 오차가 발생한다.

자이로 센서는, 초기값이 일정해도 오차값은 누적된다. 이것을 드리프트 오차(Drift Error)라고 한다. 이 드리프트(Drift)에 의한 누적오차를 보정하는 절대각도의 기준을 만들어 주기 위한 것이 가속도 센서이다. 따라서, 자이로 센서만으로는 부족한 절대각도를 보완하기 위하여 사용되는 것이 가속도 센서이다.

가속도 센서는 초기값과 오차값이 일정하게 유지된다.

가속도 센서 역시 FC 기판 내에 장착되는 MPU-6000 또는 MPU-6050이 그 역할을 담당한다.

출처 invensense.com

△ 사진 2-10-1 MPU-6000과 MPU-6050

MPU6000 = Gyro + Accelerometer

MPU6050은 가속도와 각속도를 측정하는 2계통이 하나의 칩에 들어 있고

x, y, z(Roll, Pitch, Yaw)축 각 3방향의 각속도와 가속도를 측정하므로 6축 가속도계라고 한다.

자이로 센서는 온도에 따라 값이 변하므로 정확한 출력이 필요한 경우 온도센서도 함께 사용해서 오차를 보상한다. 이 자이로 센서는 드론의 자세 제어에 사용될 뿐만 아니라, 움직임이 심한 곳에서 카메라의 수평을 자동으로 유지해 주는 짐벌(Gimbal)에도 사용된다. 최근에 유행하는 셀프카메라 봉으로 정지영상인 사진을 찍는 것이 일반화되었으나, 뛰거나 달리면서 동영상을 흔들리지 않고 촬영할 수 있는 핸드짐벌에 적용되어 있으며, 한편, 팬텀으로 알려진 촬영드론에도 기본적으로 자이로 센서가 내장되어 비행 중에도 안정된 동영상을 얻을 수 있다.
자작 드론은, 2축 짐벌 또는 3축 짐벌을 장착하는데 아래는 2축 BGC 짐벌 컨트롤러와 부속된 자이로 기판이다.

출처 알리익스프레스

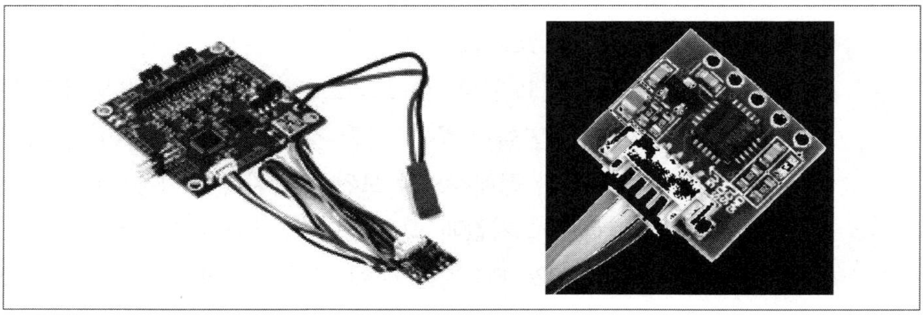

△ 사진 2-10-2 2축짐벌 컨트롤러(좌측)와 자이로 기판(우측)

SECTION

3-11 지자계(Compass, 컴파스) 센서

지구의 자기장을 검출하는 나침반에 해당하는 검지부위가 지자계 센서이다. 일명 컴파스 센서라고도 한다. 글자 그대로 지구의 자기장을 분석하여 기체가 현재 어느 쪽 방위를 앞쪽으로 향하고 있는지 검출한다. GPS 센서와 조합하여, RTL(Return To Loiter), RTH(Return To Home) 또는 자동 궤적(Way Point) 비행을 수행한다.

지자계 센서는, HMC5883L이 주로 사용된다. 외형은 16핀 LPCC 표면 실장 타입. 사이즈 : 3.0×3.0×0.9(mm)

Magnetometer Digital Triple Axis(3축 디지털 지자계 센서). 즉 3 방향으로 정밀하게 지구자기장을 검출한다.

출처 Honeywell, 알리익스프레스

△ 사진 2-11-1 HML5883L 센서와 지자계 센서 실험 PWB

1 지자계 센서의 취급 주의

센서 중에서 가장 주의해야 할 부품이다. 주변의 강한 자계에도 주의하고, 부착 방향에도 주의한다.

1) 장착할 때는 IC칩의 방향에 특히 주의해야 한다. 대부분 기판에 앞쪽 방향

이 표시되어 있다. 지자계 센서 기판을 기체의 방향과 다른 잘못된 방향으로 설치하면 GPS 모드에서 어딘가로 날아가 버린다.

2) 지자계 센서만 단독 배치된 기판이 있는가 하면, GPS 센서와 일체화되어 있는 것도 있으므로 구별한다. NOVA(CX-20) 기체는, 지자계 센서와 GPS 센서가 따로 분리되어 설치되어 있다.

✔ 차량의 트렁크에 부착된 스피커의 자력

3) 기체 주변에 강한 자계를 피하고, 강자성체의 접근을 피한다.
미세 자장을 감지하는 고감도 지자계 센서는, 한번 자화가 일어나면 큰 문제를 일으킬 가능성이 있다.

출처 뱅굿, 알씨그룹

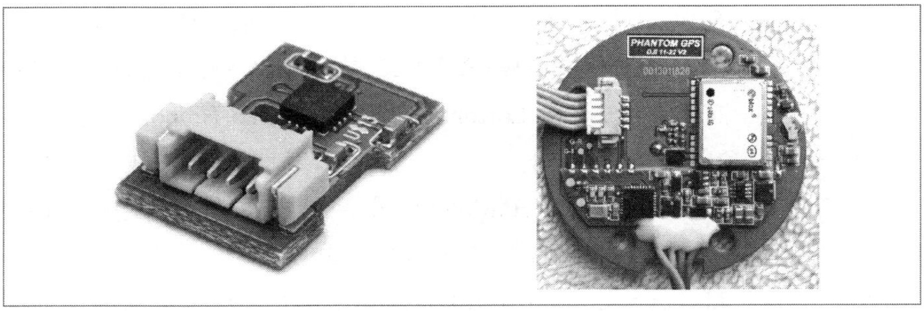

△ 사진 2-11-2 NOVA(CX-20) 지자계 센서와 팬텀의 지자계 센서(GPS밑면)

최근 소프트웨어 기술의 발전에 힘입어, 지자계 센서 만으로도 (GPS 센서의 도움 없이도) 원거리 비행 시에 기체를 손쉽게 귀환시킬 수 있는 헤드리스 모드의 비행이 가능하게 되었다.

SECTION 3-12 GPS(Global Positioning System, 지피에스) 센서

1 GPS = 글로벌 포지셔닝 시스템

이것은 GPS 모드 비행 시에, 현재 기체가 지도상의 어느 위치에 있는 지를 인식하는데 사용되는 센서이다.
기본적으로 창공에서 기체를 한자리에서 고정된 말뚝처럼 호버링하게 하는 능력을 갖게 해주는 것은 지구상에서 위치를 정확하게 인식하게 해주는 GPS 센서를 기반으로 FC(비행 컨트롤러)가 정밀하게 제어해서 가능하다.
또한, 높은 가성비를 가진 NOVA(CX-20)의 웨이 포인트(Way Point) 비행은, GPS를 활용하는 또 다른 매력이다.

출처 sheet

4핀 커넥터의 GPS 센서 상면(안테나) 하면(배터리와 회로부)

△ 사진 2-12-1 NOVA(CX-20)의 GPS 센서와 그 밑면의 회로

상면의 널찍한 사각형 모양은, GPS 전파를 수신하기 위한 유전체 안테나이다. 뒷면에는, 전자회로가 부착되어 있는데 좌측 하단 동그란 것이 충전형 리튬전지이다. 이 초소형 충전지가 방전되면 GPS신호의 수신이 매번(중요한 것은 매

번..이라는 것이다.) 매우 늦어진다.
만약, 어떤 한 장소에서 첫 번째 비행 시에 GPS 수신이 늦게 되더라도 그 다음의 2번째 비행을 시도할 때는 첫 번째 비행 보다는 빠르게 GPS가 수신되어야 한다. 위치 데이터를 메모리 했으므로 빨리 수신돼야 한다.
GPS를 수신할 때, 같은 장소에서 2번째 이후의 GPS 수신 시간이 현저히 단축될 수 있는 것은, 첫 번째 비행 시의 GPS 수신 때 수신한 위성의 개수와 내용을 분석한 것을 기억하여 연산하므로 2번째 이후부터는 위치 파악이 재빠르게 되기 때문이다.

2 GPS 내부의 충전형 리튬전지

따라서, 2번째 비행 시에도 계속 GPS 수신이 늦어진다면 충전형 리튬전지를 의심하고 교체하면 된다. 이것은 자동차에 사용되는 네비게이션도 똑같은 사항이 적용된다. GPS 수신이 잘 안되면 이것을 교체하라.

- **백업용 리튬이온전지의 흔한 모델명** : MS621 공칭전압 : 3.3(V), 직경 : 6.8(mm), 높이 : 2.1(mm), 용량 : 4(mAh)

출처 알리익스프레스

△ 사진 2-12-2 GPS 모듈에 데이터 백업용으로 사용되는 충전형 전지(MS-621)

주의

GPS 센서는 상판이 유전체형 안테나이므로, 추락으로 금이 가거나 하면 치명적 손상이 된다.

3 GPS의 수신율을 올리는 방법

한편, GPS 센서의 하단에 동판을 둥글게 받쳐두거나, 은박지등으로 받쳐두면 GPS 수신율이 상승한다. GPS 센서도 펌업이 가능한 것이 있으므로 잘 확인하여 좋은 성능을 낼 수 있도록 업데이트를 해 둔다.

출처 알리익스프레스

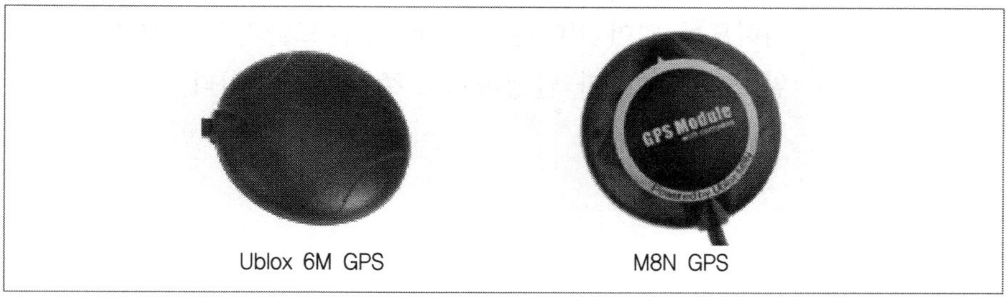

△ 사진 2-12-3 기존 6M GPS와 고감도 M8N GPS

6M에 비해서 최근 발매되는 M8N은 성능이 상당히 좋아졌으므로, GPS 센서 파손으로 교체 시 권장한다.

4 대표적인 FC(비행 컨트롤러) 2종에 포함되는 GPS 안테나

출처 DJI, 뱅굿

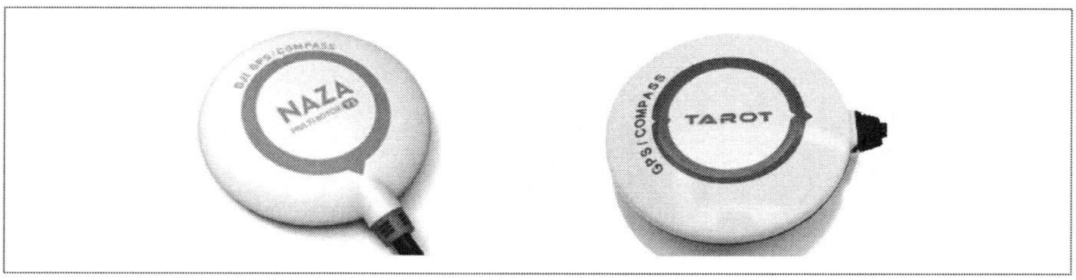

△ 사진 2-12-4 DJI의 NAZA M/V2 용과 타롯의 ZYX-M 용 GPS모듈

5 GPS 안테나의 기체설치 방향

외형이 매우 유사한 NAZA GPS와 Tarot GPS는 둥근 원의 세모 꼭지점이 기체 앞쪽을 향하게 설치해야 한다. 왜냐하면, 내부의 윗면은 GPS 수신안테나 부분이고, 밑면에는 지자계 센서가 장착된 혼합형 모듈이기 때문이다.
특이한 것은, 통념과는 반대로 2개 모델 모두 배선 연결부를 앞쪽으로 향해 설치하도록 되어 있다는 점이다. 아주 드물지만 이것을 반대로 설치하고 문제를 일으키는 경우가 발생하므로 주의가 필요하다.

SECTION

3-13 OSD (On Screen Display, 온 스크린 디스플레이)

- OSD(On Screen Display) : 글자 그대로 모니터에 나오는 영상에 오버랩하여 글자를 써서 표시하는 것이다. 글자의 내용은 비행에 필요한 각종 정보들을 간략하게 아이콘 또는 약어로 함축하는 것이 일반적이다.

OSD란, On Screen Display의 약자로서, 영상에 글자를 표시해주는 장치이다. 기본적으로 영상에 글자를 중첩하여 새김으로서 글자가 영상에 포함되어 나오게 된다.
이 글자들에는 비행에 필요한 많은 정보를 표시하며 2종류로 분류할 수 있다. 첫째는, 영상을 녹화할 때도 기록되는 정보(예를 들면, 촬영 연월일 시각)이고, 둘째는, 영상 녹화 시에는 기록되지 않고 오직 비행 중 촬영 시에만 표시되는 정보이다.
항공 촬영자에게는 촬영 시에 비행체의 현재 상태의 정보를 표시해 주는 OSD가 특히 중요하다.

1 OSD의 필요성

촬영을 위해서 비행체를 창공에 올리다보면, 위치, 높이 등 내가 있는 위치로부터 이격된 공간감각을 잘 알 수 없게 된다. 아울러, 고가의 비행체를 안전하게 관리하기 위해서 여러 비행관련 요소들을 비행 중에 확인하고 싶어진다.
이러한 요구사항에 부응하는 것이 OSD(On Screen Display,온 스크린 디스플레이) 장치이다. 한편, 비행영상에 표시되는 OSD는, 취미로 비행을 하는 동호인을 일약 항공 전문가로 보이게 승격시켜 준다.
촬영을 목적으로 하는 비행에는 반드시 부가해 줄 필수 아이템이다.

2 FC의 종류에 맞게 매칭하는 OSD

FC(비행 컨트롤러)의 종류에 따라 해당하는 OSD 모듈을 연결하여 비행정보를 영상에 중첩해서 보게 된다.

- NAZA-M/V2 : OSD, iOSDmini
- APM2.6 : minimOSD
- Tarot ZYX-M : TL300L
- JIYI : JIYI OSD

출처 DJI, 뱅굿

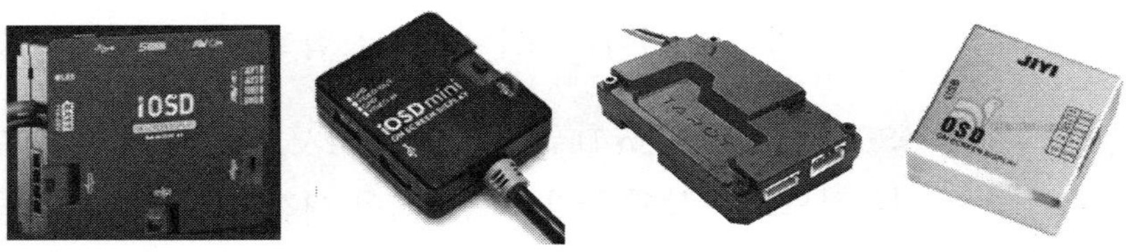

△ 사진 2-13-1 FC의 종류에 맞는 OSD를 사용

3 OSD의 동작

OSD는, 비행체에 부착된 카메라와 영상송신기의 중간에 삽입해 주고, 프로토콜(Protocol)만 맞춰주면 동작한다.
카메라의 촬영 영상에 글자를 중첩(Superposition)시키는 형태로 혼합시켜서 영상송신기로 송출하기 때문에 수신기 측에서는 따로 할일이 없다. 수신 주파수만 맞추면 수신용 모니터에 그냥 자동으로 표시되는 것이다.

4 minim OSD 표시화면

아래 사진은 OSD의 일례인데, APM 계열에서 사용하는 MAVLINK 프로토콜로 동작하는 mimimOSD의 전체 화면이다. APM2.6 FC에 연결하면 볼 수 있는 화면이다. Cheerson사의 NOVA(CX-20)에도 설치하면 적용된다.

출처 fpvlab.com

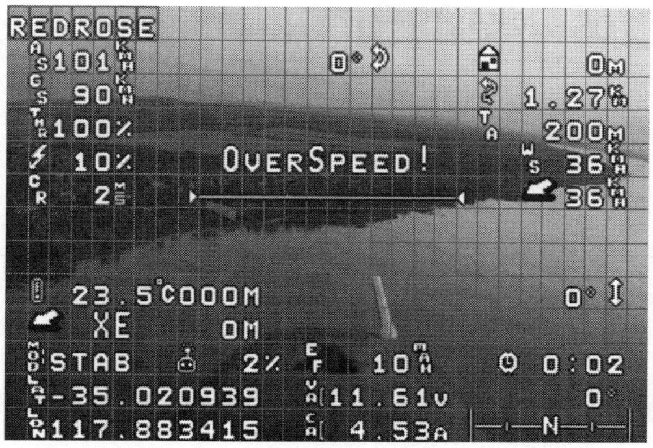

△ 사진 2-13-2 minimOSD(미님OSD) 화면

위의 사진은 모든 표시 정보들을 나타낸 것으로서 너무 복잡하여 촬영영상을 잘 알아 볼 수가 없다.

5 OSD(On Screen Display) - minimOSD

출처 알리익스프레스

△ 사진 2-13-3 minimOSD(미님OSD)

6 OSD 화면의 편집

minimOSD 화면 속에는, 필수적인 정보표시 항목도 있고, 보조적인 정보표시 항목도 있다.

(1) **필수적 표시항목** : 비행모드, 배터리 전압, 거리, 고도, 수평선, GPS 위성 수, 헤딩 방향 등이다.

(2) **보조적 표시 항목** : 나머지 항목들은 본인의 취향에 따라서 선택하여 지정한다.

모든 항목들은, 편집 툴을 이용하여 표시를 원하는 항목의 선택 외에 표시되는 위치도 바꿀 수가 있다.

7 OSD 화면의 편집 툴

OSD 화면 표시를 편집할 때는, FTDi to USB라는 PWB Assembly를 컴퓨터에 연결하여 편집한다. 많은 표시 정보 중에서 내게 꼭 필요한 표시만 선택하여 간명하게 영상에 중첩 출력되도록 한다.

출처 알리익스프레스

△ 사진 2-13-4 FTDI to USB 모듈로 OSD화면의 편집

8 APM2.6 FC와 minimOSD의 전기적 연결

출처 알리익스프레스

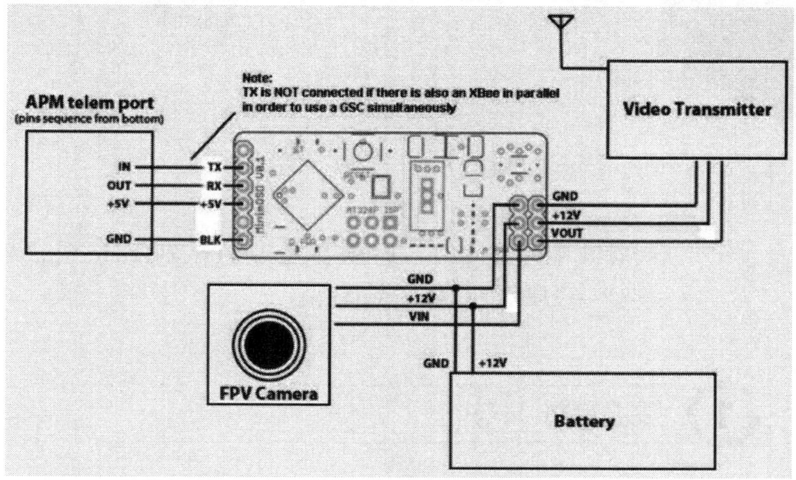

△ 사진 2-13-5 APM2.6 FC와 MinimOSD의 연결

9 FC와의 통신 프로토콜 MAVLINK

MinimOSD는 3개의 선만 연결되면 동작한다 : 전원+5V, GND, RX신호선(=MAVLINK프로토콜)
VIN은 카메라 영상을 받아들이게 접속하고, VOUT는 영상 송신기 쪽으로 신호를 내보내게 접속한다.

10 FPV 레이싱 기체에서의 OSD

FPV 레이싱에는, 고속비행 중 OSD를 볼 시간이 없고 선명한 영상이 중요하기 때문에 잘 사용하지 않는다. 다만 배터리 전압 확인용으로 가끔 사용한다.

SECTION 3-14

초음파 센서(Ultrasonic sensor unit, 울트라소닉 센서) 유닛

사람의 귀에 들리지 않는 높은 주파수(약 20 KHz 이상)의 소리인 초음파를 이용한 거리측정 센서 유닛(Unit)

1 초음파의 특징

가청음파에 비해서 주파수가 높고 음속 344(m/s)로 파장이 짧기 때문에 높은 분해력으로 거리를 계측할 수 있다.

2 센서의 재료와 초음파 발생

초음파를 발신하는 소자와 수신하는 소자에 모두 동일한 구조를 가지며 재료는 로셸염, 티탄산바륨을 이용하며 고유 진동 주파수에 해당하는 교류 전압을 가하면 압전 효과에 의해서 높은 효율로 진동해서 초음파를 발생시킨다.

3 초음파의 발신과 수신

발신 쪽에서는 초음파를 발신하고, 수신 쪽에서는 지면에서 반사해 오는 초음파를 검출하여 시간차를 계산한다. 보통 초음파 발신용 소자와 초음파 수신소자를 별개로 사용하지만, 1개로 일체화된 형태의 것도 있다.

4 딱딱한 물체의 반사에 적합한 초음파

초음파의 특성상, 지면, 금속, 목재, 콘크리트, 종이, 유리등 딱딱한 재질이 검출 거리를 측정하는 데 적합하다. 이러한 대상들은 초음파를 거의 100% 반사해서 초음파센서 유닛을 사용한 거리계측에 적합하다.

출처 알리익스프레스

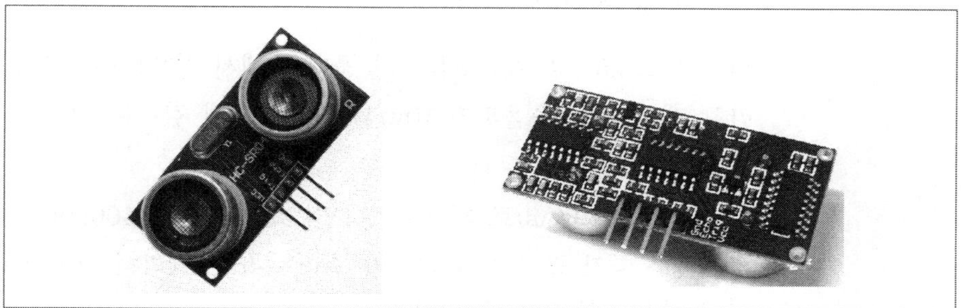

△ 사진 2-14-1 초음파 센서 유닛의 전면과 후면

전기적 사양

- **주파수** : 40(KHz), 최대검출거리 : 4.5(m), 검출거리 정밀도 : 3(cm)
- **4핀 구성** : Vcc, Trig, Echo, GND, 전원전압 : 5(V), 무신호시 소비전류 : 2(mA)

5 초음파 센서의 전기적 동작

일반적으로 사용되는 초음파 센서는 4핀의 커넥터로 연결하도록 구성되어 있다. 4핀의 커넥터 중에서 Vcc와 GND 핀에 5(V)의 전원을 인가한 뒤, Trig 핀에서 발신하고 Echo 핀에서 수신한다.
Trig핀에서 트리거로 초음파를 발신 → 지면에 초음파가 닿아 반사 → 반사된 초음파를 Echo 핀으로 수신
발신된 초음파가 지면에 반사되어 수신되는 시간을 계측하여 거리로 환산한다.

6 초음파센서의 거리 계산

공기 중에서의

초음파의 진행 속도 $Vs = 331.5 + 0.607T[m/s]$

여기서 T : 공기의 온도(℃)

실내 온도 25℃일 때, 초음파가 공기 중에서 진행되는 속도를 $Vs = 340(m/s)$ 라고 계산하면, 초음파가 1(m)를 왕복하는데 걸리는 시간은 $2 \times 0.01/340 = 5.8823529 \times 10^{-5}$

즉, 588.23529(ms)로 계산되었다면, 측정 거리는 100(cm) = 1(미터)가 된다.
초음파는 공기 중의 전파 속도가 주위 온도에 따라서 변하기 때문에 정밀 측정 시는 사용처의 온도를 보정한다.

7 초음파 센서의 드론 활용

실내에서의 비행 시 지면의 높이를 검출하여 일정한 고도로 비행할 때 유용하게 사용된다. 한편, 딱딱한 재질이 아닌 부드러운 천 등의 재질위에서는 고도검출이 제대로 되지 않으므로 주의가 필요하다.
그러므로 초음파 센서 단독으로 사용할 때의 오류를 줄이기 위해서 광학식 비전 센서와 함께 조합하여 사용된다.

SECTION

3-15 이미지 센서(Image sensor) 유닛

물체의 형상을 감지하는 용도로 가장 잘 알려진 것이 카메라(Camera)이다. 이미지 센서는 카메라를 매우 단순화시킨 것으로 보면 된다.

1 카메라와 이미지 센서의 차이점

카메라는 사물을 매우 정확하게 묘사하며 고가이고 처리가 복잡한데 이런 정밀도가 필요 없을 때가 있다. 간단히 형상만 감지해서 특정한 물체인지 아닌지 판별해서 특정 대상만 거리측정에 이용하고자 할 때이다.

2 화소 개수에 따른 이미지 센서 종류

- 화소 1개 : 인체의 열을 감지하는 복도, 계단에 설치된 자동점멸 센서등, 인체 검지 알람
- 화소 수 개 : 팬텀 드론에 사용하는 VPS
- 화소 수 개 ~ 수십 개 : 산업용 로봇에 사용되는 광학식 사물 검출 센서
- 화소 수십만 ~ 수백만 개 : 감시용 CCTV에 사용되는 카메라
- 화소 수백만 ~ 수천만 개 : 스마트폰 카메라를 비롯한 전문 카메라

3 이미지 센서의 기초 원리

이미지 센서는 햇빛으로부터 나오는 빛이 사물에 반사되어 나오는 가시광선을 검출하는 방식으로 동작한다. 앞서 초음파 센서를 설명하는 장에서 초음파를 발신, 수신하여 물체를 검출하는 것과 유사하지만 조금 다르다.
적외선 등 여러 종류의 파장을 검출하는 센서가 있지만 사람의 눈에 보이는 사물의 가시광선을 검출한다.

4 이미지 센서를 장애물 회피기동용 센서로 사용

한편, 초음파 센서도 사물과의 거리를 측정하여 장애물 회피기동용으로 이용할 수는 있으나, 초음파 자체가 음파와 비슷하여 프로펠러의 후류가 강력하게 발생하는 위치를 피하여 수평으로 장착하는 것이 불가능하다.
프로펠러의 후류는 초음파를 교란시키기 때문에 드론의 몸체에 수평으로 장착해야 하는 장애물 회피기동 검출용 센서로는 적합하지 않으므로 광학식의 이미지 센서를 사용하는 것이 적합한 이유가 된다.

5 APM계열의 FC에 연결해서 사용하는 이미지 센서

출처 알리익스프레스

센서 앞면(모습이 카메라)

센서 후면(이미지 프로세서)

△ 사진 2-15-1 APM 2.6에 연결하여 사용하는 저렴한 이미지 센서

6 이미지 센서를 제품계열 이름 PX4FLOW(픽스호크 FC용 부속품으로 명명)

3DR의 유명한 오픈소스 FC인 APM 계열의 고급형 PIXHAWK는 그 부속품으로서 이미지 센서를 이용할 수 있다.

출처 알리익스프레스

✓ 우측 이미지 센서의 픽셀 수는 480개. 전원전압 5(V) 소모전류 115(mA)

△ 사진 2-15-2 PIX4FLOW 이미지 센서(좌측), 초음파센서 까지 조합한 모듈(우측)

일명, OPTICAL FLOW SENSOR SMART CAMERA(옵티컬 플로우 센서 스마트 카메라)라고 부른다.

7 이미지 센서를 목적형 이름 VPS(비전 포지셔닝 센서)

이러한 목적으로 원시적인 수준의 화소수가 몇 개짜리 카메라에 해당하는 것을 이미지 센서라고 하는데 DJI의 팬텀에서는 이를 VPS(Vision Positioning Sensor, 비전 포지셔닝 센서)라고 부르고 있다.
이미지 센서가 학술적인 의미라고 한다면, 비전 포지셔닝 센서는 사용목적으로 주어진 이름이라 하겠다.

- **팬텀의 VPS** : 실내 또는 GPS 신호가 미약하거나 없을 때에 고도 유지에 유용한 비전 포지셔닝 센서.
  팬텀3 어드밴스 및 프로페셔널 모델에는 1개, 팬텀4에는 2개가 장착되어 있다.

출처 dji.com

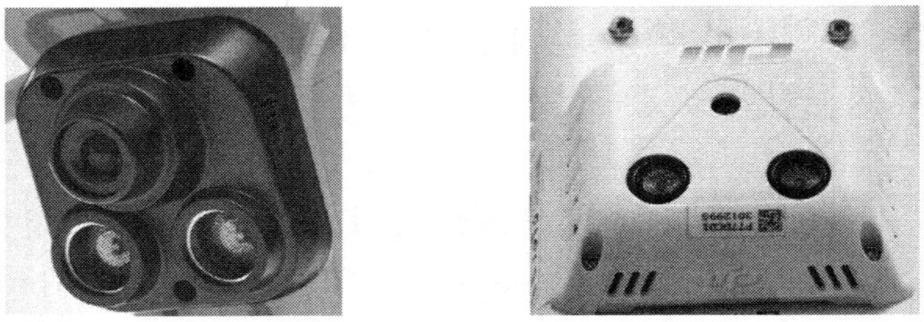

△ 사진 2-15-3 팬텀3 어드밴스/프로페셔널에 적용된 VPS(렌즈 1개)

8 이미지 센서를 기체에 수평으로 장착하면 장애물 회피기동 센서

장애물 회피 기동센서로 동작하게 된다.

팬텀4의 다리 앞쪽에는 좌,우 각각 1개씩 2개의 센서가 부착되어 있다. 따라서 좌, 우, 옆 방향과 후면에는 설치되어 있지 않으므로, 앞쪽 외에는 장애물 회피 기동이 되지 않는다. 전면 촬영 시에는 안전을 보장받지만, 깜빡하고 후진 비행 촬영 시에는 동작이 안 되므로 주의가 필요하다.

출처 dji.com

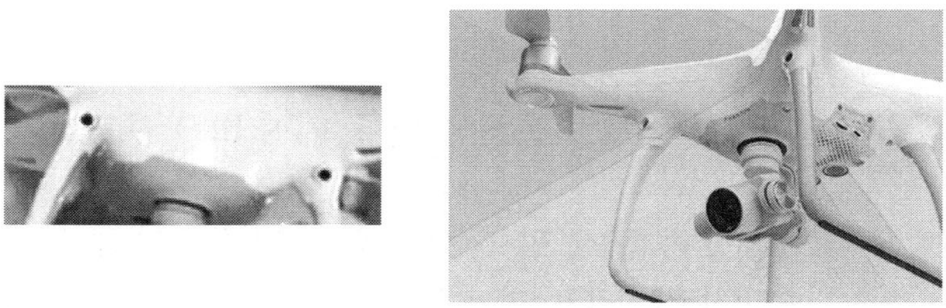

△ 사진 2-15-4 팬텀4에 적용된 장애물 회피 기동 센서(다리 앞쪽 좌, 우측 각1개)

SECTION

3-16 LED (Light Emitting Diode, 라이트 에미팅 다이오드)

LED(라이트 에미팅 다이오드, 발광다이오드) : 빛을 발생시키는 다이오드. 일명 발광다이오드

낮은 소비 전류로 고휘도의 빛을 방출하는 전기-빛으로 변환 효율이 높은 것을 선택하는 것이 핵심이다.

출처 직접촬영

△ 사진 2-16-1 원거리 비행에는 LED 장착이 필수

비행체가 내 손을 떠나 거리가 멀어질수록 기체의 자세 파악이 매우 어려워진다. 짧은 순간에 비행체의 자세를 보면서 동물처럼 자동반사적으로 3차원 공간에서 조종을 해야 하는 시각 비행은 요즘 유행하는 FPV 레이싱 1인칭 비행보다 어려울 수도 있는데 제3자의 시각으로 비행하기 때문이다. 따라서, 거리가 멀어질수록 시인성이 기하급수적으로 낮아지므로 자세와 방향이 순식간에 파악되어야 한다. 이런 목적에 유용한 아이템이 LED이다.

1 드론에 LED가 필수인 이유 5가지

1) 특히 초보자가 비행에 입문할 때는 매우 중요한 것이 기체의 자세 파악이 되는데 이때 LED가 필수이다.
2) 또한, 프리스타일 비행에서도 LED야 말로 비행의 자유로움을 한껏 만끽하게 해 주는 자세 표시 장치이다.
3) 심지어는, FPV 레이싱을 할 때에도 조종자와 관중이 함께 빠른 속도감을 소리와 함께 빛으로 감상하게 된다.
4) 그 외에, 추락했을 경우 추락장소에서 빛을 내고 있다면, 저녁 어슴츠레한 시간에도 쉽게 찾으러 갈수 있다.
5) 물론, 비행 중에도 기체의 배터리 저전압를 감시해서 LED 깜빡임으로 손쉽게 위험 경보로 활용된다.

NOVA(CX-20)에 LED를 장착한 경우를 보자.

출처 직접촬영

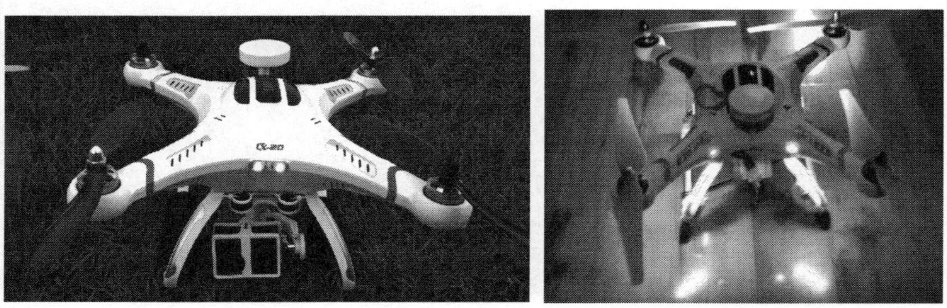

△ 사진 2-16-2 NOVA(CX-20)와 LED 점등

NOVA의 기체 하단에 붙어 있는, 변속기 Sub LED는, 앞쪽은 빨간색, 뒤쪽은 녹색으로 점등된다. 물론, 저전압 시에는 점멸하면서 깜빡여서 플라잉을 즐기는 동안에도 경고를 하므로 안심하고 날릴 수가 있다. 하지만, 막 플라잉을 쾌속으로 즐기는 경우라면 이것만으로는 부족하고, 더 좋은 해결 방법이 있다.

2 쾌속 플라잉에는 LED가 필수

핵심은, 원거리에서도 기체의 앞부분이 확실하게 확인할 수 있도록, 고휘도 LED를 정면에 장착하는 것이다. 정면에 매우 밝은 LED를 장착해서 RC 비행기처럼 매뉴얼(Stabilize) 모드로 호쾌한 FLYING을 즐길 수 있다. 이와 같이 원거리에서도 시인성이 확보되고 기체의 정면을 확인할 수 있다면 마구잡이 돌리기 비행이 원할해진다.

따라서,

1) **기체 전면에는 고휘도 백색 LED를 장착** : 12V용을 직접 연결한다.
2) 기체 좌측면과 우측면에는 각각 녹색 LED를 장착한다. 12V용을 사용하여 데코레이션 효과를 더한다.
3) 기체 후면에는, 좌측엔 Arming 적색 LED가 있고 우측엔 GPS 녹색 LED가 이미 장착되어 있으니 생략한다.

출처 직접촬영

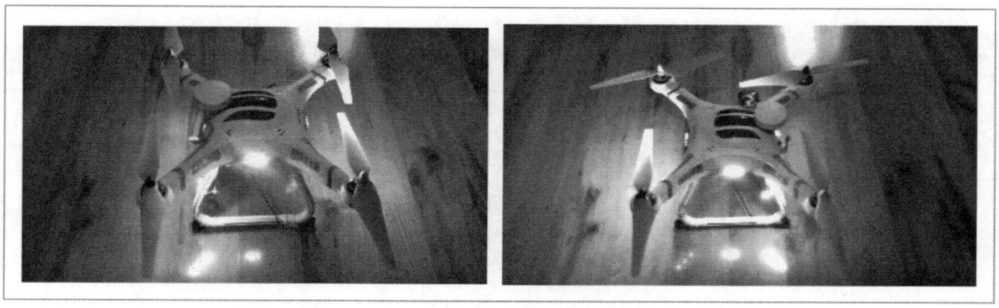

△ 사진 2-16-3 NOVA(CX-20)의 좌측면과 우측면에 녹색 LED 점등

3 기체 정면에는 고휘도 LED를 필수장착

핵심인 기체 정면에 고휘도 백색 LED 장착 : 매우 밝은 것이 사진으로도 나타난다. 어떠한 드론을 만들더라도 야간에 몰래 비행할 것이 아니라면 LED 장착을 필수로 생각해야 한다.

출처 직접촬영

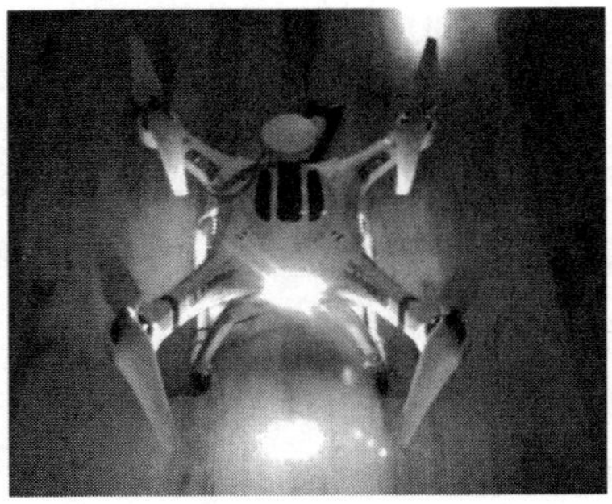

△ 사진 2-16-4 NOVA(CX-20)의 정면에 매우 밝은 고휘도 백색 LED 점등

날이 흐리거나 어두운 곳에서는 훨씬 더 잘 보인다. 심지어 한여름 태양이 비추는 대낮에도 드론의 위치를 잘 파악할 수 있으며, 때로는 두 눈을 번뜩이며 달려드는 타란툴라의 거미처럼 느껴지기도 할 것이다. 이렇게 LED로 인하여 비행에 자신이 있어지고 기체를 조종하다 보면 즐거움에 시간가는 줄 모르고 배터리가 더 필요해 질 수도 있다.

4 LED의 구입(1) : 정면 설치용 백색과 녹색 및 후면 설치용 적색

1) 1.5W급이고, 12V 인가 시, 전류량 65(mA)로서 250급 3셀 기체에도 감내할 수 있다. 중형, 대형 기체에도 쓸 만한 색상은 녹색, 유난히 밝고 선명하므로 권장한다.
   • 색상 : BLUE, RED, GREEN, WHITE

출처 알리익스프레스

△ 사진 2-16-5 1.5W 급 LED

2) 1.5W급/자동차에 사용되는 12V 전원용. 색상이 다양하고 200lm(루멘)으로 밝은 편이다.
   • 색상 5종류 : RED, GREEN, WHITE, 노란색, 핑크색

출처 알리익스프레스

△ 사진 2-16-6 리드선이 없는 자동차용 미등전구 LED

5 LED의 구입(2) : 밑면/옆면 데코레이션(띠 모양)

동호인 추천품. Tarot 제품.

웹주소(뱅굿)

https://bnc.lt/4Sug/n9lDRwGP4s

3개 단위로 잘라서 쓸 수 있는 12V용 LED로 4가지 색상이 있다. 휘어지게 점착 가능한 양면 테이프가 붙어 있고 가볍고 얇아서 호응도가 좋다.

출처 뱅굿

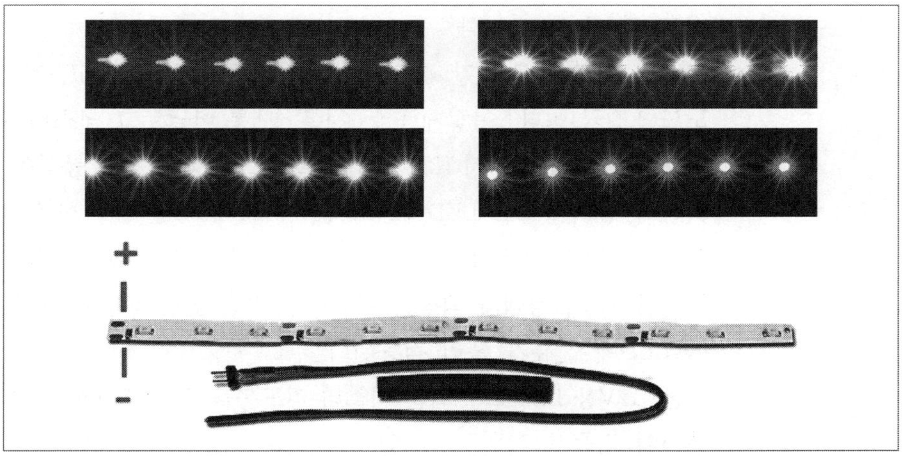

△ 사진 2-16-7 뱅굿의 LED

6 아날로그 테스터의 활용(LED를 직접 점등시켜 동작 및 색상 확인)

디지털 시대임에도 불구하고 아날로그 방식의 저렴하고 간편한 테스터가 매우 유용할 때가 있다. 그것은 구입한 LED의 작동여부 및 극성과 색상을 확인할 때, 테스트 리드봉을 대면 바로 켜지기 때문이다.

출처 직접촬영

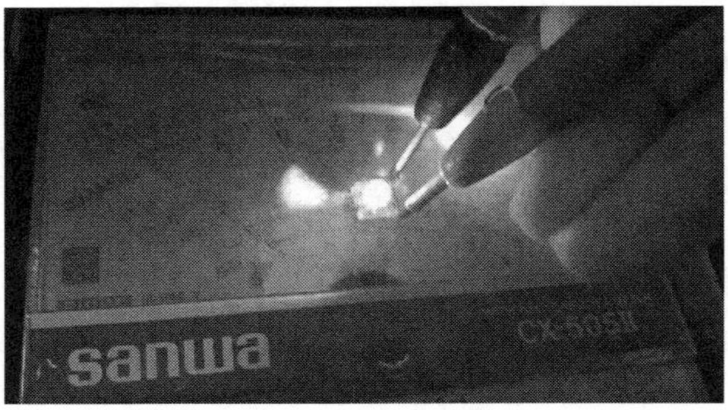

△ 사진 2-16-8 아날로그 테스터로 간단히 LED를 점등, 극성과 색깔을 확인 가능하다.

7 아날로그 테스터로 LED 점등원리

테스터의 로터리 손잡이의 위치는, RX1, RX10, RX100에서도 켜지지만 가장 밝은 위치는 RX1이다.

LED가 켜졌을 때 빨간 리드봉 쪽이 캐소드(-전극) 이고, 검정 리드봉 쪽은 애노드(+전극)이다. 이렇게 되는 것은, 보통 아날로그 테스터 속에 1.5V 건전지가 2개씩 들어 있어서 RX1 레인지로 놓으면 리드봉을 통하여 내부의 전지전압 3(V)가 등가적으로 LED쪽으로 흘러나오기 때문에 극성을 맞추면 점등된다.

빨간색 LED와 녹색 LED는 2V의 전압 이상이 인가되어 아주 약한 전류만 흐르면 점등되고, 청색과 백색은 이보다는 약간 높은 전압 2.5(V) 이상이 인가되어야 LED에 전류가 흘러 점등된다.

물론, 12V용 LED 스트랩은 테스터 리드봉을 각 LED 1개씩 마다의 전극 양단에 대어야 점등을 확인할 수 있다.

8 12V용(=자동차용) LED의 사용법

- **3셀 배터리에 연결** : 극성을 맞춰서 그대로 연결하면 된다. (무극성 타입은 그냥 연결)
- **4셀 배터리에 연결** : 그냥 연결 또는 직렬로 적당한 저항을 장착 또는 DC-DC 컨버터에 통과시켜 사용
- **5셀 배터리 이상에 연결** : 반드시 DC-DC컨버터를 통과시켜 써야 한다.

9 COB(Chip On Bond)형 LED

고휘도 LED는 출력이 높은 것은 알미늄 방열판을 가지고 있는 구조로 열을 쉽게 방출하도록 되어 있다. 드론 샵에서 고휘도 LED를 찾을 때는 "COB LED"로 검색하면 다양한 종류를 선택할 수 있다.

OB형 LED를 250기체에 빨간색이 인상적인 exLED를 사용하는 동호인도 있다.

출처 맥스드론

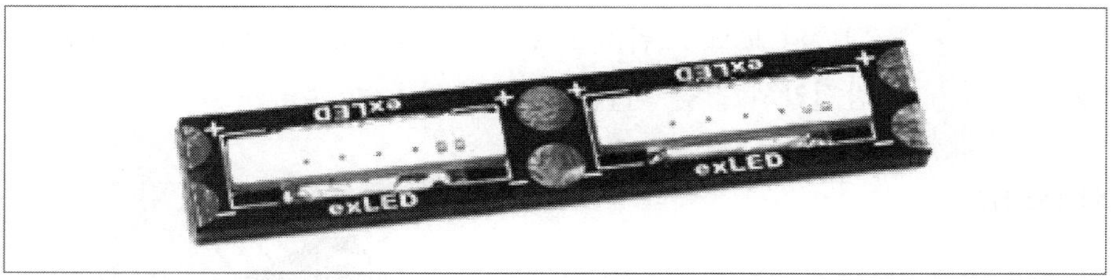

△ 사진 2-16-9 매우 밝은 적색 LED 2개 직렬품

SECTION

3-17 저전압 알람 = 리포 알람(Lipo Alarm)

• **리포 알람** = Lithium Polymer Battery Alarm(리튬폴리머 배터리 전용 저전압 알람)

비행에 열중하다 보면 배터리가 소진되는 것을 모르고 계속 비행하다가 추락하거나 배터리가 망가진다. 이러한 문제를 해결해 줄 수 있는 배터리 전압 하강 시 경고성 알람을 울려주는 유용한 제품이 있다.
이렇듯 미리 설정해 둔 전압까지 내려가면 크게 알람을 울려주는 역할을 리포알람이라 한다. 1셀~8셀의 리튬폴리머 배터리의 현재 전압을 쉽게 점검할 수 있고, 저전압시 경보음을 내게 한다.
뒤쪽의 모드 스위치를 누를 때마다 /OFF /2.7(V)~3.8(V)까지 변경되므로 알람전압의 값을 바꿀 수 있다.

출처 알리익스프레스

△ 사진 2-17-1 가장 널리 사용하는 리포알람(Lipo Alarm)

(1) **리포알람의 알람 전압 셋팅** : 둥근 부저 사이에 있는 작은 모드 스위치를 누를 때 마다, 알람이 발생되는 전압이 0.1(V)단위로 변경되므로, 원하는 값에 맞게 세팅한다.

》 **세팅 가능한 전압 :** /2.7 /2.8 /2.9 /3.0 /3.1 /3.2 /3.3 /3.4 /3.5 /3.6 /3.7 /3.8

》 **일반적 세팅 전압 :** 대전류가 흐르는 레이싱 기체는 3.6(V), 일반 기체는 3.7(V)가 적당하다.

(2) 리포알람의 LED 숫자 표시 순서

1) 배터리 전체의 전압이 표시된다.
2) 1번 셀의 전압이 표시된다.
3) 2번 셀의 전압이 표시된다.
4) 3번 셀의 전압이 표시된다.
5) 이런 방식으로, 8셀까지의 전압을 표시한다.
6) 위의 과정이 반복된다.

(3) 리포알람을 배터리와 연결

☑ 메인 커넥터 XT60 단자에는 연결 불가능

리튬폴리머 배터리의 **셀 밸런스 단자**에 맞춰서 끼운다.

9핀의 수 커넥터 핀을, 배터리의 셀 밸런스 단자에 맞춰 끼우는데, 리포알람을 앞에서 보았을 때 리포알람의 많은 커넥터 핀 중에서 **가장 좌측 배터리 셀 밸런스 단자의 (−)측**에 맞게 끼운다.

– 기체 1대당 1개씩 배터리 부근에 장착하며, 비행 중에도 항상 저전압 알람 소리에 귀기울이며 비행한다.
  알람이 울리면 즉시 착륙시켜서 과방전으로 인하여 배터리가 불량화, 배부름, 성능저하, 수명감소가 되지 않도록 해야 값비싼 고방전 리튬폴리머 배터리를 고성능으로 오래 유지하며 사용할 수 있다.
  리튬폴리머 배터리의 셀 당 보관전압 3.8(V)를 잊지 않도록 한다. 셀 당 3.7(V)로 보관해도 무리가 없다.

SECTION 3-18

로스트 알람 (Lost Alarm)

비행하던 드론을 어디에선가 분실했을 때 찾을 수 있는 로스트 알람이 있다. 평상시에는 이것의 필요성을 거의 느끼지 못하는데, 어느 한순간 기체를 분실하면 매우 요긴한 알람이다.

기체가 산속 어딘가에 추락했다고 생각하면 매우 빠른 구조를 해야 막대한 손실을 줄일 것이다.

FPV레이싱을 하는 경우, 넓은 공역을 찾아가서 비행연습을 하게 된다. 또한 여러 가지 보완책들이 있지만 결국 정성들여 만든 작품을 못 찾는 경우를 대비해야 한다. 준비를 안 해 두면 눈물짓는 경우가 생긴다. FPV레이싱 뿐 아니라, 일반 시각 비행을 하는 경우도 잃어버리고 외양간 고치는 경우가 허다하다.

1 로스트 알람의 3가지 방식

분실 기체를 찾는 용도로 사용하는 로스트알람의 방식에는 여러 가지가 있다. 대표적인 3가지를 소개한다.

(1) 수신기에 알람전용 채널을 할당하고, 분실 시에 조종기로 해당 채널 스위치를 ON하여 소리로 찾는 방식.

(2) 수신기에서 사용 중인 1~4 채널 중에서 하나의 커넥터를 빼고 그 커넥터를 알람을 경유하여 연결한다.
조종기를 OFF 하거나 또는 조종을 하다가 멈추면 일정시간 후에 알람 소리가 발생하는 방식.

(3) 기체, 수신기, 배터리와 전혀 상관없이 일정시간 이상 기체가 움직이지 않으면 알람 소리를 발생하는 방식.

첫 번째 방식(Discovery Buzzer) : 디스커버리 부저

출처 하비킹

△ 사진 2-18-1 알람 전용 채널을 할당하는 방식(Discovery Buzzer)

수신기에 마치 서보를 하나 더 장착하는 것처럼 빈 채널을 1개 할당하고 꽂는다. CH6에 꽂았다면, 조종기의 CH6 스위치를 ON하면(= PWM : 1(ms) → 2(ms)가 되도록) 알람소리 발생.

》 장점은, 구조와 사용법이 간단하고 가격도 가장 저렴하다.

》 단점은, 추락으로 인하여 배터리가 분리되거나 수신기가 고장나면 작동하지 않는다.

두 번째 방식(Lost Alarm) : 로스트 알람

출처 알리익스프레스

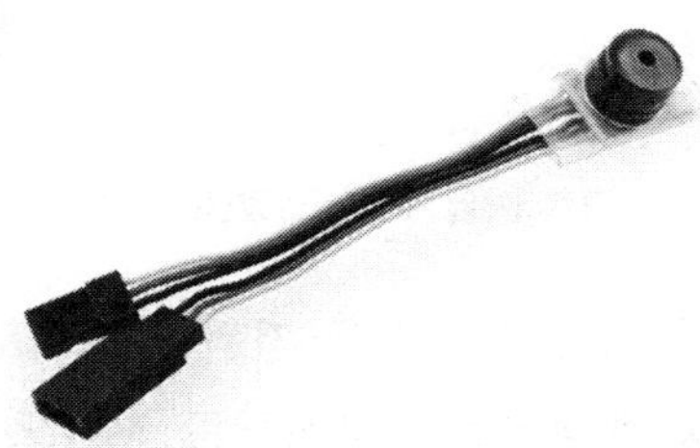

△ 사진 2-18-2 수신기 빈 채널에 연결 방식(Lost Alarm)

드론을 비행할 때 자주 스틱을 움직이게 되는데, 일정 시간동안 스틱을 움직이지 않거나 송신기를 OFF했을 때 수신기에 PWM 신호가 들어오지 않게 되는데, 이것을 감지하여 알람을 발생시키는 방식이다. 수신기 쪽에 별도의 채널이 필요하지 않으므로, 수신기의 채널수가 부족할 때 좋은 방법이다. 1번(롤(Roll) 채널에 꽂아 둔 기존의 3핀 커넥터를 빼내고, 그 자리에 알람의 3핀 커넥터를 끼운 다음 알람의 나머지 암놈 커넥터에 전에 빼준 3핀 커넥터를 연결한다.

송신기를 켜면 삐하고 짧은 비프 음이 들리면, 정상적으로 설치된 것이다.

로스트 알람이 작동하여 소리가 날 때, 2분 이내에 못 찾아서 조치를 못하면 알람소리를 더 크게 발생시킨다. 작동된 알람을 해제하려면, 수신기에 꽂은 커넥터를 빼야 하는 불편이 있다.

》 장점은, 수신기의 채널을 별도로 필요로 하지 않는다.

》 단점은, 작동된 알람을 해제하려면, 수신기에 꽂은 커넥터를 빼야 한다. 배터리 분리 시 작동하지 않는다.

세 번째 방식(Drone Keeper Mini) : 드론키퍼 미니

드론에 사용되는 거의 모든 제품이 중국산인데, 기특하게도 이것만은 한국산인 제품이다. 모델명 SSB-70C.

기체의 배터리, 수신기와는 전혀 상관없이 독립적으로 동작한다. 완전히 별개의 알람을 기체에 장착한다.

출처 니치텍 쇼핑몰

△ 사진 2-18-3 기체에 부착하는 알람(드론키퍼 미니)

알람 자체의 빨간색 전원 스위치로 ON/OFF 한다.

내장 배터리를 사용하므로 충전도 가끔 해야 한다. PC USB 단자를 미니 USB 단자에 연결하면 충전된다. 동작감지 센서를 내장했기 때문에, 드론에 아무 결선 없이 사용된다.

여러 가지 모드로 사용될 수 있으므로, 자세한 것은 사용설명서를 참조.

》 장점은, 기체에 꼭 붙들어 매기만 하면, 절대적으로 확실하게 동작한다. 배터리가 필요 없다.(내장)

》 단점은, 가격이 다른 방식에 비해서 매우 비싸다.

그렇지만, 드론의 분실에 비하면 너무 저렴한 가격 아닌가?

SECTION

3-19 FPV 고글(Goggle)

고글이라 하면, 스키장이 생각나는 분들이 있을 것이고, 게임매니아 또는 얼리 어댑터들도 고글을 써본 적이 있을 것이다. 하지만 드론의 FPV(1인칭뷰) 레이싱에도 필수적인 장비에 해당한다.

1 고글비행에 입문

고글의 방식과 가격대는 천차만별이다. 처음 입문한 초보자들에게는 저렴한 EACHINE의 VR-007이 있다. HD 화면이 나만 볼 수 있는 공간에서 펼쳐지므로, 갑갑하지 않다면 영화를 보는 것도 좋은 활용이 되겠다.
박스형의 커다란 형태는 가격을 고려하면 충분히 인내하고 비행을 즐길 수가 있다.
영상수신기도 내장되어 있고 1셀의 리포배터리를 사용한다. FPV 입문에는 충분한 수준이라 하겠다.

출처 알리익스프레스

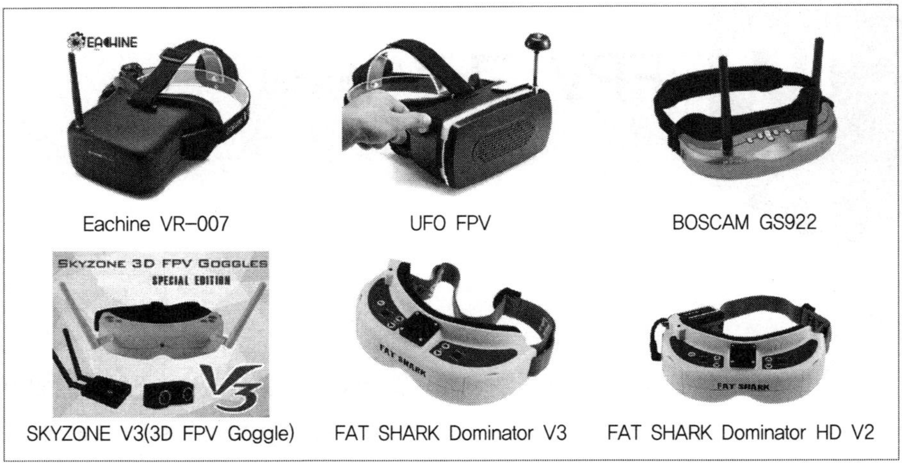

△ 사진 2-19-1 FPV 고글의 여러 가지 종류

중급형 고글

조금 눈이 뜨이기 시작하면, 왼쪽 눈과 오른쪽 눈이 별개의 LCD로 보게 되는 전문형 고글을 쓰게 된다. 성능도 충분하고 가격도 중급인 팻샥 도미네이터 V3는 해상도가 WVGA급 800×480로 널리 사용한다.

매니아급 고글

레이싱에 미쳐 가면 눈에 보이는 게 없어지기 시작해서 해상도 SVGA급 800×600을 지름신으로 영접하게 된다. 아직까지는 HD급 800×600 도미네이터 HD고글이 가장 해상도가 높다. 당연하지만 가격이 비싼 것이 흠이다. 혹자는 레이싱도 3D로 해야 제 맛이라 해서 3D FPV 고글을 쓴다는데 아직은 주변에서 구경을 못했다.

2 흔히 사용되는 고글의 성능 비교(Fat Shark 기준)

출처 알리익스프레스

▽ 표 2-19-1 FPV 고글의 사양 비교

고글 종류	애티튜드 V2 -이전 제품-	도미네이터 V3 -신제품-	도미네이터 HD -고선명 제품-
해상도	640 × 480(VGA)	800 × 480(WVGA)	800 × 600(SVGA)
FOV : 화각 (Field Of View)	35도	30도	45도
디옵터렌즈(옵션)	−2, −4, −6	−2, −4, −6	−2, −4, −6
전류소모	350(mA)	390(mA) : wireless 230(mA) : no rx	350(mA) : wireless 200(mA) : no rx
IPD거리	59~69(조절)	59~69(조절)	57~63(조절)
전원공급	7~13V(2~3S)	7~13V(2~3S)	7~13V(2~3S)
배터리	2s/1000mAh	2s/1000mAh	2s/1000mAh
무게	150g	152g	200g
가격 기타	TX, CAM 포함 판매	권장	고가

- **수신 모듈이 고글에 탈부착이 되는 형태의 고글** : 도미네이터 HD는 수신 모듈을 별도로 추가 구매해야 한다.

출처 알리익스프레스

△ 사진 2-19-2 수신 모듈이 탈부착 형태인 FPV고글

SECTION

3-20 영상 모니터 (Video Monitor)

카메라가 장착된 기체에는 영상 송출 장치가 있는 경우, 지상에서 영상을 모니터링하는 장치를 사용한다. 영상 송출 장치가 부가되지 않은 드론은 녹화기능이 내장된 카메라를 탑재한다.

출처 직접촬영

△ 사진 2-20-1 OSD(On Screen Display)중첩 영상 모니터링

1 영상 모니터링 형태별 2종류

(1) **촬영용 드론** : 모니터(Monitor)를 사용한다.

✔ 가끔 모니터 사용자도 있다.

(2) **FPV 레이싱 드론** : 고글(Goggle)을 사용한다.

2 영상 모니터 기능별 3종

1) 영상 모니터
2) 전파수신 + 영상 모니터
3) 전파수신 + 영상 모니터 + 녹화기능(DVR)

출처 뱅굿

△ 사진 2-20-2 기능별 모니터 3종

》 **영상 수신** : 일반적으로 영상 수신에 사용되는 주파수는 5.8(GHz)이고, 사용되는 채널수는 40개이다.

》 **영상신호를 모니터에 연결** : 노란색(영상신호) RCA 플러그를 영상신호 입력단자에 연결한다.

3 아날로그 TV 영상신호 3가지

- **NTSC 방식** : 주사선수 525개, 프레임 주파수 30(Hz)로 구성된 영상신호 방식, 한국과 미국이 사용했었다.
  National Television System Committee의 약자
- **PAL 방식** : 주사선수 625개, 프레임 주파수 25(Hz)로 구성된 영상신호 방식, 중국과 북한이 사용했었다.
  Phase Alternation Line의 약자
- **SECAM 방식** : 주사선수 625개, 프레임 주파수 25(Hz)로 구성된 영상신호 방식, 유럽의 국가들이 사용했었다.
  SEquential Couieur A Memoire의 약자

현재 드론 동호인들이 사용하는 아날로그 영상 송신기는, 2가지가 사용되는데 NTSC 방식과 PAL 방식이다.
국내에서 사용되는 모니터들은 모두 NTSC가 맞지만, 중국에서 제조한 가성비 높은 카메라와 모니터와 고글 및 송신기와 수신기를 구입하여 사용하는 관계상 동호인들도 모르고 어쩔 수 없이 2종류가 혼재되는 상태가 되었다.
따라서, 카메라–영상송신기–수신기–모니터(또는 고글)에 이르는 일련의 영상 모니터링 절차에서 2가지의 아날로그 영상신호 방식을 똑같은 것으로 영상을 생성하는 카메라와 영상 모니터와의 계통을 일치시켜 주어야 한다.
즉, 신호 발생의 초기 단계인 카메라가 아날로그 영상 신호의 방식 자체를 NTSC 또는 PAL로 결정하게 되어 있고, 모니터(또는 고글)에서는 단지 카메라에서 이미 결정하여 영상 송신기와 영상 수신기를 통하여 전송해 온 아날로그 영상신호와 똑같은 방식으로 재생하지 않으면 모니터에서 영상을 제대로 볼 수 없는 상태가 되므로 주의가 필요하다.

》 NTSC 카메라 – 영상송신기 – 영상수신기 – NTSC 모니터 : (○)
》 PAL 카메라 – 영상송신기 – 영상수신기 – PAL 모니터 : (○)
》 NTSC 카메라 – 영상송신기 – 영상수신기 – PAL 모니터 : (×)
》 PAL 카메라 – 영상송신기 – 영상수신기 – NTSC 모니터 : (×)

카메라를 구입할 때는 내가 보유하고 있는 모니터가 NTSC인지, PAL인지, 겸용인지 확인할 필요가 있으며, 모니터를 구입할 때도 NTSC, PAL 겸용이면서 자동절환 제품을 구입하면 카메라의 선택폭이 넓어지게 된다.

4 영상 모니터의 선택 기준

1) **밝기가 중요하다** : 450(cd) 이상의 것을 권장, 700(lux)라면 최고 밝다.
2) 후드(hood)가 포함된 것이 좋다. 후드가 없으면 야외에서 영상 판독이 어려워진다.
3) **블루 스크린** : 저렴한 모니터는 영상신호가 없거나 약할 때, 파란 화면이 뜨지 않아야 한다.
4) **화면 크기는 7인치 정도가 여러모로 유용하다. 종횡비는 16:9**
5) **해상도** : 800×480이면 적당하다. HD는 800×600. 화면 10인치는 1024×600

6) 배터리를 내장한 방식이 좋다. 외장이라면 거추장스럽게 배터리를 연결해야 한다.
7) 수신기 내장 방식이라면, 기왕이면 다이버시티 방식을 선택(안테나 2개)
8) NTSC, PAL영상 둘 다 입력 가능한 자동절환 방식이 좋다.
   한국식 = NTSC, 중국식(북한) = PAL
9) 수신기능 포함이라면, 영상 송신기의 송신 주파수를 수신 가능한지 수신채널을 확인해야 한다.
10) 수신기능 포함이라면, 수신 주파수 오토스캔 기능이 있으면 좋다.
11) 네비게이션 모니터를 사용한다면, 삼각대 거치용 나사 구멍을 확인해야 한다. 또는 대안마련.

5 특이 제품

- **밝기 700(Lux) 제품** : Hawkeye Sharp 버전 A(녹화용 DVR 내장) –하비킹 초저렴 판매 기록
- **40채널 수신기, DVR 내장, 배터리 내장, Diversity 방식 제품** : LCD 5802D
- **흔히 사용하는 제품** : RX LCD 5802

SECTION

3-21 영상 송신기 (Video Transmitter)

영상 송신기는 드론에 장착된 카메라를 무선 전파로 조종자의 모니터 또는 고글에 전송하기 위한 장치이다. 흔히 사용되는 주파수는 5.8(GHz)이며, 팬텀에서는 ISM 밴드 주파수 2.4(GHz)가 사용되기도 한다. 현재 취미용으로 사용되는 대부분의 영상 송신기는 아날로그 전송 방식을 사용하고 있다. 다만, 팬텀, 인스파이어 에서는 라이트브릿지라는 디지털 영상 전송기를 사용하기도 한다. 여기서는 아날로그 전송 방식의 영상 송신기에 대해서 설명한다. 이제는 지나가 버린 아날로그 TV 시대의 신호이지만, 드론의 FPV에는 주로 이것이 사용되고 있다.

국내에서 아날로그 TV 방송 시대에 사용되었던 NTSC(National Television System Committee) 방송 신호의 예.

출처 직접촬영

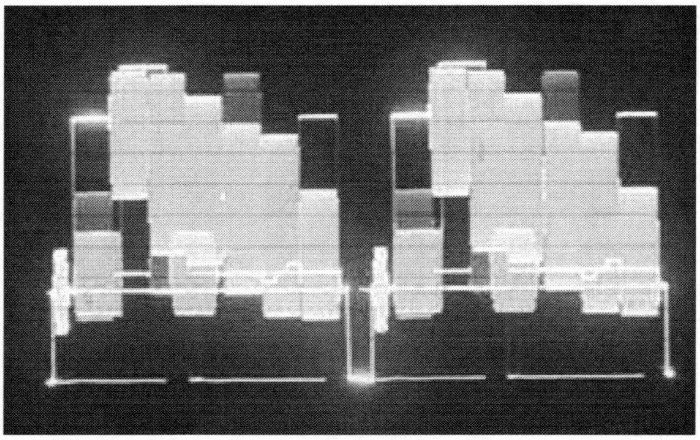

△ 사진 2-21-1 NTSC방식 영상신호(표준 칼라 패턴, 웨이브폼 모니터)

향후, 디지털 HD 방식 영상 송신기와 수신기가 활용되려면 넓은 주파수대역을 정부가 할당해 줘야만 가능하다.

출처 하비킹

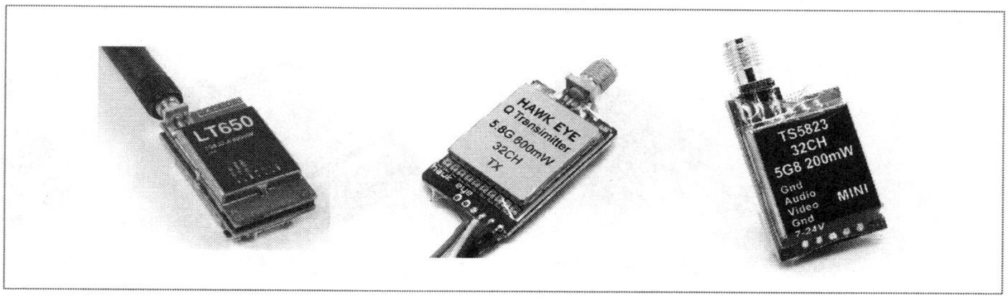

△ 사진 2-21-2 아날로그 방식의 영상 송신기(케이스 없는 것 : 경량 250급에 적당)

출처 하비킹

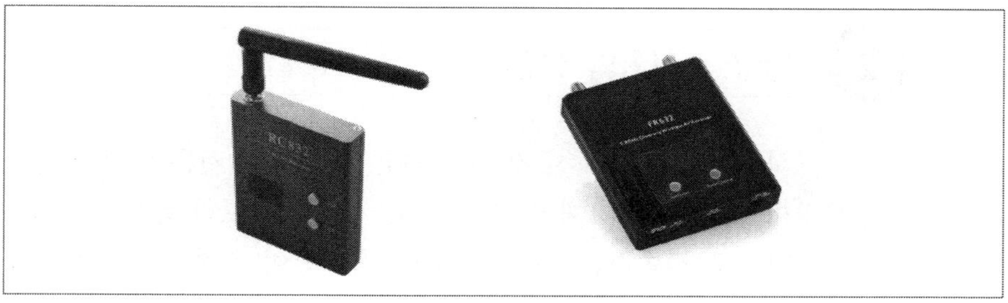

△ 사진 2-21-3 아날로그 방식의 영상 송신기(케이스 있는 것 : 450급 이상에 적당)

1 영상 송신기의 채널 변경 방식

영상 송신기에 장치되어 송출하는 주파수를 변경하는 방식에는 대표적으로 다음 3가지가 있다.

(1) **DIP(Dual Inline Package) 스위치 방식** : 작고 하얀 스위치를 ON/OFF 하여 스위치 조합으로 변경. 무 표시

(2) **버튼 스위치 + 일반 LED 배열 표시방식** : 버튼 스위치를 눌러서 변경하고, LED 점등 조합으로 송신 채널을 표시

(3) **버튼 스위치 + 7세그먼트 LED 표시방식** : 버튼 스위치를 눌러서 변경하고, LED로 송신 채널을 표시

출처 하비킹

△ 사진 2-21-4 채널변경 방법이 다른 3종류 송신기

2 영상 송신기의 전압

사용 전압을 반드시 지켜야 한다. 가장 흔한 것은 12(V)용이다. 2~4S 리튬폴리머 셀의 수로 기재된 것도 있다. 사용 전압보다 높은 전압을 인가하거나, 역방향으로 접속하는 순간 전원 및 출력단이 소손되므로 주의가 필요하다.

3 영상 송신기의 입력신호와 출력의 형태

영상 송신기의 입력에는 아날로그 영상신호를 인가한다. (NTSC 또는 PAL) 정규 영상 전압 레벨인 2(Vpp)가 나오는 카메라 영상을 출력 받아서, 1(Vpp)로 입력 받는 상태가 된다. 카메라의 출력 임피던스가 75(옴)이고, 영상 송신기의 입력 임피던스가 75(옴)으로 매칭되어 있기 때문이다.
영상 송신기의 출력에는 5.8(GHz)에 튜닝된 막대안테나 또는 크로바(일명 버섯) 안테나를 연결한다. 그렇게, 카메라의 아날로그 영상 출력은 영상 송신기의 안테나를 통하여 전파로 공간에 전파된다.

4 영상 송신기의 주파수

5.8(GHz)의 주파수를 모두 사용할 수 있는 것은 아니고, ISM 밴드로 할당된 대역 내에서만 사용 가능하다. 물론 일부 레이싱 밴드는 할당 주파수 외의 부분을 사용하기도 한다.
통상 32채널로 알려진 채널과 주파수를 표로 정리하면 다음과 같다.

여기에 레이싱 밴드 8채널을 더하면 40채널이 된다.

▽ 표 2-21-1 5.8GHz대 채널별 주파수(단위 : GHz)

밴드/채널	CH1	CH2	CH3	CH4	CH5	CH6	CH7	CH8
FR1(A)	5.865	5.845	5.825	5.805	5.875	5.765	5.745	5.725
FR2(B)	5.733	5.752	5.771	5.790	5.809	5.828	5.847	5.866
FR3(C)	5.705	5.685	5.665	5.645	5.885	5.905	5.925	5.945
FR4(D)	5.74	5.76	5.78	5.80	5.82	5.84	5.86	5.88

5 영상 송신기의 안테나 커넥터

안테나와 연결하는 커넥터에는 4가지 종류가 있으므로, 사용할 안테나와 결합이 되는지 반드시 확인한다. 안테나 결합이 제대로 되지 않으면 영상 송신기가 소손된다.

출처 하비킹

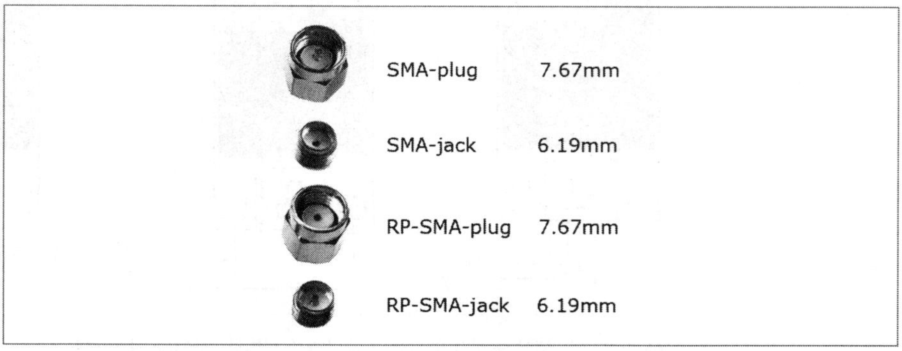

△ 사진 2-21-5 영상 송신기와 안테나 사이에 결합하는 커넥터 종류 4가지

6 영상 송신기의 출력

통상 근거리용으로는 소비전력이 낮고 작은 크기에 저렴한 200(mW)급이 사용되고 원거리용으로는 발열도 있고 소비전력도 비교적 높은 600(mW)급이 사용된다. 그렇지만, 현실적으로는 허용전력 이상의 높은 출력으로 사용되는 것이기에 불법으로 보는 것이 맞다.

》 **규제타파 시사점** : 중국처럼 제조 강국, DJI 처럼 벤처기업이 삼성처럼 거대기업으로 초스피드 성장하겠다.

7 영상 송신기의 취급 주의

1) 반드시 안테나가 삽입된 상태에서 전원을 인가하도록 해야 한다.
   안테나를 뺀 상태에서 전원이 인가되면 송신부의 출력 트랜지스터가 소손되어 사용할 수 없다.
2) 발열이 심하므로, 열이 잘 방출될 수 있도록 설치 위치를 고려하여 배치한다.

8 TS832 전기적 연결

출처 TS832

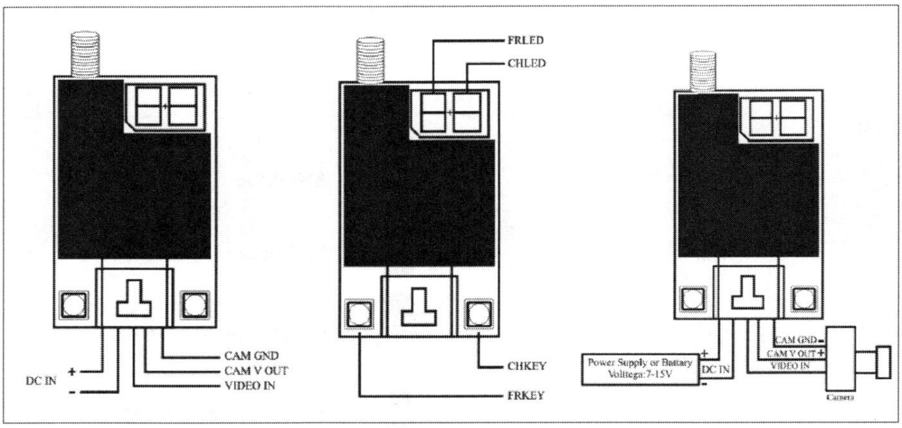

△ 사진 2-21-6 영상 송신기 TS832의 채널변경 버튼과 채널표시와 연결도

출처 TS832

▽ 표 2-21-2 영상 송신기 TS832의 4개 밴드별 채널 번호와 주파수 및 입력 출력 사양

MODEL : TS832		5.8GHz, 600mW, 32Channels AV Transmitter Module			
Modulate		Wideband FM Modulate			
Video Format		NTSC/PAL			
Characteristics		Value			Units
		Min.	Typ.	Max	
Output Impedance		–	50	–	Ohm
Output Power		27	27.5	28	dBm
Frequency Range	Channel Number	–	Channel Frequency	–	–
FR1 or(A)	CH1	–	5865	–	MHz
	CH2	–	5845	–	
	CH3	–	5825	–	
	CH4	–	5805	–	
	CH5	–	5785	–	
	CH6	–	5765	–	
	CH7	–	5745	–	
	CH8	–	5725	–	
FR2 or(B)	CH1	–	5733	–	
	CH2	–	5752	–	
	CH3	–	5771	–	
	CH4	–	5790	–	
	CH5	–	5809	–	
	CH6	–	5828	–	
	CH7	–	5847	–	
	CH8	–	5866	–	
FR3 or (E)	CH1	–	5707	–	MHz
	CH2	–	5685	–	
	CH3	–	5665	–	
	CH4	–	5645	–	
	CH5	–	5885	–	
	CH6	–	5905	–	
	CH7	–	5925	–	
	CH8	–	5945	–	
FR4 or (F)	CH1	–	5740		
	CH2	–	5760		
	CH3	–	5780		
	CH4	–	5800		
	CH5	–	5820	–	
	CH6	–	5840	–	
	CH7	–	5860	–	
	CH8	–	5880	–	

MODEL : TS832 5.8GHz, 600mW, 32Channels AV Transmitter Module				
Characteristics	Value			Units
	Min.	Typ.	Max	
Operating Voltage	7.0	12	16	V
Supply Current	---	220	---	mA
Operating Temperature	-10	---	+85	℃
Video Band Width	0	---	8.0	MHz
Audio Carrier Frequency	---	6.5	---	MHz
Video Input Level	0.8	1.0	1.2	Vp-p
Video Input Impedance	---	75	---	Ω
Audio Input Level	0.5	---	2.0	Vp-p
Audio Input Impedance	---	10k	---	Ω
Weight	---	22	---	g
Antenna Connector	SMA Connector			
Dimensions [L×W×H]	54×32×10(mm)			

SECTION

3-22 영상 수신기 (Video Receiver)

영상을 수신해서 모니터링하기 위해서는 모니터와 고글의 2가지 중 한 가지 또는 둘 다 이용할 수 있다. 영상의 수신은 주파수와 변조방식만 일치하면 어디서든 수신되는 전파를 받아서 복조하여 보면 되기 때문이다.
여기서는 영상 수신 기능이 내장된 모니터나 고글을 제외한 수신기 단품에 대하여 주로 설명한다.

출처 하비킹

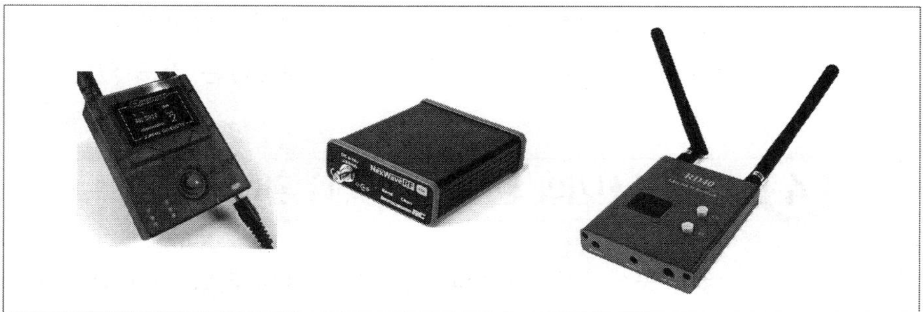

△ 사진 2-22-1 영상 수신기의 다양한 형태

1 영상 수신기의 수신 채널(주파수) 절환

수신기에 부착된 1개 또는 2개의 버튼 스위치를 누르면 밴드 또는 채널이 절환된다. LED 표시 장치 또는 LCD 표시 창에서 수신주파수 또는 채널을 표시한다.

2 영상 수신기의 수신 채널(주파수)의 선택

비행 현장에서 다른 사람이 사용 중인 채널이거나 유사 방해 전파가 있는 주파수가 어느 것인지 확인하고, 그 주파수를 피해서 영상 송신기의 채널을 선택하도록 하고, 선택된 채널을 수신기에서도 정확하게 맞춘다.
비슷한 주파수로 설정해도 근거리에서는 잘 나오지만, 원거리로 갈수록 노이즈가 심해지므로 주의한다. 그러므로 송신기와 수신기는 같은 메이커의 것을 세트(Pair)로 선택하는 것이 간단하고 확실한 팁이 된다.

예 TS832(영상송신기)와 RC832(영상수신기)

3 영상 수신기의 전원

12(V)로 동작하는 것이 대부분이므로 3셀 리튬폴리머 배터리를 전원으로 수신기 잭에 연결하여 공급한다. 최근 출시되는 다이버시티 스타일은 리튬폴리머배터리를 내장하고 있어서 충전하여 사용하는 것도 있다.

4 영상 수신기의 전파입구 안테나 결합

영상 송신기의 안테나와 동일한 형태의 5.8(GHz) 안테나를 사용한다.
영상 송신기와 마찬가지로 수신기와 수신용 안테나와 결합이 제대로 이루어져야 영상이 제대로 수신되므로 커넥터의 형상에 따른 결합에 주의해서 미약한 전파신호가 안테나로부터 수신기로 손실 없이 공급되어야 한다.

5 영상 수신기의 선택 기준

1) 수신감도가 좋을 것.
2) 영상 송신기의 송신 주파수를 수신 가능한지 수신 채널을 확인해야 한다.
3) 배터리 내장형이면 편리하다. 모니터 일체형에는 배터리 내장형이 있다.
4) 수신하고 있는 채널을 쉽게 판별이 가능한 7세그먼트형의 LED표시가 있으면 좋다,
5) 안테나 커넥터의 형상이, 현재 보유 또는 구입하는 형태와 맞아야 한다.
6) 기왕이면 다이버시티 수신 방식을 선택한다. (모니터 일체형에는 이런 형태가 많다)
7) 수신 주파수 오토스캔 기능이 있으면 좋다.

RC832에 연결하는 영상과 음성신호 입력 신호 : 2.5파이 4핀 플러그

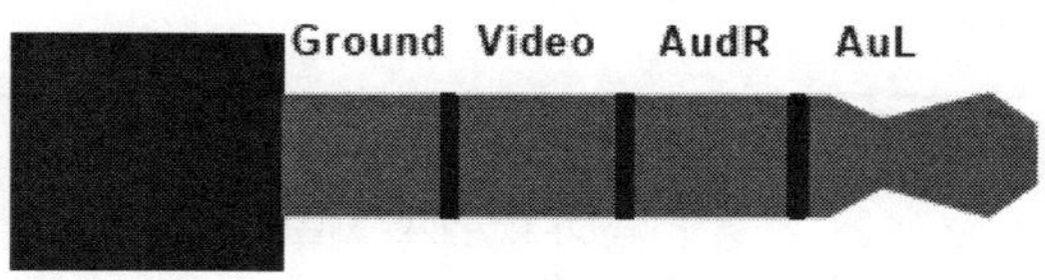

FAT Shark 고글(Altitude v2)의 영상음성 입력 신호 : 3.5파이 4핀 플러그

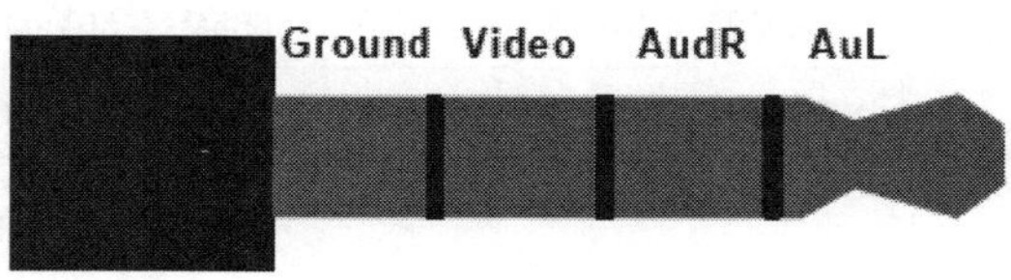

출처 RC832

▽ 표 2-22-1 영상 수신기 RC832의 전기적 사양

RC832 5.8GWireless receiver	Sensitivity	≤-90dBm
	Working Frequency	ISM 5.8GHz
	Available Channel	32CH
	Power supply	DC 12V
	Consumption Current	200mA, Max.
	Antenna Input Impedance	50Ω Typ.
	Antenna Connector	SMA
	Antenna Gain	2dBi
	Video Output Level	1.0V_{P-P} Typ, 75Ω
	Audio Output Level	1.0V_{P-P} Typ, 10KΩ
	Audio Carrier	6.5MHz
	Type Standard	NTSC/PAL
	Dimension(L×W×H)	80×65×15mm
	Weight	85g

출처 RC832

▽ 표 2-22-2 영상 수신기 RC832의 채널별 수신주파수

FR \ CH		CH							
		CH1	CH2	CH3	CH4	CH5	CH6	CH7	CH8
FR	FR1(A)	5865M	5845M	5825M	5805M	5785M	5765M	5745M	5725M
	FR2(B)	5733M	5752M	5771M	5790M	5809M	5828M	5847M	5866M
	FR3(E)	5705M	5685M	5665M	5645M	5885M	5905M	5925M	5945M
	FR4(F)	5740M	5760M	5780M	5800M	5820M	5840M	5860M	5880M

출처 RC832

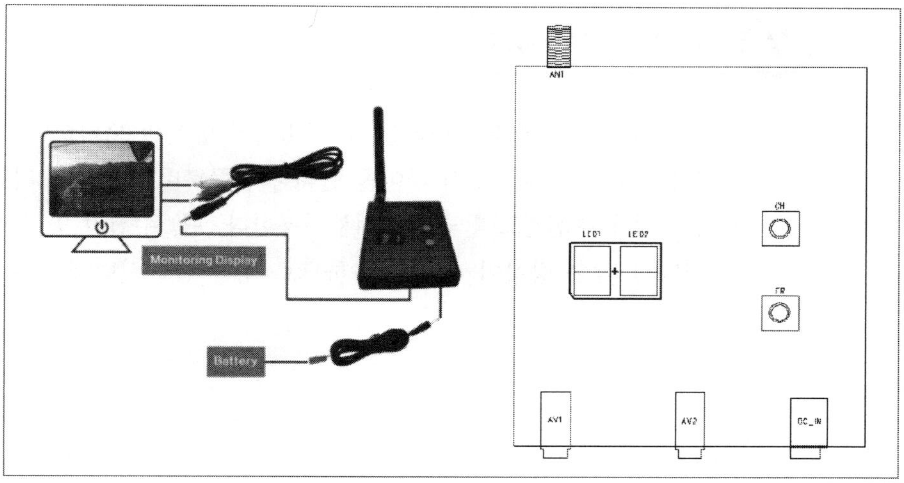

△ 사진 2-22-2 영상 수신기 RC832의 전기적 신호연결

일반 커넥터보다 작은 2.5mm의 4핀 커넥터로 연결되는 av1, av2 단자와 dc전원 입력단자가 있다. 2개의 7세그먼트 표시기로 된 LED와 채널 선택 버튼이 있고, 안테나 입력단자가 있다.

6 다이버시티 수신 방식의 모니터와 고글

출처 알리익스프레스

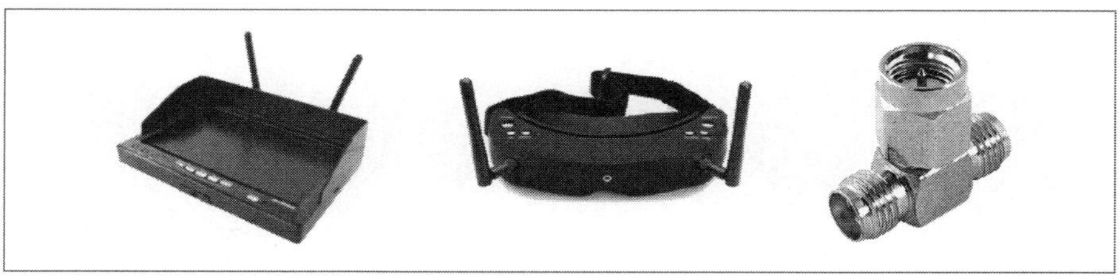

△ 사진 2-22-3 다이버시티 수신 모니터와 고글 그리고 T자 안테나 커넥터

전형적인 다이버시티 수신기들은 안테나를 2개씩 장착하고 있다. 구입 시에는 이런 형태를 구입하자.

7 간이형 다이버시티

우측의 T자 안테나 커넥터는, 다이버시티 방식의 모니터나 고글이 아닌 것을 사용하고 있을 때, 수직 다이폴 안테나와 클로버 안테나를 각각 양쪽에 꽂아서 간단하게 수신감도를 좋게 할 때 사용한다. 단, 수신기 및 수신 안테나와의 커넥터의 암수 방향이 일치해야 하므로 정확하게 선택해야 하겠다.

SECTION

3-23 영상 스위처 (Video Switcher)

영상 스위처는, 보통의 기계식이 아닌 전자식으로 구성된 영상신호의 선택기라고 보면 된다. 영상 스위처는, 3개의 영상신호를 연결해서 그중의 1개를 선택하여 출력할 수 있는 선택 스위치로 사용된다.

영기체에 응용은, 카메라를 2개 ~ 3개 장착하고 그 중에서 원하는 영상을 골라서 선택하는 것이다. 조종기에서 별도 채널에 스위치를 할당해서 무선으로 공중에 떠있는 기체의 영상을 스위칭(절환) 한다. 2개의 영상을 절환 시에는 2단 토글 스위치를, 3개의 영상 절환 시에는 3단 토글스위치를 할당한다.

1 영상 스위처의 용도

기체 정면에는 고정형 카메라를 1개 설치하고, 기체 하단에는 짐벌에 촬영용 카메라를 장착하여 비행하다가 조종기로 정면 카메라의 영상과 짐벌 카메라의 영상을 절환해서 지상 모니터링 화면을 선택하는 용도로 사용한다.

2 영상 스위처의 사양

- **전원전압** : 5(V), 영상신호
- **입력 임피던스** : 75(Ω),
- **영상신호 출력 임피던스** : 75(Ω)

출처 알리익스프레스, 하비킹

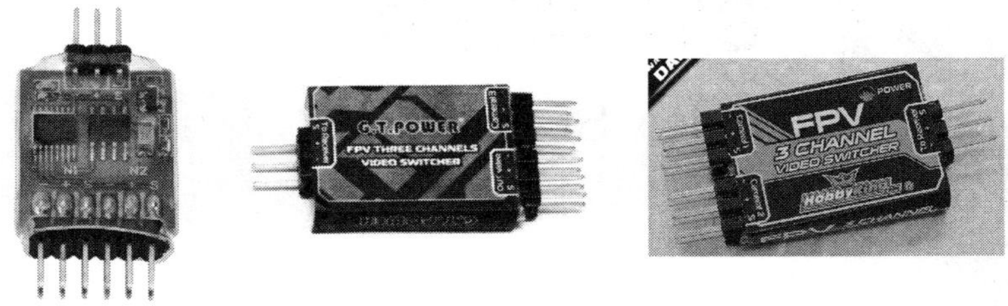

△ 사진 2-23-1 영상 스위처

출처 Maximintegrated.com

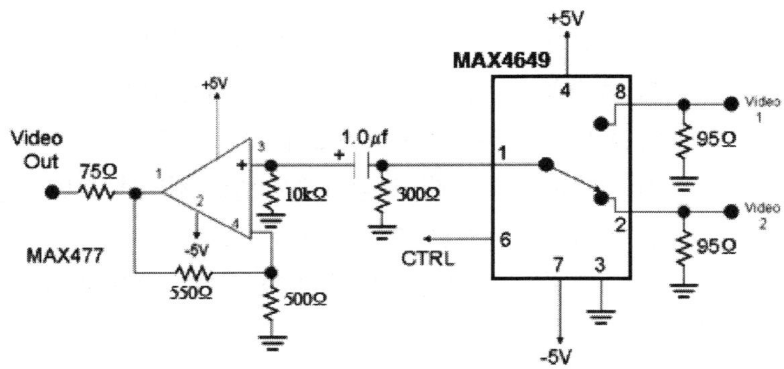

△ 사진 2-23-2 2채널 입력형 영상 스위처 회로 예

SECTION

3-24 짐벌 (Gimbal)

스마트폰으로 스틸 사진을 찍을 경우에도 흔들린 영상이 찍히는 경험을 하게 된다. 동영상을 촬영해보면 더욱 심각하게 상하좌우로 심하게 흔들린 영상을 보게 된다.
카메라를 드론에 부착하여 촬영하면, 그 영향이 매우 심각하게 나타난다.
많은 수의 모터가 서로 다른 RPM으로 회전하면서 기체의 진동, 프로펠러의 순간순간 변화되는 풍력 및 3차원 공간 이동 시 기체 중심의 변화에 의한 흔들림 등 여러 가지 형태의 외란이 영상에 부가되어, 결과적으로 젤로 현상을 비롯하여 타인에게 공개하기 부끄러운 품질 낮은 영상이 된다. 따라서, 이러한 문제점을 일시에 극복하고 비행체의 동요에 관계없이 카메라가 수평 및 연직으로 놓일 수 있도록 전후좌우 방향 축에 대하여 자유로운 회전을 허용함으로써 촬영 대상에 대하여 화각을 일정하게 유지시켜주는 전자제어식 메카니즘인 짐벌(Gimbal)을 장착하여 카메라를 탑재하고 촬영하게 된다.

1 생체

- **동물계의 짐벌** : 닭의 머리는 몸통이 아무리 흔들려도 마치 4축 짐벌처럼 일정하게 시야가 고정된다.
  닭을 자전거에 태워서 주행하거나 보트에 태워서 주행하면, 요철이 있는 지면의 움직임과 파도 및 보트의 흔들림을 닭의 목 부분이 자동으로 상쇄시켜서 정작 닭의 머리에 장착되어 관측되는 미니 카메라에는 일정하게 고정된 화각으로 보이게 되는 생체 짐벌 실험을 유투브에서 볼 수 있다.

2 제어 축의 개수에 따른 분류

- **1축 짐벌** : 상하 또는 좌우 이동만을 보정하는 짐벌. 쓰이지는 않는다.
- **2축 짐벌** : 가격이 저렴하여 자작 기체에서 가장 흔히 쓰이는 짐벌.
- **3축 짐벌** : 안정된 성능과 촬영 영상의 흔들림이 적어서 고급 기체에 사용되는 짐벌.
- **4축 짐벌** : 전문 촬영가가 사용한다. 수직축의 이동까지 보완하는 핸드 짐벌.
- **핸드 짐벌** : 셀카봉으로 스틸샷을 촬영하는데 문제가 없지만, 동영상은 많이 흔들리므로 핸드 짐벌을 사용한다.

스마트폰, 고프로를 장착하여 손에 들고 사용하는 핸드짐벌은, 오스모(OSMO)가 대표적이다.

3 짐벌의 구조와 축의 개수에 따른 제어

- **2축 짐벌** : 자세 제어 중 TILT축과 ROLL축만 제어한다. 저렴하고 가벼운 입문용, 취미용 기체에 사용된다.

출처 알리익스프레스

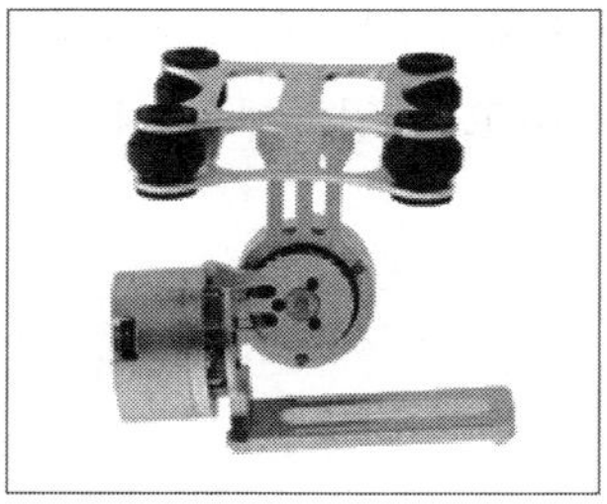

△ 사진 2-24-1 2축 짐벌

카메라를 장착하는 짐벌은 기체 하단에 매달리는 형태로 부착되는데, 기체 진동을 흡수하는 고무 항아리 모양의 댐퍼로 격리하여 결합한다.
짐벌에는 짐벌 컨트롤러와 자세 검출 센서부를 부착하여 사용한다.

- **3축 짐벌** : 자세 제어 중 TILT축, ROLL축 외에도 YAW축까지 제어한다. 고급 전문 기체에 사용된다.
- **4축 짐벌** : 3축 짐벌에 수직축 제어가 추가된 형태이다. 개인이 직접 제작하여 사용하기도 한다. 뛰어다니며 촬영할 때 상하로 튀는 영상을 잡아준다. 방송국 촬영용으로 유용하다.

• **핸드 짐벌** : 항공 드론이 아닌 지상에서 촬영자가 직접 손으로 잡고 걷거나 뛰면서 촬영한다.

출처 알리익스프레스

〈2축 핸드짐벌〉 〈3축 핸드짐벌〉 〈3축 핸드짐벌〉

△ 사진 2-24-2 여러 종류의 핸드 짐벌

짐벌은, 핸드 짐벌처럼 손으로 잡고 독립적으로 활용해야 할 때도 있지만, 대부분은 드론에 장착하여 조종기에서 촬영화각을 원격으로 제어한다.

4 짐벌을 구성하는 3가지 요소

(1) **구동 모터** : BLDC 모터가 사용되고, 제어축의 수만큼 조립된 구조를 갖는 형태로 사용된다.

(2) **짐벌 컨트롤러** : 수평유지 및 BLDC 모터 구동으로 조종자의 TILT/ROLL/YAW 제어 각도에 맞게 제어한다.

(3) **자세 검출 기판** : 카메라 고정대에 부착시키고 카메라의 자세를 검출하여 짐벌 컨트롤러에 보낸다.

5 드론에 사용하는 소형 짐벌

• **2축** : 페이유 미니 2D, 타롯 T-2D, DJI 젠뮤즈 H3-3D(팬텀2-고프로), NOVA용 Q-2D, 알리익스프레스표 저렴한 2축 짐벌 등이 있다.
• **3축** : 페이유 미니 3D, 쿼넘 Q-3D, DJI 젠뮤즈 H4-3D, 웰케라 G-3D 등이 있다.

- **기타** : 영상출력과 동시에 녹화가 가능한 초소형 캠 모비우스(Mobius) 전용 짐벌도 있다.

출처 FEiyuTECH, 뱅굿, 알리익스프레스

페이유미니 2D　　타롯 T-2D　　DJI 젠뮤즈 H3-2D

△ 사진 2-24-3 2축 짐벌

출처 FEiyuTECH, 뱅굿, 알리익스프레스

페이유 G3 미니3D　　쿼넘 Q-3D　　DJI 젠뮤즈 H4-3D

△ 사진 2-24-4 3축 짐벌

SECTION

3-25 리트랙터 (Retractor)

- 리트랙터 : 대형 여객기 또는 전투기의 멋진 이륙 장면을 보면 랜딩기어(바퀴)를 접어서 동체 속으로 넣는다.
  랜딩(착륙)할 때는 바퀴를 동체에서 꺼내서 펼치고 활주로를 달려서 감속하고 정지한다.

드론도 같은 방식으로 랜딩기어(여기서는 다리)를 비행 중에는 접고 랜딩할 때는 펼치는 동작을 시킨다.

비행기 랜딩기어 = 바퀴 드론의 랜딩기어 = 막대기에 둥근 스폰지

1 드론의 랜딩기어 고정/가변 방식 2가지

- 수동형(고정형) : 고정된 다리를 갖는 형태 = 팬텀
- 가변형(리트랙터) : 다리가 움직이는 형태 = 인스파이어

2 촬영 기체에서는 랜딩기어를 접어야 한다.

레이싱 기체에는 랜딩기어는 단지 하부에 튼튼한 스폰지를 덧대는 것으로 그만이지만 촬영용 기체에는, 카메라와 짐벌을 감싸는 랜딩기어가 카메라의 화각에서 벗어나게 해야 할 필요가 있다. 따라서 촬영 카메라의 영상에 랜딩기어가 보이지 않도록 리트랙팅(Retracting) 방식의 랜딩기어를 사용한다.
드론을 자작하는 이들에게는 필수적이며 기체의 품새와 촬영의 품질을 향상시켜 주는 리트랙터의 장착과 문제점을 검토한다.

가격대 성능비가 높은 제품을 우선하여 HML650을 선택하여 검토해 본다.

출처 알리익스프레스

△ 사진 2-25-1 리트랙팅 랜딩기어 HML650

3 리트랙팅 랜딩기어의 구조와 연결

(1) **기체와 결합** : 원형의 바에는 방진용 댐핑 고무를 알미늄 브라켓으로 감싼 탭 부위에 육각 볼트로 고정한다.
설치 위치는, 무게중심과 카메라의 화각을 고려하여 배치한다.

(2) 컨트롤러 모듈은 적당한 곳에 양면 테이프로 단단히 고정한다.

(3) 전원선(빨강, 검정)은, 3셀~6셀의 리튬폴리머 배터리의 경우에 파워 분배 보드, 또는 직접 연결하면 된다.

(4) **3핀 서보 커넥터** : 수신기의 비어 있는 채널에 연결하고, 조종기에서 스위치를 할당해서 동작시킨다.
〉〉 OFF = 랜딩기어 랜딩상태, ON = 랜딩기어 접음

또는, 조종기에 페일세이프 시에 연동되게 셋팅하여 랜딩 시에 일정고도(예 5M) 이하가 되면 자동으로 작동한다.

4 리트랙팅 랜딩기어 2가지 방식의 장단점

(1) **구형** : 모터기어 끝단 검출에 있어서, 웜기어의 양 끝단에 2개의 스위치를 부착해서 멈추도록 하는 방식이다.
스위치 닿는 부분 위치가 중요한데, 정확하지 않으므로 기구적으로 약간 수정해야 정상 작동한다. 스위치만 정확하게 설치되면 확실하게 작동하는 당연한 장점이 있다.

(2) **신형** : 모터기어 끝단 검출에 있어서, 모터의 전류량이 커지는 양을 전자식으로 검출해서 멈추는 방식이다.
컨트롤러 모듈 내에서 검출하는 전류값이 중요한데, 검출 전류값을 약간 변경해야 정상 작동한다. 기계적 구조는 매우 간단해져서 좋다. 그러나 항상 검출회로가 문제를 일으킨다.

5 리트랙팅 랜딩기어의 문제

구형은 스위치 위치 문제로, 신형은 컨트롤러 내부의 말썽으로 랜딩기어가 접히다 말다 하면서 모터에 과전류가 흐르거나, 배터리 전류가 불필요하게 소모되고 브러시가 소손되어 쉽사리 사용을 포기하는 경우가 생긴다.

출처 직접 촬영

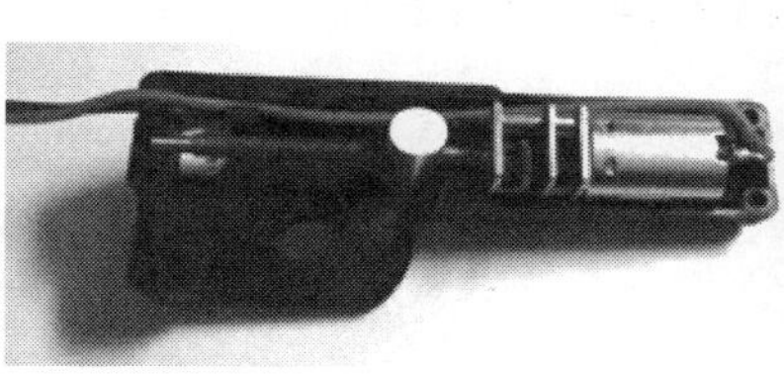

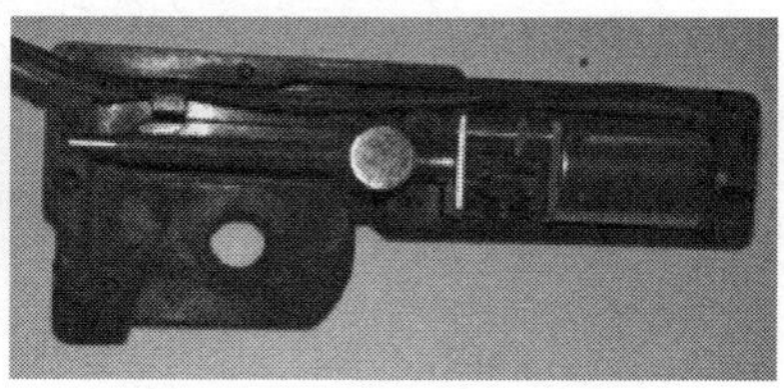

△ 사진 2-25-2 신형 리트랙터 내부(리미트 스위치가 없어서 간단한 구조)

6 신형 리트랙터의 엔드포인트 검출 원리와 해결 방법

신형 리트랙터에서는 기구 구조물에 양쪽 끝단에 도달했을 때를 검출하는 스위치를 장착하지 않고 있으므로 얼핏 보기에는 제조가 간단하고 고장 요소가 없어진듯 하지만, 전류량 검출에 있어서 더 큰 맹점이 발생한다.
모터가 회전할 때 전류량을 검출하는 저항을 설치해 놓고 일정한 전류량 이상이 흐르면 끝단에 도달한 것으로 판단해서 일정 전류 이상이 일정 시간 이상 흐를 때, 자동으로 전류를 차단시키는 방식을 사용한다. 따라서, 전류량 검출에서 정확하게 설정되지 않은 저항값이 달려 있는 경우에는 이 값을 변경해 준다. 따라서, 저항값으로 조정한다. 3216 칩 저항을 0.12Ω → 0.24Ω 근처로 변경점을 찾는다.

출처 직접 촬영

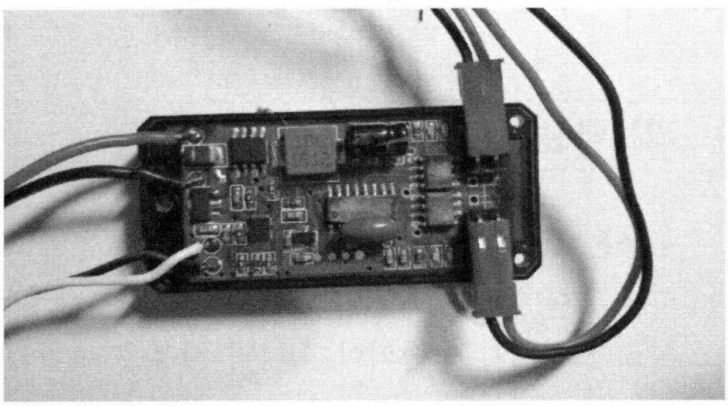

△ 사진 2-25-3 신형 리트랙터용 컨트롤러 내부(윗면)

SECTION

3-26 카메라 (Camera)

카메라는 인간의 몸이 천냥이면 눈이 구백냥이라 했듯이 FPV를 가능하게 하는 원초적 시발점이다. 모니터에서 표현해야 할 영상의 방식은 이 카메라에서 NTSC냐 PAL이냐를 결정해서 보내게 된다. 카메라에서 생성시킨 영상의 화질보다 모니터에서 더 좋아질 수는 없으므로 카메라의 성능이 근본이 된다.

1 드론용 카메라 2종류

(1) **촬영/녹화용** : 배터리 내장, 마이크로 SD카드 삽입, 녹화 가능, LCD창이 있음(없는 모델도 있다)

(2) **FPV 레이싱용** : 배터리 없음, 오직 카메라와 영상출력 단자만 있음.

2 촬영/녹화용 카메라

출처 아마존, 알리익스프레스

고프로 히어로4 / 짭프로 SJ4000 / 샤오미 YI

△ 사진 2-26-1 촬영/녹화용 카메라

출처 알리익스프레스, 뱅굿

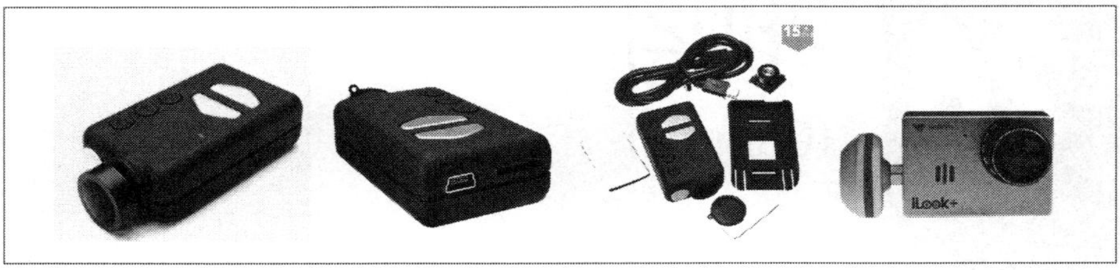

△ 사진 2-26-2 모비우스와 iLOOK+(촬영/녹화+영상송신기) 카메라

3 FPV 레이싱용 카메라

출처 하비킹

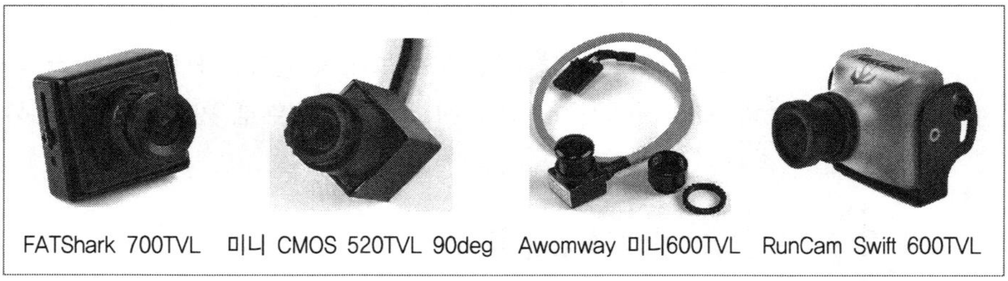

△ 사진 2-26-3 FPV레이싱용 카메라

4 FPV 레이싱용 카메라 FATSHARK 600TVL의 사양 검토

1) 저가격 출시. 오후의 직사 일광에도 우수한 성능을 내는 FPV에 특화된 카메라라고 발표.
2) 경량, 저소비전력이 소형 기체에 적합.
3) 카메라 케이블은 Molex 커넥터, 팻샤크 및 이머전 RC송신기와 매칭.

- 100° diagonal FOV : 100도의 넓은 시야각
- NTSC or PAL selectable output : NTSC와 PAL모드를 선택 출력
- FPV tuned light handling : FPV에 특화시킨 경량
- Compatible with Fatshark/ImmersionRC video transmitter : 팻샤크와 이머전 RC 영상 송신기에 적합
- Power supply : 3.5–5V(powered off TX) : 전원 전압은, 3.5~5(V) = 5(V) 전원을 사용
- Power consumption : 60mA @5V : 소비전류는, 5(V)에서 60(mA) = 300(mW)

- Imager : 1/3″ CMOS : 촬상 소자는, 1/3 인치의 CMOS
- NTSC or PAL(selectable; jumper on = PAL). : NTSC와 PAL 선택 = 점퍼를 연결하면 PAL모드
- Lens : 2.8mm IR coated : 렌즈는, 2.8mm직경의 적외선 코팅
- FOV : 100°diagonal(ideal for fixed camera) : 시야각 100도
- Operation Temperature : −20 to 70C : 작동 온도는 영하 20도에서 영상 70도
- Square : 21×21×12mm : 크기는 21×21×12mm
- Lens extrude(LxDia) : 15mm×14mm : 렌즈 부위는 15mm×14mm
- Weight : 15g : 무게 15g

5 떨림 보정 카메라

팬텀은 기본적으로 2D, 3D 짐벌을 사용하여 비행중 진동 및 흔들림에 대하여 자동으로 보정해 주지만 그것만으로 부족한 것을 카메라의 영상 자체에 떨림 보정을 하여 출력해 주므로 자작 기체가 더 안정하더라도 팬텀의 영상이 더욱 안정성이 있다. 단, 원거리의 떨림은 보정되지만, 근거리는 보정이 되지 않는다. 고프로, 짭프로 등에도 이러한 기능이 추가되면 좋을 것이다.

출처 알리익스프레스, SONY

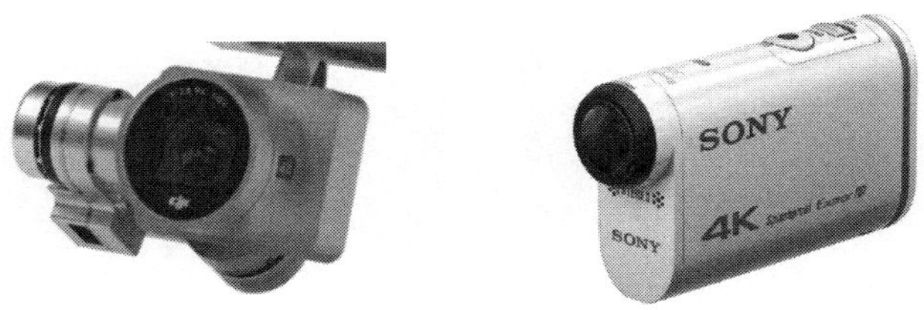

△ 사진 2-26-4 팬텀3 카메라와 소니 액션캠(X1000V, X1000VR)

6 카메라의 SPECIFICATION(사양)과 선택

- **신호방식** : NTSC, PAL 중에서 가급적 NTSC로 선택
- **전원전압** : 5(V)계열과 12(V)계열이 있다. (예 3.3 ~5V DC)
- **소모전류** : 낮을수록 좋다. (예 110mA)

- **작동 온도** : 넓을수록 좋다. (예 -10 to 50℃)
- **화각** : 비행 결과 자신에게 맞는 속도의 화각을 선택
- **감도** : 높을수록 좋지만, 화질이 낮아질 수 있다. (예 최저조도 0.08Lux/F1.2)
- **화이트밸런스** : 자동
- **백라이트 보정** : 기본이다.
- HLC(High Light Compensation) : 하이라이트 보정. 쟁점이 되는 특성. 이것을 보고 최종 선택
- **이득 조정** : 자동(어두운 곳 ↔ 밝은 곳 : 매끄럽게 화면이 이어지는 것이 좋다)
- **해상도** : 주사선수가 700TVL(TV 라인) 정도면 좋다.
- **사이즈** : 기체에 수납하기 무리 없는 정도면 된다.
- **촬상 소자** : 큼직할수록 좋지만 가격이 비싸진다.
- **촬상 소자별 색감** : CMOS보다 CCD가 칼라풀 하다. 감도는 CMOS가 좋다.
- **주사 방식** : 인터레이스(Interlace) 방식과 프로그레시브(Progressive) 방식 – 인터레이스 방식을 사용.
- S/N 비 : 높을수록 좋다. (예 55dB)

SECTION

3-27 안테나 (Antenna)

1 RC에 사용되는 안테나(Antenna)의 다양한 스타일과 특징

3차원 공간인 하늘에 떠다니는 비행체를 자유롭게 조종하고 비행을 즐기려면 무선이 필수가 된다. RC 조종기와 수신기는 기본적으로 무선 방식으로 연결되어 있어야 한다. RC 조종기의 주파수 대역은 27MHz → 40MHz → 72MHz → 2.4GHz로 변화되었고 무어의 법칙과 같은 반도체 발전의 속도는 전자기술의 발전으로 이어졌으며 아울러 변조 기술의 발달에 따라서 AM(Amplitude Modulation) → FM(Frequency Modulation) → PCM(Pulse Code Modulation) → FHSS (Frequency Hopping Spread System)으로 발전해 왔다.

RC 조종기의 안테나는 제조사에서 이미 결정되어 판매되는 것이라 사용자는 단지 이용할 뿐이다. 그렇지만, FPV 레이싱을 즐기려면 대부분 자작을 하게 되는데, 이때 기술지식 습득의 즐거움을 동반한다. 따라서, FPV 레이싱에 있어서는 기체의 자세가 변하거나 거리가 멀어지더라도 기체의 카메라에서 촬상한 영상을 매순간마다 깨끗하게 영상을 수신하여야 비행과 조종의 즐거움을 만끽할 수 있으므로 안테나에 대하여 알아본다.

카메라의 영상을 원거리에서 수신하려면... 민감한 "촉"이 있어야 한다. 이것이 안테나다. 이른바 ANT(개미). 개미의 안테나는 좌우로 각각 1개씩 2개가 달려 있다.

ANTENNA는 다양한 스타일들이 존재한다.

출처 알리익스프레스

(1) 간단하고 저렴한 형태

모노폴 안테나의 내부구조

- 이득 : -3(dBi)
- 가격 : $4.89

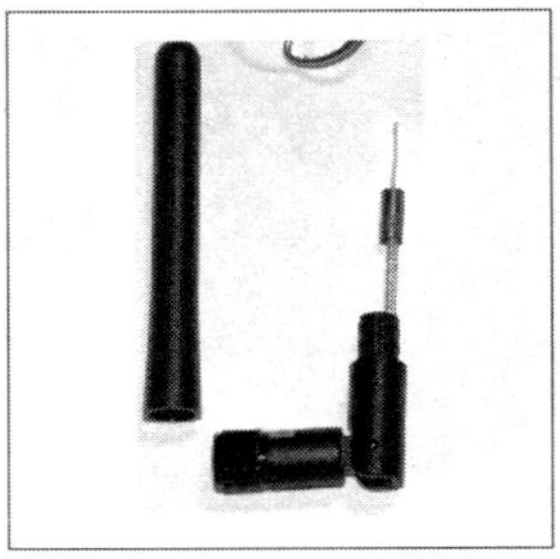

△ 사진 2-27-1 모노폴 안테나

(2) 복잡하지만 성능이 좋은 형태

머쉬룸(Mushroom) 안테나 일명 버섯안테나 또는 크로바 안테나

출처 알리익스프레스

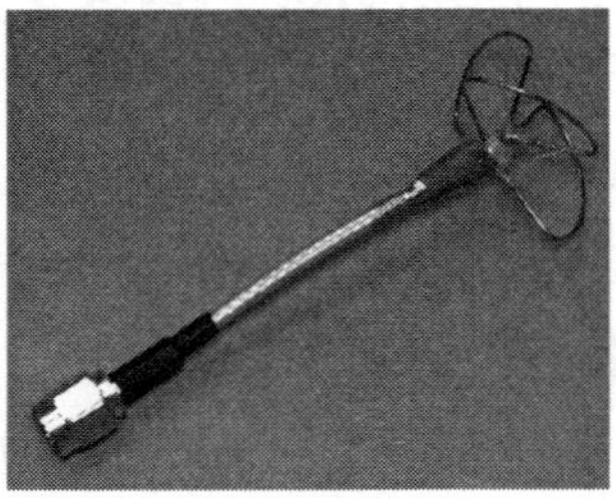

△ 사진 2-27-2 크로바(버섯,머쉬룸) 안테나

(3) 레이저처럼 직진성 높은 형태

한쪽 방향에 극도로 민감

- 명칭 : 헬리칼 안테나
- GAIN : 2.2(dBi)
- 가격 : $63.74

출처 알리익스프레스

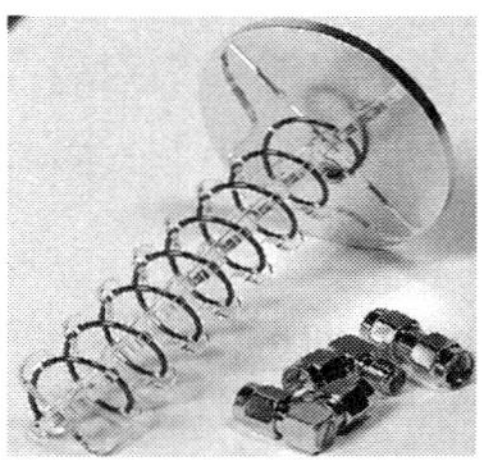

시판 헬리컬 안테나

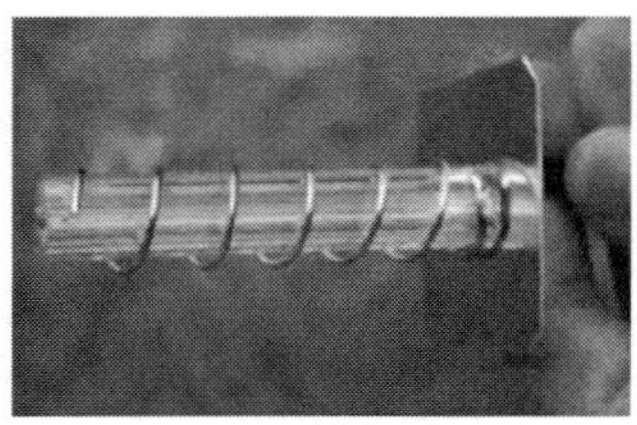

자작 6턴 헬리컬안테나

△ 사진 2-27-3 헬리칼(Helical) 안테나

(4) **고 이득, 고 신뢰성 군사용 형태**

레이더처럼 생긴 그물망 반사판

- 명칭 : **그리드 안테나**
- 이득 : 16(dBi)

강한 풍압과 우천에도 내구성이 좋다.

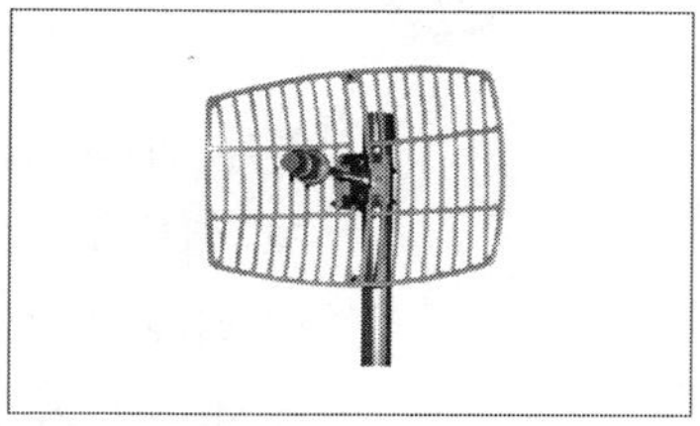

△ 사진 2-27-4 그리드(그물망) 안테나

(5) **초고이득 형태의 안테나**

UHF TV 안테나 모습

- 명칭 : **야기 안테나**
- 이득 : 24(dBi)
- 특징 : 직진성이 매우 강하다

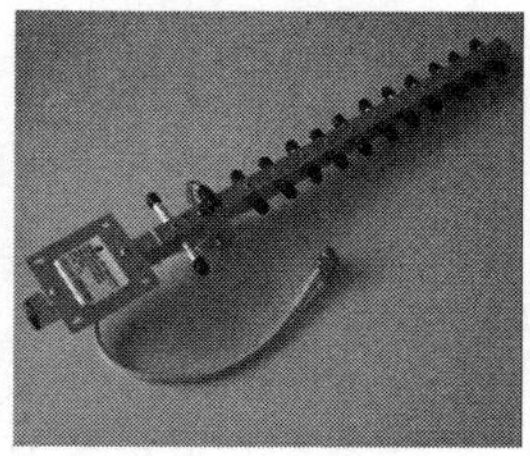

△ 사진 2-27-5 야기(Yagi) 안테나

(6) **간단한 구조, 성능 좋은 형태**

- 명칭 : **패치 안테나**
- 이득 : 11(dBi)

△ 사진 2-27-6 패치(Patch) 안테나

위의 안테나들은 일반적으로 수신기에 사용하지만, 비교적 소전력을 사용하는 영상 송신기에도 함께 사용되는데 특히 FPV 송신 및 수신 공용으로 대부분 **모노폴 안테나** 또는 **크로바 안테나**가 사용된다.

2 안테나에 연결하는 커넥터

한편, 안테나 만큼 또는 그 다음으로 중요한 것이 커넥터(CONNECTOR)이다. "촉"에서 수신된 미약 전파를 전기신호로 변환한 것을 수신기에 전달해야 하는데 이때 커넥터를 사용한다. 변환된 전기 신호가 매우 미약하기 때문에 최대한 손실없이 전달하기 위해 금도금 접촉부를 쓴다.

RC에 사용되는 커넥터의 종류 중에서 ANTENNA 부위에 사용되는 것은, SMA 커넥터이다. 커넥터는 암, 수가 맞지 않으면 접속 자체가 불가능하므로, 유의해서 주문해야 시간, 돈 낭비를 줄일 수 있다. 통상 FPV 송신과 수신에 사용되는 SMA 커넥터들은, 구분해야 할 방식이 2가지 더 추가되어 4가지 존재한다. 즉, 암, 수의 2종류 외에 추가로 내측형, 외측형 까지 구분해서 구입 또는 접속해야 한다.

아래 그림은 암, 수의 형태 외에도 내측형, 외측형인 것의 형상과 그에 따른 명칭을 보여 준다.

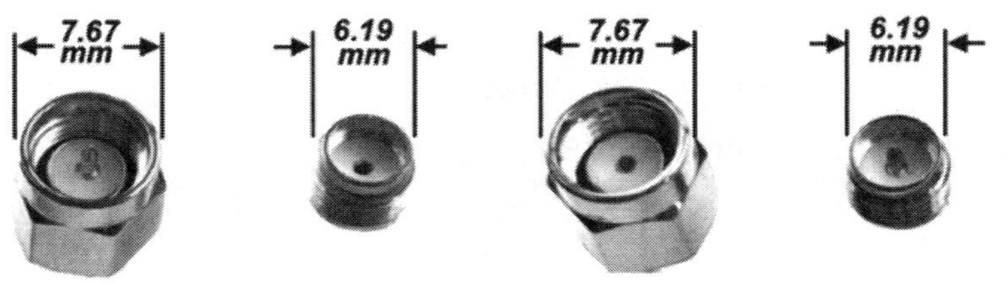

SMA Plug　SMA Jack 형　RP-SMA Plug 형　RP-SMA Jack 형

- SMA Plug
- SMA Jack 형
- RP-SMA Plug 형
- RP-SMA Jack 형

SECTION 3-28

파워 분배 보드 (Power Distribution Board)

파워 분배 보드는, 드론의 전원 계통을 쉽고, 간단하게 연결하는 전자 회로기판(PCB : Printed Circuit Board)이다.

1 파워 분배 보드의 역할

1) 배터리로 부터 공급받는 굵은 주 전원을 모터에 배전 손실을 최소화하여 간편하게 공급한다. 편리한 납땜.
2) 배터리로부터 비교적 가는 부 전원을 FC(비행 컨트롤러), 변속기(ESC), 수신기, LED, 랜딩기어, 카메라, 짐벌(Gimbal)등이 배치된 위치에 공급하기 편리하도록 분배한다.
3) 배터리의 높은 전압을 일정한 전압(예 : 5V)으로 낮추는 정전압 회로를 갖추고 수신기 등에 공급한다.

△ 사진 2-28-1 파워 분배 보드의 여러 종류

파워 분배 보드를 적절히 이용하면 드론의 배선을 매우 간단하고, 편리하게 연결할 수 있는데, 특히 리튬배터리의 전원선과 모터들을 연결하는 굵은 배선의 접속이 매우 쉽도록 납땜이 용이해지는 효율적인 부품으로 활용도가 높다. 위 사진에서 가장 우측의 것은 Cheerson사의 NOVA(CX-20)에 사용되는 전원

기판인데, 4개의 모서리에는 4개의 모터전원용 커넥터를 배치하고 있으며, 수신기와 FC(비행 컨트롤러)용 전원 5(V)를 출력해 주는 스위칭 방식의 DC-DC 컨버터가 장착되어 있다. 아울러 배터리의 저전압 경고를 위한 LED를 점멸시키는 기능을 갖는 회로까지 포함되어 있다. 또한 경고음을 발생시키는 부저와 전원전압 안정화를 위한 고용량 전해 캐패시터도 내장되어 있다.

2 파워 분배 보드의 5(V) 출력 2종류

5(V)전원을 생성하는 2가지 방식이 있는데, 각각 장점과 단점이 있다.

(1) **아날로그식 리니어 3단자 출력형** : 전기적 잡음을 발생시키지 않아서 좋으나, 부하가 크면 발열이 증가한다.
이 방식은 출력 전압이 소자의 선택으로 결정되며, 기판을 방열판으로 사용한다. 3단자 레귤레이터는 주로 78M05, 78M33이 사용된다.

(2) **스위칭 방식의 DC-DC컨버터형** : 부하가 커도 열 발생이 적어 효율이 높으나, 전기적 잡음을 발생시킨다.
이 방식은 출력 전압의 가변이 가능한 포텐셔미터(볼륨)을 가지고 있다. 250과 같은 소형 기체용 기판에는 7805와 같은 리니어 정전압 소자가 납땜되어 판매되고 있는 것도 있다.
중급 이상의 크기를 갖는 기체에는 전압 가변성과 효율을 고려하여 스위칭 방식 DC-DC 컨버터를 사용한다.

SECTION

3-29 삼각대 (Tripod, 트라이포드)

촬영 시에 모니터 거치용으로 사용된다. FPV할 때 수신기를 거치하는 용도로도 사용된다. 방송용으로 견고한 것은 모니터 스탠드라고도 한다.

출처 하비킹

△ 사진 2-29-1 삼각대

가격대별로 다양한 종류가 있다. 기존의 스틸 카메라용이 있다면 그것을 이용하면 되겠다.
튼튼한 것이 좋겠지만, 무거운 것이라면 운반 시에 짐이 되므로 적당히 고려해서 선택한다.
FPV를 한다면, 가벼운 삼각대와 함께 가벼운 의자도 더불어 구입하면 좋다.

출처 직접촬영

△ 사진 2-29-2 삼각대에 모니터를 거치하여 사용

4 SECTION

기술부품 사이의 접속

SECTION

4-1 전기 접속의 2가지 방법과 절연

드론을 즐기다 보면 여러 가지 기술을 습득하는 즐거움이 있다. 전기적인 접속을 실현하면 보람찬 느낌이 온다. 전기적인 접속을 하는 방법에는 3가지가 있으며 2선을 직접 연결하는 것은 누구나 할 수 있으므로 제외한다.

1 전기적 연결을 위한 2가지 방법

(1) **커넥터 접속** : 커넥터로 2개의 부품 사이를 연결하는 느낌은 즐겁다. 그러나 커넥터에 전선을 연결하는 작업을 해야 하는 경우는 커넥터 툴(Tool)을 가지고 사전에 커넥터에 배선을 조립해야 한다.

》 **장점** : 커넥터가 조립된 부품은 언제라도 다른 부품으로 빠르게 교체 가능하다.

》 **대상** : 배터리와 드론 본체, 모터 3선과 변속기, 수신기와 FC 사이 3핀 커넥터, 충전기와 배터리 등

》 **준비물** : 커넥터 어셈블리를 제작하기 위한 압착(Crimping,크림핑) 툴(Tool)이 필요하다.
제작하는 커넥터의 종류에 맞는, 커넥터 케이스인 하우징(Housing)과 암, 수의 핀(Pin)도 준비한다.

출처 알리익스프레스

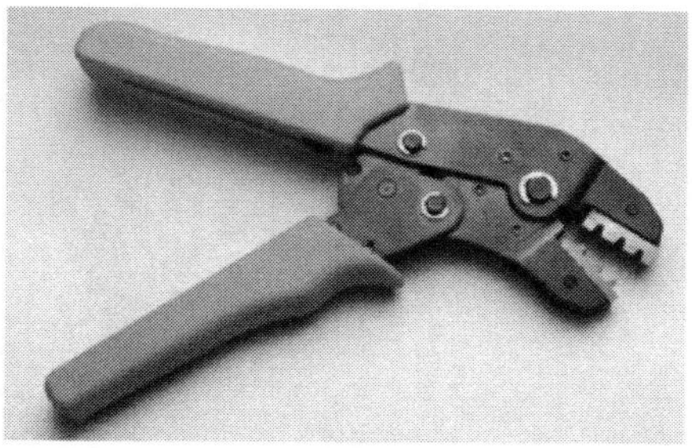

△ 사진 3-1-1 커넥터 제작용 압착 툴(Crimping Tool)

(2) **납땜 접속** : 작업이 재미있다. 다만, 납땜할 때는 주의와 요령을 숙지해야 수월하고 확실한 결과를 낸다.

》 **장점** : 배터리 및 대전류가 흐르는 모터 연결부에도 접촉저항에 의한 불량 문제가 없다.
특별한 커넥터가 필요 없다. 가능한 것은 배선이 아니라도 납땜이 가능하다.

》 **대상** : 커넥터로 처리되지 않는, 또는 커넥터로 처리할 수 없이 연결해야 하는 모든 납땜 가능 금속과 배선.

》 **준비물** : 납땜인두 세트와 보조물이 필요하다. 자세한 것은 납땜은 필수(3-2절) 에서 설명한다.

2 전기적 접속 배선의 절연 방법

2가닥의 전선을 직접 연결 또는 납땜으로 연결하고 나면, 노출된 부위를 절연시켜 주어야 한다. 이때 사용되는 것이 열수축튜브(Shrinkable Tube) 또는 스미튜브(Sumitomo, 스미토모 = 발명자 Tube)라고 한다.
2선을 접속하기 전에 전선의 한쪽에 미리 끼워 넣고, 전기적 접속을 한 뒤 금속 노출 부위에 이동시키고 라이터 또는 열풍기(히트건, Heat Gun)로 뜨거운 공기를 불어 수축시킨다. 이런 방식으로 쉽게 절연시키는 것이 가능하다. 다양한 직경의 열수축 튜브를 칼라별로 구입해서 전기적 절연의 재미를 느껴 보기를 권장한다. 또한, XT-60 커넥터에 배선을 납땜해서 연결할 때에도 열수축 튜브로 커넥터의 노출된 금속 부위를 감싸준다.

출처 알리익스프레스

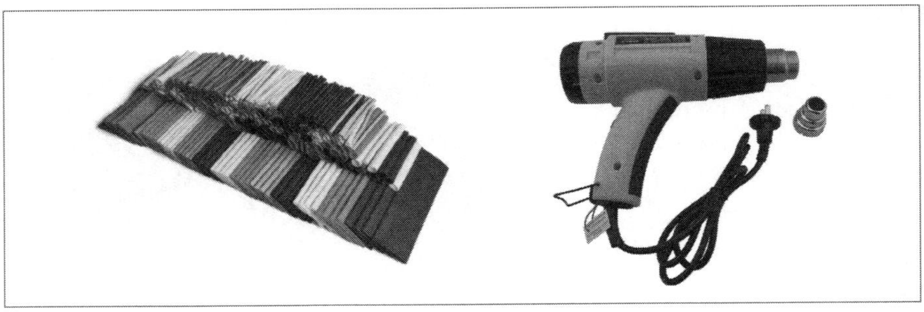

△ 사진 3-1-2 열수축 튜브(Shrink Tube)와 히트건(Heat Gun)

SECTION

4-2 납땜은 필수

피할 수 없으면.. 즐겨라! 드론을 본격적으로 즐기기 위해서는 스스로 납땜을 배우고 좋아해야 한다.

"學而時習之, 不亦說乎" : 배우고 때로 익히면 즐겁지 아니한가?

납땜이라는 기술을 반드시 익혀보자.

1 납땜 재료 땜납의 종류

(1) **유연 땜납** : 납이 포함되어 있는 땜납. 건강에 해롭다. 융점이 낮아서 납땜이 쉽게 된다.

» **주의점** : 고온으로 납땜할 때 납이 완전 녹은 훈증을 들이마시면 좋지 않다.

» **일반적인 납땜** : 취미로 조심해서 하면 문제될 것이 없다. 일반적으로 많이 사용한다.

유연 땜납의 합금 비율은, 통상 주석60(%) : 납40(%)가 사용된다.

(2) **무연 땜납** : 납이 들어 있지 않는 땜납. 건강에 무해하다. 융점이 높아서 납땜이 어렵다.

초심자는 너무나 높은 난이도를 경험하게 된다. 납땜 고수도 그다지 쉽지 않다.

무연 땜납의 합금 비율은, 통상 주석 99.3(%) : 구리 0.7(%)가 사용된다.

출처 옥션

Kester 일반납(유연납) 1.0mm SN60/PB40

Kester 무연납 1.0mm SN99.3/CU0.7

△ 사진3-2-1 땜납의 2가지 종류

》 **포장 무게** : 1(Kg), 500(gr) 단위의 제품이 있으나 최근 출시된 100(gr)의 제품을 권장한다.

》 **선택** : Kester 일반납(유연납)이 납땜하기 수월하다.
저렴한 것보다 품질이 좋은 제품을 사용해야 땜납 속에 들어 있는 플럭스 성분도 좋다.

2 납땜 인두의 종류

(1) 가장 일반적이고, 막대형과 데스크 탑형이 있다. 데스크 탑형을 권장한다.

(2) **DC 배터리용** : 최근 판매되는 제품. 3셀 리튬폴리머 배터리를 사용한다. 하비킹 판매

(3) **GAS 인두** : 라이터용 부탄가스를 넣어서 사용한다. 전기 없는 곳에서 유용하다.

출처 알리익스프레스, 하비킹

막대형

데스크 탑 형

DC 배터리 용

GAS 인두

△ 사진 3-2-2 납땜인두의 여러 가지 형태

3 데스크 탑형 납땜인두

출처 하비킹

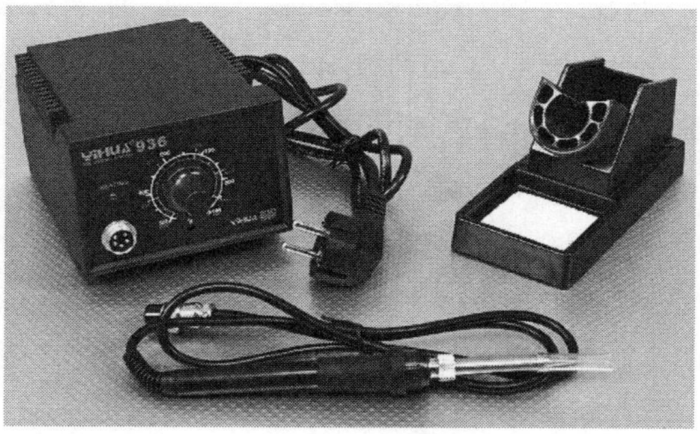

△ 사진 3-2-3 데스크 탑형 납땜인두(Hakko936 짝퉁버전)

데스크 탑형은 초보자의 온도제어 및 안정성의 측면에서 막대형보다 백번 유용하므로 사용을 권장한다.
저렴하고 성능이 좋다. 팁을 도끼날 팁으로 바꾸면 납땜이 편리해진다.

4 납땜을 잘되게 하는 매개체

오래 전에는 염산, 송진 등을 사용했으나 지금은 친환경 제품도 출시되어 있다. 물 같은 액체의 형태도 주사기로 넣어 쓰기는 하지만, 가장 많이 사용하는 것은 페이스트 형태이다. 페이스트는 반드시 조금만 묻혀서 사용해야 납땜이 수월하고 작업 부위가 깨끗하게 완료될 수 있다.
둥글고 납작한 원통에 들어 있는 플럭스를 사용하는데 아주 소량만 바르는 것이므로 1통이면 평생 쓸 수 있다.

출처 옥션

△ 사진 3-2-4 솔더 페이스트(Solder Paste)

5 납땜온도의 조절

- **온도 조절** : Hakko 936을 사용할 때 온도조절 노브(Knob,손잡이)에 따라서 납땜 온도를 제어할 수 있다.
  온도가 낮으면 땜납이 녹지 않으며, 온도가 높으면 오히려 납땜이 어렵고 결과가 좋지 않다. 대상물의 열용량에 맞는 적당한 온도를 찾아서 온도를 세팅하고 작업에 임한다.
  예 가는 선재 = 9시, XT-60 커넥터 = 12시, 무연납 = 3시 방향에서 작업된다.

6 납땜 부위를 예열

납땜 대상물이 온도를 많이 뺏어가는 열용량이 큰 금속부위나, 배터리 전선 등은 예열을 해야 납땜이 된다.

1) 모재→ 선재
2) 열용량 큰 것 → 열용량이 작은 것의 순서로 예열한 뒤에 납땜을 한다.

7 인두 팁의 관리와 선택

인두 팁은 항상 인두 받침대에 들어 있는 스펀지에 물을 적시고, 수시로 인두 팁을 세척해서 깨끗하게 유지한다.
기본적으로 인두를 구입하면, (특히 데스크 탑) 납땜 인두의 팁 모양이 둥글고 뾰족한 만능형이 부착되어 있다. 이것으로는 팁의 끝부분의 온도가 충분하지 않거나 대상물의 납땜 면에 열이 충분히 인가되지 않는다.
그래서 일명 "도끼날"이라고 하는 900M-T형 인두 팁을 추가 구입하고 교체해서 사용하기를 권장한다.

출처 알리익스프레스

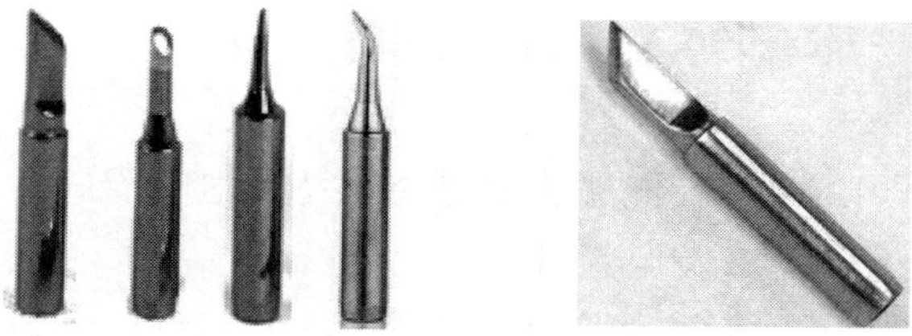

△ 사진 3-2-5 여러 가지 인두팁과 도끼날형 인두팁(900M-T)

8 납땜 생각

납이 용해된 상태로 납의 분자가 대상물에 침투되어 융착(녹아서 붙는 것)되는 느낌을 터득한다. 이것이 중요한 포인트가 된다. 납땜하는 대상물에 맞는 적당한 온도와 인두를 대는 타이밍을 찾아내고 이것을 여러 번 반복하게 되면 스스로 납땜을 잘할 수 있는 나만의 노하우를 터득할 수 있다. 감 잡았나?

9 납땜을 잘하려면?

1) 납땜 대상 면을 깨끗하게 청소한다. 필요하면 알코올, 세척제를 사용한다.
2) 모재와 선재에 각각 플럭스를 살짝 바른다.
3) 모재와 선재에 각각 납을 살짝 입혀둔다.

최종적으로, 모재와 선재를 함께 접근시키고 땜납과 인두를 함께 어울려서 납땜을 완성한다.

10 납땜할 때는 손이 모자란다.

✓ 인두, 땜납, 모재, 선재

손은 2개인데, 납땜을 하려면 4가지를 동시에 잡아야 한다.
이럴 때는 주변이 도구를 활용해야 한다. 바이스 또는 바이스 플라이어를 쓸 수 없다면 대용품을 이용한다.
롱노우즈 플라이어의 손잡이에 고무줄 밴드를 적당히 감아서 모재와 선재를 납땜하기 좋게 고정시키면 쉽다.

11 배터리에 XT-60 커넥터 납땜

1. 배터리용 빨강 검정 실리콘 전선의 끝단을 5mm정도 벗긴 다음, 땜납으로 납을 먹여둔다.
2. XT-60 커넥터에도 일정량의 땜납을 먹여둔다.
3. XT-60 커넥터를 손잡이에 고무밴드를 감은 롱노우즈 플라이어로 고정시킨다.
4. 실리콘 전선에 열수축 튜브를 삽입한다. (+쪽과 −쪽에 각각) 그리고 다른 쪽으로 밀어 놓는다.
5. 실리콘 전선을 XT-60 커넥터에 맞추고, 왼손으로는 땜납을 오른손으로는 인두로 납땜을 한다.
6. 열이 식으면, 노출된 커넥터 부위로 열수축 튜브를 이동시키고, 히트건으로 수축시켜 마무리한다.

12 납땜 후 세척

납땜이 끝나면, 플럭스를 많이 사용했을 경우, 지저분하게 남아 절연에 문제를 일으키는 경우가 있다. 필요한 경우라고 판단되면 기판 세척제(전자용품점에서 판매) 또는 알코올을 면봉에 묻혀 세척한다.

13 잘 된 납땜의 특징

납땜이 끝나면 응고된 이후에도 광택이 나면서 반짝거리는 것이 정상이고 잘된 납땜이다.

무연 땜납은 응고 이후에도 희멀건 하다. 은(Ag)이 들어 있는 유연 땜납은 입문자가 작업하기 어려운 제품이다. 초보자는 다소 찜찜한 생각이 들어도 유연땜납으로 작업해야 납땜한 결과가 좋다.

SECTION

4-3 수신기 - FC(비행 컨트롤러) 연결

조종기에서 송신된 전파는 공간을 통하여 수신기로 수신된다. 조종기의 각 채널별 신호는 수신기에서 복조되어 FC(비행 컨트롤러)에 입력시킴으로써 드론의 모터를 포함한 각 부위를 제어하게 된다.

수신기의 신호를 FC(비행 컨트롤러)에 전달하는 방법에는 다음 5가지가 있다.

(1) PWM신호 접속

(2) PPM신호 접속

(3) S-BUS 접속

(4) Spektrum Sat.(Satelite Receiver) 접속

(5) 기타

(1) PWM(Pulse Width Modulation)신호 접속

가장 기본적이고 전통적인 방식이다.

대부분의 수신기-FC 사이의 연결에 사용된다.

각 채널의 펄스의 폭에 따라서 제어 위치가 조종된다.

수신기에서 사용하는 채널이 5개라면, 5개의 3핀 커넥터를 FC에 1:1로 연결한다.

》 **장점** : 접속이 쉽다. 대부분의 변속기와 서보모터가 이렇게 동작한다.

》 **단점** : 배선수가 많아진다.

출처 알리익스프레스

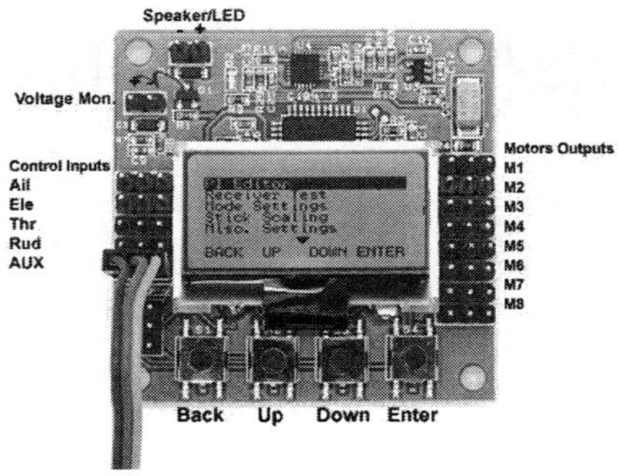

KK2.1 FC(비행 컨트롤러)

△ 사진 3-3-1 좌측의 Ail, Ele, Thr, Rud, AUX 단자에 수신기의 3핀 커넥터를 연결한다.

(2) PPM(Pulse Position Modulation)신호 접속

최근에 많이 사용되기 시작했다. 각 채널의 위치는 1개의 3핀 커넥터로 시간적으로 채널번호 순서대로 순차적으로 전송된다. FC(비행 컨트롤러)에 연결하려면 PPM에 대한 지식이 필요하다.

1프레임 길이= 20ms

〉〉 **장점** : 1개의 3핀 서보케이블 커넥터로 수신기-FC 사이가 연결된다. 반응속도가 빠르다.

〉〉 **단점** : PPM을 이해해야 하고, 변속기 및 서보모터에 직접 연결하는 것이 불가하다.

(3) S-BUS(Serial-BUS) 접속 : FUTABA

FUTABA의 방식이며 유사한 방식(플라이스카이의 i-BUS)도 생겨나고 있다. 각 채널의 위치는 1개의 3핀 커넥터로 채널번호 순서대로 순차적으로 전송된다. 수신기의 출력채널을 증설하는 것이 가능하다.
많은 부가장치를 부가할 수 있다.
FC(비행 컨트롤러)에 연결하려면 S-BUS에 대한 지식이 필요하다.

〉〉 **장점** : 1개의 3핀 서보케이블 커넥터로 수신기-FC 사이가 연결된다. 반응속도가 빠르다.

〉〉 **단점** : PWM 변환 디코더가 필요하다. 신호 반전용 인버터가 필요할 수 있다. S-BUS 지원 장치가 적다.

〉〉 **실물제품** : FUTABA 수신기 R7008SB, R3008SB, R6202SBW, R6203SB (Suffix SB 해당)

(4) Spektrum Sat.(Satelite Receiver) 접속

스펙트럼사의 위성수신기(= 보조수신기라는 뜻)가 동작하는 방식이다.
플러그인이 간단하다. DSM 장치에서만 동작한다. 기체상에 매우 깨끗하게 장착된다.
기체에 플러그인하기 전에 항상 바인딩과 셋팅이 필요하다.

〉〉 **장점** : 1개의 케이블로 쉽게 셋업된다.

〉〉 **단점** : 2.4GHz의 DSM 장치만을 사용해야 한다.

(5) 기타 유사시스템

〉〉 **하이텍** : SL시리즈 수신기(MAXIMA SL, OPTIMA SL)

〉〉 **성지전자** : SUMD(Sum Digital)

〉〉 **FLYSKY** : I-BUS(S-BUS 유사)

1 수신기 - FC간의 연결 사례 : NOVA(CX-20)

PWM신호 접속방식으로 연결하되, 1번 채널은 3핀 커넥터를 모두 접속(GND, +5V, Signal)
2번 채널, 3번 채널, 4번 채널은 1개의 3핀 커넥터에 Signal핀만을 연결하여 접속의 간편화를 기했다.

출처 Google

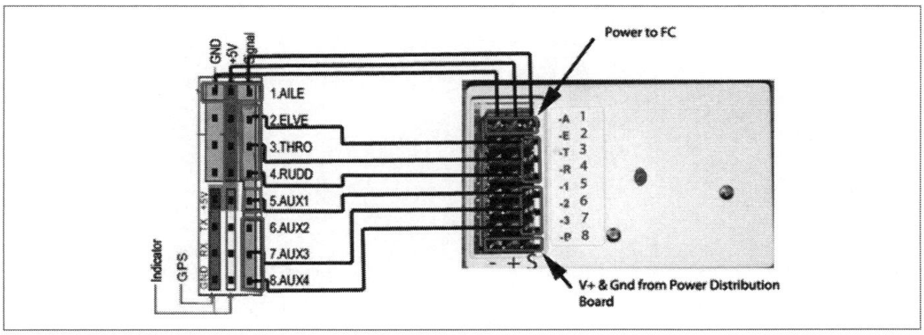

△ 사진 3-3-2 좌측 : FC쪽 연결, 우측 : 수신기

2 대부분의 수신기 - FC(비행 컨트롤러) 사이의 커넥터 접속(PWM접속)

3핀의 서보 커넥터(GND, +5V, Signal)로 구성된 커넥터를 필요한 채널 수만큼 끼우는 것으로 연결이 된다.

▽ 표 3-3-1 수신기와 FC사이의 신호와 3핀 커넥터 접속

출처 직접작성

수신기 채널		FC(비행 컨트롤러) 쪽 커넥터	비고
번호	신호 명		
1번	에일러론 = 롤(Roll)	1 번	좌, 우로 기울임, 뱅크턴
2번	엘리베이터 = 피치(Pitch)	2 번	앞, 뒤로 기울임,
3번	트로틀	3 번	상승, 하강
4번	러더 = 요(Yaw)	4 번	좌, 우로 회전
5번	비행모드 설정(통상, 3단)	5 번	에띠, 래띠, 아크로
6번	디스커버리 부저 연결	×	경우에 따라 변경
7번	짐벌의 TILT에 사용	○, ×	경우에 따라 변경
8번	짐벌의 ROLL에 사용	○, ×	경우에 따라 변경
9번	기타1	○, ×	경우에 따라 변경
10번	기타2	○, ×	경우에 따라 변경

SECTION

4-4 FC(비행 컨트롤러) - 변속기(ESC) 연결

비행 컨트롤러에서는 드론에 사용되는 모터를 제어해야 하는데 3상의 BLDC모터를 직접 제어할 수 없으므로 변속기(ESC)를 통하여 모터의 회전속도(RPM)를 제어하게 된다. 따라서 FC – ESC 사이에 모터제어 신호를 연결한다.

1 모터 제어 신호의 형태

모터 제어 신호는 20(ms)의 주기로 기준 폭이 1.5(ms)인 펄스폭 변조파 형식으로 사용된다. 제어 신호의 크기는 대부분 5(V)의 TTL(Transistor To Transistor Level) 전압으로 구동된다.

2 모터제어 신호의 개수

드론의 프로펠러 개수(= 구동 모터의 수)대로 FC – ESC 사이에 연결해주는 커넥터의 개수가 결정된다.

- **쿼드콥터** : 제어 대상 모터가 4개이므로 M1~M4의 4개의 신호선을 3핀 커넥터로 연결한다.
- **헥사콥터** : 제어 대상 모터가 6개이므로 M1~M6의 6개의 신호선을 3핀 커넥터로 연결한다.
- **Y6 콥터** : 제어 대상 모터가 6개이므로 M1~M6의 6개의 신호선을 3핀 커넥터로 연결한다.
- **옥토콥터** : 제어 대상 모터가 8개이므로 M1~M8의 8개의 신호선을 3핀 커넥터로 연결한다.

• X8 콥터 : 제어 대상 모터가 8개이므로 M1~M8의 8개의 신호선을 3핀 커넥터로 연결한다.

3 3핀 제어선의 실제

모터 제어 신호는 3핀의 커넥터를 사용하지만, 실제로 모터 구동에 필요한 것은 GND핀과 PWM 핀이다. 따라서, 제어 신호 연결용 3핀 커넥터 중에 가운데 핀인 5(V)를 연결하지 않고 사용하는 경우가 많다. 한편, 옵토(Opto)형 변속기를 연결할 때는 실질적으로는 신호선인 1핀만을 연결하는 경우도 있다.
GND핀은 변속기의 마이너스(-) 전원과 공통으로 사용할 수 있기 때문에 배선 수를 줄일 수 있는 방법이 된다.

FC-변속기 사이의 배선 수를 줄이기 위해서는 다음과 같은 방법을 사용한다.

즉, FC-변속기 사이에 1번 커넥터는 3핀을 모두 연결하고, 2,3,4번 커넥터는 신호선 만을 3핀 서보커넥터에 꽂아서 4개의 신호를 2개의 커넥터로 연결시킨다. 이렇게 연결하면 배선수가 현저히 줄어드므로 유용해진다.
만약, 변속기에서 5(V)를 수신기, 또는 FC에 전원으로 공급해야 하는 경우는 5V 전원을 공급하는 1개의 변속기를 제외한 나머지 변속기에서 5(V)핀을 연결되지 않도록 하여 전원의 루핑(LOOPING)현상이 일어나지 않게 한다.

출처 알리익스프레스

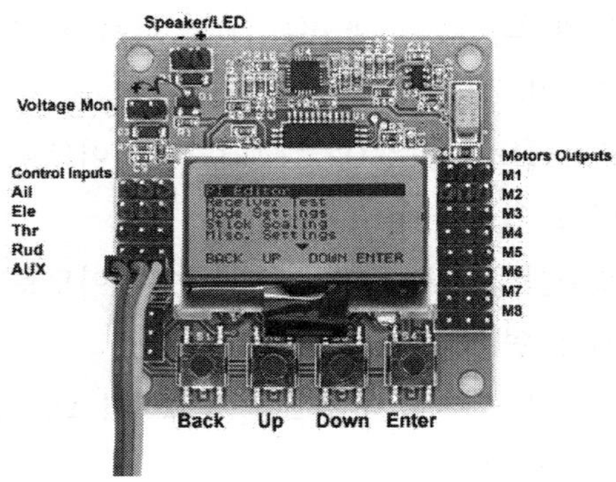

KK2.1 FC(비행 컨트롤러)

△ 사진 3-4-1 우측의 M1~M8 단자에 ESC의 3핀 커넥터를 연결한다.

SECTION

4-5 변속기(ESC) - BLDC 모터

변속기와 BLDC 모터 사이에는 3상(U, V, W)의 전력을 공급하므로 비교적 굵은 3가닥의 실리콘 선을 연결한다.

1 연결 방법의 선택

접속은 앞서 언급된 것과 같이 2가지(커넥터, 납땜) 방식 중에 가능한 것을 선택한다. 커넥터 연결을 원하지만, 기체의 구조상 어쩔 수 없이 납땜 연결을 해야 하는 경우도 있다.

직접 납땜의 경우, 선의 확장 연결 후에 노출된 납땜 부위를 열수축 튜브로 마감하여 절연시킨다.

2 불렛(Bullet, 총알)형 커넥터

가급적 커넥터로 연결하는 것이 좋은데, 이른바 불렛(Bullet, 총알)형의 커넥터를 사용한다. 불렛(Bullet, 총알)형 커넥터의 굵기는, 모터선의 굵기와 전류량에 따라서 결정한다.

당연히 암(Female) 커넥터와 수(Male) 커넥터로 결합하게 되며, 변속기(ESC) 쪽은 암(Female) 커넥터, BLDC 모터 쪽은 수(Male) 커넥터로 연결되는 것이 일반적이다.

3 뷸렛(Bullet, 총알)형 커넥터의 굵기

일반적으로 250급의 소형 모터에는 직경 2mm를, 450급의 중형 모터에는 3.5mm의 커넥터를 사용한다. 이외에도 4mm, 5mm, 6mm급이 사용된다.

출처 하비킹

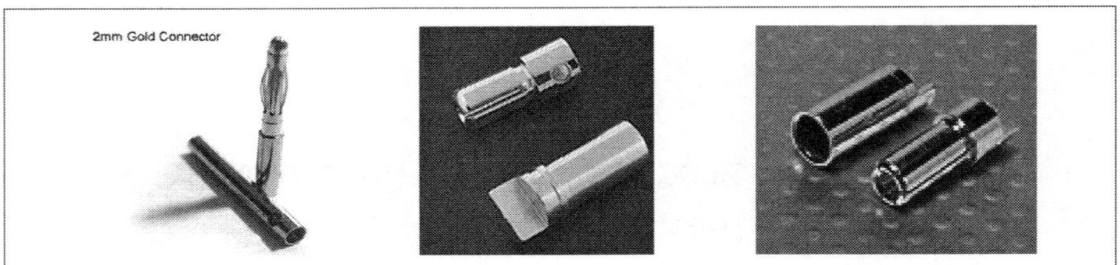

2mm 3.5mm 5.5mm

△ 사진 3-5-1 뷸렛(Bullet) 형 커넥터

납땜은 뷸렛(Bullet, 총알)커넥터에 배선을 연결하는 작업에서도 필수적이므로, 숙달하는 것이 좋다. 물론, 커넥터에 납땜하기 전에 미리 배선에 열수축 튜브를 끼워서 한쪽으로 밀어놓는 것도 잊지 않아야 한다.

SECTION

4-6 FC(비행 컨트롤러) - 센서(SENSOR) 연결

1 FC에 연결하는 센서의 종류

FC(비행 컨트롤러)에 연결해서 사용하는 센서는 GPS 센서, 지자계(Compass, 컴파스) 센서, OSD(On Screen Display), 블루투스(Bluetooth), 텔레메트리(Telemetry) 등이 있다.

GPS 센서와 지자계(Compass) 센서는 별도의 포트(Port)로 구성되어 있는 경우도 있고 1개로 혼합된 것도 있다.

OSD(On Screen Display), 블루투스(Bluetooth), 텔레메트리(Telemetry)에 사용되는 포트(Port)는, 대부분의 FC(비행 컨트롤러)가 동일한 커넥터를 이용하여 병렬로 다수 연결하는 방식으로 사용된다.

- OSD(On Screen Display)는, 카메라 전송화면에 비행정보를 아이콘 및 글자로 부가하여 전송하는데 사용된다.
- 블루투스는 FC의 세팅을 무선으로 연결하여 현장에서 스마트폰의 앱으로 파라메터를 변경하는데 사용된다.
- 텔레메트리는, 기체와 쌍방향의 통신으로 기체의 상태 또는 비행정보를 전송하는 용도로 사용된다.

2 쿼드콥터 NOVA(CX-20)의 GPS(Global Positioning System) 센서 연결

쿼드콥터 NOVA(CX-20)의 FC(비행 컨트롤러)는 3DR의 오픈소스로 제작된 APM version 2.5.2의 하드웨어와 AC(Arducopter) version 3.1.2의 펌웨어가 탑재되어 있다. 펌웨어 업데이트가 필요하다면 ac v3.1.5가 권장된다.

출처 Piet Pech

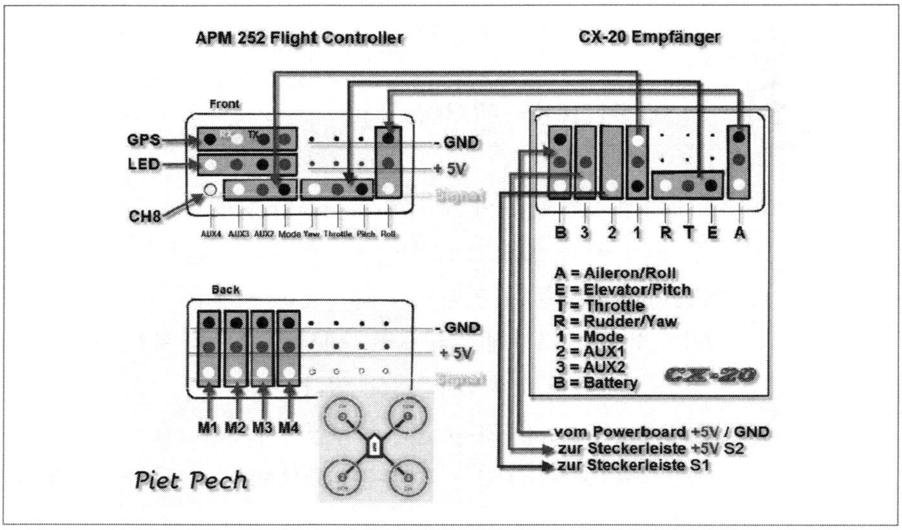

△ 사진 3-6-1 NOVA(CX-20)의 FC(비행 컨트롤러) 연결도

3 GPS 센서의 핀 구성(Pin configuration)

출처 Ardupilot.org

1) GND
2) RX
3) TX
4) VCC 5(V)

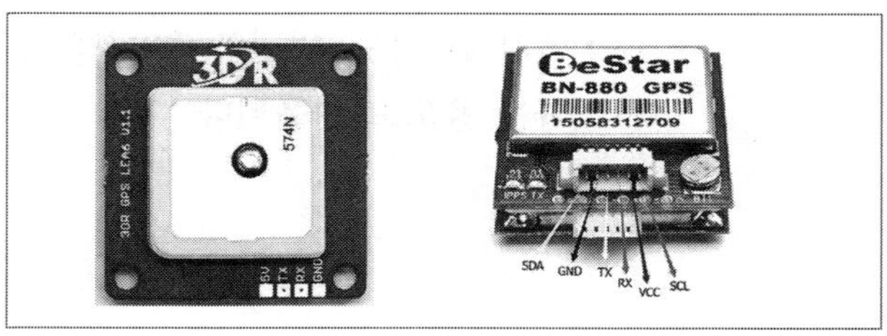

△ 사진 3-6-2 3DR의 GPS 센서의 핀 접속(GND, RX, TX, +5V)

4 지자계(Compass) 센서 연결

출처 Ardupilot.org

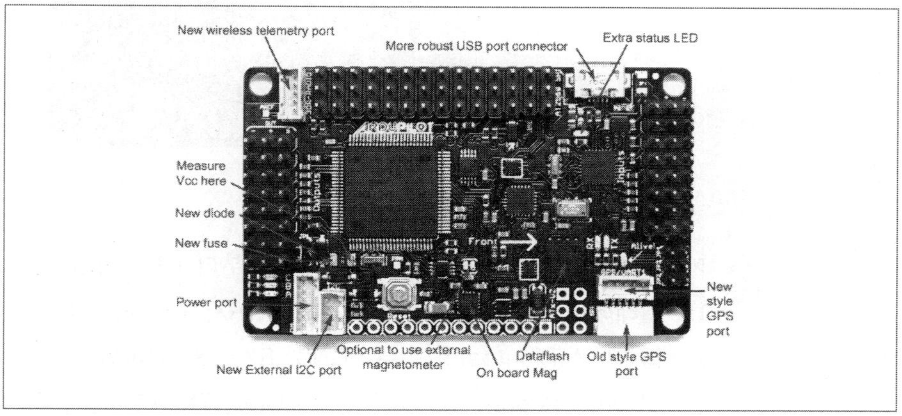

△ 사진 3-6-3 APM2.6의 지자계 센서 연결=New External I2C port

지자계 센서는 APM2.6 기판 좌측 하단의 4핀 커넥터에 연결한다. 만약, GPS 센서와 지자계 센서가 일체화된 몸체로 되어 있는 경우는 아래 사진처럼 연결한다.

출처 Copter.ardupilot.org

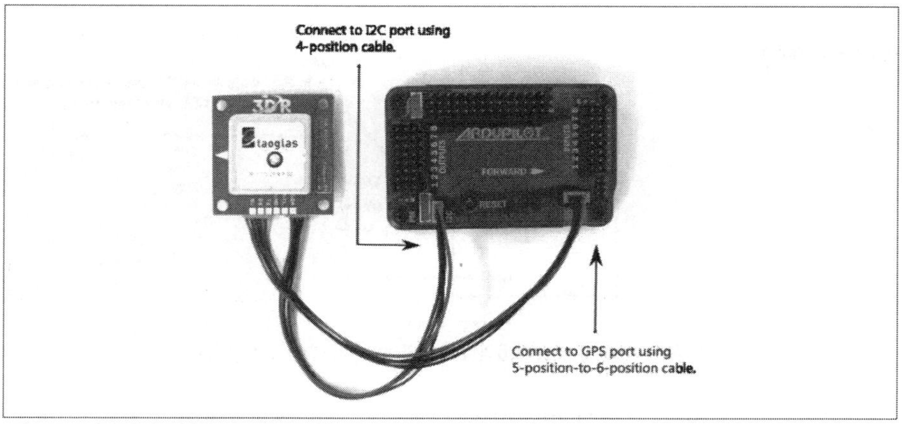

△ 사진 3-6-4 APM2.6의 3DR GPS+ 지자계 일체형 센서 연결=I2C port

다음 3가지 신호는 모두 좌측 상단의 Telem 5핀 커넥터에 연결한다.

1) 텔레메트리(Telemetry) 신호
2) 블루투스(Bluetooth) 신호
3) OSD(On Screen Display) 신호

출처 Copter.ardupilot.org

△ 사진 3-6-5 APM2.6의 Telem 포트(좌측 상단)

커넥터에서 나오는 신호의 순서는 위로부터 GND, n.c, RX, TX, +5V이다.

1) 텔레메트리(Telemetry) 신호 : GND, RX, TX, +5V만 접속시킨다.
2) 블루투스(Bluetooth) 신호 : GND, RX, TX, +5V만 접속시킨다.
3) OSD(On Screen Display) 신호 : GND, TX, +5V만 접속시킨다. (RX 제외)
   이 3핀을 minimOSD 보드에 3핀 서보커넥터로 접속시킨다.
   》 확인 : SCOPE로 TX 신호를 보면 5V에서 GND쪽으로 1초 간격으로 펄스가 나온다.
   APM2.6 보드의 TX 신호를 minimOSD 보드의 RX 단자에 접속한다.

출처 Copter.ardupilot.org

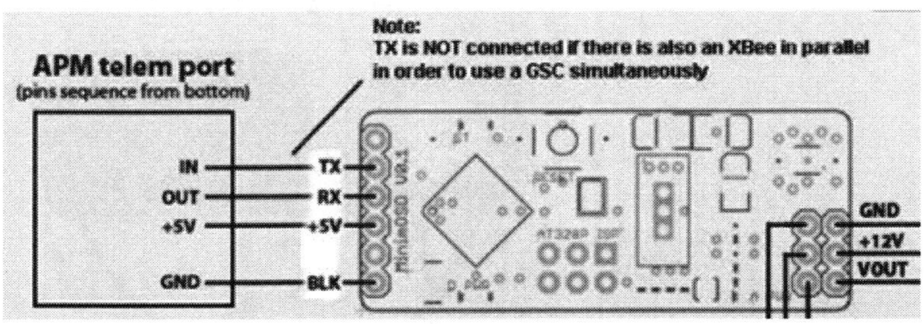

△ 사진 3-6-6 APM2.6의 Telem와 minimOSD의 포트 연결

회로 접속의 임피던스에 문제가 없는 한, 3개의 신호들은 병렬로 연결해서 사용해도 동작한다.

SECTION

4-7 카메라 - OSD - 영상 송신기 연결

촬영 비행을 하면서 삼각대에 거치된 모니터의 영상에 중첩된 각종 비행정보를 바라보는 것은 왠지 뿌듯하다. 배터리의 남은 용량과 함께 GPS 좌표 등등 모니터 화면에서 부가된 수치를 보며 안심하고 비행할 수 있기 때문이다. 이렇듯 카메라의 영상에 OSD 표시를 중첩시키기 위해서는, OSD(On Screen Display) 신호를 중간에 넣어야 한다. OSD 신호를 표시하게 하는 데이터는 4개의 핀으로 구성된 커넥터를 OSD 모듈 또는 OSD 기판에 연결하면 된다.
꼭 필요한 단자는, +Vcc, TX, RX, GND 4가지이다.

1 카메라-OSD-영상 송신기 연결 계통도

아래 그림은 APM2.6 FC의 Telem 포트에서 OSD 제어신호를 받아서, 카메라의 영상에 OSD를 중첩하여 영상 송신기로 보내서 무선전파에 영상신호를 전송하는 연결 계통도이다.
사용하는 OSD 기판은 APM 계열의 전송 프로토콜인 MAVLINK로 동작이 잘되는 minimOSD이다.

출처 Ardupilot.com

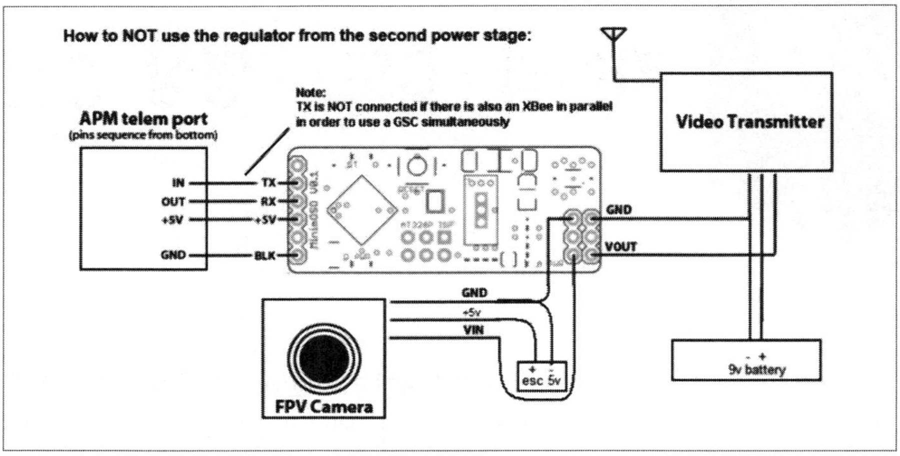

△ 사진 3-7-1 카메라 - OSD - 영상 송신기의 연결도

- 영상 입력은 카메라로부터 받아들이게 접속하고, 영상 출력은 영상 송신기 쪽으로 내보내게 접속한다.
- **3개의 선만 연결되면 정상적으로 동작한다** : 전원+5V, GND, RX신호선(=MAVLINK프로토콜)

2 NOVA(CX-20)에 OSD를 연결하는 기본 사항

1) NOVA의 F/C인 APM2.5.2 Hardware로부터
2) NOVA고유의 통신 프로토콜인 MAVLINK로 접속해서 OSD DATA를 받아내고,
3) 그것을 MinimOSD에 연결해야 한다.

3 NOVA(CX-20)에 OSD를 연결하는 방법

순서 1 : NOVA FC를 분해해서 보면, PCB가 2층 구조로 되어 있다. PCB의 아랫 부분을 보면 CON_V2.0 이라는 흰색 마킹 글자가 보이고 그 글자를 정상으로 보이게 놓고 보면 중앙 쪽에 상,중,하 쪽으로 3가지의 커넥터 연결 구멍들이 있다.

》 상측에 있는 것 = MAVLINK를 위한 Telemetry 연결 단자이다. ; 5핀으로 되어 있고, 커넥터에 삽입되어 있지 않다.

》 중간쯤 있는 것 = 지자계compass 센서가 연결되어 있어야 한다. 커넥터에 삽입되어 있다.

》 하측에 있는 것 = 6핀의 빈구멍. 사용 ×(펌업용 포트)

출처 직접촬영

△ 사진 3-7-2 NOVA(CX-20) FC를 분해한 것

순서 2 : 순서 1에서 맨 위쪽(중간 상측)에 있는 흰색의 1.25mm피치 5핀 커넥팅을 해야 한다.

피치가 작아서 직접 선으로 납땜하기는 어렵다. 커넥터 어셈블리를 구한다. (알리 익스프레스 판매)

》 **규격** : 1.25mm 피치의 수놈 커넥터와 암놈 커넥터에 배선이 연결된 케이블.

좌측에서부터 1, 2, 3, 4, 5번 핀으로 보고, OSD 기판에 연결하기 위한 핀 연결 번호는 다음과 같다.

》 1핀 = +Vcc, 2핀 = TX, 3핀 = RX, 4핀 = N.C(사용하지 않음), 5핀 =GND

순서 3 : 위의 신호선 들을 MinimOSD에 연결하되, 4핀만을 다음 순서로 연결한다.

》 1핀 = +Vcc, 2핀 = GND, 3핀 = TX, 4핀 = RX

주의

위의 RX와 TX는 서로 교차되어 접속되어야 한다.

출처 직접촬영

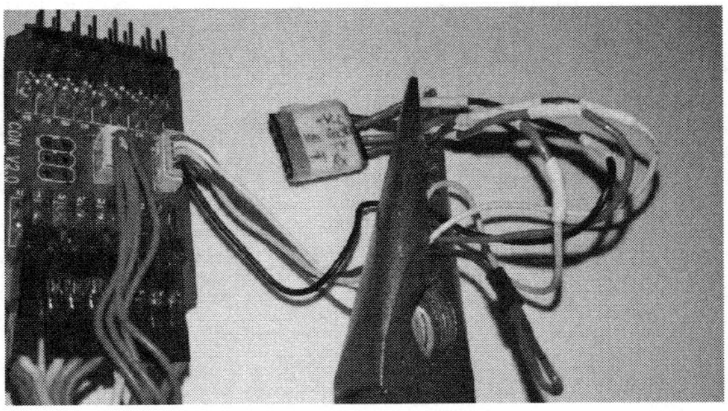

△ 사진 3-7-3 Telemetry 단자를 커넥터 접속하여 OSD용 2.54mm 피치 커넥터로 인출

4 커넥터의 구입

(a) **1.25mm 피치 기판용 숫놈 커넥터** : 몰렉스 품번 53047-05 디바이스마트에서 판매

링크

http://www.devicemart.co.kr/35790

(b) **1.25mm 피치 암놈 커넥터 케이블은** : 알리익스프레스에서 판매(수놈 커넥터와 조합 판매)
간편하게, (a)항을 구입할 필요 없이 이것을 구매하면, 수놈 커넥터와 암놈 커넥터 케이블을 동시에 얻을 수 있다.

웹주소

http://www.aliexpress.com/item/20sets-Micro-1-25mm-5pin-Cable-JST-1-25-5-Pin-Male-Female-Connector-plug-with/32464250609.html?spm=2114.01020208.3.2.5Ajd96&ws_ab_test=searchweb201556_3,searchweb201644_1_10001_10002_10005_301_10006_10003_10004_62,searchweb201560_8,searchweb1451318400_6151

- **순서 4** : minimOSD를 접속하는 4핀 커넥터는 표준 2.54mm 피치의 암놈 커넥터를 사용한다.
  minimOSD 쪽은 숫놈 커넥터로 되어 있으므로 핀 번호와 신호선을 확인하고 바로 끼우면 된다.

SECTION

4-8 전압 변환기 (Voltage Converter)

• **전압 변환기** : 드론에는 다양한 전압이 사용된다, 특히 5(V)의 전압은 반드시 사용되는 전압이다. 입력 전원의 전압보다 출력 전압을 높이는 승압형은 잘 사용되지 않으며, 대부분 사용되는 전압 변환기는 입력 전원의 전압보다 낮은 정전압을 출력하는 강압형이 사용된다. 수신기,FC 의 전원으로 가장 많이 사용된다.

1 전압 변환기의 필요성

주로 5(V)의 전압을 공급하기 위해서 사용되지만, 그 외에 다른 전압이 사용되는 경우도 있다. 예를 들면, LED를 구동할 때는 인가전압을 조정하여 밝기와 소모전류를 필요에 따라 조정한다. 또한 짐벌의 모터 구동전압을 외부에서 조정해서 파워를 조정하거나, 12(V) 정전압을 필요로 할 때도 있다.
잘 만들어진 전압 변환기는 전원에서 발생하는 전기적 잡음을 줄여주는 노이즈 필터 역할도 하게 된다.

2 전압 변환기의 종류와 장단점

출처 직접 작성

▽ 표 3-8-1 전압 변환기의 종류와 장단점

종 류	변환효율	가격	크기	전자파잡음 발생정도	발열
3단자 레귤레이터형	낮다	비교적 싸다	작다	거의 없다	있다 (저전류시 거의 없다)
DC-DC컨버터형	높다	비싸다	큰편	많다	거의 없다

3 3 단자 레귤레이터형 전압 변환기

간단한 구조로 3단자로 입력과 접지와 출력이 된다. 가격도 비교적 저렴하여 많이 쓰인다. 주로 쓰이는 IC의 형명은 7805라고 불리고, 허용전력과 형태에 따라 여러 가지가 있다. 그 중에서 드론에 가장 많이 쓰이는 것은 TO-250 패키지의 78M05이다.

출처 알리익스프레스

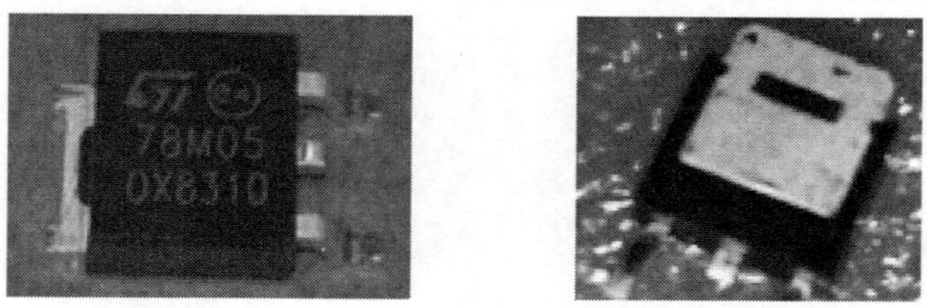

△ 사진 3-8-1 TO-252 형태의 78M05

4 DC-DC 컨버터형 전압 변환기

스위칭 타입의 레귤레이터로서 가격은 다소 비싸지만 최근에는 가격이 저렴해서 많이 쓰인다. PWB 기판의 형태로 출력전압이 가변되므로 유용하다.

Adjustable Step-down DC-DC Converter

출처 알리익스프레스

△ 사진 3-8-2 DC-DC 컨버터형 전압 변환기

SECTION

4-9 전원 필터
(Power Line Filter)

전원 필터는 전원부에 돌아다니는 각종 전자파 노이즈를 흡수한 후, 걸러서 깨끗한 직류를 공급하는 장치이다.

1 전원 필터가 유용한 경우

특히, BLDC 모터를 사용하며 디지털 스위칭 동작을 하는 변속기의 잡음은 신호 계통에 영향을 많이 준다. 이러한 전자 잡음을 걸러주므로 수신기 또는 잡음에 민감한 카메라 또는 영상신호 계통에 주로 사용한다.
모니터에 영상의 잡음이 나타나는 경우와 녹화된 카메라의 영상에 노이즈가 끼는 경우에 사용하게 된다.

2 전원 필터의 내부 구성

필터 내부의 회로는 단순하게 코일 L과 캐패시터 C의 조합으로 구성된 경우가 많지만 효과를 볼 때가 있다.

출처 알리익스프레스

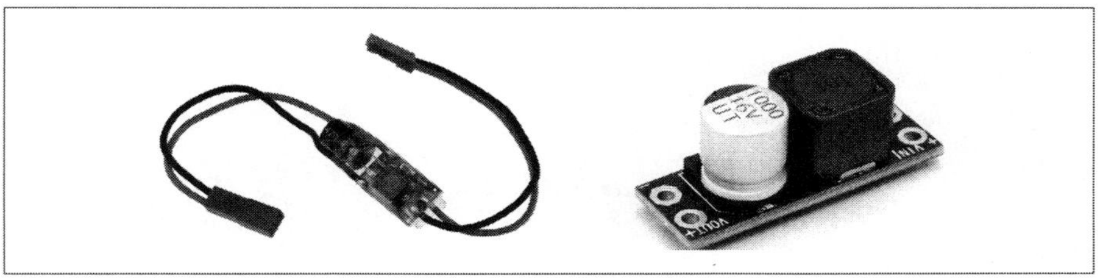

△ 사진 3-9-1 LC Power Filter

3 전원 필터의 연결과 선택

입력과 출력 그리고 플러스와 마이너스를 확인하여, 전원과 부하 사이의 중간에 삽입하는 형태로 연결하면 된다. VIN 쪽에 전원이 입력되는 쪽의 플러스와 마이너스를, VOUT 쪽에는 부하측의 플러스와 마이너스를 각각 연결한다.

4 전원 필터의 용량 선택

사용하는 전압은 전해 캐패시터의 내압으로 결정되므로 사용하는 배터리의 셀 수를 고려해서 구입한다. 또한, 전류 용량은 코일의 직류부하 시의 인덕턴스와 굵기로 결정되는데 주로 2(A) ~ 5(A)의 것이 많이 사용된다.

SECTION

4-10 XT-60 배터리 커넥터와 실리콘 전선 허용전류

드론의 배터리를 연결하는데 중요한 것이 배터리 커넥터이다. XT-60(60A용) 타입이 가장 보편적으로 사용된다. 작은 사이즈로는 XT-30(30A용)이 있다. 좀 더 큰 용량으로는 XT-90(90A용)가 있으며, 120(A)이상에서는 4(mm)직경의 바나나 형태를 사용한다.

출처 알리익스프레스

△ 사진 3-10-1 XT60 커넥터, 수 커넥터와 암 커넥터

1 전원용 커넥터의 암, 수 구별 사용

배터리에는 안전상의 이유로 암 커넥터를 사용하고, 드론 본체에는 수 커넥터를 사용하여 연결한다.

배터리에는 XT60 암 커넥터가 이미 장착된 채로 판매하여 구입할 수 있지만,드론의 본체에는 실리콘 전선을 납땜으로 연결하여 메인 전원을 공급해야 한다. 따라서 실리콘 전선의 굵기에 따른 허용전류를 익혀야 할 필요가 있다.

2 실리콘 전선의 사이즈별 허용 최대 전류

▽ 표 3-10-1 AWG 와이어 호수에 따른 굵기와 최대 허용 전류

출처 하비킹

AWG 규격	외형 굵기(mm)	최대 전류(A)
AWG-22	1.5 mm	
AWG-20	1.8 mm	up to 20A
AWG-18	2.5 mm	up to 35A
AWG-16	3.0 mm	up to 55~80A
AWG-14	3.5 mm	up to 80~120A
AWG-12	4.0 mm	up to 120A~180A
AWG-10	5.0 mm	up to 140A~200A

참고 실리콘 전선 제조사에 따라서 최대 전류의 차이가 있다.

3 실리콘 전선의 장점과 단점

실리콘 전선의 장점은 당연하게도 전선에 전류가 많이 흘러서 배선이 고온이 되어도 타지 않는다는 것이다. 하지만 겉 피복이 너무 쉽게 찢어지는 심각한 단점이 있으므로, 취급 시에 주의가 필요하다.

SECTION 5

캘리브레이션

SECTION

5-1 캘리브레이션(Calibration)이란?

드론을 제작하고 운용하는 데 있어서 필수적인 작업 중의 하나가 캘리브레이션(Calibration)이다.

1 캘리브레이션(Calibration)

정상적이지 않은 제품의 값을 표준화시키는 교정 작업이라고 할 수 있다. 이것은 마치 계측기의 교정을 주기적으로 받는 것이나 총기의 영점을 조정해야 하는 것과 같은 개념이다.

2 캘리브레이션(Calibration)의 필요성

드론의 모든 부품을 기계적, 전기적으로 완전하게 조립했다고 해서 정상적으로 날지는 못한다. 혹여 이륙을 시켜도 고꾸라지거나, 엉뚱한 곳으로 날아가 버리거나, 예상치 못한 사태가 발생하게 된다.
따라서 처음 조립한 드론은 반드시 캘리브레이션(교정) 작업을 실시해야 한다. 또한, 비행장소가 바뀌는 경우에는, 비행장소를 옮길 때 마다 지자계 캘리를 다시 실시해야 안전하다.

3 캘리브레이션(Calibration)의 종류

드론에서 필요한 캘리브레이션은 다음과 같은 종류가 있다.
간단하게 "캘리"라고 한다.

(1) 조종기 캘리
(2) 변속기 캘리
(3) 지자계(Compass, 컴파스) 캘리
(4) 수평 캘리
(5) 가속도계 캘리

FC의 종류에 따라서는 세팅 프로그램과 관련하여 캘리가 수행되지 않으면 아예 시동이 안 걸리는 경우도 있다. 캘리의 여부에 따라 시동(Arming)이 걸리게도, 캘리의 여부와 상관없이 시동이 걸리게도 FC에서 세팅이 된다.
간혹, 캘리의 수행 여부와 관계없이 시동이 걸려 이륙한 이후에 추락하거나 날아가 버리는 경우도 있다.

4 항목별 캘리브레이션의 목적과 증상

(1) **조종기 캘리** : 조종기 자체를 공장 초기화시켜서 틀어져 있는 각 채널의 표준값으로 환원시킨다.
조종기의 트림이 틀어져 있는 경우 시동이 안 걸리는데, 특히 트로틀 최소값과 러더(YAW축, 채널4)의 우측 값이 틀어져 있는 경우에 이와 같은 증상이 잘 나타난다.

(2) **변속기 캘리** : 조종기마다 각기 다른 트로틀 범위의 최대값과 최소값을 F/C에 정확하게 인식시킴으로서 모터의 최고속도와 최저속도인 조종기의 스틱 위치를 변속기 내부의 제어 MCU에 정확하게 알려준다.
변속기 캘리가 안 되어 있으면, 최대 트로틀에서 출력이 부족해서 상승을 못하는 경우가 있다.

(3) **수평 캘리** : 기체를 수평으로 놓고, 전후좌우의 수평 상태의 값을 F/C에 정확하게 알려주기 위함이다.
수평 캘리가 안 되어 있으면 이륙과 동시에 한쪽으로 기울어져서 상승한다.

(4) **지자계 캘리** : 지자계 캘리가 안 되어 있으면 GPS모드에서 기체가 엉뚱한 방향으로 날아가거나 한다.

(5) **가속도 캘리** : 기체를 6방향으로 각각 놓았을 때, 가속도 센서의 X, Y, Z 방향 값을 F/C에 정확하게 알려준다.
가속도 캘리가 안 되어 있으면 정상적으로 비행하기가 어렵다.

5 FC의 종류에 따라 캘리브레이션 방법 차이

FC(비행 컨트롤러)의 종류에 따라서 캘리브레이션의 원리는 같으나, 행하는 방법이 약간씩 다를 수 있다. 그러므로 상세한 것은 각 FC의 매뉴얼을 참조하여 교정하여야 정확하게 동작한다.

6 NOVA(CX-20)의 2가지 캘리브레이션

비행장에서 실시 = PC에 연결하지 않고 하는 방법(하드웨어버전 2.5.2 펌웨어 버전 3.1.2)

(1) **지자계 교정(컴파스 캘리)**

1) **모드 스위치 2개의 위치** : SWB = 0, SWA = 0(Stable 모드)
2) **조종기의 트로틀** : 최하단
3) 기체에 배터리를 연결하고, 조종기를 ON해서 바인딩시킨다.
4) 에일러론 스틱(트로틀)을 5시 방향으로 약 10초 정도 위치시키면 LED가 표시된다.
기체 후방의 왼쪽 LED=노란색과 빨간색이 교대로 점멸
기체 후방의 오른쪽 LED=녹색이 점등(GPS잡힘)

5) **캘리작업 실시**
   - 기체를 수평으로 들고 반시계 방향으로 5바퀴 정도 돈다.
   - 기체를 수직으로 들고 반시계 방향으로 5바퀴 정도 돈다.

6) 기체를 바닥에 내려놓고 배터리를 분리한다.

(2) 비행자세 교정

1) **모드 스위치 2개의 위치** : SWB = 0, SWA = 1(GPS모드)
2) **조종기의 트로틀** : 최하단
3) 기체에 배터리를 연결하고, 조종기를 ON해서 바인딩시킨다.
4) 에일러론 스틱(트로틀)을 5시 방향으로 약 10초 정도 위치시키면 LED가 표시된다.
   기체 후방의 왼쪽 LED=노란색과 빨간색이 교대로 점멸
   기체 후방의 오른쪽 LED=녹색이 점등(GPS잡힘)
5) **캘리작업 실시**
   - 기체를 약 2m정도 상승시켜서 호버링을 20초 한다.
   - 기체 후방의 왼쪽 LED가 빨간색으로 점등되면 완료되었다.
6) 기체를 바닥에 내려놓고 배터리를 분리한다.

SECTION

5-2 조종기(Transmitter) 캘리브레이션

드론 조종기는, 스틱의 조종 범위를 표준화시키는 공장초기화 작업이 필요하다(조종기 캘리브레이션).

자세히 설명하면, 조종기 스틱이 기계적 최대, 최소로 가변되었을 때의 범위를 전기적 위치신호로 변환시킨 값이 조종기마다 편차를 갖고 있으므로 이것을 FC에 인식시켜 교정하기 위한 조종기 캘리브레이션 작업이 필요하다.

1 조종기 캘리브레이션 불량 증상

조종기 캘리브레이션이 안 되어 있다면, 시동이 안 걸리거나 설정한 조종 모드로 동작하지 않거나 오작동하게 된다.

2 조종기 캘리브레이션의 표준값

조종기 스틱을 작동시키는 각 채널별로 스틱의 위치별로 표준값이 정해져 있다.

1) **최소 위치 :** 1.0(ms)의 펄스폭
2) **중앙 위치 :** 1.5(ms)의 펄스폭
3) **최대 위치 :** 2.0(ms)의 펄스폭을 각각 유지해야 한다.

3 조종기 캘리의 필요성(1)

비행을 하다보면, 트림을 조정하여 비행체의 비행중심을 맞추게 될 경우가 생기는데, 통상 여러 대의 기체를 한 대의 조종기로 날리는 것이 일반적이므로 이렇게 하다보면 자신도 모르게 각 스틱의 중심점이 트림의 변경으로 인하여 틀어진 상태를 모를 수가 있다.

4 조종기 캘리의 필요성(2)

또한 20(ms)의 주기로 발진되는 기본 펄스 주기 내에서 10개의 펄스를 삽입한다. 기본 10채널이 된다. 1개의 채널은 2(ms)의 최대 펄스폭을 갖게 되는데, 이 펄스들의 폭을 조정해서 무선조종이 달성되는 것이다.

✓ 최소값은 1.0(ms), 최대값은 2.0(ms)

1개 채널당 펄스폭의 기준값은 1.5(ms) = 1500(us)이 된다.

PWM 펄스의 기준 생성과 교정 필요

1) 모노 멀티바이브레이터를 구동시켜서 스틱짐벌에 결합된 가변저항으로 펄스폭을 조정하거나
2) 5(V)의 전압을 가변저항 양단에 인가시키고 가변저항 출력전압을 받아서 조종기의 MCU(마이크로 컨트롤 러 유니트)내에 있는 ADC(Analogue to Digital Conversion)에 의해서 펄스폭을 조정할 때

여하튼, 조종기 스틱의 위치가 최소, 중간, 최대에서의 펄스폭의 오차는 피할 수 없이 존재하는데 이것을 최대한 FC가 인식하는 표준의 최소, 중간, 최대값으로 변환하여 인식되도록 교정해야 한다.

5 조종기 캘리브레이션의 목적

기본적으로, 5개 채널과 추가 옵션 채널에 대한 범위를 FC가 정확하게 인지할 수 있어야 한다.

기본 5개 채널과 조작의 용도

- 〉〉 CH1 = 에일러론 = 롤(ROLL)축 제어
- 〉〉 CH2 = 엘리베이터 = 피치(PITCH)축 제어
- 〉〉 CH3 = 쓰로틀 = (THROTTLE) 제어
- 〉〉 CH4 = 러더 = 요(YAW)축 제어
- 〉〉 CH5 = 조종모드 선택(보통 3단 스위치) : 필수 채널

추가 옵션 채널과 조작의 용도

- 〉〉 CH6 = 짐벌 틸트(TILT) 각도 제어용 : 이하 옵션 채널들
- 〉〉 CH7, CH8, CH9, CH10 = 짐벌 요(YAW) 각도 제어용 또는 필요에 따라서 설정하고 운용한다.

6 조종기 캘리브레이션의 일반적인 수행 절차

1) 드론에 장착하는 FC에 해당하는 PC용 Assistant Software를 다운로드하여 설치하고 작동시킨다.
2) 마이크로 USB 케이블 등으로 기체와 PC를 통신 속도에 맞춰 설정하고 접속을 완료한다.
3) PC용 Assistant Software에서, 조종기 캘리브레이션 모드로 진입한다.
4) 조종기의 좌, 우 스틱을 각각 전체 최대 범위로 "ㅁ"자를 그리면서 돌려준다.
5) 조종기의 조종모드 선택채널 스위치 및 제어용 채널의 스위치를 최대로 ON/OFF시킨다.
6) PC Assistant Software에서 스위치 및 스틱의 제어 방향에 대한 설정을 맞추고, 저장한다.

7 NOVA(CX20) 조종기의 초기화 방법

1. 좌측 위쪽의 모드 스위치(SW B)를 밑으로 내린다. (0 → 1)
2. 우측 위쪽의 모드 스위치(SW A)를 위로 올린다. (최상단)
3. 쓰로틀 : 중립에 위치시킨다.
4. 우측 미세 조정 트림을 위로 올린 상태에서, 전원 SW를 켠다. : 모드2 조종기의 경우
5. LED 4개가 동시에 켜진다.

   ☑ 빨강, 파랑, 녹색, 전원LED
6. 좌측 스틱과 우측 스틱을 동시에 4각으로 풀스윙시킨 다음, 둘 다 중앙에 위치시킨다.
7. 동글 노브 2개도 왼쪽 오른쪽으로 풀스윙시킨다.
8. 좌측 위쪽의 스위치(SW B)를 위로 올린다. (1 → 0)
9. 전원 스위치를 끈다.

SECTION

5-3 변속기(ESC) 캘리브레이션

조종기의 트로틀을 최대, 최소로 했을 때 모터의 최고 속도와 최저 속도에 대한 명령인 PWM 신호의 범위를 변속기(ECS)내부의 제어 MCU에 정확하게 알려주기 위함이다.

1 변속기에 인가되는 PWM 신호의 범위

PWM 신호의 범위는, 채널별로 스틱의 가동범위 최소1(ms) = 1000(us)에서 최대 2(ms) = 2000(us)이 표준값이다.
모든 채널은 이 펄스폭의 범위 이내에서 움직여야 하고, 중앙값은 1.5(ms) = 1500(us)가 되어야 한다.
조종기마다 트로틀의 최대 최소의 범위일 때 여러 가지 원인에 의해서 PWM신호의 값이 달라질 수 있으므로, 이를 표준값으로 교정하기 위해서 변속기 캘리브레이션을 하는 것이다.

2 변속기 캘리브레이션이 안 되어 있는 경우

시동이 안 걸리거나, 조종기의 쓰로틀을 최대로 해도 기체가 상승하지 못하거나, 조종기의 트로틀이 최소에서 모터가 최대로 돌거나 또는 그 반대로 동작할 수 있다.

3 변속기 캘리브레이션 방법(쿼드콥터 변속기 4개를 일괄 캘리브레이션)

✔ 안전을 위해, 반드시 모터에서 프로펠러를 제거한다.

1) 드론의 변속기에 달려 있는 3핀 커넥터(GND, +5V, 신호선으로 구성된) 4개를 FC에서 분리한다.
2) 분리한 커넥터 4개를, 2.54mm 피치의 핀헤더로 병렬접속 또는 병렬접속 JIG를 통하여 4개의 커넥터들을 모두 병렬로 연결한다.
3) FC(비행 컨트롤러)에 연결된 CH3(트로틀 채널) 커넥터를 빼고 병렬접속 JIG에서, 4개의 커넥터에 병렬 연결된 3핀 커넥터를, 수신기 CH3(트로틀 채널)에 연결한다.
4) 송신기의 전원을 넣고, 트로틀 스틱을 최대로 올린다.
5) 드론의 전원을 연결한다(= 수신기와 변속기의 전원을 연결시킨다).
6) "삐리링" 하는 변속기 세팅음이 들리면, 송신기의 트로틀 스틱을 최소로 내린다.
7) 드론의 전원을 끄고, 병렬연결 JIG에서 4개의 변속기 커넥터를 분리, 원래 FC단자에 각각 연결한다. 이때, 수신기의 CH3(트로틀채널)은 FC에 원래대로 꽂는다.

✔ 송신기 트로틀을 천천히 올려보면서 4개의 모터 회전 시작점과 최대점이 같음을 확인한다.

4 변속기를 8개까지 동시에 캘리브레이션 지그(JIG)

아래 사진은 8개의 변속기(ESC)를 동시에 캘리브레이션할 수 있는 지그(JIG)이다. 한꺼번에 캘리브레이션을 하면, 시간 절약은 물론이거니와 모든 변속기가 똑같은 상태로 캘리되어서 좋기 때문에 이의 사용을 적극 권장한다.

출처 알리익스프레스

△ 사진 4-3-1 ESC Calibration Hub

암커넥터 1개는 수신기의 트로틀에 꽂고, 변속기 3핀 커넥터를 캘리에 필요한 개수만큼 캘리 허브에 병렬로 GND(검정)-전원(빨강)-신호선(흰색), 극성을 맞춰서 똑같은 방향으로 맞춘 후, 꽂아서 사용한다.

SECTION

5-4 수평(Level) 캘리브레이션

• 수평 캘리 : 기체를 수평으로 놓았을 때, 전후좌우 방향으로 평형된 상태를 F/C에 정확하게 알려주기 위함이다.

1 수평 캘리브레이션을 안하면 생기는 문제

수평 캘리가 안 되어 있는 기체를 이륙시키면 어느 한 방향으로 고꾸라지거나 기울어져서 상승하게 된다. 또한 기울어진 상태를 수평으로 인식하여 비행하기 때문에 상당히 위험하므로 반드시 수평 캘리브레이션을 해야 한다.

2 수평 캘리브레이션 방법

✔ 수평 캘리브레이션을 할 때는, 안전을 위해 반드시 모터에서 프로펠러를 제거한다.

1) 평평한 바닥에 기체를 놓는다.
2) 물방울 수평계를, 양면테이프 등으로 기체에 수평하게 부착한다.
3) 기체를 전후좌우로 움직여서 기체의 수평을 맞추고 유지시킨다.
4) 드론에 장착한 FC에 해당하는 PC용 Assistant Software를 다운로드하여 설치하고 작동시킨다.
5) 마이크로 USB 케이블 등으로 기체와 PC를 통신 속도에 맞춰 설정하고 접속을 완료한다.
6) PC용 Assistant Software에서, 수평 캘리브레이션 모드로 진입한다.
7) 수평 또는 LEVELING을 버튼을 누르면, 수평 캘리가 시작되고 곧이어 완료된다.
8) 수평 캘리브레이션을 저장한다.

출처 Open Pilot

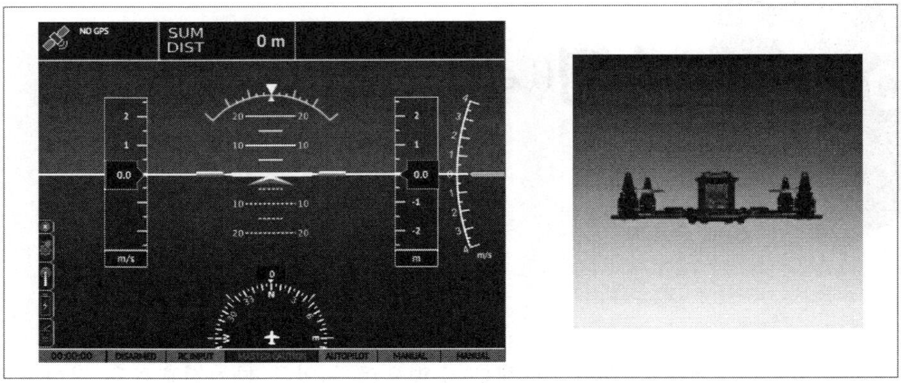

△ 사진 4-4-1 CC3D 장착 기체의 수평 캘리브레이션(오픈파일럿)

출처 Mission Planner

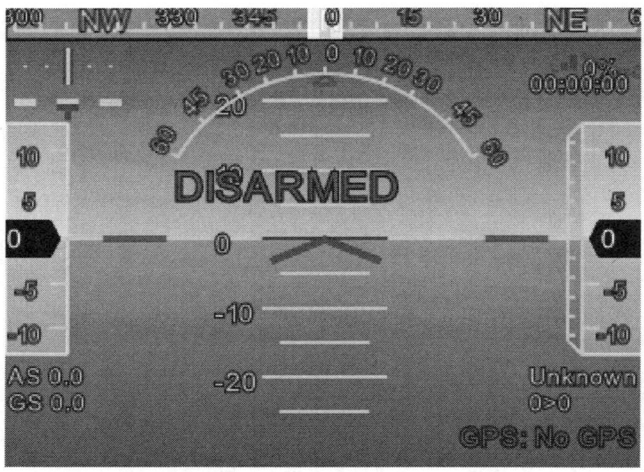

△ 사진 4-4-2 APM2.6 장착 기체의 수평 캘리브레이션(미션 플래너)

출처 옥션

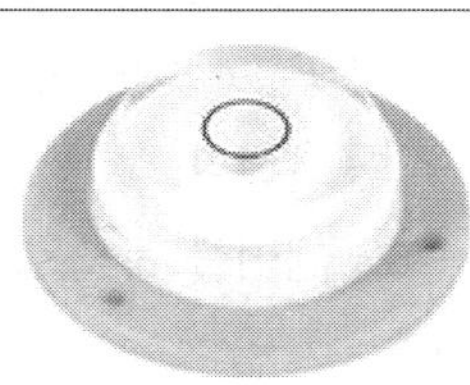

△ 사진 4-4-3 물방울 수평계(원형 수평계)

SECTION

5-5 지자계(Compass) 캘리브레이션

- **지자계 캘리** : 기체가 지구 자기장을 인식하는 Compass 센서의 값을 통하여 기체의 헤딩 방향을 FC(비행 컨트롤러)가 정확하게 인식할 수 있도록 알려주기 위한 중요한 캘리브레이션이다. 일명, 컴파스(Compass) 캘리라고도 한다.

1 지자계 캘리브레이션이 적용되는 비행모드

1) GPS 모듈이 장착되어 있는 FC에만 지자계 캘리브레이션이 필요하다.
2) 또한 GPS 모드로 비행하는 경우에만, 지자계 캘리브레이션이 의미 있게 동작한다.
3) Manual 모드 또는 ATTI 모드로만 비행하는 경우에는, 지자계 캘리는 의미가 없다.

2 지자계 캘리브레이션이 안 되면?

지자계 캘리가 안 되어 있다면, GPS 모드로 비행 시 큰 원을 그리거나, 완전 엉뚱한 방향으로 날아가 버린다. 컴파스 캘리가 되었어도 새로 비행하는 곳에서 GPS 신호가 잡히지 않은 상태로 성급하게 비행한다면, 긴급 모드인 RTL을 하거나, 페일 세이프 동작하는 조건에서는 전에 비행했던 곳으로 날아가 버린다.

3 지자계 캘리브레이션 방법(NAZA-M/V2 FC)

안전을 위해, 반드시 모터에서 프로펠러를 제거한다.

1) 기체에 전원을 연결한다.
2) 송신기 전원을 켜고, 조종모드 스위치를 Manual 모드 ↔ GPS 모드로 빠르게 6회~10회 전환시킨다.
3) LED 모듈의 LED 표시등이 노란색으로 점등된다.
4) 드론을 가로로 잡고 360도 회전하면, LED 표시등이 녹색으로 바뀐다.
5) 드론을 세로로 잡고 360도 회전하면, LED 표시등이 꺼진다.

만약, 지자계 교정이 잘못된 경우, LED가 빨간색으로 깜빡인다. 이때는 2)번부터 다시 시작한다.

4 지자계 캘리브레이션 방법(Tarot ZYX-M FC)

안전을 위해, 반드시 모터에서 프로펠러를 제거한다.

1) 기체에 전원을 연결한다.
2) 송신기 전원을 켜고, 조종모드 스위치를 Manual 모드 ↔ GPS 모드로 빠르게 6회~10회 전환시킨다.
3) LED 모듈의 LED 표시등이 파란색으로 점등된다.
4) 드론을 가로로 잡고 360도 회전하면, LED 표시등이 녹색으로 바뀐다. (1/4바퀴정도 더 돌면 좋다)
5) 드론을 세로로 잡고 360도 회전하면, LED 녹색 표시등이 꺼진다. (1/4바퀴정도 더 돌면 좋다)

만약, 지자계 교정이 잘못된 경우, LED가 빨간색으로 켜진다. 이때는 2)번부터 다시 시작한다.

5 지자계 캘리브레이션 방법(APM 2.6 FC)

✔ 안전을 위해, 반드시 모터에서 프로펠러를 제거한다.

1) PC용 Assistant Software인 미션플래너(Mission Planner)를 다운로드하여 설치하고 작동시킨다.
2) 마이크로 USB 케이블 등으로 기체와 PC를 통신 속도에 맞춰 설정하고 접속을 완료한다.
3) INITIAL SETUP → Mandatory Hardware → Compass 순으로 탭을 눌러서 Compass 설정 화면으로 들어간다.
4) Live Calibration을 클릭하고, 컴파스 보정을 실행한다.
5) 저장하고 빠져나온다.

아래의 사진은 APM2.6 및 NOVA(CX-20)에서 지자계(Compass)센서의 헤딩 방향을 직접 확인하는 화면이다.

✔ Gauges를 아날로그 메터로 표현되게 설정한 것

미션플래너(Mission Planner) 버전 1.3.30에서의 화면이다.

출처 Mission Planner

△ 사진 4-5-1 미션플래너(Mission Planner)에서 본 지자계 표시 : (우측하단)

6 NOVA(CX-20)의 지자계 센서

기체 후미 상단의 둥근 원통에 들어 있는 것은 GPS 센서 또는 GPS 센서와 합체된 지자계 센서가 아니다. 이것은 지자계 센서만 들어 있는 것이고, 정상적인 상태의 PWB 배치 방향은 꼭 참고가 될 사항이다.

출처 직접촬영

△ 사진 4-5-2 NOVA(CX-20)의 지자계(Compass) 센서

7 NOVA(CX-20)의 지자계 교정 방법 : 비행장에서 직접

1) 기체에 배터리를 연결하고 송신기를 ON하여 바인딩한다.
2) 엘리베이터(피치) 스틱을 최대로 하고, 러더(요) 스틱을 오른쪽 최대로 한 후, 기다린다.
3) 기체의 뒤쪽에 있는 LED가 노란색으로 점멸(깜빡거림)한다.
4) 기체의 앞쪽을 바깥쪽으로 하여 수평으로 잡고, 반시계(CCW) 방향으로 4바퀴 원형으로 회전한다.
5) 기체의 앞쪽을 지면을 향하게 한 상태로, 반시계(CCW) 방향으로 4바퀴 원형으로 회전한다.
6) 송신기 상단 우측에 있는 SWA 스위치를 "0"과 "1"의 위치로 4회 반복한다.
7) 기체의 배터리를 분리하면 지자계 캘리브레이션이 완료된다.

주의

NOVA(CX-20)을 처음 구입하여 FC내의 펌웨어가 ac v3.1.2로 되어 있는 상태에서 위와 같이 캘리된다. 펌웨어 업데이트를 하면 지자계 캘리가 위와 같이 동작하지 않을 수 있다.

8 NOVA(CX-20)의 비행 초기값 교정

처음 비행할 때에 낮은 고도(2m정도)에서 약 25초정도 호버링하면, 초기값을 학습하여 안정되게 세팅된다.

1) 기체에 배터리를 연결하고 송신기를 ON하여 바인딩한다.
2) 엘리베이터(피치) 스틱을 최대로 하고, 러더(요) 스틱을 오른쪽 최대로 한 후, 기다린다.
3) 기체의 뒤쪽 왼쪽에 있는 LED가 노란색으로 점멸(깜빡거림)한다.
4) 이때, 기체를 이륙시켜서 낮은 고도(2m정도)에서 약25초 호버링한다.
5) 기체의 뒤쪽 왼쪽에 있는 LED가 노란색→ 빨간색으로 켜진 상태로 바뀐다(점등).
6) 기체를 착륙 시키고, 기체의 배터리를 탈거한다.

✓ 이후, 다시 비행을 하면 된다.

SECTION

5-6 가속도계(Accelerometer) 캘리브레이션

• **가속도계 캘리** : 기체를 6방향으로 각각 놓았을 때, 6축 Compass 센서의 값을 F/C에 정확하게 알려주기 위함이다.

1 가속도계 캘리브레이션의 종류

• **3축 가속도계가 달린 FC(비행 컨트롤러)** : X, Y, Z의 3개의 축 방향에 대해서만 FC의 자세를 교정한다.

• **6축 가속도계가 장착된 FC(비행 컨트롤러)** : 위의 3축 외에 3방향을 더하여 6축의 방향을 교정한다.

2 가속도계 캘리브레이션이 안 되어 있으면?

가속도계 캘리가 안 되어 있다면, 시동이 안 걸리거나 호버링 시 수평상태에서 흐르거나 한다. 액셀 캘리라고도 한다.

3 가속도계 캘리를 쉽게 하려면?

FC를 기체에 장착하기 전에, FC 단독으로 만 6축의 가속도 캘리를 해버리는 것이다. FC를 기체에 장착한 후에 6축 캘리를 정확하게 하기 쉽지 않으므로 기체 장착 전에 6축을 인식시키는 것이다. 즉, FC에 전원전압을 인가하고, 어시스턴트 소프트웨어로 접속한 뒤, FC를 6면 모서리로 위치시켜서 캘리한다.

4 가속도계 캘리브레이션 방법(APM 2.6 FC)

✓ 안전을 위해, 반드시 모터에서 프로펠러를 제거한다.

1) PC용 Assistant Software인 미션플래너(Mission Planner)를 다운로드하여 설치하고 작동시킨다.
2) 마이크로 USB 케이블 등으로 기체와 PC를 통신 속도에 맞춰 설정하고, Connect로 접속을 완료한다.
3) INITIAL SETUP → Mandatory Hardware → Accelerometer Calibration 순으로 탭을 눌러 설정한다.
4) Accelerometer Calibration을 클릭하고, 기체의 자세를 6가지로 변경하면서, 엑셀 캘리를 완료한다. : 수평(Level) → Left side → Right side → Nose down → Nose up → Back side
5) 저장하고 빠져나온다.

5 가속도계와 콤파스 캘리가 혼합된 FC의 캘리브레이션 방법(JIYI P2 FC)

출처 JIYI manual

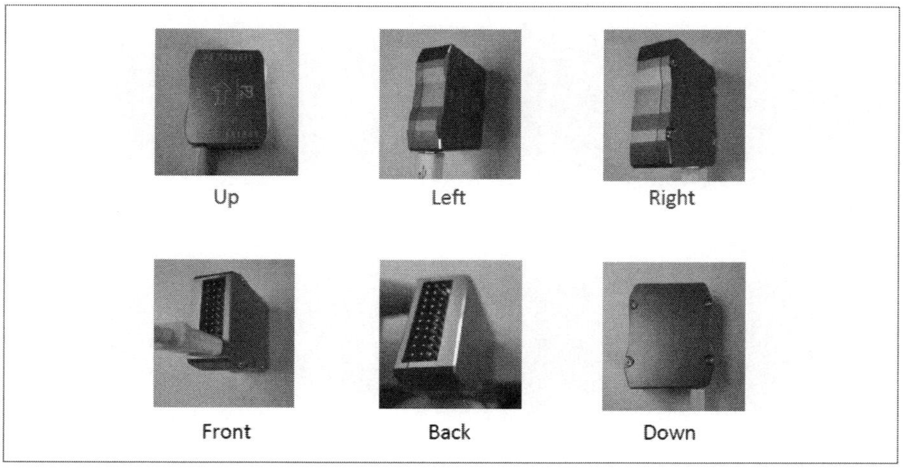

△ 사진 4-6-1 JIYI FC의 6축 가속도계 캘리브레이션

안전을 위해, 반드시 모터에서 프로펠러를 제거한다.

1) 기체에 배터리를 연결하고, 조종기의 CH6 스위치를 "RTL"모드로 전환한다.
2) 좌측 스틱을 좌상으로, 우측 스틱을 좌하로 하고 2초간 기다린다(MODE1 조종기).
3) 적색 LED가 지속 점등된다(콤파스 캘리 모드로 전환되었다).
4) 기체를 잡고 다음의 6가지 방향으로 1바퀴씩 회전시킨다. (이때 FC는 2분간 데이터 수집) : 수평(Level) → Left side → Right side → Nose down → Nose up → Back side
5) 적색 LED 지속 점등 → 느린 점멸로 바뀜(= 콤파스 캘리 완료).
6) PC에 설치한 P2 Assistant Software를 열고, USB 케이블을 접속하여 캘리 완료를 확인한다.

SECTION

5-7 배터리 전압(Voltage) 캘리브레이션

FC(비행 컨트롤러)에는 배터리의 전압을 감지하는 포트가 있으나 정확하지 않아서, 감지하는 전압이 실제의 전압과는 약간 다른 경우가 보통이므로 FC가 배터리의 실제 전압을 정확하게 인식하도록 교정하기 위해서 전압 캘리브레이션을 실시한다.

1 배터리 전압이 교정되지 않으면?

전압이 정확하게 교정되지 않으면 아무 때나 저전압 알람이 울리거나 안 울리거나 아무 곳에서나 랜딩하거나 한다. 따라서 원하지 않는 저전압 설정 동작에 의한 추락의 위험이 있으므로 설정을 잘 해야 한다.

2 배터리 전압 측정기의 사용

전압 계측용으로 0.1(V) 단위로 전압을 측정할 수 있는 디지털 멀티미터를 사용하여 배터리 전압을 측정한다.

3 KK2.1 FC(비행 컨트롤러)의 배터리 저전압 알람 전압 설정

전원선 연결 후 Misc. Settings 메뉴의 전원 설정에서 원하는 알람 전압을 맞춘다. 3셀 리튬폴리머 배터리를 사용하면서 저전압 알람 전압을 11.1V로 설정하려면 111로, 4셀 리튬폴리머 배터리를 사용하면서 저전압 알람 전압을 14.8V로 설정하려면 148로 값을 변경한다.

출처 알리익스프레스

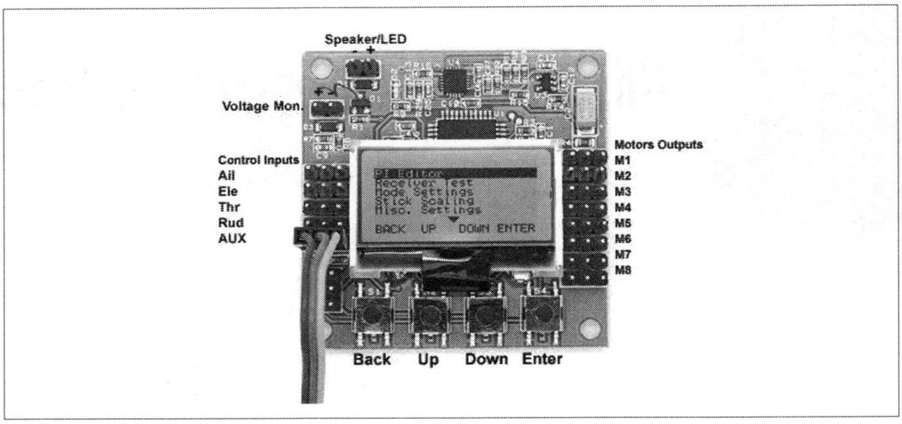

△ 사진 4-7-1 KK2.1 FC(비행 컨트롤러)의 메뉴 화면

4 Tarot ZYM-X FC(비행 컨트롤러)의 배터리 전압 캘리브레이션

출처 Tarot

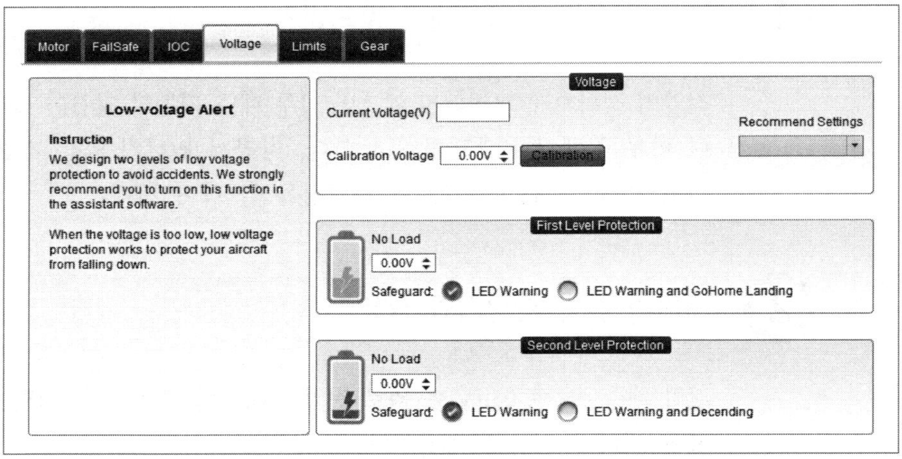

△ 사진 4-7-2 Tarot ZYX-M FC(비행 컨트롤러)의 전압 캘리브레이션 화면

Current Voltage의 Display Voltage는 Tarot ZYX-M FC(비행 컨트롤러)가 스스로 측정한 값이며, 자동으로 기재된다.

Calibration Voltage 항에는 사용자가 실제 디지털 멀티미터로 배터리 전압을 측정한 값을 써넣는다. 디지털 멀티미터로 배터리의 전압을 실측하여 정확한 실제 전압을 써넣고 Calibration 버튼을 누른다.

FC가 인식한 배터리 전압을 실제 측정값으로 전압교정이 완료된 것이다.

5 JIYI P2 FC(비행 컨트롤러)의 배터리 전압 캘리브레이션

출처 JIYI

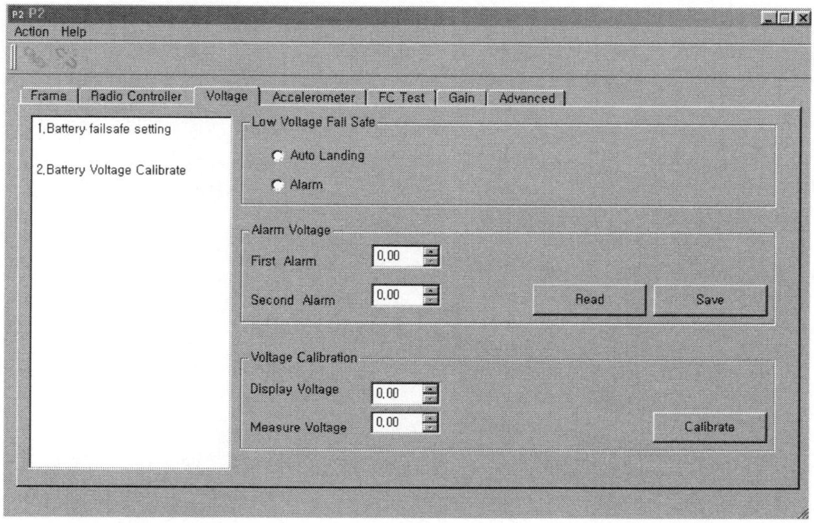

△ 사진 4-7-3 JIYI P2 FC(비행 컨트롤러)의 전압 캘리브레이션 화면

하단의 Voltage Calibration 항에서 Display Voltage는 P2 FC()가 스스로 측정한 값으로 자동으로 기재되는 값이고, Measure Voltage 항에는 사용자가 실제 디지털 멀티미터로 배터리 전압을 측정한 값을 써넣는다.

정확한 전압을 써넣고 Calibrate 버튼을 눌러서 실제의 배터리 전압으로 전압 교정을 완료한다.

SECTION 6

드론 기술 관련 뉴스

1 국내편

2 국외편

SECTION

6-1 국내편

1 수색 · 감시 · 정찰 무인기 국내 개발…정부, 주관기업 선정

웹주소

http://www.iusm.co.kr/news/articleView.html?idxno=705571

출처 미래창조과학부 제공=연합뉴스

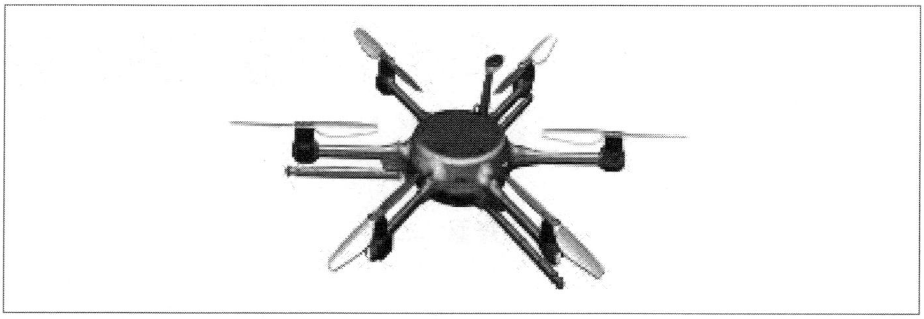

△ '실종자 수색용' 휴인스 드론

정부가 실종자 수색(경찰청), 감시 · 정찰(국방부), 항로표지 관리(부산해양수산청) 등 공공 임무를 수행할 드론(소형무인기)을 개발키로 하고 주관기업 3곳을 선정했다. 미래창조과학부는 '공공혁신조달 연계 소형무인기 기술개발 지원사업' 공모를 통해 선정된 6개 분야 13개 후보기업 중 1차로 3개 분야 개발 주관기업을 선정했다고 18일 밝혔다. 이 사업은 올해 9월 미래부와 조달청이 맺은 업무협약에 따라 이뤄지고 있다.

경찰청이 쓰게 될 '실종자 수색' 드론의 개발은 주관기업인 휴인스와 항공대, 전자부품연구원, 코레스 등이 맡게 됐다. 국방부가 쓸 '군사용 다목적' 드론은 주관기업인 네스앤텍을 중심으로 픽소니어, 넷코덱, 두타기술, 코리센 등이 함께 개발한다.

출처 미래창조과학부 제공=연합뉴스

△ 네스앤텍의 '군사용 다목적' 드론

또 부산지방해양수산청의 '항로표지 유지관리' 드론은 주관기업인 이든 이엔지와 부산대, 케이트 등이 공동으로 개발하게 된다.

출처 미래창조과학부 제공=연합뉴스

△ '항로표지 유지관리' 이든이엔지 드론

미래부는 10월 공모를 통해 분야별로 복수의 후보 기업을 선정하고 2개월의 준비 기간을 준 후 현재 보유한 기술력과 기체에 대한 실증평가와 기본설계·개발 계획에 대한 평가를 종합해 주관 기업을 선정했다고 밝혔다. 평가는 12월 5~7일 전남 고흥 소재 한국항공우주연구원 고흥항공센터에서 경찰청·국방부·부산지방해양수산청 등 수요부처와 평가대상 기업, 산·학·연 전문가 등 100여명이 참여한 가운데 진행됐다. 제자리 비행, 자동 이착륙, 바람에 견디는 능력, 임무비행, 사용자 편의성 등에 관한 시험이 이뤄졌다.

주관기업으로 선정된 3개 컨소시엄은 앞으로 2년간 과제별로 8억원 내외의 예산을 지원받아 기술 개발(R&D) 및 성능검증을 추진하고, 개발에 성공한 제품은 조달청의 우수조달물품 등록 절차를 거쳐 각 수요부처 조달계획에 따라 구매해 공공 현장에 투입할 예정이다.

2 SK텔레콤, '드론으로 하늘에서 생방송' 시대 연다

웹주소

http://news.naver.com/main/read.nhn?mode=LSD&mid=sec&oid=030&aid=0002558287&sid1=001&lfrom=kakao

하늘 위 드론 시점에서 바라보는 초고선명(UHD) 축구 중계가 가능해진다. SK텔레콤이 LTE 영상전송장비 크기를 20분의 1로 줄인 T라이브캐스터 를 드론에 적용, 하늘 위 생방송 시대를 연다. SK텔레콤은 T라이브캐스터와 드론을 접목한 초고화질 영상 생중계·관제 솔루션(드론 생중계) 을 상용화, 시장 공략에 나선다고 5일 밝혔다. 드론 생중계는 T라이브캐스터를 드론에 탑재해 카메라와 연동한 것이다.

T라이브캐스터는 휴대폰 크기 단말에 롱텀에벌루션(LTE)·와이파이 안테나와 영상 인코딩·생중계 솔루션을 탑재했다. 무게는 190g이다. 지상파 방송사에서 생중계에 활용할 정도 전문방송이 가능한 성능을 갖추고 소형화에도 성공, 드론 탑재가 가능해졌다. 드론 생중계는 1080p(픽셀) 풀HD급 영상을 60fps 속도로 전송한다. 개방형 플랫폼을 적용, 방송국 전문 카메라 장비부터 보급형 소형 카메라까지 폭넓게 연결해 활용할 수 있다. 영상전송 지연시간은 0.5초대로 줄였다. 기존 LTE 영상전송 솔루션에 비해 10분의 1 수준이어서 끊김없는 영상 생중계가 가능하다.

드론을 활용한 영상 생중계 서비스 대중화가 기대된다. 이전에도 LTE 네트워크를 활용한 드론 영상 생중계 기술은 일부 있었지만, 방송에서 쉽게 보기 어려웠다. LTE 영상전송 장비 가격이 2000만원대에, 고가의 초대형 드론을 영상 전송용으로 개조하는데도 막대한 비용이 들었다. SK텔레콤 드론 생중계 솔루션은 비용을 낮추는 동시에 편의성을 개선했다. 일반 LTE 영상 생중계 장비에 비해 가격이 20분의 1 수준이다. 휴대폰 크기라 최고급 고가 드론은 물론 소형 드론에도 자유롭게 연동 가능하다.

SK텔레콤은 영상 생중계가 필요한 기업 시장을 공략한다는 목표다. 지상파와 PP 등 방송사가 주요 타깃이다. 최근에는 페이스북과 유튜브, 아프리카TV 등 개인 또는 소규모 다중채널네트워크(MCN) 사업자 수요도 늘고 있다. SK텔레콤은 드론 관련 벤처기업과도 협업한다. 국내 드론 전문기업 숨비와 영상 생중계 · 관제 솔루션을 개발하고 있다. 소형 드론을 활용한 영상촬영 솔루션을 개발하기 위해 다수 스타트업과 협력을 진행한다. 현재 풀HD급 영상을 4K 초고선명(UHD) 급으로 높이는 기술 개발도 진행하고 있다.

SK텔레콤 관계자는 "T라이브캐스터를 활용한 드론 생중계 기술과 시장을 발전시키기 위해 스타트업과 폭넓은 협업을 진행할 것"이라고 말했다.

SECTION

6-2 국외편

1 드론을 잡는 '7가지 방법'

웹주소

http://techholic.co.kr/archives/58689

첫째는 빔건. 바텔(Battelle)이 선보인 드론디펜더(DroneDefender)는 30도 각도로 전파를 쏴서 드론 조종사의 제어나 GPS 통신을 차단한다. 드론디펜더의 사거리는 400m다. 본체는 4.5kg으로 다소 무거운 편이다. 두 번째는 사이버건이다. 브렌트 채프만(Brent Chapman)이 개발한 것으로 소형 마이크로컴퓨터인 라즈베리파이를 포함한 150달러짜리 키트만 있으면 드론 작동을 중단시킬 수도 있다. 다만 사정거리가 짧은 게 흠이다.

세 번째는 음향 장치를 이용해 드론을 감지하는 것이다. 드론실드(DroneShield)는 데이터베이스에 등록되어 있지 않은 드론을 음향으로 감지해 대처할 수 있게 해준다. 네 번째는 바주카포다. 스카이월100(SkyWall100)은 오픈웍스라는 기업이 개발한 드론 포획용 바주카포다. 이 제품은 드론을 향해 쏘면 포획용 그물을 발사, 잡은 다음 낙하산을 이용해 드론을 부드럽게 지상으로 떨어지게 유도한다.

다섯 번째는 악성코드를 이용하는 방법이다. 드론 제어 시스템을 악성코드로 탈취하는 것. 이렇게 납치한 드론은 곧바로 추락해버린다. 물론 문제라면 이를 위한 키트를 따로 판매하는 건 아니라는 것이다.

여섯 번째는 드론으로 드론을 잡는 것이다. 미시간공대는 헥사콥터 드론을 이용해 12m 범위 안에서 소형 드론을 잡을 수 있는 방법을 개발하기도 했다. 일곱 번째 방법은 우리나라에선 불가능한 방법이지만 샷건으로 쏴버리는 것이다.

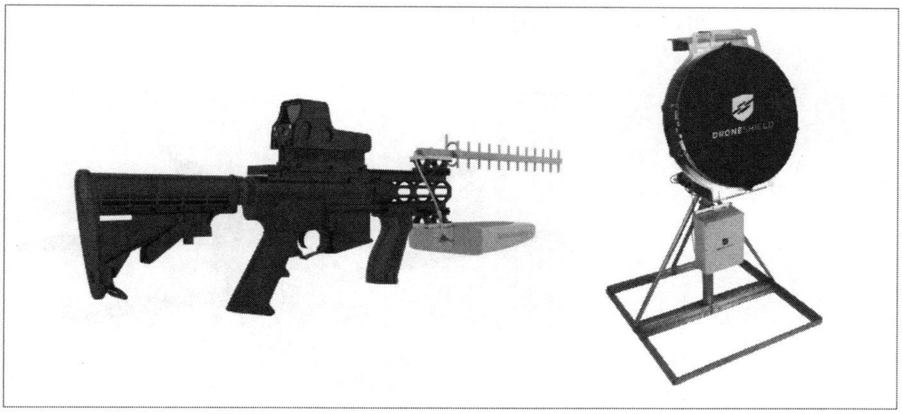

2 英 '잠자리형 소형 드론' 개발

웹주소

http://techholic.co.kr/archives/59223

영국 정부가 차기 군사 기술인 잠자리형 드론이나 레이저 무기 등에 8억 파운드 이상을 투자할 계획이라고 한다. 잠자리 날개에서 영감을 얻은 스키터(skeeter)는 손바닥 크기 드론으로 애니멀다이내믹스(Animal Dynamics)가 개발을 맡으며 실제로는 도심 지역에서의 운용을 상정하고 있다.

이 드론의 무게는 900g 이하이며 길이는 13cm 이하, 최고속도는 72km/h다. 본체에는 카메라와 마이크를 탑재하고 있어 주위 모니터링 임무를 수행할 수 있다. 스키터는 날개가 상하 40도, 좌우 45도로 움직인다. 자세한 건 알려지지 않았지만 일러스트 설명을 보면 실제 잠자리처럼 빠르고 효율적인 비행이 가능할 것으로 보인다. 또 본체 정면에는 고성능 센서를 탑재했고 장애물 회피 기능을 이용해 밤낮을 가리지 않고 비행할 수 있다. 물론 이런 장애물 회피 기능은 DJI가 팬텀4 같은 최신 드론에 도입하는 등 트렌드가 되고 있지만 스키터 같은 작은 드론에 탑재할 수 있다면 꽤 흥미로운 일이 될 것으로 보인다.

영국 정부는 개인이나 기업 아이디어를 받아들이고 있다. 선정된 아이디어에는 앞으로 10년 동안 8억 파운드 예산을 쏟게 된다. 군사 기술은 생물에서 아이디어를 얻는 경우가 간혹 있는데 고성능 잠자리 드론도 이런 대표적인 예 가운데 하나가 될 것으로 보인다.

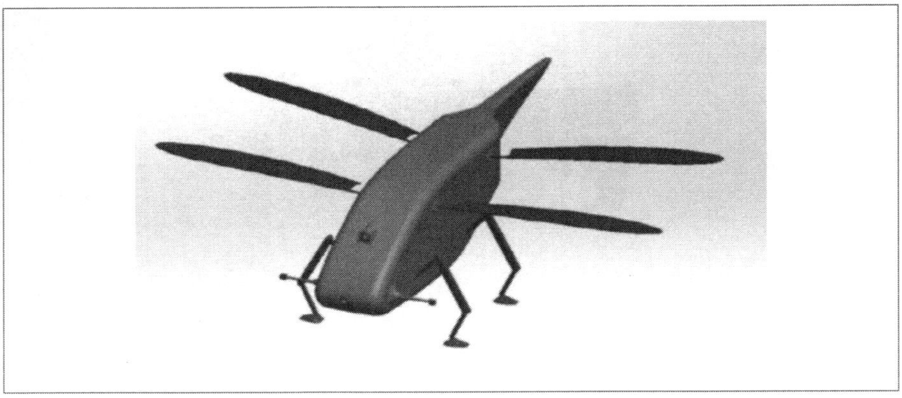

3 도넛 닮은 포켓 드론

웹주소

http://techholic.co.kr/archives/64316

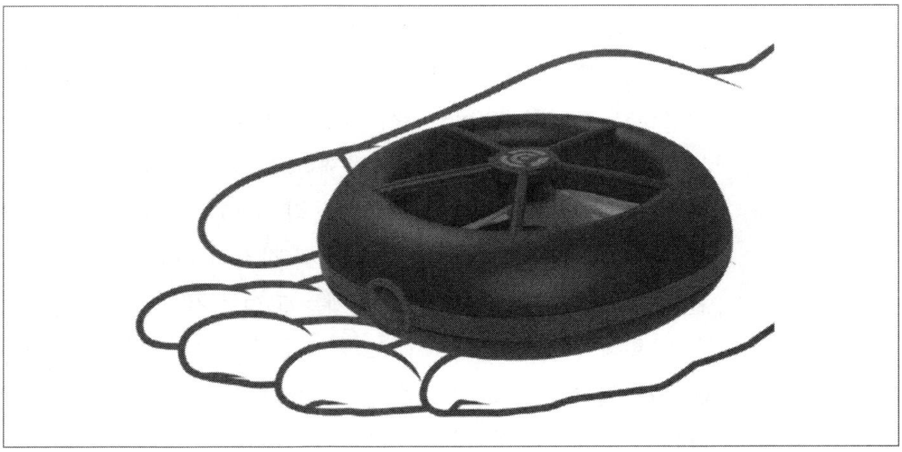

클레오 드론(Cleo drone)은 마치 도넛처럼 생긴 드론이다. 포켓 사이즈에 불과해 셀카 촬영에 최적화된 것. 프로펠러가 외부로 노출되어 있지 않아 안전할 뿐 아니라 덕분에 주머니에 넣어 다닐 수 있다. 내부에는 프로펠러 2개를 내장, 안정적인 비행을 할 수 있다고 한다. 이 제품은 기체 측면에 카메라를 탑재하고 있다. 이를 통해 사진이나 동영상 촬영을 할 수 있다. 드론 조작은 스마트폰 앱을 통해 이뤄진다. 화면을 탭하기만 하면 간단하게 조작할 수 있다는 간단함을 앞세우고 있다. 이 제품은 360도 동영상은 물론 파노라마 사진, 셀카 촬영을 할 수 있다. 또 제조사 측은 클레오 드론에 열감지, 적외선 소프트웨어도 탑재해 긴급 상황에서 이용하려는 계획도 세우고 있다.

4 드론 · 소형 항공기를 위한 초소형 레이더

웹주소

http://techholic.co.kr/archives/63162

드론은 점점 활동 범위를 넓히고 있다. 요즘에는 도시간 교통을 위한 공중 택시에 대한 관심도 높아지고 있다. 우버는 물론 에어버스 여기에 구글 창업자인 래리 페이지도 이 분야에 투자를 하고 있다. 하지만 이렇게 작은 비행체나 항공기는 개발 전에 소형 레이더와 충돌 방지 장치가 필수다. 미국 워싱턴주에 위치한 스타트업인 에코다인(Echodyne)이 이런 수요에 최적이라고 할 수 있는 소형 레이더 장치인 메사(Mesa)를 발표했다.

메사는 스마트폰보다 조금 큰 정도다. 하지만 3km 반경을 대상으로 소형 비행기를 감지할 수 있다. 에코다인에 따르면 이 레이더는 빛이나 전자파에 대해 특별한 작용을 하는 메타 물질을 이용해 동작부를 줄이고 성능을 유지한 채 레이더 전체 소형화, 저전력화를 도모했다고 한다.

현재 자동차는 자동운전 기술 실현을 위해 레이더 여러 개를 탑재하고 있다. 하지만 탐지거리는 수백m 수준이다. 범위도 좁다. 하지만 에코다인 레이더는 좌우 120도 상하 80도 범위를 대상으로 한다. 에코다인 CEO인 에반 프란켄버그(Eben Frankenberg)는 이 기술을 내년 1분기 상업화할 계획이라고 밝히고 있다. 앞으로 이런 레이더 기술이 발전하면 소형 항공기와 드론 성능도 진화하게 될 것으로 보인다.

5 아마존, 음성인식 드론 특허?

웹주소

http://techholic.co.kr/archives/61860

아마존은 드론 배송 서비스인 프라임 에어(Prime Air)를 추진하고 있다. 심지어 드론 쉼터 격인 드론스테이션을 가로등에 만드는 색다른 특허를 취득하기도 했다. 그런데 이번에는 목소리로 제어할 수 있는 작고 가벼우면서 저렴한 드론에 대한 특허를 취득했다고 한다.

특허 설명에 따르면 아마존은 드론이 경찰관에 의한 자동 단속이나 주차장 자동차 또는 군중 사이에서 미아 발견을 지원할 수 있도록 해주는 기술과 시스템을 모색하고 있다. 이 중 특징은 이 드론이 음성 제어를 통해 하나 또는 그 이상 작업을 자동으로 해낼 수 있다는 것이다. 경찰을 위한 드론 어시스트 같은 역할을 하는 셈이다.

또 드론은 포켓 크기로 작고 음성 인식 모듈과 이미지 인식 소프트웨어도 탑재하고 있다. 경찰관 어깨에 놔뒀다가 자동차 단속을 위해 자동으로 사진을 촬영할 수도 있다. 이렇게 하면 경찰과 용의자 모두 보호할 수 있다는 것. 미국 경찰은 일부가 바디캠을 장착하고 있지만 이와 비슷한 역할을 할 수 있다는 것이다.

물론 이 특허는 민간용으로 이용할 가능성도 있다. 만일 사용자가 불편하거나 위험을 느낄 경우 드론이 피의자를 경계할 수 있게 동작, 안심할 수 있는 상황을 만들어주는 식이다. 도시에서 달리기를 하거나 심야 산책 등에서도 드론의 도움을 받게 될 수도 있는 셈이다. 아마존의 이번 특허는 이렇게 작은 소형 모델이라면 사용자 보안용으로 드론을 이용할 수도 있다는 걸 말해준다. 새로운 비즈니스 기회가 열릴 수도 있다.

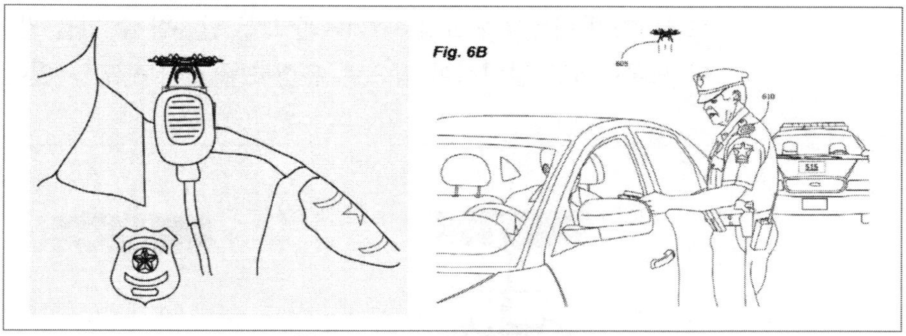

5 딱정벌레 닮은 '곤충형 드론'

웹주소

http://techholic.co.kr/archives/61671

항공기 개발사를 보면 조류나 곤충 등 실제 생물을 참고하는 일이 자주 있었다. 물론 드론 개발에서도 예외는 아니다. 스위스 연구팀이 새로 개발한 드론은 딱정벌레를 참고해 날개를 펼쳐 하늘로 날아오르는 형태를 취하고 있다. 이 드론은 스위스 국립경쟁력센터 NCCR(National Centre of Competence in Research)과 스위스 로잔대학 지능공학연구실 LIS(Laboratory of Intelligent Systems)이 딱정벌레의 외골격에 접힌 날개를 참고해 개발한 것이다.
이 드론은 날개를 펼치고 조종사의 손을 떠나 비행을 한다. 구조나 수색 같은 용도를 상정한 것이지만 본체를 소형화해 운반에도 도움이 된다고 한다. 물론 이 드론을 개발하면서 날개 소재 선정이 쉽지 않았다고 않다. 날개는 접을 수 있을 만큼 얇아야 하는 동시에 비행할 때에는 부하를 견딜 수 있어야 한다. 따라서 연구팀은 두께가 다른 소재를 바둑판 형태로 배치해 문제를 해결했다고 한다. 이를 통해 날개를 손쉽게 접을 수 있게 하면서 내구성도 확보했다는 것이다. 이 드론은 날개를 접으면 길이는 43%, 표면적은 26%까지 줄어든다. 하지만 날개를 펼치면 길이 20cm, 폭은 50cm, 두께는 1.6cm가 된다. 비행 능력은 고정 날개를 탑재한 드론보다 조금 떨어지는 수준이다.
이런 고정 날개를 탑재한 드론은 장시간 비행이 가능하다는 장점이 있다. 하지만 기존 고정익 드론은 크기가 문제가 되어왔다. 이번에 개발한 날개를 접는 드론이라면 이동성과 고성능 2가지를 모두 만족할 수 있을 것으로 보인다. 고정익 드론에서도 접이식이 앞으로 유행하게 될지도 모를 일이다.

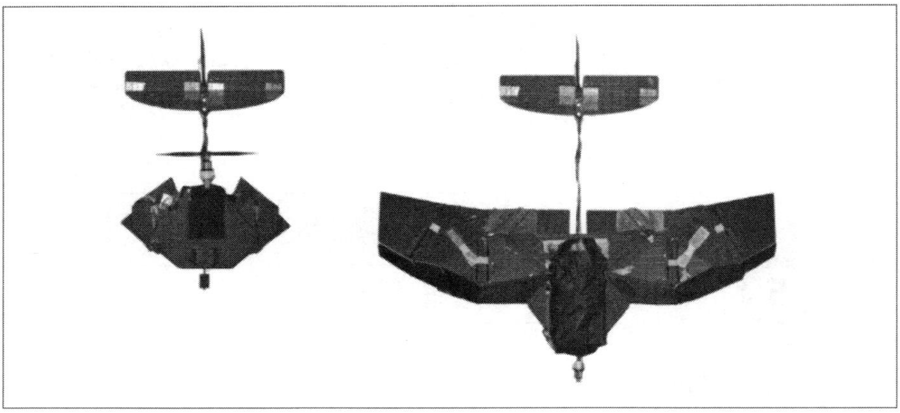

6 '인텔 인사이드 드론'이 노리는 곳

웹주소

http://techholic.co.kr/archives/61580

팔콘8 플러스(Falcon 8+)는 인텔이 발표한 첫 드론이다. 물론 인텔은 이전부터 드론 분야에 투자를 계속 해왔다. 이 드론은 인텔이 인수한 자회사 어센딩테크놀로지(Ascending Technologies)가 개발한 것. 산업용 검사와 조사, 맵핑 같은 용도를 상정해 만든 것이다. 기체에는 프로펠러 4개를 2열로 배치. 모두 8개를 탑재했다. 속도는 56km/h다. 그 밖에 백업용 배터리도 탑재하고 있다.
이 제품은 전용 컨트롤러인 인텔 콕핏(Intel Cockpit)도 갖추고 있다. 컨트롤러는 방수 사양이며 본체에는 조이스틱 2개, 상단에는 태블릿을 갖추고 있다. 팔콘8 플러스는 패키지에서 포장을 뜯은 상태 곧바로 비행을 할 수 있다고 한다. 앞서 밝혔듯 어센딩테크놀로지는 인텔이 지난 1월 인수한 독일 기업이다. 인텔은 그 뿐 아니라 컴퓨터 비전 관련 개발사인 모비디우스(Movidius)도 인수했다. 인텔은 여기에 그치지 않고 리얼센스 기술을 기반으로 드론용 프로세서와 카메라 시스템을 내놓고 중국 드론 업체인 유닉(Yuneec)에도 출자했다.

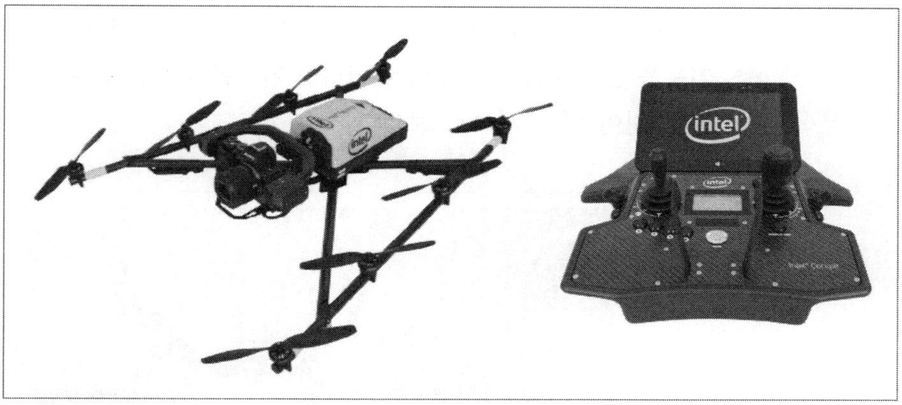

7 美 버라이즌 '드론 전용 요금제'

웹주소

http://techholic.co.kr/archives/61404

최근에는 스마트폰 뿐 아니라 스마트워치도 인터넷에 직접 연결되는 제품이 다수 나온 상태다. 물론 드론도 예외는 아니다. 미국 이동통신사업자인 버라이즌은 조만간 드론용 데이터 요금제를 출시한다고 한다.
월스트리트저널에 따르면 드론 전용 요금제는 1GB당 25달러, 10GB에 80달러다. 이 같은 요금제를 이용하면 드론을 보유하고 있고 인터넷에 연결할 수 있다면 원격지에서 제어하고 집에 있는 PC를 이용해 직접 영상 스트리밍을 할 수도 있게 된다. 이런 일반 소비자용 뿐 아니라 에너지 분야나 농업용 등 산업용 시장에서의 활용도도 기대를 모으고 있다.

지금 나온 드론 대부분은 무선 컨트롤러와 스마트폰과 연동, 스마트폰을 통해 동영상 중계를 한다. 하지만 드론에 통신 기능이 탑재된다면 드론에서 직접 동영상을 제공할 수 있게 된다. 또 아마존과 구글이 계획 중인 드론 배송 조종에도 응용할 수 있다. 일일이 배달원이 육안으로 보면서 드론을 조종한다는 것 자체가 비효율적이기 때문이다.

물론 이런 드론을 이용해 원거리 조종은 국가마다 안전 관련 법규에서 문제가 될 수 있다. 미국 연방항공청 FAA 역시 드론을 육안으로 확보 가능한 거리 외에선 조종하는 걸 금지하고 있다. 이는 우리나라도 마찬가지. 앞으로 드론이 통신 기능을 탑재하고 활동 영역을 넓히게 된다면 법적인 문제와의 균형이 필요하다는 의견이 나올 것으로 보인다.

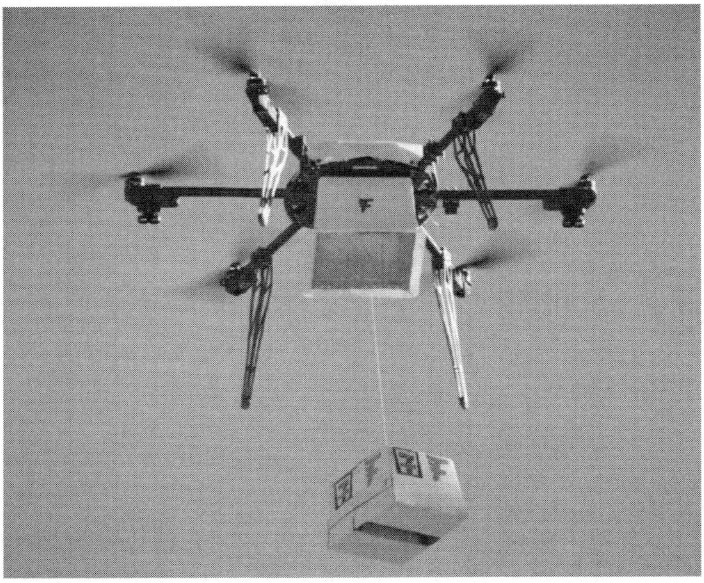

8 드론 추락 가장 큰 원인은… '기술적 결함'

웹주소

http://techholic.co.kr/archives/59838

보통 드론 비행을 하려면 조작자 눈으로 확인할 수 있는 범위 내가 필수인 경우가 많다. 이런 이유로 드론 추락 원인으로 가장 많은 건 조작 실수, 그러니까 인위적인 사람의 실수가 많다고 생각하는 경우가 많다. 하지만 호주 로열멜버른공대 연구팀이 발표한 바에 따르면 드론이 추락하는 가장 많은 이유는 바로 기술적 오류라고 한다. 이에 따르면 지난 2006년부터 2016년까지 일어난 드론 사고 150건 중 64%는 기술적 문제가 발생한 결과라는 것.
조사를 진행한 그레엄 와일드(Graham Wild) 박사는 에어버스나 보잉 같은 항공사의 비행기가 내결함성 시스템 등 안전 대책이 있다는 점을 예로 들면서 드론의 경우 오류가 발생하면 이를 보완할 만한 안전망이 없다는 문제를 지적하고 있다. 그는 사람과 물자에 해를 끼치는 여부와 관계없이 드론 사고가 어떤 이유로 일어났는지에 대한 이해도를 높여 전반적인 안전성을 높일 수 있게 될 것이라고 밝히고 있다.

9 '로봇팔 2개 단 작업용' 드론

웹주소

http://techholic.co.kr/archives/60219

PD6B-AW-ARM은 프로드론(Prodrone)이 개발한 드론이다. 이 드론의 가장 큰 특징은 고성능 5축 로볼팔 2개를 갖추고 있다는 것. 이 드론은 로봇팔 2개를 이용해 10kg까지 물건을 운반하거나 전선 절단, 연결 같은 부설 작업, 심지어 인명 구조용으로 구명 재킷을 운반할 수도 있다.

기체 중량은 20kg이며 최대 비행 속도는 60km/h다. 내부에는 1만 6,000mAh 배터리 2개를 갖췄고 30분 동안 연속 비행할 수 있다. 최대 고도는 5,000m다. 또 본체는 방수 처리를 해서 비가 올 때에도 비행할 수 있다고 한다. 비행할 수 있는 풍속은 10m/sec다.

제조사 측은 이 드론이 산업용 드론 시장을 겨냥한 작업용 드론을 표방한다고 설명하고 있다. 원거리 운반이나 인간이 접근하기 어려운 장소에서 드론이 직접 일을 수행할 수 있도록 하겠다는 것이다.

10 게임보이를 '드론 컨트롤러'로

웹주소

http://techholic.co.kr/archives/59369

초대 게임보이를 컨트롤러로 개조, 패롯이 선보인 소비자용 드론인 패롯 AR드론2(AR Drone 2)한 사람이 있어 눈길을 끈다. 가우티어 하텐버거(Gautier Hattenberger)라는 사람이 개조한 것.

이번 개조는 초대 게임보이에 있는 링크 포트를 이용해 아두이노와 FTDI 보드를 연결하고 신호를 USB로 스캔한 다음 노트북에서 변환, 와이파이를 통해 드론을 조종하도록 한 것이다. 영상을 보면 컨트롤러에 위치한 십자키가 좌우, AB 버튼은 상하로 설정되어 있다. 드론은 보통 4축을 이용하지만 게임보이에 있는 십자키와 AB버튼, 시작 버튼, 선택 버튼 등을 이용하면 같은 조작이 가능할 것으로 보인다.

이번 개조는 파파라치 UAV(Paparazzi UAV)라고 불리는 오픈소스 플랫폼을 이용한 것이다. 개조한 사람은 게임보이 개조에 필요한 소스 코드도 공개하고 있다. 만일 개조를 하고 싶다면 참고하면 된다.

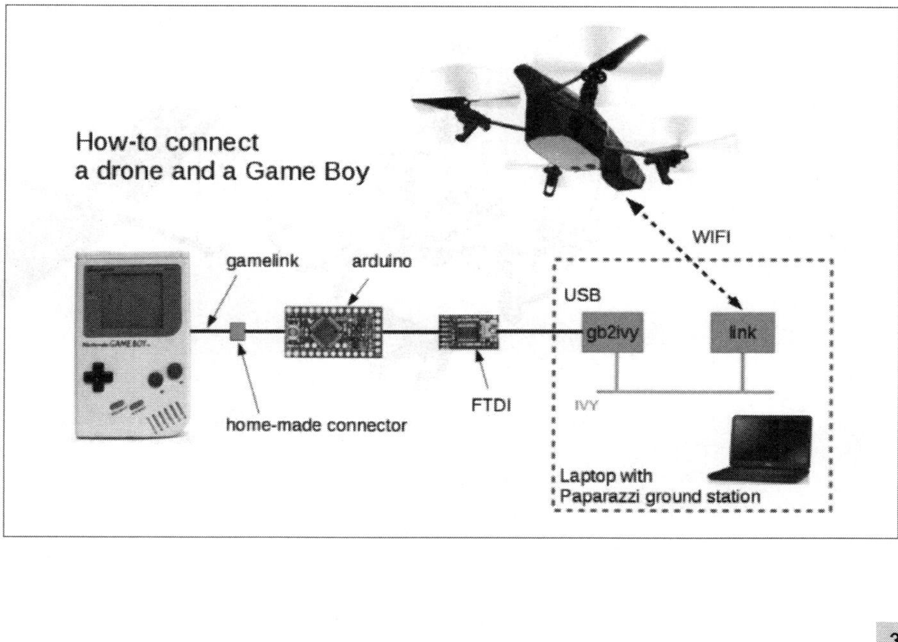

11 '엑스윙 닮은' 패롯 미니 드론

웹주소

http://techholic.co.kr/archives/59767

맘보(Mambo)는 패롯이 발표한 미니 드론이다. 맘보는 공중에서 놀이나 배틀을 즐길 수 있도록 특화해 개발한 제품. 본체 위쪽에는 구슬 6개를 발사하는 캐논포를 달아 목표물에 사격을 할 수 있다. 또 아래쪽에는 암을 배치, 4g까지 작은 물체를 잡을 수도 있다. 본체에는 30만 화소 카메라를 곁들여 공중 촬영도 할 수 있다.

스윙(Swing)은 패롯이 함께 발표한 드론으로 비행 성능이나 속도에 초점을 맞추고 있다. 모양새는 마치 영화 스타워즈에 등장하는 엑스윙을 닮았다. 고정익 무인 항공기처럼 생긴 이 제품은 이착륙은 쿼드콥터 드론과 마찬가지. 하지만 일단 공중에 떠오르면 프로펠러가 본체 앞쪽으로 수직이 되면서 30km/h 속도로 비행을 할 수 있다. 그 뿐 아니라 함께 제공되는 게임기를 닮은 컨트롤러를 이용하면 간단한 조작으로 자유롭게 비행을 할 수 있다. 비행시간은 두 모델 모두 10분 미만이다. 가격은 맘보 119.99달러, 스윙 139.99달러다.

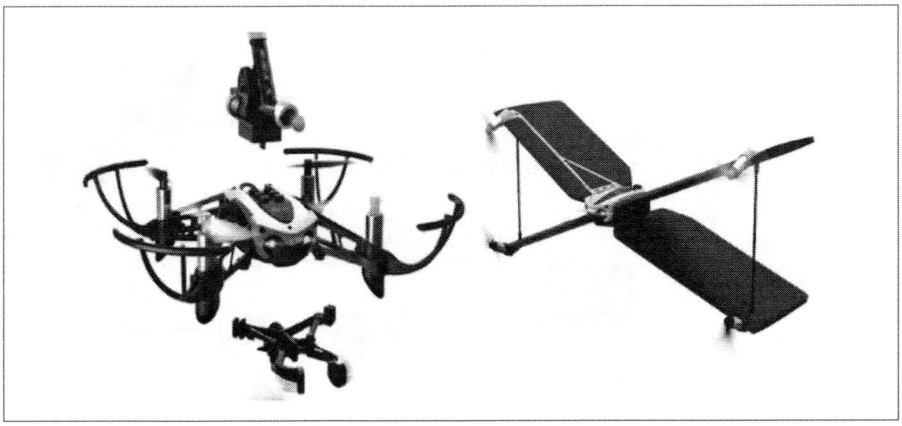

12 '비행기 닮은 패롯 드론'

웹주소

http://techholic.co.kr/archives/59404

드론 제조사인 패롯이 마치 전투기처럼 고정 날개를 갖추고 있는 무인 항공기인 패롯 디스코(Parrot DISCO)를 오는 했다.
패롯이 공개한 영상을 보면 디스플레이와 전용 컨트롤러인 스카이컨트롤러2를 이용해 부메랑처럼 독특한 모습을 한 드론인 패롯 디스코를 다루는 장면을 볼 수 있다. 보통 접하는 멀티콥터처럼 프로펠러 여러 개를 이용해 비행하는 게 아니라 기체 뒤쪽에 있는 모터 1개와 직경 20cm짜리 프로펠러를 이용해 비행하는 것. 최고속도는 80km/h다.
이 제품은 본체 앞쪽에 광각 카메라를 탑재해 풀HD 화질로 공중 촬영을 할 수 있다. 함께 제공하는 FPV(First Person View) 고글을 쓰면 마치 디스코에 탑승한 것 같은 시야로 전방을 주시하면서 조작할 수도 있다. 또 비행거리와 고도, 속도 같은 정보를 계속 측정해 화면에 표시해준다.
패롯 디스코는 45분에 이르는 장기간 비행을 할 수 있다. 자동 이착륙 기능도 곁들였다. 조종이 간단해 디스코 2대가 겹치게 곡예 비행 같은 것도 할 수 있다고 한다. 패롯 디스코 패키지에는 본체 외에 전용 컨트롤러와 FPV용 고글인 패롯 콕핏글래시스(Parrot Cockpitglasses)가 함께 담겨 있다. 가격은 1,299달러다.

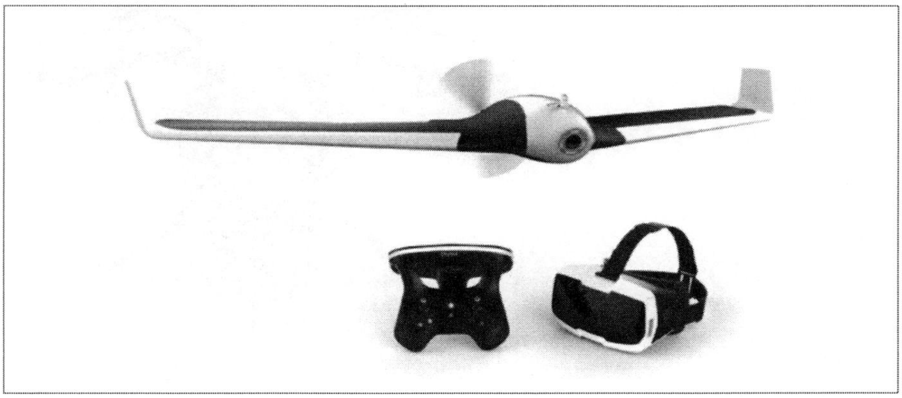

13 예약 판매 들어간 '계란형 드론'

웹주소

http://techholic.co.kr/archives/59513

계란처럼 생긴 본체 속에서 아름다운 다리가 나오게 디자인한 드론인 파워에그(PowerEgg)가 예약 판매를 시작했다. 파워에그는 파워비전 테크놀로지(PowerVision Technology Group)가 개발한 프로펠러 4개를 갖춘 쿼드콥터 드론. 올해 2월 발표한 것으로 팔 4개를 접으면 본체에 쏙 들어갈 수 있는 계란 같은 타원형 모양이 된다. 팔을 접으면 가방 속에 들어갈 만큼 콤팩트한 디자인을 갖춘 게 포인트인 것.

본체에 포함된 컨트롤러를 이용하면 버튼 한 번에 드론 이착륙을 할 수 있다. 또 컨트롤러에는 가속도계와 자이로스코프가 포함되어 있어 컨트롤러 상하 운동을 통해 드론을 조종할 수도 있다. 이렇게 누구나 사용할 수 있도록 직관적인 조종을 할 수 있게 만든 것이다.

이 드론은 본체에 탑재한 4K 해상도 카메라를 이용해 영상과 이미지를 촬영할 수 있다. HD 해상도 영상은 5km 반경에서 실시간 전송할 수도 있다. 비행시간은 23분이며 GPS 뿐 아니라 광학 포지셔닝 시스템도 탑재했다. 가격은 1,288달러이며 출시는 10월 중순 예정이다. 예약 주문을 하면 운반용 가방도 함께 제공한다고 한다.

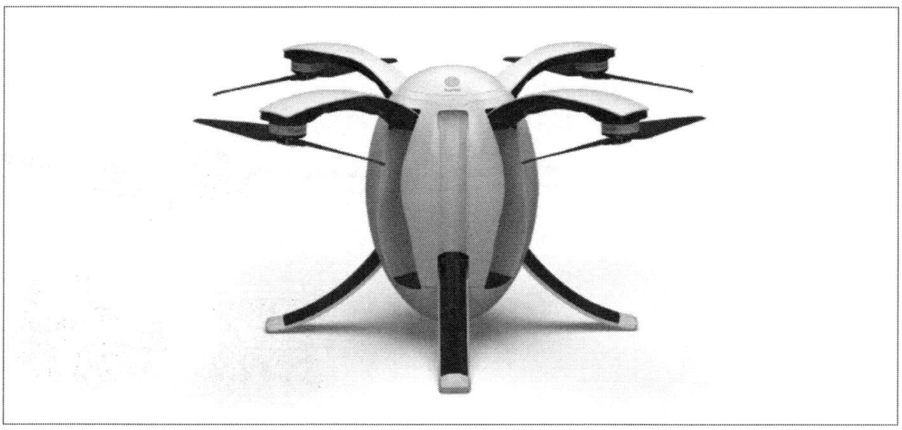

14 2020년까지 드론용 방어 무기를…

웹주소

http://techholic.co.kr/archives/59269

미국방위고등연구계획국(DARPA)이 드론 방어를 위한 정보 요청서 RFI(Request for Information)를 공개했다. 정보 요청서란 발주를 하기 위한 요구 사항을 정의한 문서를 말한다. 이번에 공개한 건 드론용 무기 개발에 대한 것.
개인이 원격으로 조종하는 드론이 보급되면서 비행장에 항공기가 이상 접근을 하거나 출입 금지 지역에 진입하는 문제가 나오고 있다. 만일 테러 목적으로 드론을 이용한다면 군 차원에서도 대책이 필요한 건 물론이다.
물론 지상에서 발사하는 그물 발사기와 투망식 드론 대책, 인터넷 해킹 등 악성 드론 기술은 지금까지 다양한 방식이 공개되어 왔다. 심지어 드론을 포획하기 위해 네덜란드 경찰은 독수리를 훈련시키기도 한다. 다만 DARPA가 공개한 정보 요청서에는 미사일과 로켓포, 박격포 등 기존 무기에도 대응이 가능해야 한다는 조건이 붙어 있다. 따라서 구체적으로 선택 가능한 옵션도 제한된다.
DARPA는 2020년까지 실용화가 가능한 기술을 요구하고 있다. 구체적으로 지목되는 것 가운데 하나는 레이저 무기다. 미군은 이미 육해공 모든 분야에서 레이저 무기를 개발하고 있다. 실제로 록히드마틴 같은 기업은 지난해 ATHENA (Advanced Test High Energy Asset)라고 불리는 광섬유 레이저 시스템을 이용해 트럭 엔진을 파괴하는 실험에 성공하기도 했다. 다른 국가 역시예외는 아니어서 독일이나 이스라엘 같은 곳도 레이저 무기를 개발 중이다. 만일 새로운 전쟁이 벌어진다면 레이저가 이용될 수도 있다.

15 개발자를 위한 '인텔 인사이드 드론'

웹주소

http://techholic.co.kr/archives/59069

중국 드론 제조사인 유닉(Yuneec)이 8월 16일(현지시간) 다양한 기능을 추가할 수 있는 개발자용 드론인 에어로 레디투플라이(Aero Ready-to-Fly)를 발표했다. 이 드론은 완제품 상태로 판매되는 본체 내부에 심도·시각 센서인 인텔 리얼센스를 갖춘 에어로 컴퓨트 보드(Aero Compute Board)를 탑재하고 있다. 내장 프로세서는 쿼드코어 인텔 아톰 프로세서이며 SSD 저장공간과 GPS 내비게이션, LTE 통신 기능 등 드론 개발에 필요한 기능을 처음부터 탑재하고 있다. 탑재한 운영체제는 오픈소스인 리눅스이며 비전 액세서리 키트(Vision Accessory Kit)와 결합해 다양한 응용 프로그램 개발을 할 수 있다. 그 ㅂ、ㄲ에 비행 컨트롤러인 드론코드 PX4(Dronecode PX4), 에어맵(AirMap) SDK 등을 통해 다양한 기능을 플러그앤플레이로 추가할 수 있다.
에어로 레디투플라이의 출시 시기는 올해 10~12월 4분기 중이다. 이미 공식 사이트를 통해선 예약 접수를 시작한 상태. 가격은 아직 불명이지만 개발 키트를 이용해 다양한 서비스나 제품을 만들 수 있을 것으로 기대된다.

16 '뇌파로 드론 조작'

웹주소

http://techholic.co.kr/archives/58161

드론을 조작하는 방법은 리모컨에서 자율주행 기술까지 다양한 게 있지만 이번에는 뇌파다. 미국 애리조나주립대학 연구팀이 뇌파를 이용해 드론을 제어하는 기술을 개발하는 데 성공한 것. 이 기술은 뇌전도를 측정하는 헤드기어를 장착한 상태에서 이용한다. 헤드기어에는 전극 128개가 장착되어 있다. 이를 통해 뇌 활동에서 활성화 성분을 측정해 생각을 읽고 분석하는 것이다.

물론 예전에도 뇌파를 이용해 드론을 조작하려는 시도가 있었다. 하지만 이번에 개발한 시스템은 모니터에서 드론을 바라보면서 원하는 동작만 떠올리면 조작할 수 있다고 한다. 드론끼리 가까운 거리에서 비행하게 하거나 지상 충전 시스템에 착륙하게 하는 등 다양한 조작이 가능하다는 것이다.

이런 뇌파 활동은 드론 4대까지 무선으로 전송할 수 있다고 한다. 애리조나주립대학 연구팀 측은 뇌 기능을 다양한 로봇 조작으로 연결하려는 것이 목표라고 설명하고 있다. 앞으로 이 시스템을 개선해 여러 명이 로봇 여러 대를 조작할 수 있는 시스템으로 발전시키는 걸 목표로 할 예정이다.

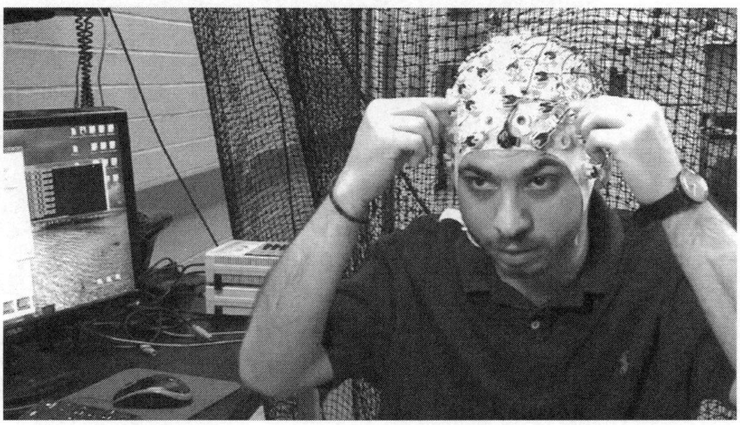

17 농업에서 발굴까지… '모듈형 드론'

웹주소

http://techholic.co.kr/archives/58043

LA 시리즈(LA Series)는 프랑스 레만 에비에이션(Lehmann Aviation)이 개발한 세계 첫 모듈형 드론이다. 마치 B-2 스텔스 폭격기를 닮은 듯한 모양새를 한 이 제품은 오토파일럿 기능과 날개, 카메라 홀더를 교체하거나 업그레이드할 수 있다. 날개 부분은 분해할 수 있어 휴대하기도 편하다. 이 제품의 사용 용도는 현장 조사나 발굴을 위한 맵핑, 건축과 농업 등이다.

본체는 알루미늄과 탄소섬유, 폴리프로필렌으로 이뤄져 있다. 이 드론의 비행능력은 시간으로는 40분, 최대 25km 거리다. 무게는 1.25kg이며 날개 길이는 1160mm다. 본체에는 브러시리스 모터 1개를 탑재하고 있다. 순항속도는 20~80km/h다.

이 제품은 여러 버전으로 나뉜다. LA500-RTK 같은 모델은 소니 디지털 카메라인 알파6000을 탑재해 고급 맵핑을 할 수 있다. LA500-AG 모델은 농업용 센서를 탑재했다. 농업용 센서를 단 모델은 가장 비싸다.

18 20배 더 빠른 '지뢰 제거 드론'

웹주소

http://techholic.co.kr/archives/57516

마인 카폰 드론(Mine Kafon Drone)은 지뢰를 일반 작업보다 20배 빠르게 제거할 수 있는 지뢰 제거용 드론이다. 디자이너 겸 사업가인 마수드 하사니(Massoud Hassani)가 개발한 것으로 기존 방식보다 20배 빠르게 지뢰를 제거할 수 있다는 것.

이 드론은 먼저 지뢰가 묻혀 있다고 의심되는 지역을 비행하면서 카메라를 이용해 3D 지도를 촬영한다. 그런 다음 의심스러운 장소를 금속 탐지기로 조사해 지도에 지뢰가 묻혀 있는 장소를 기록한다. 마지막으로 지뢰에 폭발물을 설치해 지뢰를 제거한다. 마인 카폰 드론은 이렇게 모든 작업을 원격 수행해 안전하게 지뢰를 제거할 수 있다. 또 인간과 개에 의존하는 기존 작업보다 훨씬 빠르다는 장점도 있다. 저비용으로 지뢰를 단기간에 처리할 수 있다는 것이다.

개발자는 예전에도 땅을 굴러가면서 지뢰를 제거하는 마인 카폰(Mine Kafon)이라는 제품을 개발한 바 있다. 이번에 선보인 마인 카폰 드론은 아직은 프로토타입이지만 앞으로는 자동 운전, 자율 비행도 검토하고 있다고 한다. 아직도 분쟁 지역이나 혼란스러운 지역에선 가장 큰 문제가 되는 건 남은 지뢰다. 현재 전 세계에는 1억 개에 달하는 지뢰가 땅속에 묻혀 있다고 한다. 개발자는 이런 잔류 지뢰를 앞으로 10년 안에 모두 제거하겠다는 목표를 갖고 있다. 이 프로젝트는 크라우드 펀딩 사이트인 킥스타터를 통해 자금을 모으기도 했다.

19 '가로등은 드론 충전소'

웹주소

http://techholic.co.kr/archives/57675

가볍고 세세한 동작이 가능한 드론은 역설적으로 배터리 사용 시간이 짧다는 문제를 안고 있다. 장시간 장거리 이동이 어렵다는 것이다. 하지만 배송을 하려면 먼 곳까지 드론을 날릴 필요가 있다. 이런 모순을 해결하기 위해 아마존은 가로등을 드론 충전소로 사용하는 특허를 취득했다. 이 특허는 가로등을 중앙 제어하는 네트워크로 파악하며 드론은 가로등 위를 착륙해 충전할 수 있도록 하려는 것이다. 또 드론이 착륙할 수 있는 곳은 가로등 뿐 아니라 전파탑이나 사무실 빌딩, 교회 등이 상정되고 있다.

가로등 위 충전소에는 드론 여러 대가 착륙할 수 있다. 충전을 마친 드론은 중앙 센터 지시를 기다리거나 혹은 더 멀리 날아갈 수 있다. 중앙 센터는 기후 정보를 이용해 드론의 비행경로를 변경할 수도 있다. 예를 들어 강풍이 부는 지역이라면 비행을 피하고 우회 경로를 이용하라고 할 수도 있는 것. 또 배송물 무게와 드론 혼잡 상태, 배송 긴급도에 따라서 드론의 비행 경로를 바꿀 수 있도록 하는 것도 가정하고 있다.

아마존은 이미 드론을 이용한 운송 시스템인 프라임 에어를 발표한 바 있다.

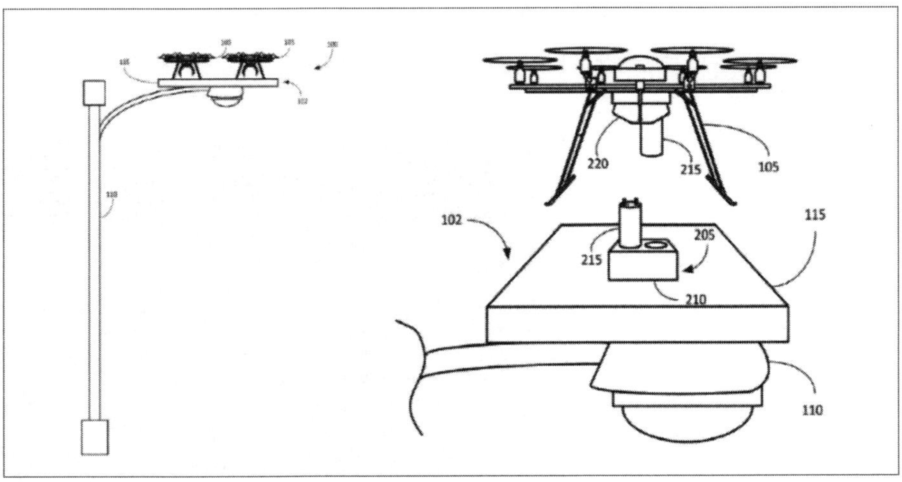

30분 안에 수하물을 배송하는 서비스를 가정하고 있는 것. 아마존에 따르면 아마존 드론은 2.2kg 미만 짐을 16km 떨어진 곳까지 보낼 수 있다. 만일 여기에 가로등 충전소 기술을 조합한다면 도시 전역까지 서비스를 확장할 수도 있을 것이다.

물론 이 특허는 어디까지나 아이디어 단계다. 실제로 아마존이 가로등을 드론 충전소로 이용할지 여부는 알 수 없다. 하지만 만일 드론이 마치 새처럼 가로등에 앉아서 쉬는 모습을 보게 될 날이 올지도 모를 일이다.

20 2km 원거리 격추도…'드론건'

웹주소

http://techholic.co.kr/archives/63700

드론건(Dronegun)은 미국 버지니아주에 위치한 기업인 드론실드(Droneshield)가 개발한 제품. 여느 드론 격퇴 무기와 마찬가지로 전파를 방출해 드론 조작을 위한 연결을 차단, 드론을 격추한다.

드론건은 뛰어난 성능을 갖췄지만 운반 가능해 휴대성을 확보하고 있어 다양한 장소에서 임무를 수행할 수 있다. 실제로 사용할 때에는 배낭에 연결해 충분한 파워를 모아 전자기 노이즈를 쏘게 된다. 이 전파는 드론 영상을 보내거나 컨트롤러와의 통신에 사용하는 것과 같은 유형이며 드론건은 여기에 GPS 이용한 통신도 차단할 수 있다.

제어 능력을 상실한 드론은 출발 지점으로 되돌아가지 못하고 그 자리에 착지할 수밖에 없다. 드론건은 비행금지지역에 침입한 드론을 무려 2km 원거리에서 작동을 멈추게 할 수 있다고 한다. 다만 드론건은 불행하게도 아직까지 상용화 계획은 없다고 한다. 당분간 정부 제공용으로만 공급할 예정인 것

21 드론 전쟁… '전자기 펄스'가 온다

웹주소

http://techholic.co.kr/archives/63222

미군은 현재 적 드론을 비롯한 전자 장비에 강력한 전자파를 퍼부어 전자회로에 고장을 일으키게 만들어 빼앗는 무기인 페이저(Phaser) 개발을 진행하고 있다. 페이저는 미국 군수제조사인 레이시언 산하 부문인 케이테크(Ktech)가 개발 중인 기기. 한마디로 구조를 설명하자면 전자기 펄스 EMP와 고출력 마이크로 웨이브 HPM을 이용하는 초강력 전자레인지라고 할 수 있다. 이를 통해 높은 에너지를 지닌 전자기 펄스를 대포처럼 발사해 적의 명령 지휘 계통과 통신, 컴퓨터를 파괴해 첩보 활동 등을 무력화할 수 있는 것. 또 이 공격은 인체에 직접적인 영향을 주지 않기 때문에 인적 피해를 기본적으로 주지 않는 것도 큰 특징 중 하나다.

페이저는 전력을 만들어내는 디젤 발전기와 전자기 펄스, 마이크로웨이브를 만들어내는 장치를 일체화한 시스템이다. 수송 차량 등에 싣고 쉽게 운반할 수 있고 작전이나 상황에 따라 신속하게 대응하는 능력을 갖추고 있다.

페이저는 작전을 수행할 때 적기를 포착하는 레이더를 함께 배치하는 걸 상정하고 있다. 드론이 날아갈 때 페이저로 공격을 가하면 갑자기 드론이 추락한다. 이 때 소리와 빛은 전혀 내지 않는다. 만일 드론에 사람이 타고 있었더라도 공격 받았다고 생각하지 못한다.

미군은 레이저를 무기로 활용하는 연구도 진행하고 있다. 하지만 페이저의 가장 큰 장점은 레이저보다 공격 범위가 넓기 때문에 효과적으로 적기에 피해를 줄 수 있다는 것이다. 또 상대방을 공격해 격추하는 데 필요한 시간도 불과 1밀리초다.

22 하늘을 나는 '해먹 드론'

웹주소

http://techholic.co.kr/archives/63216

파일럿 없이 전자동 비행을 할 수 있는 1인승 드론 등 무인 항공기는 다양한 유형이 개발되고 있다. 그런데 드론을 이용해 하늘을 나는 해먹을 유튜브에 공개한 사람이 있어 눈길을 끈다. 핌 버커(Pim Bucker)라는 남성이 만든 것으로 헬멧을 쓴 채 해먹에 타서 컨트롤러로 조종한다.

사실 이 드론은 네덜란드 보험 회사가 만든 광고 영상이며 실제로 해먹 드론이 상품화된 건 아니라고 한다. 다만 사람을 태우고 하늘을 나는 드론은 이미 현실화를 향해 가고 있다. 해먹을 곁들인 드론이라고 해도 신기할 일이 아닐 수 있다. 드론의 활용도가 앞으로 더 높아질 수 있다는 점을 보여주는 영상이라고 할 수 있다.

7
SECTION
드론 서비스 관련 뉴스

1 국내편

2 국외편

SECTION

7-1 국내편

1 '매의 눈'드론 이용…해경, 中 불법어선 "꼼짝마"

웹주소

http://news.naver.com/main/read.nhn?mode=LSD&mid=sec&oid=016&aid=0001171731&sid1=001

해경이 중국 불법어선 단속 등 해상 경비를 위해 드론을 도입한다. 해경은 드론 도입을 위한 TF를 지난 1일 꾸려 도입을 위한 연구에 착수했다. 국민안전처 해양경비안전본부는 해상 작전을 위한 무인기 도입을 위해 해양장비기획과를 중심으로 한 드론 도입 TF를 구성해 475억원 규모의 도입 계획을 검토 중이라고 2016.12.20일 밝혔다. 해경은 기존에 연구가 진행된 연안 안전 감시와 수색 구조용 드론 외에도 불법 어선 단속을 전담하는 대형 틸트로터 드론 도입도 추진한다. 해경은 기존까지 드론을 부서별로 따로 구입, 운영해왔다. 이 때문에 비효율적인 운영과 예산 낭비 지적이 나오자 컨트롤타워를 일원화해 본부와 현장 간 운영 효율성을 높이겠다는 방침이다.

해경 관계자는 "현재 드론 운영 컨트롤타워가 없어 각개 부서에서 진행되는 드론 사업을 통일해 체계적 대응에 나서야 한다는 필요성이 제기됐다"며 "통합 운영으로 긴급 상황에서 빠른 판단과 대처가 가능해질 것으로 본다"고 설명했다. 특히 기존에 운영 중인 소형 드론은 기상 상황에 따라 사용이 불가능한 경우가 많아 운영에 어려움이 많았다. 해경은 이를 고려해 오는 2017년부터 기상 조건에 구애받지 않는 중·대형 틸트로터 드론을 도입해 운영할 계획이다. 배타적 경제수역(EEZ) 감시 용도로 사용되는 중·대형 드론에는 적외선 카메라와 어선 식별기 등 단속에 필요한 장비가 탑재된다.
반복되는 인명사고와 충돌 등 일선 경관의 안전이 위협받는 불법조업 단속에도 드론이 적극 활용될 것으로 보인다. 해경은 안전센터 등에서 중형 드론을 띄워 불법 중국어선을 단속하는 데에도 활용할 예정이라고 밝혔다. 해경 관계자는 "인력으로는 넓은 바다를 모두 감시할 수 없고, 빠른 대응이 힘들다"며 "육지에서 드론을 통해 불법 조업을 포착하면 신속하게 출동할 수 있는 방안도 검토 중"이라고 했다.
해경은 대형 드론 도입을 위해 지난 1일부터 TF팀을 구성해 도입 사업을 준비 중이다. 단기적으로는 사용 드론을 구입해 필요한 장비를 부착·운영하는 형식이지만, 장기적으로는 자체 운용 인력을 양성하고 기체 개발에도 나서겠다는 입장이다.

2 해경, '中 불법어선 잡기 위해' 드론 도입 TF 꾸려

웹주소

http://news.heraldcorp.com/view.php?ud=20161220000188

해경이 중국 불법어선 단속 등 해상 경비를 위해 드론을 도입한다. 해경은 드론 도입을 위한 TF를 지난 1일 꾸려 도입을 위한 연구에 착수했다.
국민안전처 해양경비안전본부는 해상 작전을 위한 무인기 도입을 위해 해양장비기획과를 중심으로 한 드론 도입 TF를 구성해 475억원 규모의 도입 계획을 검토 중이라고 20일 밝혔다. 해경은 기존에 연구가 진행된 연안 안전 감시와 수색 구조용 드론 외에도 불법 어선 단속을 전담하는 대형 틸트로터 드론 도입도 추진한다.
해경은 기존까지 드론을 부서별로 따로 구입, 운영해왔다. 이 때문에 비효율적인 운영과 예산 낭비 지적이 나오자 컨트롤타워를 일원화해 본부와 현장 간 운영 효율성을 높이겠다는 방침이다. 해경 관계자는 "현재 드론 운영 컨트롤타워가 없어 각개 부서에서 진행되는 드론 사업을 통일해 체계적 대응에 나서야 한다는 필요성이 제기됐다"며 "통합 운영으로 긴급 상황에서 빠른 판단과 대처가 가능해질 것으로 본다"고 설명했다.

특히 기존에 운영 중인 소형 드론은 기상 상황에 따라 사용이 불가능한 경우가 많아 운영에 어려움이 많았다. 해경은 이를 고려해 오는 2017년부터 기상 조건에 구애받지 않는 중·대형 틸트로터 드론을 도입해 운영할 계획이다. 배타적 경제수역(EEZ) 감시 용도로 사용되는 중·대형 드론에는 적외선 카메라와 어선 식별기 등 단속에 필요한 장비가 탑재된다.

반복되는 인명사고와 충돌 등 일선 경관의 안전이 위협받는 불법조업 단속에도 드론이 적극 활용될 것으로 보인다. 해경은 안전센터 등에서 중형 드론을 띄워 불법 중국어선을 단속하는 데에도 활용할 예정이라고 밝혔다. 해경 관계자는 "인력으로는 넓은 바다를 모두 감시할 수 없고, 빠른 대응이 힘들다"며 "육지에서 드론을 통해 불법 조업을 포착하면 신속하게 출동할 수 있는 방안도 검토 중"이라고 했다.

해경은 대형 드론 도입을 위해 지난 1일부터 TF팀을 구성해 도입 사업을 준비 중이다. 단기적으로는 사용 드론을 구입해 필요한 장비를 부착·운영하는 형식이지만, 장기적으로는 자체 운용 인력을 양성하고 기체 개발에도 나서겠다는 입장이다.

지난 11월에 실시한 시험평가에서도 드론 도입 계획은 높은 평가를 받은 것으로 알려졌다. 해경 관계자는 "6대의 시험기체를 들여와 40여회의 시험비행을 실시했는데 평가가 좋았다"며 "시속 90km 수준의 빠른 속도와 접근성으로 재난 상황에서 활용범위가 넓어 긍정적인 평가를 받았었다"고 말했다.

3 내년 바닷길 안전 위해 드론 투입·신호등 체제 구축

웹주소

http://www.knnews.co.kr/news/articleView.php?idxno=1200520

남해안 해양사고 우려가 큰 구역에 경비·안전 신호등 체제가 구축되고 해양안전과 재난관리를 위해 드론이 투입될 전망이다. 남해해양경비안전본부는 19일 '2017년도 업무추진계획'을 발표했다. 남해해경본부는 '현장에 강하고 미래를 준비하는 남해해경본부'라는 슬로건을 지향점으로 7개 정책과제 분류, 중점 추진과제를 마련했다. 지진·태풍 등 자연재난에 대한 지역사회의 불안감이 높은 가운데 울산항과 부산신항 등의 안전을 집중 확보하기로 하고 해양레저·관광 등을 주요 안전관리 대상으로 선정했다.

남해해경본부는 먼저 올 한 해 해양사고 골든타임 사수율은 92.4%로 지난해 90.3% 대비 다소 향상됐다고 밝혔다. 하지만 연안 사고가 올들어 지난 10월 말까지 149건, 사망·실종 33명이 발생하면서 지난해 같은 기간 153건, 사망·실종 22명 발생에 비해 크게 늘었다면서 주요 원인으로 항포구 추락사 등 낮은 안전의식으로 인한 개인 부주의 사고를 꼽았다.

남해해경본부는 거제 고현항과 마산항, 부산신항, 거제 조선소 등을 거점으로 대형선박의 왕래가 잦은 거가대교 남쪽 해역에 Hot Spot(핫 스팟) 구역을 설정, '해양 경비·안전 신호등' 체제를 구축한다. 대형선박 충돌 등 안전사고 위험이 큰 곳을 기상 특성, 관할 특성, 사고통계 및 패턴 등을 종합적으로 분석, 관심·주의·경계·심각(파랑, 노랑, 주황, 빨강)으로 나눠 경비함정과 해상교통관제센터(VTS)에 정보를 제공해 해양사고 예방활동에 활용한다는 계획이다.

4 드론시대 또 한발… 물류센터 돌며 재고까지 체크

웹주소

http://news.donga.com/List/Series_010506/3/010506/20161202/81632440/1

CJ대한통운은 동국대학교 산학협력선도대학육성사업단, ㈜유비드론과 물류센터 전용 드론 연구 개발을 진행한다고 2일 밝혔다. 물류센터 전용 드론은 경로 학습 기능을 갖춘 게 특징이다. 이 드론을 이용하면 그동안 작업자가 물류센터에서 재고위치로 직접 이동해 파악해야했던 수고를 덜 수 있다. 그만큼 물류센터 작업 효율화가 이뤄진다. 이 드론은 물류센터 내 경로를 사람의 조종없이 비행한다. 물류센터 곳곳에 위치한 화물 유통기한, 화물종류 등 재고 정보를 카메라로 촬영해 제어관리 PC로 전송할 수 있다. CJ대한통운은 이 드론을 내년 상반기 물류센터에서 시범운영할 계획이다.
이번 프로젝트는 CJ대한통운 종합물류연구원이 맡았다. 연구원은 첨단기술을 보유한 스타트업을 발굴하고 현장실무형 산학협력 교육을 위해 노력하고 있다. 정태영 CJ대한통운 종합물류연구원장은 "국내 최초로 물류센터 전용드론 개발 프로젝트를 시작하게 됐다"며 "미래 첨단기술 연구가 실제 현장에 적용되는 대표 사례가 될 것"이라고 말했다.

5 드론 달린 로봇, 사고 원전으로 출동!

웹주소

http://news.donga.com/List/Series_010506/3/010506/20161129/81568494/1

운전자가 타지 않은 오프로드용 사륜 오토바이(ATV) 한 대가 홀로 맹렬히 달려나갔다. 시속 60km까지 속도를 올리고, 경사진 산길이나 콘크리트 계단도 거침없이 타고 넘었다. 높은 건물이 앞을 가로막자 뒷좌석에 실어 둔 소형 무인비행기(드론)를 '윙~' 하는 소리와 함께 하늘로 날려 보냈다.

원자력발전소 사고시 투입할 수 있는 정찰 로봇을 국내 연구진이 개발했다. 방사능이 가득한 현장을 사람 대신 샅샅이 살펴볼 수 있도록 만든 무인 로봇이다. 원전 투입 로봇은 다양한 종류가 개발돼 왔지만 사고 현장 내외부를 동시에 정찰할 수 있는 형태로 개발된 건 국내에서 이번이 처음이다.

한국원자력연구원 원자력로봇연구실 최영수 책임연구원팀은 18일 대전 유성구 대덕대로 한국원자력연구원 내에서 원전 정찰 로봇 '램(RAM)'을 본보에 처음 공개했다. 이 로봇은 시판 중인 ATV '대림 AT125' 모델에 시야각 120도의 가상현실(VR) 카메라와 무선 조종 제어 장치를 붙여 만들었다. ATV 바퀴로 접근하기 어려운 현장은 뒷좌석에 실어 둔 드론을 띄워 하늘에서 볼 수 있다. 드론은 50m의 전선으로 ATV와 연결돼 있어 5시간가량 장시간 정찰이 가능하다. 램은 현재 최대 1km 거리에서 원격조종이 가능하며 앞으로 3km 이상으로 통신거리를 늘릴 예정이다.

특히 이 로봇은 VR 기기를 이용해 직접 탑승한 듯 주변 상황을 살펴 가며 정밀하게 조종하는 것이 가능하다. 박종원 선임연구원은 "VR 화면에 속도, 각도, 운전 시간 등의 정보를 동시에 표시해 준다"라면서 "사고 현장 주변에 흩어져 있을 수 있는 장애물을 피해 탐색 장소로 안전하게 이동할 수 있다"라고 말했다. 연구진은 앞으로 램에 방사선 센서와 후방 카메라를 장착해 전천후 원전 탐사 장비로 활용할 예정이다. 이렇게 되면 원전 사고가 났을 때 위험 지역과 안전 지역을 즉시 확인할 수 있어 방사능 오염 지도를 재빠르게 완성할 수 있다. 원자력연구원은 원전 로봇 개발에 그치지 않고 언제든지 로봇을 투입 운영할 수 있도록 조종사를 훈련하는 '한국형 원전 사고 대응 조직'도 준비 중이다. 프랑스 원자력청(CEA)과 전력공사(EDF)가 운영하는 '그룹인트라'와 독일의 'KHG' 같은 조직을 만드는 것이다. 일본은 후쿠시마 원전 사고 이후 비슷한 조직을 구성하는 중이다.

최 연구원은 "일본은 로봇 강국인데도 막상 사고가 났을 때는 원전 사고 대응 조직이 없어 외국 로봇에 의지해야 했다. 원전 무인 대응 체계를 미리 준비해 둘 필요가 있다"라고 말했다.

6 골대로 날아가는 축구 드론

웹주소

http://news.donga.com/List/Series_010506/3/010506/20161105/81178450/1

드론 축구는 드론을 탄소복합재 보호기구로 감싸 축구공 모양으로 만든 뒤 천장에 매달린 상대 팀 골대에 집어넣으면 득점하는 방식이다.

SECTION

7-2 국외편

1 혼자 "드론 부대 수백대 조종"

웹주소

http://techholic.co.kr/archives/64303

미국방위고등연구계획국(DARPA)이 시가전을 위한 드론 부대 편성에 3D 게임 기술을 활용한 전략을 고려하고 있다고 발표했다. OFFSET(OFFensive Swarm-

Enabled Tactics)이라고 불리는 이 프로젝트는 컨트롤러 하나로 수백 대에 달하는 드론을 조작한다는 것. 1명이 100대 이상 드론 부대를 조종하는 기술을 개발, 시가전을 상정해 3D 게임 전략 패턴을 입안하겠다는 것이다.

이 프로젝트는 혼자서 수백 대에 이르는 드론을 조종해 탑재한 카메라나 무기를 이용해 지상 부대 전투를 보조하는 역할을 하는 걸 목표로 한다. 물론 일반 드론용 컨트롤러로는 수백 대에 이르는 기체를 조종할 수 없다. 따라서 DARPA는 새로운 컨트롤러를 개발했다. 이를 통해 3차원 공간에서 시가전 상황을 구축하고 운영자가 수많은 드론을 조종해 적과 싸우는 전략 패턴을 100개 이상 개발하겠다는 것이다.

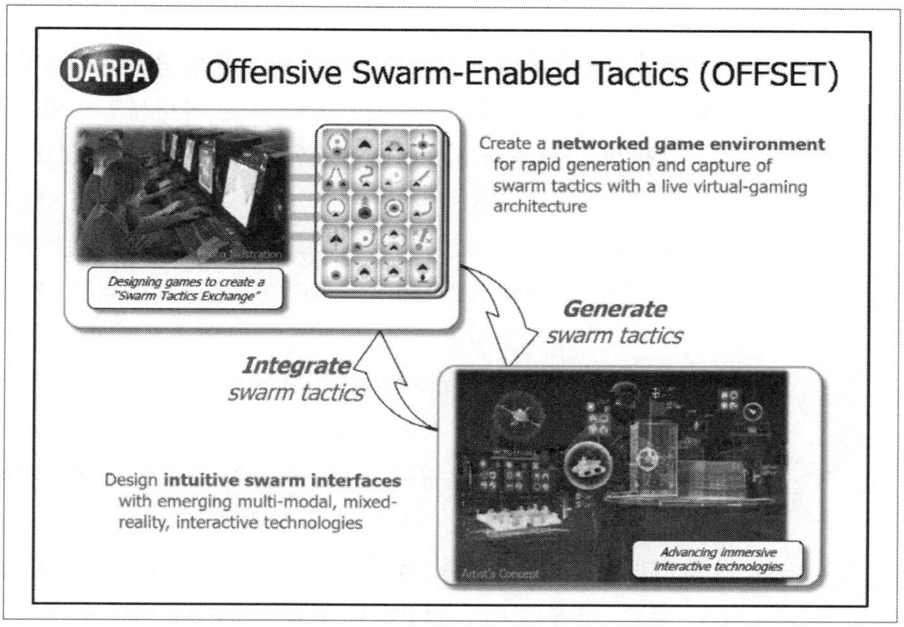

OSSSET은 운영자 몇 명으로 이뤄져 있으며 이들은 독자적으로 게임 플레이를 하면서 최적의 전략 패턴을 구축한다. 운영자끼리는 전략을 교환하거나 서로 평가해 협력, 전략을 만들어가게 된다. DARPA는 이 프로젝트가 수많은 드론이 시가전 전투 부대를 지원, 유효한 기능을 하는 전략을 만들 것으로 기대하고 있다. 이 시도가 성공하면 집단 인식과 분산 컴퓨팅 등을 이용한 동적으로 확장 가능한 작전을 전개할 수 있을 것으로 보고 있는 것.

참고로 미군은 이미 2012년부터 드론을 대량 조작하는 기술 개발에 착수한 바 있다. DARPA가 대량 드론을 이용한 전략 구축 프로젝트를 발표했다는 건 이런 수많은 드론을 조종하는 컨트롤러 등이 거의 완성 단계에 있다는 점을 말해주고 있을 수 있다.

2 유니세프가 아프리카에 개설할 드론길

웹주소

http://techholic.co.kr/archives/64538

유엔아동기금 유니세프(UNICEF)가 아프리카 남동부에 위치한 말라위에서 드론을 이용한 수송 테스트를 진행하고 있다. 유니세프에 따르면 드론을 이용해 신뢰할 수 없는 운송 시스템에 의존할 필요 없이 HIV 테스트용 혈액 운송 시간을 단축시킬 수 있다는 것. 유니세프에 따르면 현재 이런 샘플은 자전거나 지방자치단체 소속 구급차를 통해 육로로 운반한다. 하지만 열악한 도로 상황, 한정된 순회 일정 탓에 연구소에 도착하려면 11일이나 걸리고 다시 반송하려면 전체 기간은 8주나 걸린다고 한다.

유니세프는 말라위 정부 지원을 받아 드론 이용을 확대하겠다고 발표했다. 인도주의 목적으로 드론 시험 비행 루트도 개설했다. 내년 4월부터 40km 비행경로를 이용하게 된다. 유니세프는 드론의 주 용도로 이미지와 영상, 통신, 운송 3가지를 들고 있다. 이미지나 영상은 재해가 발생하면 항공사진이나 영상 촬영해 분석하는 것이다. 통신은 와이파이와 스마트폰 통신 전파를 확대시켜주는 역할, 운송은 HIV 테스트용 핼역 샘플이나 백신 등을 신속하게 수송하는 걸 목표로 한다.

유니세프는 이전 시험 비행 결과를 바탕으로 말라위 정부 협력 하에 드론 시험 비행을 위한 규칙을 책정했다. 수송용 드론의 최대 비행 거리는 40km로 하고 고도는 지상 500m 이내로 제한하는 것 같은 내용을 담고 있다.

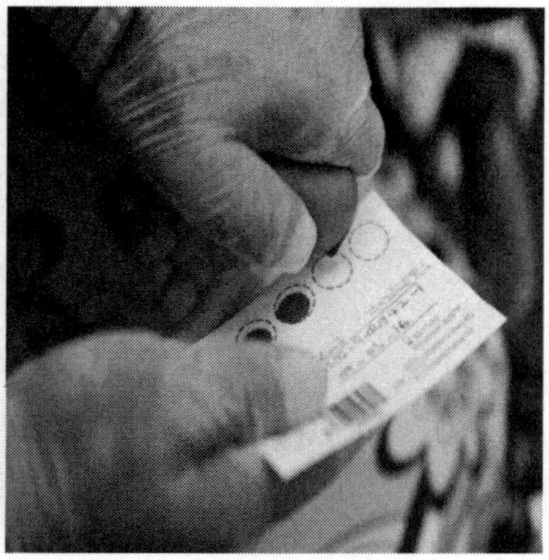

3 드론 혈액제제 배송…문제없다

웹주소

http://techholic.co.kr/archives/64152

미국 존스홉킨스대학 부속 병원 연구팀이 드론을 이용한 혈액제제 수송이 품질에 어떤 영향도 미치지 않는다는 연구 결과를 발표했다. 이에 따라 앞으로 유인 차량을 이용해 긴 시간과 원격지 배송의 어려움을 해소하는 데 드론이 신속한 혈액제제 배송으로 기대를 모을 것으로 보인다.

연구팀은 상용 드론을 이용해 적혈구와 혈소판 혈장을 운반하는 실험을 진행했다. 혈액제제는 아이스팩을 담은 아이스박스에 넣었다. 지상 100m 높이에서 13~20km, 시간으로 최대 26.5분 비행을 한 뒤 병원에서 혈액제제 품질을 검사한 결과 화학적, 혈액학적, 미생물적인 영향을 확인하지 못했다는 것이다.

연구팀은 앞으로 추가 실험을 계획 중이다. 더 정확하게 적절한 온도를 유지할 수 있는 프로그램으로 제어하는 능동 냉각 시스템 사용도 검토하고 있다고 한다.

이미 올해 4월 미국 스타트업인 집라인(Zipline)이 르완다 정부와 공동으로 수혈용 혈액 등 의약품을 드론으로 수송하는 시도를 한 바 있다. 하지만 이번 실험을 통해 안전성에 대한 입증도 한 셈이다. 병원에 접근하기 어려웠던 농촌 지역과 교통 인프라가 없는 원격지, 재해 현장에 신속하게 수혈 등을 위한 수송을 기대할 수 있을 것으로 보인다.

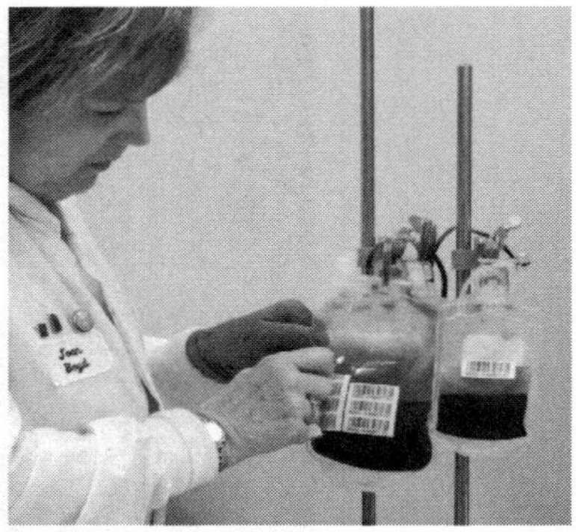

④ '피자 배달' 시작한 드론

웹주소

http://techholic.co.kr/archives/63172

지난 8월 드론을 이용한 피자 배달을 예고한 도미노피자가 대상 지역인 뉴질랜드에서 피자 배달 서비스를 시작했다. 도미노피자는 이미 지난 2013년 도미콥터(DomiCopter)라는 피자 드론 배송 컨셉트를 발표하는 등 관심을 보여왔다. 이번에 미국 드론 기업인 플러티(Flirtey)와 손잡고 뉴질랜드 정부의 허가를 얻어 서비스를 시작한 것.

도미노 드론은 기체 아래쪽에 피자 운반용 상자를 안은 채 GPS를 이용해 25km 거리에 있는 배송 장소까지 비행했다. 이어 끈을 풀어 피자를 떨어뜨려 물건을 배송하는 데 성공했다. 플러티 CEO인 매트 스위니(Matt Sweeney)는 뉴질랜드 법률의 드론에 대한 이해가 이번 서비스 개시로 이어졌다고 밝히고 있다. 역시 드론 배송을 활성화하려면 법적 장애물을 낮출 필요가 있다는 사실을 보여주는 대목이다.

앞으로 도미노피자는 장거리를 대상으로 한 피자 배달을 계획하고 있다. 또 10분 안에 피자 배송 실현도 목표로 하고 있다. 10분 안에 뜨거운 피자를 먹을 수 있다면 집에서 직접 구워내는 것보다 빠를 수 있다. 또 앞으로 호주와 벨기에, 프랑스, 네덜란드, 독일 등에서도 드론을 이용한 피자 배달을 계획하고 있다고 한다.

5 첫 배송 실시한 아마존 프라임에어

웹주소

http://techholic.co.kr/archives/64419

드론을 이용한 배송 서비스가 조금씩 실현을 향해 다가서고 있다. 아마존은 12월 14일(현지시간) 드론 배송 서비스인 프라임 에어(Prime Air)를 이용해 영국에서 첫 자동 비행을 실시했다고 발표했다. 아마존 프라임 에어가 첫 배송을 한 곳은 영국 캠브리지. 배송 전용 드론이 13분 비행을 실시했다. 아마존은 현재 프라임 에어를 고객 2명을 대상으로 테스트하고 있지만 앞으로 몇 달 안에 대상을 수백 명 단위까지 대폭 확대할 예정이다. 이를 통해 드론 배송 안전과 안정성을 높이겠다는 것.

프라임 에어 드론은 GPS를 이용해 자동 비행을 한다. 배달 가능 범위는 24km 이며 비행 고도는 122m, 최고 속도는 88km/h다. 화물은 2.3kg까지 운반할 수 있다. 하지만 현재 내부 규정으로는 낮에 바람이 약해야 하고 시야가 열려 있어야 한다. 쉽게 말해 비 오는 날에는 배송을 할 수 없다. 물론 정식 서비스를 할 때에는 이 규제도 완화될 예정이라고 한다.

실제 제품을 배송하는 방법을 보면 먼저 고객이 상품을 주문한다. 주문 품목은 팝콘과 아마존 파이어TV 스틱. 박스 포장 상태에서 드론에 장착하고 드론은 컨베이어 벨트 위를 이동한 뒤 GPS 정보를 바탕으로 고객의 집까지 비행하게 된다. 드론은 자동으로 이륙, 고객 집 근처까지 비행하고 짐을 지면에 내려놓는다. 이후 완전 자동 비행으로 센터로 귀환하게 된다.

물론 프라임 에어 드론은 안전을 중시해 설계해 센스&어보이드(Sense and Avoid)라는 기술을 통해 위험한 곳에 대한 접근이나 회피 기능을 갖추고 있다. 또 짐을 내려 놓을 때에도 소비자에게 경고나 알림 등을 친절하게 실시하도록 설계되어 있다. 아마존은 앞으로 프라임 에어 서비스를 전 세계로 확대할 계획이다.

실제로 아마존은 프라임 에어를 위해 전 세계 주요 거점에서 드론 검증을 실시하고 있다. 최근에는 오스트리아에도 연구소를 설립, 드론이 주위를 감지하면서 피할 수 있는 컴퓨터 비전 기술을 개발하고 있다. 물론 이번 첫 비행은 시작에 불과하다. 하지만 아마존이 프라임 에어 프로젝트에 진지하다는 건 확인할 수 있다. 물론 미국 내에서 프라임 에어 서비스를 실시하는 데에는 시간이 좀더 필요할 것으로 보인다. 영국에서도 이번 드론 배송 테스트가 가능했던 건 지난 7월 시야 밖 드론 비행에 대한 승인을 받은 덕이다. 물론 영국 당국은 아마존에 대해 드론 비행을 특별히 허가한 것이며 일반적으로는 규칙 위반이다. 아마존은 2014년부터 연구 개발 시설이 위치한 캠브리지 주변에서 드론 개발을 진행해왔다.

실제 서비스를 위해 인증을 거치려면 드론은 온갖 안전 테스트를 통과해야 한다. 교외가 아닌 도심 등 다른 지역으로 확장하려면 더 시간이 필요할 수 있다. 어쨌든 하늘에서 상품이 도착하는 미래가 조만간 열릴 국가가 늘어날 수 있다는 점을 보여주기에는 충분하다.

6 드론으로 '전구 교체'

웹주소

http://techholic.co.kr/archives/62630

요즘은 LED 조명 선택이 늘어나고 있지만 기존 전구를 교체하려면 의자나 사다리를 놓고 위에 올라가 손으로 직접 전구를 바꿔야 하는 불편함이 따른다. 그런데 마레크 박진스키(Marek Baczynski)라는 남성이 이런 전구 교체 작업을 드론에 맡겨 눈길을 끈다.
그는 처음에는 조금 손을 본 드론 Eachine E30W를 이용해 하루 종일 전구 분리와 교환에 도전했지만 결국 시마 X5C(SYMA X5C)로 드론을 교체한 다음 10분 만에 전구를 교체하는 데 성공했다고 한다.

7 미래엔 '전기충격기 드론이 도심 순찰'을?

웹주소

http://techholic.co.kr/archives/62733

드론을 경찰 업무에 활용하려는 아이디어는 지금까지 있었지만 이번에는 미국에서 경찰과 전기 충격기 제조사 사이에서 테이저건을 탑재한 드론 계획이 나와 눈길을 끈다. 이 계획은 물론 아직 실시 단계에 이른 건 아니지만 테이저건 제조사인 테이저인터내셔널(Taser International) 측은 여러 미래 컨셉트를 논의하고 있다고 밝히고 또 이런 드론이 테러범을 무력화시키는 데 효과가 있을 것으로 기대하고 있다고 덧붙였다.
범인을 죽이는 것보다는 무력화하는 게 테러 예방에 도움이 될 수 있다는 것. 올해 7월 미국 댈러스에선 원격 조작 로봇이 총격범을 폭살시키는 사건이 있었다. 이런 상황을 감안하면 테이저건을 탑재한 드론이라면 사건을 더 현명하게 해결할 가능성도 충분하다. 물론 드론에 무기를 장착하는 것에 대해 시민 불안을 부채질한다는 목소리도 있다. 하지만 미 경찰 당국은 경찰과 지역 사회, 용의자 안전을 지키기 위해 드론이 유효하다고 강조하고 있다. 이미 이런 무장 탑재 드론 개발은 진행 중이다. 민간 기업이 전기 충격기나 총을 탑재한 드론을 만들거나 인도에선 후추 스프레이를 탑재한 드론이 나오기도 했다.

8 460m까지 날아가서… '낚시 드론'

웹주소

http://techholic.co.kr/archives/62374

피치(Fitch)는 낚시 드론이다. 예전에도 드론 활용법 가운데 유튜브 같은 동영상 플랫폼을 통해 낚시를 하는 장면을 연출하기도 했다. 하지만 이번에는 본격적인 낚시용 드론이 등장한 것이다. 피치는 낚시를 위해 전용으로 설계한 제품이다. 미끼를 매단 채 멀리 날아가 떨어뜨려 쾌적한 낚시를 돕는다. 낙하 지점 거리는 무려 460m다. 위치까지 지정할 수 있는 건 물론. 정확한 포인트에 던질 수 있다면 낚시 성과를 좋아질 가능성이 높아진다.

피치를 이용하려면 미끼와 낚시줄을 드론 본체에 장착한 상태에서 스마트폰 전용앱을 이용해 투하 지점을 설정하면 된다. 이렇게 하면 마치 게임처럼 낚시를 즐길 수 있다. 그 뿐 아니라 본체는 방수 처리했다. 덕분에 만일 물에 빠져도 고장 우려가 줄어든다. 방수 설계 외에도 물에 떨어져도 다시 물 위로 부상할 수 있고 이륙이나 드론 투하, 착륙까지 모두 자동 운전하도록 설정할 수도 있다. 미끼도 910g까지 꽤 큰 걸 운반할 수 있다. 아직 가격은 발표되지 않았지만 낚시 마니아에게 인기를 끌 것으로 보인다. 미래에는 낚시용 뿐 아니라 다양한 취미를 대상으로 차별화를 꾀한 드론이 등장할 수도 있다.

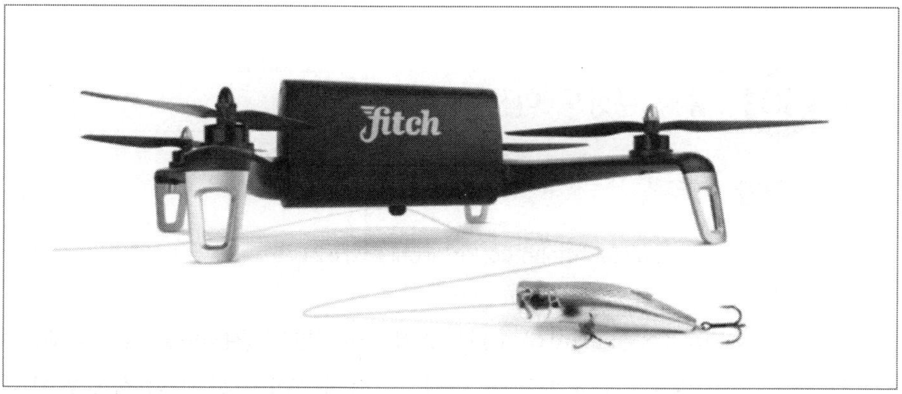

9 드론이 촬영한 '유럽의 고성'

웹주소

http://techholic.co.kr/archives/56725

드론을 이용해 유럽의 오래된 고성을 촬영한 장면을 모은 것이다. 4K 해상도로 촬영한 이 영상은 오스트리아와 영국, 포르투갈, 독일 등 유럽에 있는 성을 만끽할 수 있게 해준다.

10 유령 분장도 이젠… '할로윈' 드론

웹주소

http://techholic.co.kr/archives/62175

미국에선 해마다 10월 31일이면 할로윈(Halloween) 축제가 열린다. 이 기간 중에는 유령 분장을 한다. 그런데 해외에선 이런 할로윈에 맞춰 드론에 해골 의상을 입힌 할로윈 드론이 등장해 눈길을 끈다.
영상을 보면 묘지에서 춤을 추는 듯한 해골 드론이 등장한다. 물론 거리를 자유롭게 날아다니면서 사람들을 놀라게 하기도 한다. 이 드론은 미국 위스콘신주에 거주하는 50세 남성이 딸을 위해 만든 것이라고 한다. 영화 해리포터에 등장하는 마법사 감옥을 지키는 괴물인 디멘터에서 영감을 얻은 것이다. 딸이 기뻐했는지는 알 수 없지만 이 드론은 의상 속에 들어가 있는 게 아니라 드론이 의상에 걸려 있는 형태로 할로윈 기간을 맞아 인터넷 상에서 인기를 끌었다.

11 '1000W LED' 단 드론

웹주소

http://techholic.co.kr/archives/61752

한 유튜브 채널(rctestflight)이 공개한 개조 드론은 본체 아래쪽에 무려 1,000와트짜리 LED 램프를 탑재하고 있다. 이를 통해 마치 땅을 UFO처럼 비춰준다. 개조에 이용한 드론은 프리플라이 알타(Freefly Alta). 이 드론은 프로펠러 8개를 갖추고 있는 옥타콥터다. 이런 강력한 조명을 위한 무거운 화물을 운반하기에 적당한 제품인 것. 영상에선 드론이 실제로 땅에 빛을 조사하는 형태를 보여주고 있다. 이 광경 자체가 예술 작품을 떠올리게 한다. 어둠 속에 모습을 드러낸 나무나 숲, 철교나 건물 같은 구조물이 떠오르는 모습은 한편의 예술 작품 같다.

이런 드론이라면 동영상은 물론 영화 같은 엔터테인먼트나 이벤트, 스포트라이트나 감시용 등에도 활용할 수 있을 것으로 보인다.

12 드론을 농업에 이용하는 6가지 방법

웹주소

http://techholic.co.kr/archives/58520

먼저 밭에 모종을 심거나 파종을 실시하기 전에 토양 분석에 드론을 활용할 수 있다. 정확한 3D 지도를 만들면 모종을 심는 시기를 계획할 때 도움이 되는 것. 또 묘목을 심은 다음 토양 분석을 하면 3D지도로 관개와 토양 내 질소 수준을 관리하는 데에도 도움이 된다. 다시 말해 드론을 이용하면 정확한 수확 주기를 산출하는 게 가능해져 수확 효율 향상을 기대할 수 있다는 것이다.
다음은 파종이다. 이미 드론을 이용한 파종 시스템을 개발하고 있는 곳이 있다. 드론을 이용한 살포률은 이미 75%에 달한다. 파종 비용은 무려 85%나 줄일 수 있다고 한다. 이 시스템은 식물 씨앗과 영양소가 들어 있는 용기를 드론으로 발사, 식물 성장에 필요한 씨앗과 영양을 동시에 토양에 뿌릴 수 있다.
다음은 농약 살포. 이미 초음파나 레이저를 이용해 거리 측정 장치로 드론이 지형에 따라 적합한 고도에서 비행하거나 장애물 회피를 하는 게 가능해졌다.

이런 기술 발전 덕에 드론은 비행하는 높이에서 바닥까지의 거리를 측정하고 적당한 양씩 농약을 실시간으로 조절할 수 있다. 덕분에 살포하는 농약이 토양에 침투하는 양을 줄여 기존 기계를 이용한 농약 살포보다 5배나 빨리 농약 살포를 끝낼 수 있다는 추정 데이터도 있다.

다음은 작물 모니터링. 농지 수확 효율이 낮다는 건 농업 입장에선 큰 장애가 될 수밖에 없다. 지금까지 작물 모니터링 중 가장 진보한 방식은 위성 사진을 이용한 것이다. 하지만 위성 이미지 정밀도가 그다지 높다고 말할 수는 없다. 더구나 큰 비용이 든다는 단점도 있다. 하지만 드론을 이용하면 더 저렴하게 정확한 작물 성장 상태를 확인할 수 있다. 덕분에 작물 관리에도 더 적합하다는 것이다. 다음은 관개. 드론은 하이퍼스펙트럼과 멀티스펙트럼, 열감지 센서 등을 탑재할 수 있다. 이런 센서를 이용해 분석하면 지상 어떤 부분이 건조한지 등을 판단하는 것도 쉽다. 따라서 드론을 이용하면 관개 작업도 훨씬 효율적으로 할 수 있다는 것이다.

마지막은 작물 건강 상태를 평가하는 것이다. 작물 건강 상태와 토양 내 박테리아의 양, 나무의 곰팡이 감염 유무 등을 예측하는 건 농업에서 중요하다. 가시광선과 근적외선을 이용한 장비를 드론에 탑재하면 식물이 다른 양의 빛과 근적외선을 얼마나 반사하는지를 확인할 수 있다. 이 정보를 통해 멀티스펙트럼 이미지를 만들 수 있고 이를 활용하면 식물과 건상 상태 변화를 관찰하는 데 유용하다. 이런 눈에 보이지 않는 식물 변화에 신속하게 대응하는 건 농지를 위험으로부터 지키는 데 도움이 되는 건 물론이다. PwC에 따르면 드론을 이용한 농업 솔루션 시장 규모는 324억 달러 규모로 추정된다.

13 시선 사로잡는 '인공지능 로봇 배틀'

웹주소

http://techholic.co.kr/archives/61001

로보마스터스(RoboMasters)는 직접 만든 로봇이 대결을 펼치는 대회다. 중국 심천에서 열리는 이 행사에는 중국 각지와 해외에서 모인 대학생 팀 200개가 참가, 로봇 배틀 대결을 벌인다. 여기에는 단순 로봇 뿐 아니라 인공지능을 이용해 인식 기술을 활용, 자동 조종을 일부 요구하기도 한다고 한다.
이 행사가 열리는 건 중국 심천에 위치한 다목적 경기장인 심천 베이 스포츠 센터다. 행사를 후원하는 건 드론으로 유명한 DJI다. 각 팀은 보병 유형과 하늘에서 공격하는 드론, 수비를 굳게 방어할 수 있는 유형 등 로봇 4종을 이용해 상대방을 물리치고 진지를 보호해야 한다. 마치 e-스포츠 분야에서 인기가 높은 MOBA의 실제 버전이라고 할 수 있는 셈이다.
필드에는 방어에 사용할 장애물과 공격용 골프공을 모을 수 있는 장소 등이 있다. 이런 요소를 어떻게 활용하느냐가 전략의 핵심이다. 차량 자체에는 카메라가 탑재되어 있어 플레이어는 화면을 보면서 조종하게 된다. 또 공격용 캐논포를 탑재, 작은 플라스틱 총알을 발사해 상대방을 맞추면 센서가 충격 강도를 감지해 유효하다고 판단되면 판정이 나고 움직임이 멈추게 된다.
싱가포르 난양이공대학 참가팀에 따르면 로봇 차량에는 3가지 핵심 시스템이 탑재된다. 하나는 차량 움직임을 주관하는 주행 시스템이다. 차량은 복잡한 움직임도 가능하게 되어 있다. 또 특수 타이어를 장착한 차량은 앞뒤는 물론 바로 옆으로도 이동할 수 있는 등 높은 기동성을 갖춰야 한다. 다음은 상대방을 공격하는 무기 체계다. 작은 플라스틱 탄과 골프공을 상대방을 향해 날려 타격을 준다. 마지막은 공격 수준을 감지하는 판정 시스템이다. 이 장치는 공정성을 담보하기 위해 주최자인 DJI가 지급한다.
차량 종류는 필드를 돌아다니면서 공격하는 보병(Infantry), 강력한 공격 시스템을 탑재해 상대방에게 피해를 주는 영웅(Hero), 골프공으로 폭격을 가하는 공중 공격 유닛인 드론(Drone), 아군 진지를 지키는 최후의 보루인 베이스(Base), 탄약을 보급하는 스테이션(Station) 등 5가지다. 베이스의 경우 다른 차량이 무사해도 베이스가 잡히면 그 팀은 패배하게 된다. 베이스 단위에만 컴퓨터 인식 기술을 이용한 자동 조종 장치 사용이 의무화되어 있다고 한다.
이 대회는 로봇 차량을 이용한 전투지만 하드웨어 자체 개발은 물론 소프트웨어 기술도 요구된다. 또 로보마스터스의 특징 중 하나는 컴퓨터를 이용한 인식 시스템, 컴퓨터 비전을 배출 요소에 통합한 것이다. 컴퓨터 비전을 통합하면서 로보마스터스는 세계 최고 수준 로봇 배틀로 불릴 수 있는 것.
컴퓨터 비전을 이용한 자동 조종 장치는 기지 유닛 제어에 이용한다. 적과 아군을 자동 인식하고 상대방을 공격할 동작도 사람의 도움 없이 알아서 할 수 있게 팀마다 프로그래밍해야 한다. DJI의 CEO 프랭크 왕(Frank Wang)은 컴퓨터 비전은 앞으로 새로운 응용 프로그램을 개발하는 데 필수 기술이라면서 이런 이유로 로보마스터스에 이 기술을 통합하기로 결정했다고 밝히고 있다.
이 대회에선 우승자는 5만 달러 상금을 받는다. 마치 프로 스포츠 이벤트를 떠올리게 한다. 프랭크 왕은 기술과 엔터테인먼트가 하나로 만나면서 기술 성장을 가속화하게 될 것이라면서 이들이 프로 선수처럼 슈퍼스타가 되지는 않지만 유능한 엔지니어가 발명가나 기업가로 자랄 수 있다고 설명한다. 이 대회에 출전한 학생 중에 유능한 사람은 DJI에 엔지니어로 고용되는 옵션도 있다고 한다.

14 선원 없이 항해를… 바다로 간 드론

웹주소

http://techholic.co.kr/archives/60501

이미 수많은 분야를 대상으로 한 드론이 등장한 상태다. 바다도 예외는 아니다. 선원 없이 항해를 할 수 있는 무인 드론 선박인 세일드론(Saildrone)이 그것. 세일드론은 항해와 드론을 결합한 말에서 알 수 있듯 하늘을 나는 게 아니라 바다를 항해할 수 있는 드론이다. 드론이라고 하면 보통 원격 조종을 할 수 있는 무인 항공기를 떠올린다. 이런 점에서 보면 드론이라고 할 수 없겠지만 원격 조종으로 움직이며 선원은 필요 없다.

세일드론을 만든 사람은 영국인인 리처드 젠킨스(Richard Jenkins)다. 그는 지난 2009년 바람만 동력으로 이용한 요트를 이용해 203km/h에 달하는 속도를 내 당시 세계 기록을 깬 바 있다. 그는 당시 이용한 날개 기술을 응용해 항해할 수 있는 드론을 만들겠다는 계획을 세웠고 2012년 세일드론을 창업했다. 2013년 세일드론은 미국 샌프란시스코에서 하와이까지 항해에 성공했고 미국 해양대기청 NOAA와도 제휴, 단순히 항해하는 드론이 아니라 해양이나 대기 측정 장치로도 기대를 모았다. 세일드론은 지금까지 대서양과 태평양, 멕시코 판과 베링해 등 11만km가 넘는 항해를 했다. 올해 9월에는 시리즈A 1,400만 달러를 조달하는 데 성공하는 등 넉넉한 자금을 확보, 확대를 노리고 있다.

15 서핑을 위해 태어난 드론

웹주소

http://techholic.co.kr/archives/60584

영상을 보면 물 위를 쾌속으로 질주하는 남성이 보인다. 하늘 위에선 드론이 서핑하는 모습을 촬영하고 있는 듯하다. 하지만 실제로는 드론이 앞에서 이끌어주면서 서핑을 즐기는 일명 드론서핑(Drone Surfing)을 즐기고 있는 것. 미국 시애틀에 본사를 둔 프리플라이시스템즈(Freefly Systems)가 고안한 것이다. 사람을 앞으로 당겨줘야 하는 만큼 드론서핑용 드론은 프로펠러 8개를 갖춘 강력한 기종을 이용한다. 또 공중 촬영을 위해 전문가 수준 카메라를 탑재하고 있다. 이런 이유로 이 드론의 무게는 12kg에 달한다.
영상을 보면 강력한 드론 덕인지 상당히 빠른 서핑을 즐길 수 있다. 드론 서핑의 장점은 바람 방향에 신경 쓰지 않아도 된다는 것. 레저용으로 꽤 매력적일 수 있다. 드론 서핑에 필요한 장비인 전용 드론 아틀라8(Alta 8)의 가격은 1만 7,495달러다. 비싼 가격이지만 색다른 경험이 될 수 있는 건 분명하다. 참고로 드론 조종은 다른 사람이 하는 것이다.

16 드론이 촬영한 '고래' 모자

웹주소

http://techholic.co.kr/archives/60069

호주 머독대학 연구팀이 새하얀 흰색 아기 고래가 어미에게 응석을 피우는 모습을 드론으로 공중 촬영하는 데 성공했다. 이번 영상은 호주 서쪽 그레이트 오스트레일리아만에서 촬영된 것. 고래 중에서도 새하얀 아기 고래는 매우 드문 존재다. 물론 아직 하얗지만 이 고래도 몇 년이 지나면 몸 색깔은 검게 바뀐다고 한다.

연구팀은 드론을 이용한 공중 촬영이 고래 생태를 위협하지 않은 채 관찰할 수 있는 도구라고 밝히고 있다. 또 고래에는 흡착식 태그를 부착해 이동 경로와 울음소리에 관한 데이터도 수집한다고 한다. 헬기와 항공기처럼 큰 소음을 내지 않는 드론을 이용하면 더 많은 동물 관찰이 가능할 것으로 기대된다.

전문가들에 따르면 고래는 앞으로 몇 년 지나지 않아 멸종위기종 목록에서 제외될 것이라고 한다. 하지만 최근 들어 지구 온난화 같은 뉴스가 늘어나고 있는 만큼 고래 번식에는 꾸준한 관심이 필요할 것으로 보인다.

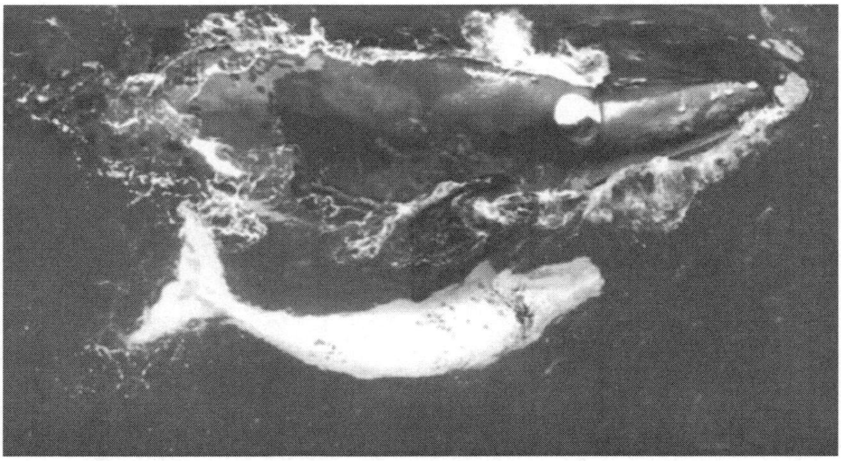

17 英 '교도소 담벼락' 넘으려던 드론

웹주소

http://techholic.co.kr/archives/59886

감옥에 규정 외 물품 반입은 어떻게 할까. 런던 펜턴빌 교도소에서 마약과 스마트폰을 수송 중인 드론을 붙잡았다고 한다. 보도에 따르면 런던 경찰 당국은 런던 북부에 있는 이 교도소로 향하는 드론 2대를 붙잡았다. 규정 외 물품 반입을 방지하기 위해 경계 태세를 취하고 있었던 것.

지난 8월 13일 새벽 감옥 근처에서 경찰관이 수상한 사람을 발견했는데 이 남성은 불법 약물이나 휴대전화가 들어간 가방 2개를 놔둔 채 도주했다고 한다. 다음날 다시 드론이 교도소 상공을 비행하다가 추락했고 다른 1대가 포획됐다. 이 드론에는 스마트폰과 상당한 양의 마약이 실려 있었다.

드론은 크기가 작고 기동력이 뛰어나 운송 분야에서 기대를 모으고 있다. 하지만 이를 악용하면 범죄자를 위한 편리한 운반 도구가 될 수도 있다. 교도소나 공항 등 드론 침투가 중요한 사태로 커질 수 있는 곳에는 앞으로 드론에 대한 대책이 필요할 것으로 보인다.

18 ISIS 지배 지역에 '드론으로 성경'을

웹주소

http://techholic.co.kr/archives/58932

스웨덴의 한 기독교 단체가 이라크 내 ISIS 지배 지역 하늘에서 드론을 이용해 성경을 뿌리겠다는 계획을 발표했다고 한다. 성경은 전자 성경으로 디스플레이가 달려 있으며 전원이 필요하지 않고 자체 작동할 수 있다고 한다. 스웨덴어로 생명의 말씀이라는 의미를 지닌 교단은 드론 투하 시연 장면을 인스타그램에 올리기도 했다. 사진에 올라온 모델은 DJI의 팬텀4다.
이 재단 측은 임무를 맡을 인재를 고용할 예정이라고 한다. 하지만 누가 언제 얼마나 드론을 이용해 성경을 뿌리게 될지 혹은 영문이나 스웨덴어, 아랍어 여부도 알려지지 않았다. 이 재단 측은 목표가 그리스도의 복음을 통해 희망과 사랑을 인권이 부정되고 폐쇄된 지역에 사는 주민에게 전하는 것이라고 밝히고 있다. 또 전자 성경 외에도 의료품과 식량, 의복 등도 동시에 투하한다고 한다. 하지만 ISIS 지배 지역에 기독교 단체가 배포한 성경이나 옷을 들고 있는 게 발견된다면 문제가 생길 가능성도 있는 등 희망보다는 불씨를 투하하는 것 아니냐는 우려가 높다.

19 '결핵 진단용 의료 샘플 수송' 중

웹주소

http://techholic.co.kr/archives/58679

마다가스카르에선 의료 샘플 운송에 드론을 이용하고 있다고 한다. 마다가스카르에 위치한 한 지방(Ifanadiana)은 주변 도로 정비 상황이 안 좋은 탓에 의료 샘플을 빠르게 전달하기 어렵다고 한다. 미국 뉴욕 스토니브룩대학 연구팀은 자동운전 드론을 이용해 한 마을에서 샘플 수송을 실시하고 있다. 이런 샘플은 결핵 테스트 등에 도움이 된다.

바유(Vayu)가 개발한 고정날개형 드론에는 GPS를 탑재, 수평 비행 뿐 아니라 수직 이착륙도 할 수 있다. V-22 오스프리처럼 로터 방향이 바뀌는 건 아니지만 수평 프로펠러와 수직 프로펠러를 함께 이용해 수직 이착륙과 비행을 돕는다.

마다가스카르에서 이뤄지는 의료 샘플 수송은 지난 7월 27일 시작되어 지금까지 혈액이나 배설물 등을 마을에서 시험소까지 옮겨왔다. 마을에서 시험장까지 드론을 이용한 의료 샘플 수송은 원격지에 살고 있는 사람들에게 새로운 건강 도우미가 될 수 있을 것으로 기대를 모으고 있다. 드론을 이용한 백신 배포나 결핵 진단 등에 운용할 수 있다는 것. 앞으로 드론이 의료나 연구 분야에서도 큰 가능성이 있다는 걸 보여주는 사례이기도 하다.

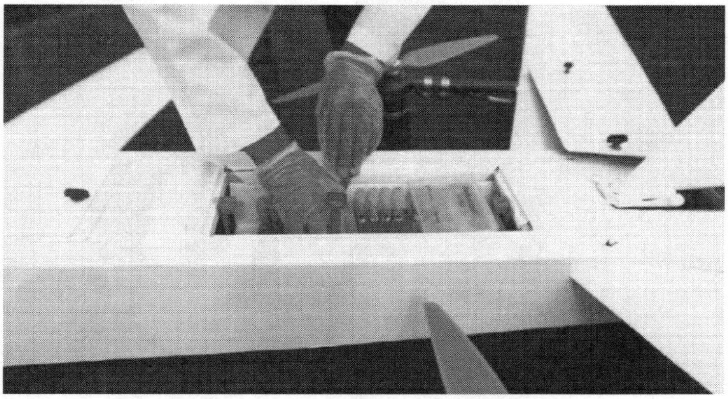

20 도트 그림을 그리는 드론은 '벽화 예술가'

웹주소

http://techholic.co.kr/archives/58660

캐나다 맥길대학교 폴 크라이(Paul Kry) 교수 연구팀이 소형 드론을 이용해 벽에 페인트칠을 하는 기술을 개발했다. 실험에 이용한 드론은 잉크를 적신 스펀지를 보드에 가까이 접근하거나 멀어지는 걸 반복해가면서 그림을 그린다. 그린 그림이 대단한 수준이라고 할 수는 없지만 누가 봐도 어떤 걸 그렸는지 판별할 수 있는 수준이다.

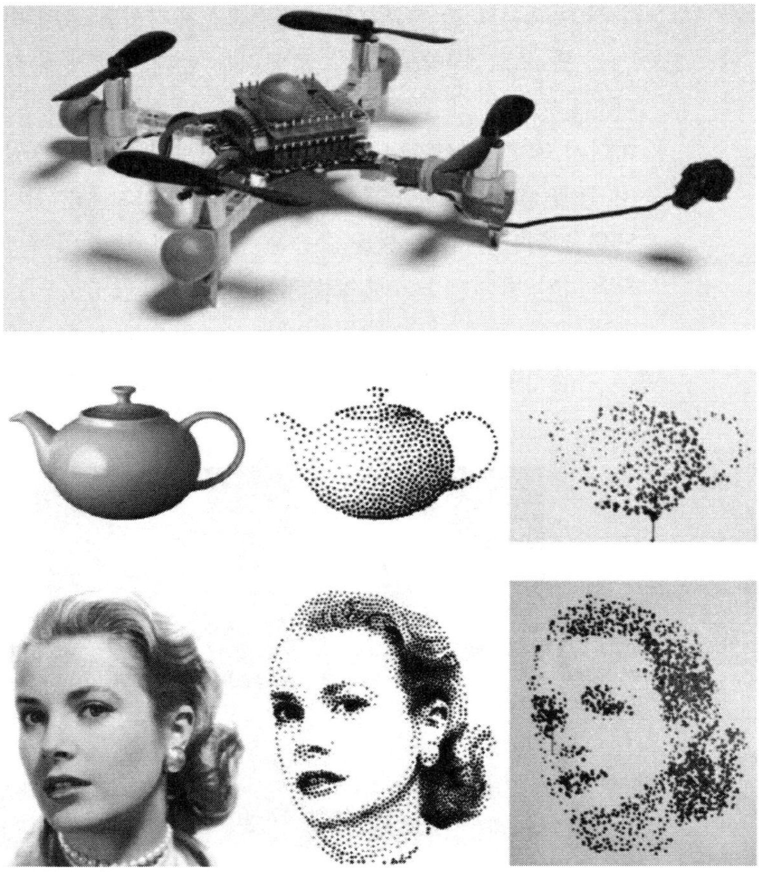

연구팀은 대학 내에 있는 큰 벽 몇 군데를 보고 드론을 이용해 그림을 그리면 좋겠다는 착안을 했다고 한다. 중요한 건 붓의 스트로크, 동작보다 점획이 드론을 이용하면 훨씬 쉽다는 것. 이를 통해 드론으로 평면이 아닌 벽에서도 작업을 간단하게 처리할 수 있다는 설명이다. 드론은 모션캡처를 하고 자신의 위치와 속도를 파악하고 피드백도 한다. 이를 통해 확보한 데이터를 바탕으로 컴퓨터가 최적의 도트 이미지를 만들어 다시 드론이 그리게 되는 것이다.
연구팀은 앞으로 드론 여러 대를 이용한 동시 그림 작업이나 유선 전원을 곁들여 재충전 없이 동작하거나 자동 보충되는 잉크 테스트를 진행할 예정이다. 앞으로 미래에는 거대한 벽화는 드론이 그리게 될지도 모른다.

20 '죽은 애완동물'을 드론으로

웹주소

http://techholic.co.kr/archives/58308

애완동물이 죽으면 화장을 하거나 박제를 해서 추억을 남기려고 하기도 한다. 하지만 네덜란드에 거주하는 바트 얀센(Bart Jansen)이라는 남성은 죽은 내왕 동물 고양이를 시작으로 타조와 상어 등 다양한 동물의 박제를 드론으로 개조하고 있다고 한다.
그는 지난 2012년 죽은 자신의 애완동물 고양이인 오빌(Orville)을 드론으로 개조해 화제를 모았다. 당시 제작에는 엔지니어인 아르옌 벨트만(Arjen Beltman)이 협력을 했다고 한다. 이들은 이후 드론을 내장한 플라잉 타조 제작에 착수한다.
이들은 유튜브 채널을 개설하고 상어 드론과 쥐, 오소리 가죽 등을 이용한 다양한 제품을 제작하고 있다. 이 드론은 모두 말린 동물 가죽을 이용한 것이다. 또 죽은 동물을 가져오면 드론으로 개조해주는 서비스도 하고 있다고 한다.

21 '우주정거장'으로 간 인공지능 드론

웹주소

http://techholic.co.kr/archives/61094

드론이 우주까지 활동 영역을 넓혔다. 물론 지금까지 보던 드론과는 조금 형태도 달라졌다. 지금 국제우주정거장 ISS에선 거리를 측정할 수 있는 드론 시험을 실시하고 있다. 보통 로봇은 카메라 2대를 이용해 물체간 거리를 측정한다. 하지만 이 실험에선 카메라 1대를 이용해 물체 정보를 더해 거리를 판단하려고 한다. 드론은 미세 중력 아래에서도 자유롭게 이동해가면서 자세를 바꿀 수 있다. 또 벽과 가까운 물체와의 거리감을 학습한다. 그런 다음 카메라를 닫고 자동으로 비행할 수 있는지를 시험한다.

이 시험에는 머신러닝을 이용한다. 스스로 학습을 할 수 있는 이런 연구 과정은 최근 멕시코에서 열린 우주 관련 행사인 국제천문총회 IAC 기간 중에도 보고되는 등 앞으로 인공지능이 우주 공간에서 활약할 첫 걸음으로 기대를 모으고 있다.

전문가들은 드론을 이용해 첨단 인공지능을 이용해 자율 학습으로 우주 공간에서 비행하는 건 의미가 크다면서 앞으로 신뢰할 수 있는 인공지능 개발을 계속

할 계획이라고 밝히고 있다. 인공지능과 드론이라는 2가지 아이템이 우주 공간에서 만나 어떤 결과를 보일지 관심이 모아진다.

22 배 도둑 잡은 드론

웹주소

http://techholic.co.kr/archives/57692

미국 워싱턴주 카마노섬에 우연히 놀라갔던 크리스 해리스라는 14세 소년이 자신들의 배를 훔쳐 도망가는 배 도둑을 발견했다. 소년은 갖고 있던 DJI의 팬텀 드론을 이용해 도둑을 추적, 영상을 기록했다.
소년은 결국 범인을 놓쳤지만 근처에 있던 보안관에게 신고했다. 범인을 촬영한 팬텀 드론은 4K 카메라를 탑재하고 있고 6m 상공에서 보트를 끌고 도주하는 범인의 모습을 선명하고 안정적으로 잡았다고. 이 정보를 바탕으로 다른 선착장에 나타난 범인을 현장에게 체포했다고 한다.

23 드론의 '드론에 의한 감시' 시스템

웹주소

http://techholic.co.kr/archives/60428

최근 들어 TV 드라마나 버라이어티 프로그램 등에서 드론을 이용해 활용한 장면을 자주 접할 수 있다. 물론 드론 활용도가 높아지면서 엉뚱한 쓰임새도 덩달아 늘어나 드론에 대한 규제가 필요하다는 목소리도 높아지고 있다. 하지만 드론처럼 작은 비행 물체는 항공관제 등을 통한 감시가 어렵다. 이런 이유로 제조사가 드론에 탑재한 GPS나 소프트웨어를 이용한 비행 지역 제한 등에 의존하는 상태.

미국방위고등연구계획국(DARPA)은 이런 문제를 해결하기 위해 불법 비행하는 드론을 빠르게 발견할 수 있도록 드론을 이용한 무인 항공기 감시 시스템 아이디어를 발표했다. 이 방식은 기존에 존재하는 하드웨어와 센서 기술을 이용한 저비용 실현을 통해 가능성을 모색하는 것이다.

24 디즈니도 "드론쇼 준비중"

웹주소

http://techholic.co.kr/archives/62904

디즈니라고 하면 화려한 일렉트리컬 퍼레이드가 유명하다. 하지만 올해는 조금 달라질 듯하다. 디즈니월드 리조트 내에 위치한 디즈니스프링스가 올해 연말 공연물로 드론을 이용한 쇼를 예고한 것. 'wishing upon a star'라고 명명한 이 쇼에선 조명 여러 개를 갖춘 드론이 공중에서 아름다운 모양을 그려낸다. 화려한 연출이 기대되는 대목. 영상에선 다른 연출 시스템도 엿볼 수 있다. 드론 제어는 노트북을 이용한다. 드론 동시 제어 기술은 인텔도 진행 중이다. 인텔은 얼마 전 기네스 기록인 드론 500대를 이용한 조명쇼를 공개하기도 했다. 디즈니의 연출 시스템이 인텔에 의한 것인지 여부는 아직 알 수 없다. 하지만 드론은 가벼운 본체와 기동성을 갖춰 이전부터 엔터테인먼트 분야에서의 활약에 대한 기대가 높았다. 디즈니가 어떤 연출을 통해 드론쇼를 펼칠지 관심이 모아진다.

25 드론 '500대의 환상적인 집단 군무'

웹주소

http://techholic.co.kr/archives/62788

지난 2015년 드론 100대를 이용해 동시 비행을 시연한 바 있는 인텔이 이번에는 무려 500대를 동원해 아름다운 조명쇼를 선보였다. 밤하늘에 다양한 무늬를 그려내는 건 LED를 장착한 드론이다. 이 드론은 컨트롤러 500대로 움직이는 게 아니라 중앙 컴퓨터에 의해 조작된 것이다. 인텔은 지난해 드론 100대 비행으로 기네스북에 이름을 올린 바 있지만 이번에는 500대를 동원해 새로운 기록을 세운 것. 노트북으로 제어하는 드론 집단 비행은 프로그램 개선도 이뤄진 것이라고 한다.

드론 본체 역시 경량 프라스틱이나 폼 프레임을 이용해 무게를 900g에서 280g까지 경량화했다. 비행 프로그램도 더 쉽고 정확하게 짤 수 있게 됐다. 이전에는 비행경로를 일일이 지정해야 했지만 이번에는 알고리즘을 통해 경로를 자동 계산한다. 인텔은 지난 10월 상용 드론인 팔콘8+(Falcon 8+)를 발표한 등 드론 시장에 높은 관심을 보이고 있다. 이 비행 프로그램은 단순한 기술 시위를 넘어 엔터테인먼트용으로 이용 범위를 더 확대시킬 가능성을 보여주고 있다.

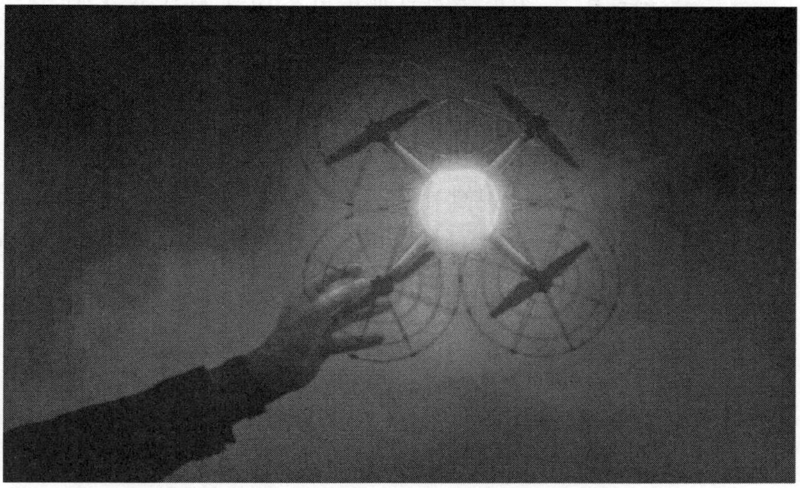

26 '세쿼이아 보호'에 나선 드론

웹주소

http://techholic.co.kr/archives/64112

세쿼이아(Sequoia)는 캘리포니아를 비롯한 미국 서해안에 자생하는 거대한 상록 교목 가운데 하나다. 높은 건 100m에 달하는 세쿼이아는 관광자원이기도 해서 미국 정부의 보호 대상. 미국 서부 지역에는 세쿼이아국립공원(Sequoia National Park) 같은 곳을 지정해 관리하기도 한다.

그런데 드론 제조사인 패롯이 드론을 이용해 이런 세쿼이아 침엽수에 대한 조사와 기후 변화를 막기 위한 지원 프로그램을 시작했다고 한다. 패롯은 캘리포니아 버클리 토드 도슨(Todd Dawson) 박사 연구팀과 협력해 드론을 산림 생태계 측정과 모니터링에 이용하는 프로그램을 시작했다. 현재 캘리포니아 지역은 가뭄이 문제가 되고 있다. 시에라네바다 산맥에 자생하는 세쿼이아에 이런 환경이 어떤 영향을 미칠지 우려되고 있는 것. 이런 이유로 드론을 이용해 세쿼이아를 촬영, 역학 조사를 실시해 세쿼이아 생태와 앞으로 기후 변화로 인한 영향을 규명하자는 것이다. 가볍고 빠른 드론을 이용해 높은 곳에서도 쾌적한 조사를 할 수 있는 건 물론이다.

패롯은 또 지원 프로그램인 기후 변화 혁신 프로젝트를 진행한다. 하드웨어와 소프트웨어 부문으로 나눠 채택된 프로젝트에 대해 패롯이 다양한 장비와 소프트웨어를 제공하려는 것이다. 이를 통해 기후 변화에 대한 혁신을 촉진시키려는 목적으로 진행하는 것이다.
드론은 비즈니스와 취미 쪽에 초점을 맞춰 생각하기 쉽지만 이런 연구 목적으로도 큰 역할이 기대되고 있다. 어디에나 부담 없이 가져갈 수 있고 조종할 수 있다는 장점 때문.

27 어두운 밤길… '드론은 조명'

웹주소

http://techholic.co.kr/archives/63764

영상은 영국 보험 회사인 다이렉트라인(Direct Line)이 공개한 것이다. 전화 통화로 부를 수 있는 드론 조명이다. 드론이 주위를 밝게 비춰 안전을 확보할 수 있게 해준다는 것이다. 어두운 곳을 혼자 걷던 여성 위에서 드론이 조명을 비춰주는 식이다.
물론 이 영상은 마케팅을 위해 만든 컨셉트다. 하지만 이 영상에 쓰인 기술은 오픈소스 소프트웨어를 기반으로 한 것이다. 또 스마트폰과 드론 GPS 기능을 감안하면 충분히 실현 가능한 것이기도 하다.

28 항공촬영으로 굴착량-工期 자동산출… 149조원 시장 창출

웹주소

http://news.donga.com/drone/3/010506/20161215/81846456/1

美 드론 항공촬영업체 2곳 탐방기

"건설 현장의 근로자가 사라지고 드론이 이를 대체하는 시대가 올 겁니다." 미국 드론 항공촬영업체 스카이캐치의 패트릭 스튜어트 상품개발 이사(39)가 미국 샌프란시스코 사무실을 찾은 기자에게 건넨 첫마디였다. 2013년 2월 설립된 스카이캐치는 드론을 이용해 항공 촬영을 하고, 이를 통해 수집한 각종 데이터를 파는 신생 벤처기업(스타트업)이다. 드론디플로이, 센스플라이, 드론베이스 등 샌프란시스코 소재 드론 항공촬영업체 중 기업 규모가 가장 크고 투자 유치에서도 성공했다는 평가를 받고 있다.

스튜어트 이사는 "드론은 사람이나 유인 헬리콥터보다 적은 비용으로 많은 데이터를 더 빨리 수집할 수 있다"며 "위험한 작업이 많고 노동력이 많이 필요한 분야일수록 사람 대신 드론을 쓰는 빈도가 늘어날 것"이라고 전망했다.

구글이 투자한 드론 벤처

사람이나 유인 헬리콥터보다 더 적은 비용으로 더 많은 데이터를 더 빨리 수집할 수 있는 드론은 건설 광산 에너지 등 중장비 산업에서 점점 그 쓰임새를 넓혀가고 있다. 수십 대의 대형 굴착기가 있는 건설현장에 등장한 드론.

6월 9일 샌프란시스코 도심 동부에 위치한 스카이캐치를 찾았다. 회사가 아니라 갓 문을 연 예쁜 카페 같았다. 콘크리트 벽면과 벽돌을 그대로 드러낸 인더스트리얼 디자인, 한눈에 봐도 20대로 보이는 젊은 직원들이 4층 건물 전체를 바쁘게 돌아다녔다.

청바지와 후드 티를 입고 기자를 맞은 스튜어트 이사는 미 해군과 대형 방산업체 노스럽그러먼에서 일하다가 지난해 스카이캐치에 합류했다. 그는 "60여 명의 직원 중 창업자 크리스천 샌즈(41)와 내가 가장 나이가 많은 편"이라며 "위계질서가 엄격한 군대와 대기업에서 일하다가 스카이캐치에 왔을 때 의사결정 및 업무진행 속도가 너무 빨라 일종의 문화충격을 받았다"고 말했다. 젊은 회사답게 회사 슬로건도 운(韻)을 맞춘 '겸손 민첩 신뢰(humble, nimble, reliable)'라고 설명했다.

스카이캐치는 구글, 유명 벤처캐피털 애벌론벤처스, 일본 중장비업체 고마쓰(小松) 등으로부터 투자를 유치해 유명해졌다. 창업 후 3년간 유치한 금액만 2500만 달러(약 293억 원). 스튜어트 이사는 "구글이 투자했다는 사실이 다른 투자자에게 일종의 보증서처럼 받아들여져 더 많은 돈을 모을 수 있었다"고 말했다.

실시간 데이터 전송과 분석

미국 샌프란시스코 도심 동부에 위치한 스카이캐치 본사 전경. 4층 건물 전체가 콘크리트 천장과 기둥을 그대로 드러낸 인더스트리얼 디자인이었다. 스타트업 사무실다운 분위기가 물씬 풍겼다(왼쪽 사진). 패트릭 스튜어트 이사가 자신의 노트북 화면을 보여주고 있다. 곳곳에서 움직이는 빨간 불은 스카이캐치 드론이 각지에서 항공 촬영을 하고 있다는 신호다.

스카이캐치의 주 고객은 미국 건설사 벡텔과 DPR, 일본 고마쓰 등이다. 고해상도 카메라, 위성위치확인시스템(GPS), 각종 센서 등을 부착한 스카이캐치 드론이 건설 현장으로 날아가 구석구석 촬영을 하면 이 영상이 자동으로 사진과 각종 3차원(3D) 데이터로 바뀌어 스카이캐치 서버에 쌓인다. 동시에 전문 소프트웨어가 부지 면적, 굴착 양, 시공 기간 및 비용 등을 자동으로 계산한다. 고객은 거의 실시간으로 원하는 데이터를 받아볼 수 있다. 이 모든 작업이 측량 기사나 전문 기술자 없이 이뤄진다. 과거에는 며칠씩 걸렸던 일도 드론을 이용하면 불과 몇 시간 만에 끝낼 수 있다는 것이 장점이다. 스카이캐치는 창업 초기에는 직접 제작한 드론을 이용해 항공촬영을 했지만 최근에는 업계 1위 업체 DJI의 드론을 주로 쓴다. '드론 생산'보다는 '촬영 및 데이터 수집'이 장기적으로 훨씬 유망한 분야라는 판단에서다.

스튜어트 이사는 "촬영 지역, 비행 고도, 기상 상황 등에 따라 다르지만 한 번에 20~30분을 비행하며 이때 수십 GB(기가바이트) 용량의 데이터를 수집한다"고 설명했다. 지상에서 원격 조종을 하는 것이 아니라 스카이캐치 직원이 미리 입력해둔 경로로 자율비행을 하는 방식이라 매우 간편하다고 덧붙였다.

그는 기자에게 본인의 노트북을 보여줬다. 화면을 가득 채운 세계 지도 위 곳곳에서 빨간 불이 번쩍이고 있었다. "우리 드론이 세계 각지에서 항공 촬영을 하고 있다는 신호입니다."

스카이캐치 서비스는 크게 3가지다. 기본(월 199달러 · 약 23만 원), 전문가용(월 749달러 · 약 88만 원), 프리미엄 서비스(월 3499달러 · 약 410만 원)로 각각 최대 5000장의 사진을 제공한다. '공유 경제(sharing economy)'를 선도하는 실리콘밸리 기업답게 다른 사람과 계좌를 나눠 쓸 수도 있다. 계좌를 나눠 쓸 때 약간의 추가 비용이 들지만 기본은 3명, 전문가용은 10명, 프리미엄 서비스는 100명까지 나눠 쓸 수 있다.

드론디플로이 "더 싸고 더 간편하게"

하루 뒤 역시 샌프란시스코 도심에 위치한 또 다른 드론 항공촬영 신생업체 드론디플로이를 찾았다. 2013년 초 설립된 드론디플로이는 현재까지 900만 달러(약 105억 원)의 투자금을 유치했으며 약 30명의 직원을 보유하고 있다. 스카이캐치와 비슷한 서비스를 제공하지만 이용 가격이 훨씬 싼 편이다.

드론디플로이에는 처음 5개월간 약 500장의 사진을 무료로 제공하는 '익스플로러' 서비스가 있다. 이 외에 매월 1000장의 사진을 제공하는 프로(월 99달러 · 약 12만 원), 3000장의 사진을 제공하는 비즈니스(월 299달러 · 약 35만 원) 서비스도 제공한다.

마이크 윈 창업자는 남아프리카공화국 출신으로 구글 등에서 일하다가 드론디플로이를 설립했다. 그는 "드론이 건설 광산 에너지 등 중장비 산업에서 혁신적 변화를 몰고 올 것이란 점에 매력을 느꼈다"고 설명했다. 이어 "일각에서 정부 규제나 사생활 침해 우려로 드론산업 발전이 예상보다 더딜 것이라고 하는데 실상을 잘 모르고 하는 소리"라며 "기술이 발전하면 규제는 당연히 풀리게 돼 있다"고 주장했다.

"스카이캐치 등 경쟁사 서비스보다 가격이 너무 싸지 않냐"고 묻자 윈 창업자는 "돈 때문에 우리 서비스를 이용하는 사람이 없도록 만들고 싶었다"며 "특히 드론디플로이 서비스는 모바일과 앱에 익숙하지 않은 사람들도 쉽게 조종하고 데이터를 축적할 수 있어 편리하다"고 강조했다.

드론이 창출하는 149조 원 시장

드론이 건설의 개념을 포함한 중장비 산업 생태계를 완전히 바꿀 것이란 두 업체의 주장은 허언이 아니다. 올해 9월 미 경제전문지 포천은 '2016년 전 세계 건설시장 규모가 8조5000억 달러(약 9953조 원)인데 이 중 사람이 하는 일을 드론으로 대체 가능한 금액만 1273억 달러(약 149조 원)'라고 보도했다.

실제 일본 고마쓰는 최근 자사 광고의 주인공을 기존 굴착기와 불도저에서 드론으로 바꿨다. 또한 드론과 사물인터넷을 통해 '스마트 건설'에 앞장선다는 점을 널리 홍보하고 있다. 스마트 건설은 시공을 제외한 건설의 전 과정이 가상 공간인 클라우드 서버에서 이뤄진다. 드론이 수집한 각종 빅데이터를 활용해 공정 효율을 최대한으로 높이고 인건비를 최소화할 수 있다.

스튜어트 이사는 "극지와 심해에서 이뤄지는 원유 채굴, 수백 m 지하에 있는 광산, 지상에서 수백 m 떨어진 높은 곳에 설치된 풍력발전기와 송전선 등을 설치 및 점검할 때 더 많은 드론이 쓰일 것"이라며 "한국의 대형 건설사들이 우리 서비스를 많이 이용해 주기를 바란다"고 말했다.

29 '무인자동차' 훌쩍 넘어 '드론 택시' 신기원 열다

웹주소

http://news.donga.com/drone/3/010506/20161208/81728362/1

"유인(有人) 드론이 위험하다고요? 무인 자동차보다 훨씬 안전한 교통수단이 유인 드론입니다."

올해 초 세계 최초의 유인 드론 '이항184'를 만들어 세계적 주목을 받은 중국 드론업체 이항(Ehang · 億航)의 슝이팡(熊逸放 · 27) 공동창업자 겸 최고마케팅책임자(CMO)가 기자에게 건넨 첫마디였다. 4월 21일 중국 베이징에서 열린 장난감 박람회 '하비엑스포차이나'의 이항 부스에서 만난 슝 창업자는 세계적 정보기술(IT) 업체의 우두머리가 아닌 수수한 공대생처럼 보였다.

면도를 하지 않은 얼굴, 덥수룩한 더벅머리, 허름한 회색 티셔츠 차림이었지만 드론 이야기를 꺼내자 눈빛이 매섭게 변했다. 그가 왜 2014년 4월 이항을 설립한 지 불과 2년 만에 세계 드론업계를 쥐락펴락하는 젊은 거물이 됐는지 알 수 있었다.

이항은 군사용 목적으로 개발된 후 항공 촬영, 농약 살포 등에 주로 쓰이던 드론이 교통수단으로 발전할 수 있음을 보여줘 드론의 신기원을 개척했다는 평가를 받고 있다. 특히 세계 1위 DJI를 겨냥해 '싼 가격'으로만 승부하는 다른 중국 드론업체와 달리 이항은 처음부터 '자율비행'이란 명확한 콘셉트로 차별화를 추구했다. 올해 2월 미 경제월간지 패스트컴퍼니가 이항을 '세계 최고 혁신기업'으로 선정한 이유다.

과거 '패스트 팔로어(Fast Follower · 발 빠른 추격자)'였던 중국 기업이 업계 혁신을 주도하는 '퍼스트 무버(First Mover · 시장 선도자)'로 올라섰음을 잘 보여주는 사례가 바로 이항이다.

이항184와 일반 비행기의 차이점은 조종사의 면허가 필요 없다는 것이다. 즉 테슬라나 구글이 개발 중인 무인 자동차의 개념을 하늘 위로 옮겨놓은 일종의 '드론 택시'가 이항184다. 안타깝게도 이날 행사장에서 '이항184'의 실물을 볼 순 없었다.

슝 창업자는 "올해 1월 미국 라스베이거스에서 열린 2016 국제전자제품박람회(CES)에 '이항184'를 출품했더니 관람객의 관심이 오로지 이 제품에만 쏠려 '고스트(Ghost) 2.0'을 보지 않더라"며 "이번 박람회에서도 비슷한 일이 일어날까 봐 일부러 가져오지 않았다"고 설명했다.

이항184는 100kg까지 싣고 비행할 수 있어 성인 남자 1명이 타기에 충분하다. 최대 시속 100km로 약 23분을 비행할 수 있으며 고스트와 마찬가지로 자율주행 기능을 갖췄다. 올해 말 시판 예정으로 예상 가격은 최대 30만 달러(약 3억 3000만 원)다.

올해 5월 시험 운행 중이던 무인 자동차로 인해 사망자가 발생한 데다 조종사가 없는 유인 드론이라는 점에서 이항184의 안전성을 우려하는 사람이 많다. 하지만 슝 창업자는 "많은 자동차 및 항공 사고가 부품 결함이나 기상 악화가 아니라 운전자의 실수로 일어난다"며 "조종할 필요가 없는 유인 드론이 더 안전하다"고 주장했다. 이어 "좁은 도로, 수많은 보행자와 자동차가 있는 지상과 달리 하늘에는 장애물이 적다"고 덧붙였다.

그는 이항184의 안전성을 높이기 위해 기체에 이상이 감지되면 즉시 인근의 안전한 장소에 착륙하도록 하는 페일세이프(fail-safe) 기능, 전원 일부가 소실돼도 몇 분간 비행이 가능한 기능 등도 갖췄다고 설명했다. 그는 "본격 운행 전 특정 구간만 반복 운행하는 일종의 관광용 드론으로 쓰는 방법도 검토하고 있다"고 말했다.

30 "VR 헤드셋 쓰고 드론 띄우자 온 세상을 내려다보는 듯 황홀"

웹주소

http://news.donga.com/List/Series_010506/3/010506/20161125/81513833/1

드론의 미래 'VR 드론'

패럿은 1994년 프랑스 기업가 앙리 세두(56), 장피에르 탈바르, 크리스틴 드 투르벨이 핸즈프리 등 자동차용 무선기기를 제조하기 위해 만든 회사다. 2012년 7월 스위스 드론 업체 센스플라이를 인수하며 드론 사업에 뛰어들었고 현재 가상현실(VR) 드론 분야의 최강자로 평가받는다.

VR 드론은 드론에 장착된 카메라가 촬영한 영상을 드론 조종자가 쓴 헤드셋에 실시간으로 전송하는 형태다. 이를 통해 드론 조종자는 인간의 시점으로는 볼 수 없는 각종 풍경을 즐길 수 있을 뿐만 아니라 흡사 자신이 하늘을 나는 듯한 느낌까지 얻는다. VR 드론이 촬영 등에 특화된 일반 상업용 드론보다 한 단계 더 앞선 미래형 드론으로 불리는 이유다.

패럿 본사 2층에 마련된 드론 시험장에 들어섰다. 세드릭 델마스 패럿 글로벌 마케팅이사(40)가 VR 드론 '비밥2'의 헤드셋을 기자의 머리에 씌워줬다. 조종기를 잡고 드론을 하늘로 날리자마자 흡사 기자의 몸이 공중으로 붕 뜨는 듯한 기분이 느껴졌다. "오 뜬다!"란 말이 절로 나왔다.

제자리 비행에 이어 드론이 마구 움직이는 2단계 비행에 돌입했다. 시험장 구석구석을 정신없이 날아다니는 VR 드론 때문에 흡사 기자가 놀이공원의 360도 열차를 탄 기분이 들었다. 드론이 벽에 빠른 속도로 접근할 땐 내 몸이 벽에 부딪힐 것 같아 오금이 저렸다. 델마스 이사는 "장애물 감지 기능이 있어 괜찮다"며 웃었다.

이날 하이라이트는 1인칭 시점(FPV · First Person View) 체험. 델마스 이사는 VR 드론을 기자의 머리 정면 위 2m 높이로 띄운 뒤 정지했다. 그러자 발 아래로 VR 헤드셋을 쓰고 입을 딱 벌리고 있는 기자 본인의 모습이 보였다. 너무 놀라 감탄사조차 나오지 않았다. 마치 신이 돼 온 세상을 내려다보는 기분이었다.

VR 드론을 탄생시킨 증강현실 게임

패럿이 VR 드론의 선구자가 된 건 증강현실(AR) 게임 'AR.Race' 덕분이다. 패럿은 센스플라이를 인수하기 2년 전인 2010년 초 무선조종 헬리콥터로 즐길 수 있는 이 게임을 발표했다. 카메라가 내장된 헬리콥터를 무선으로 조종하며 카메라에 비친 가상의 외계인과 싸우는 'AR.Race'는 올여름 화제를 모았던 또 다른 AR 게임 '포켓몬 고'와 유사하다.

2010년 당시 한 박물관에서 우연히 1907년 프랑스 발명가들이 만든 자이로플레인(현 헬리콥터)을 접한 세두 공동 창업자는 "스마트폰으로 조종하는 장난감 헬리콥터를 만들겠다"고 결심했다고 한다. 이의 상업화를 추진하다 센스플라이를 인수했고, 이것이 오늘날 패럿의 토대가 됐다고 레비 수석부사장은 설명했다.

패럿은 올해 9월 최신형 VR 드론 '디스코'를 출시했다. 디스코는 비행가능 시간이 무려 45분에 달해 20분 내외인 일반 드론보다 훨씬 오랫동안 가상현실을 즐길 수 있다. 레비 수석부사장은 "세계 드론 업계의 경쟁이 날로 치열해지고 있지만 VR 드론처럼 경쟁사가 쉽게 따라 하지 못하는 하이엔드 제품을 만들어 이에 대처하겠다"고 강조했다.

VR 드론의 미래 '버들리 머신'

일반 상업용 드론의 미래형이 VR 드론이라면 VR 드론에서 더 발전된 형태가 바로 VR 비행 시뮬레이터다. 패럿 본사를 방문하기 5일 전인 올해 9월 28일 스위스 취리히에서 VR 드론과 비행의 결합을 추진하고 있는 이 분야의 권위자 막스 라이너 취리히예술대 교수(44)를 만났다.

그는 서울에서 취리히까지 12시간을 날아온 기자에게 다짜고짜 안마기 같은 요상한 흰 기계 위에 엎드리라는 말부터 했다. '헤드셋과 선풍기까지 연결된 이 요상한 기계의 정체는 무엇일까' 반신반의하며 초면인 그 앞에서 대(大)자로 엎드렸다.

헤드셋을 쓰고 두 팔을 벌리자 기자의 몸은 미국 뉴욕 맨해튼 시내를 훨훨 날고 있었다. 뾰족하게 솟은 마천루의 윤곽이 생생히 보였고 머리카락이 날릴 정도로 시원한 바람이 부는 것도 느껴졌다. 몸을 살짝 숙이자 머리로 피가 쏠리면서 추락에 대한 공포감이 확 몰려왔다. 겁이 나 헤드셋을 벗자 맨해튼 풍경이 순식간에 사라졌다. 바로 2014년 라이너 교수가 개발한 VR 비행 시뮬레이터 '버들리(Birdly)'였다.

라이너 교수는 VR 드론과 비행의 결합을 추진하는 이유를 다음과 같이 설명했다. "지금 본 맨해튼 풍경은 여러 장의 실제 사진을 겹쳐 만든 3차원 그래픽 영상을 틀어준 것이지만 VR 드론과 버들리를 결합하면 해당 드론이 실시간으로 촬영한 영상을 바로바로 볼 수 있어 훨씬 생생한 경험이 가능합니다." 즉 조종자가 가 보고 싶은 지역에 직접 드론을 띄우고, 이 드론이 촬영한 영상을 인터넷 생중계 하듯 버들리로 전송하면 굳이 해당 지역에 가지 않아도 집에서 생생한 영상을 볼 수 있다는 뜻이다.

특히 버들리는 기자처럼 별도의 훈련을 받지 않은 사람도 쉽게 탈 수 있다. 라이너 교수는 "하늘을 나는 것은 인간의 오랜 꿈"이라며 "드론이 이 꿈을 이뤄줄 것"이라고 말했다.

9월 25일 독일 쾰른에서 만난 광학장비회사 자이스의 프란츠 트로펜하겐 시니어 매니저(44)는 아예 "VR 드론이 여행의 기본 개념을 바꾸고 있다"고 말했다. 자이스는 VR 드론이 촬영한 영상을 인간이 더욱더 생생하고 실감나게 느낄 수 있도록 만들어주는 특수렌즈를 생산한다. 현재 패럿은 물론이고 세계 1위 상업용 드론 업체 중국 DJI와도 손잡고 VR 전용 헤드셋 'VR ONE'을 개발하고 있다. 트로펜하겐 매니저는 "굳이 비싼 돈을 들여 비행기를 타거나, 복잡하고 어려운 조종 훈련을 받지 않아도 모든 사람이 자신이 원하는 곳을 자유롭게 날 수 있는 시대가 올 것"이라고 말했다.

8

SECTION

항공안전법

항공안전법

[시행 2019.3.30] [법률 제14116호, 2016.3.29., 제정]

제1장 총칙

제1조 【목적】 이 법은 「국제민간항공협약」 및 같은 협약의 부속서에서 채택된 표준과 권고되는 방식에 따라 항공기, 경량항공기 또는 초경량비행장치의 안전하고 효율적인 항행을 위한 방법과 국가, 항공사업자 및 항공종사자 등의 의무 등에 관한 사항을 규정함을 목적으로 한다. 〈개정 2019. 8. 27.〉
[시행일 : 2020.2.28.] 제1조

제2조 【정의】 이 법에서 사용하는 용어의 뜻은 다음과 같다. 〈개정 2019. 8. 27.〉

1. "항공기"란 공기의 반작용(지표면 또는 수면에 대한 공기의 반작용은 제외한다. 이하 같다)으로 뜰 수 있는 기기로서 최대이륙중량, 좌석 수 등 국토교통부령으로 정하는 기준에 해당하는 다음 각 목의 기기와 그 밖에 대통령령으로 정하는 기기를 말한다.
   가. 비행기
   나. 헬리콥터
   다. 비행선
   라. 활공기(滑空機)
2. "경량항공기"란 항공기 외에 공기의 반작용으로 뜰 수 있는 기기로서 최대이륙중량, 좌석 수 등 국토교통부령으로 정하는 기준에 해당하는 비행기, 헬리콥터, 자이로플레인(gyroplane) 및 동력패러슈트(powered parachute) 등을 말한다.
3. "초경량비행장치"란 항공기와 경량항공기 외에 공기의 반작용으로 뜰 수 있는 장치로서 자체중량, 좌석 수 등 국토교통부령으로 정하는 기준에 해당하는 동력비행장치, 행글라이더, 패러글라이더, 기구류 및 무인비행장치 등을 말한다.
4. "국가기관등항공기"란 국가, 지방자치단체, 그 밖에 「공공기관의 운영에 관한 법률」에 따른 공공기관으로서 대통령령으로 정하는 공공기관(이하 "국가기관등"이라 한다)이 소유하거나 임차(賃借)한 항공기로서 다음 각 목의 어느 하나에 해당하는 업무를 수행하기 위하여 사용되는 항공기를 말한다. 다만, 군용·경찰용·세관용 항공기는 제외한다.
   가. 재난·재해 등으로 인한 수색(搜索)·구조
   나. 산불의 진화 및 예방
   다. 응급환자의 후송 등 구조·구급활동
   라. 그 밖에 공공의 안녕과 질서유지를 위하여 필요한 업무
5. "항공업무"란 다음 각 목의 어느 하나에 해당하는 업무를 말한다.
   가. 항공기의 운항(무선설비의 조작을 포함한다) 업무(제46조에 따른 항공기 조종연습은 제외한다)

나. 항공교통관제(무선설비의 조작을 포함한다) 업무(제47조에 따른 항공교통관제연습은 제외한다)
다. 항공기의 운항관리 업무
라. 정비・수리・개조(이하 "정비등"이라 한다)된 항공기・발동기・프로펠러(이하 "항공기등"이라 한다), 장비품 또는 부품에 대하여 안전하게 운용할 수 있는 성능(이하 "감항성"이라 한다)이 있는지를 확인하는 업무 및 경량항공기 또는 그 장비품・부품의 정비사항을 확인하는 업무

6. "항공기사고"란 사람이 비행을 목적으로 항공기에 탑승하였을 때부터 탑승한 모든 사람이 항공기에서 내릴 때까지[사람이 탑승하지 아니하고 원격조종 등의 방법으로 비행하는 항공기(이하 "무인항공기"라 한다)의 경우에는 비행을 목적으로 움직이는 순간부터 비행이 종료되어 발동기가 정지되는 순간까지를 말한다] 항공기의 운항과 관련하여 발생한 다음 각 목의 어느 하나에 해당하는 것으로서 국토교통부령으로 정하는 것을 말한다.
가. 사람의 사망, 중상 또는 행방불명
나. 항공기의 파손 또는 구조적 손상
다. 항공기의 위치를 확인할 수 없거나 항공기에 접근이 불가능한 경우

7. "경량항공기사고"란 비행을 목적으로 경량항공기의 발동기가 시동되는 순간부터 비행이 종료되어 발동기가 정지되는 순간까지 발생한 다음 각 목의 어느 하나에 해당하는 것으로서 국토교통부령으로 정하는 것을 말한다.
가. 경량항공기에 의한 사람의 사망, 중상 또는 행방불명
나. 경량항공기의 추락, 충돌 또는 화재 발생
다. 경량항공기의 위치를 확인할 수 없거나 경량항공기에 접근이 불가능한 경우

8. "초경량비행장치사고"란 초경량비행장치를 사용하여 비행을 목적으로 이륙[이수(離水)를 포함한다. 이하 같다]하는 순간부터 착륙[착수(着水)를 포함한다. 이하 같다]하는 순간까지 발생한 다음 각 목의 어느 하나에 해당하는 것으로서 국토교통부령으로 정하는 것을 말한다.
가. 초경량비행장치에 의한 사람의 사망, 중상 또는 행방불명
나. 초경량비행장치의 추락, 충돌 또는 화재 발생
다. 초경량비행장치의 위치를 확인할 수 없거나 초경량비행장치에 접근이 불가능한 경우

9. "항공기준사고"(航空機準事故)란 항공안전에 중대한 위해를 끼쳐 항공기사고로 이어질 수 있었던 것으로서 국토교통부령으로 정하는 것을 말한다.

10. "항공안전장애"란 항공기사고 및 항공기준사고 외에 항공기의 운항 등과 관련하여 항공안전에 영향을 미치거나 미칠 우려가 있는 것을 말한다.

10의2. "항공안전위해요인"이란 항공기사고, 항공기준사고 또는 항공안전장애를 발생시킬 수 있거나 발생 가능성의 확대에 기여할 수 있는 상황, 상태 또는 물적・인적요인 등을 말한다.

10의3. "위험도"(Safety risk)란 항공안전위해요인이 항공안전을 저해하는 사례로 발전할 가능성과 그 심각도를 말한다.

10의4. "항공안전데이터"란 항공안전의 유지 또는 증진 등을 위하여 사용되는 다음 각 목의 자료를 말한다.
가. 제33조에 따른 항공기 등에 발생한 고장, 결함 또는 기능장애에 관한 보고

나. 제58조 제4항에 따른 비행자료 및 분석결과
다. 제58조 제5항에 따른 레이더 자료 및 분석결과
라. 제59조 및 제61조에 따라 보고된 자료
마. 제60조 및 「항공・철도 사고조사에 관한 법률」 제19조에 따른 조사결과
바. 제132조에 따른 항공안전 활동 과정에서 수집된 자료 및 결과보고
사. 「기상법」 제12조에 따른 기상업무에 관한 정보
아. 「항공사업법」 제2조 제34호에 따른 공항운영자가 항공안전관리를 위해 수집・관리하는 자료 등
자. 「항공사업법」 제6조 제1항 각 호에 따라 구축된 시스템에서 관리되는 정보
차. 「항공사업법」 제68조 제4항에 따른 업무수행 중 수집한 정보・통계 등
카. 항공안전을 위해 국제기구 또는 외국정부 등이 우리나라와 공유한 자료
타. 그 밖에 국토교통부령으로 정하는 자료

10의5. "항공안전정보"란 항공안전데이터를 안전관리 목적으로 사용하기 위하여 가공(加工)・정리・분석한 것을 말한다.
11. "비행정보구역"이란 항공기, 경량항공기 또는 초경량비행장치의 안전하고 효율적인 비행과 수색 또는 구조에 필요한 정보를 제공하기 위한 공역(空域)으로서 「국제민간항공협약」 및 같은 협약 부속서에 따라 국토교통부장관이 그 명칭, 수직 및 수평 범위를 지정・공고한 공역을 말한다.
12. "영공"(領空)이란 대한민국의 영토와 「영해 및 접속수역법」에 따른 내수 및 영해의 상공을 말한다.
13. "항공로"(航空路)란 국토교통부장관이 항공기, 경량항공기 또는 초경량비행장치의 항행에 적합하다고 지정한 지구의 표면상에 표시한 공간의 길을 말한다.
14. "항공종사자"란 제34조 제1항에 따른 항공종사자 자격증명을 받은 사람을 말한다.
15. "모의비행장치"란 항공기의 조종실을 모방한 장치로서 기계・전기・전자장치 등에 대한 통제기능과 비행의 성능 및 특성 등이 실제의 항공기와 동일하게 재현될 수 있게 고안된 장치를 말한다.
16. "운항승무원"이란 제35조 제1호부터 제6호까지의 어느 하나에 해당하는 자격증명을 받은 사람으로서 항공기에 탑승하여 항공업무에 종사하는 사람을 말한다.
17. "객실승무원"이란 항공기에 탑승하여 비상시 승객을 탈출시키는 등 승객의 안전을 위한 업무를 수행하는 사람을 말한다.
18. "계기비행"(計器飛行)이란 항공기의 자세・고도・위치 및 비행방향의 측정을 항공기에 장착된 계기에만 의존하여 비행하는 것을 말한다.
19. "계기비행방식"이란 계기비행을 하는 사람이 제84조 제1항에 따라 국토교통부장관 또는 제85조 제1항에 따른 항공교통업무증명(이하 "항공교통업무증명"이라 한다)을 받은 자가 지시하는 이동・이륙・착륙의 순서 및 시기와 비행의 방법에 따라 비행하는 방식을 말한다.
20. "피로위험관리시스템"이란 운항승무원과 객실승무원이 충분한 주의력이 있는 상태에서 해당 업무를 할 수 있도록 피로와 관련한 위험요소를 경험과 과학적 원리 및 지식에 기초하여 지속적으로 감독하고 관리하는 시스템을 말한다.

21. "비행장"이란 「공항시설법」 제2조 제2호에 따른 비행장을 말한다.
22. "공항"이란 「공항시설법」 제2조 제3호에 따른 공항을 말한다.
23. "공항시설"이란 「공항시설법」 제2조 제7호에 따른 공항시설을 말한다.
24. "항행안전시설"이란 「공항시설법」 제2조 제15호에 따른 항행안전시설을 말한다.
25. "관제권"(管制圈)이란 비행장 또는 공항과 그 주변의 공역으로서 항공교통의 안전을 위하여 국토교통부장관이 지정·공고한 공역을 말한다.
26. "관제구"(管制區)란 지표면 또는 수면으로부터 200미터 이상 높이의 공역으로서 항공교통의 안전을 위하여 국토교통부장관이 지정·공고한 공역을 말한다.
27. "항공운송사업"이란 「항공사업법」 제2조 제7호에 따른 항공운송사업을 말한다.
28. "항공운송사업자"란 「항공사업법」 제2조 제8호에 따른 항공운송사업자를 말한다.
29. "항공기사용사업"이란 「항공사업법」 제2조 제15호에 따른 항공기사용사업을 말한다.
30. "항공기사용사업자"란 「항공사업법」 제2조 제16호에 따른 항공기사용사업자를 말한다.
31. "항공기정비업자"란 「항공사업법」 제2조 제18호에 따른 항공기정비업자를 말한다.
32. "초경량비행장치사용사업"이란 「항공사업법」 제2조 제23호에 따른 초경량비행장치사용사업을 말한다.
33. "초경량비행장치사용사업자"란 「항공사업법」 제2조 제24호에 따른 초경량비행장치사용사업자를 말한다.
34. "이착륙장"이란 「공항시설법」 제2조 제19호에 따른 이착륙장을 말한다.

[시행일 : 2020.2.28.] 제2조

제3조 【군용항공기 등의 적용 특례】 ① 군용항공기와 이에 관련된 항공업무에 종사하는 사람에 대해서는 이 법을 적용하지 아니한다.

② 세관업무 또는 경찰업무에 사용하는 항공기와 이에 관련된 항공업무에 종사하는 사람에 대하여는 이 법을 적용하지 아니한다. 다만, 공중 충돌 등 항공기사고의 예방을 위하여 제51조, 제67조, 제68조 제5호, 제79조 및 제84조 제1항을 적용한다.

③ 「대한민국과 아메리카합중국 간의 상호방위조약」 제4조에 따라 아메리카합중국이 사용하는 항공기와 이에 관련된 항공업무에 종사하는 사람에 대하여는 제2항을 준용한다.

제4조 【국가기관등항공기의 적용 특례】 ① 국가기관등항공기와 이에 관련된 항공업무에 종사하는 사람에 대해서는 이 법(제66조, 제69조 부터 제73조까지 및 제132조는 제외한다)을 적용한다.

② 제1항에도 불구하고 국가기관등항공기를 재해·재난 등으로 인한 수색·구조, 화재의 진화, 응급환자 후송, 그 밖에 국토교통부령으로 정하는 공공목적으로 긴급히 운항(훈련을 포함한다)하는 경우에는 제53조, 제67조, 제68조 제1호부터 제3호까지, 제77조 제1항 제7호, 제79조 및 제84조 제1항을 적용하지 아니한다.

③ 제59조, 제61조, 제62조 제5항 및 제6항을 국가기관등항공기에 적용할 때에는 "국토교통부장관"은 "소관 행정기관의 장"으로 본다. 이 경우 소관 행정기관의 장은 제59조, 제61조, 제62조 제5항 및 제6항에 따라 보고받은 사실을 국토교통부장관에게 알려야 한다.

제5조 【임대차 항공기의 운영에 대한 권한 및 의무 이양의 적용 특례】 외국에 등록된 항공기를 임차하여 운영하거나 대한민국에 등록된 항공기를 외국에 임대하여 운영하게 하는 경우 그 임대차(賃貸借) 항공기의 운영에 관련된 권한 및 의무의 이양(移讓)에 관한 사항은 「국제민간항공협약」에 따라 국토교통부장관이 정하여 고시한다.

제6조 【항공안전정책기본계획의 수립 등】 ① 국토교통부장관은 국가항공안전정책에 관한 기본계획(이하 "항공안전정책기본계획"이라 한다)을 5년마다 수립하여야 한다.

② 항공안전정책기본계획에는 다음 각 호의 사항이 포함되어야 한다.

1. 항공안전정책의 목표 및 전략
2. 항공기사고・경량항공기사고・초경량비행장치사고 예방 및 운항 안전에 관한 사항
3. 항공기・경량항공기・초경량비행장치의 제작・정비 및 안전성 인증체계에 관한 사항
4. 비행정보구역・항공로 관리 및 항공교통체계 개선에 관한 사항
5. 항공종사자의 양성 및 자격관리에 관한 사항
6. 그 밖에 항공안전의 향상을 위하여 필요한 사항

③ 국토교통부장관은 항공안전정책기본계획을 수립 또는 변경하려는 경우 관계 행정기관의 장에게 필요한 협조를 요청할 수 있다.

④ 국토교통부장관은 항공안전정책기본계획을 수립하거나 변경하였을 때에는 그 내용을 관보에 고시하고, 제3항에 따라 협조를 요청한 관계 행정기관의 장에게 알려야 한다.

⑤ 국토교통부장관은 항공안전정책기본계획을 시행하기 위하여 연도별 시행계획을 수립할 수 있다.

제2장 항공기 등록

제7조 【항공기 등록】 항공기를 소유하거나 임차하여 항공기를 사용할 수 있는 권리가 있는 자(이하 "소유자등"이라 한다)는 항공기를 대통령령으로 정하는 바에 따라 국토교통부장관에게 등록을 하여야 한다. 다만, 대통령령으로 정하는 항공기는 그러하지 아니하다.

제8조 【항공기 국적의 취득】 제7조에 따라 등록된 항공기는 대한민국의 국적을 취득하고, 이에 따른 권리와 의무를 갖는다.

제9조 【항공기 소유권 등】 ① 항공기에 대한 소유권의 취득・상실・변경은 등록하여야 그 효력이 생긴다.

② 항공기에 대한 임차권(賃借權)은 등록하여야 제3자에 대하여 그 효력이 생긴다.

제10조 【항공기 등록의 제한】 ① 다음 각 호의 어느 하나에 해당하는 자가 소유하거나 임차한 항공기는 등록할 수 없다. 다만, 대한민국의 국민 또는 법인이 임차하여 사용할 수 있는 권리가 있는 항공기는 그러하지 아니하다.

1. 대한민국 국민이 아닌 사람
2. 외국정부 또는 외국의 공공단체
3. 외국의 법인 또는 단체

4. 제1호부터 제3호까지의 어느 하나에 해당하는 자가 주식이나 지분의 2분의 1 이상을 소유하거나 그 사업을 사실상 지배하는 법인
5. 외국인이 법인 등기사항증명서상의 대표자이거나 외국인이 법인 등기사항증명서상의 임원 수의 2분의 1 이상을 차지하는 법인

② 제1항 단서에도 불구하고 외국 국적을 가진 항공기는 등록할 수 없다.

제11조【항공기 등록사항】 ① 국토교통부장관은 제7조에 따라 항공기를 등록한 경우에는 항공기 등록원부(登錄原簿)에 다음 각 호의 사항을 기록하여야 한다.

1. 항공기의 형식
2. 항공기의 제작자
3. 항공기의 제작번호
4. 항공기의 정치장(定置場)
5. 소유자 또는 임차인·임대인의 성명 또는 명칭과 주소 및 국적
6. 등록 연월일
7. 등록기호

② 제1항에서 규정한 사항 외에 항공기의 등록에 필요한 사항은 대통령령으로 정한다.

제12조【항공기 등록증명서의 발급】 국토교통부장관은 제7조에 따라 항공기를 등록하였을 때에는 등록한 자에게 대통령령으로 정하는 바에 따라 항공기 등록증명서를 발급하여야 한다.

제13조【항공기 변경등록】 소유자등은 제11조 제1항 제4호 또는 제5호의 등록사항이 변경되었을 때에는 그 변경된 날부터 15일 이내에 대통령령으로 정하는 바에 따라 국토교통부장관에게 변경등록을 신청하여야 한다.

제14조【항공기 이전등록】 등록된 항공기의 소유권 또는 임차권을 양도·양수하려는 자는 그 사유가 있는 날부터 15일 이내에 대통령령으로 정하는 바에 따라 국토교통부장관에게 이전등록을 신청하여야 한다.

제15조【항공기 말소등록】 ① 소유자등은 등록된 항공기가 다음 각 호의 어느 하나에 해당하는 경우에는 그 사유가 있는 날부터 15일 이내에 대통령령으로 정하는 바에 따라 국토교통부장관에게 말소등록을 신청하여야 한다.

1. 항공기가 멸실(滅失)되었거나 항공기를 해체(정비등, 수송 또는 보관하기 위한 해체는 제외한다)한 경우
2. 항공기의 존재 여부를 1개월(항공기사고인 경우에는 2개월) 이상 확인할 수 없는 경우
3. 제10조 제1항 각 호의 어느 하나에 해당하는 자에게 항공기를 양도하거나 임대(외국 국적을 취득하는 경우만 해당한다)한 경우
4. 임차기간의 만료 등으로 항공기를 사용할 수 있는 권리가 상실된 경우

② 제1항에 따라 소유자등이 말소등록을 신청하지 아니하면 국토교통부장관은 7일 이상의 기간을 정하여 말소등록을 신청할 것을 최고(催告)하여야 한다.

③ 제2항에 따른 최고를 한 후에도 소유자등이 말소등록을 신청하지 아니하면 국토교통부장관은 직권으로 등록을 말소하고, 그 사실을 소유자등 및 그 밖의 이해관계인에게 알려야 한다.

제16조 【항공기 등록원부의 발급·열람】 ① 누구든지 국토교통부장관에게 항공기 등록원부의 등본 또는 초본의 발급이나 열람을 청구할 수 있다.
② 제1항에 따라 청구를 받은 국토교통부장관은 특별한 사유가 없으면 해당 자료를 발급하거나 열람하도록 하여야 한다.

제17조 【항공기 등록기호표의 부착】 ① 소유자등은 항공기를 등록한 경우에는 그 항공기 등록기호표를 국토교통부령으로 정하는 형식·위치 및 방법 등에 따라 항공기에 붙여야 한다.
② 누구든지 제1항에 따라 항공기에 붙인 등록기호표를 훼손해서는 아니 된다.

제18조 【항공기 국적 등의 표시】 ① 누구든지 국적, 등록기호 및 소유자등의 성명 또는 명칭을 표시하지 아니한 항공기를 운항해서는 아니 된다. 다만, 신규로 제작한 항공기 등 국토교통부령으로 정하는 항공기의 경우에는 그러하지 아니하다.
② 제1항에 따른 국적 등의 표시에 관한 사항과 등록기호의 구성 등에 필요한 사항은 국토교통부령으로 정한다.

제3장 항공기기술기준 및 형식증명 등

제19조 【항공기기술기준】 국토교통부장관은 항공기등, 장비품 또는 부품의 안전을 확보하기 위하여 다음 각 호의 사항을 포함한 기술상의 기준(이하 "항공기기술기준"이라 한다)을 정하여 고시하여야 한다.
1. 항공기등의 감항기준
2. 항공기등의 환경기준(배출가스 배출기준 및 소음기준을 포함한다)
3. 항공기등이 감항성을 유지하기 위한 기준
4. 항공기등, 장비품 또는 부품의 식별 표시 방법
5. 항공기등, 장비품 또는 부품의 인증절차

제20조 【형식증명 등】 ① 항공기등의 설계에 관하여 국토교통부장관의 증명을 받으려는 자는 국토교통부령으로 정하는 바에 따라 국토교통부장관에게 제2항 각 호의 어느 하나에 따른 증명을 신청하여야 한다. 증명받은 사항을 변경할 때에도 또한 같다. 〈개정 2017. 12. 26.〉
② 국토교통부장관은 제1항에 따른 신청을 받은 경우 해당 항공기등이 항공기기술기준 등에 적합한지를 검사한 후 다음 각 호의 구분에 따른 증명을 하여야 한다. 〈신설 2017. 12. 26.〉
1. 해당 항공기등의 설계가 항공기기술기준에 적합한 경우: 형식증명
2. 신청인이 다음 각 목의 어느 하나에 해당하는 항공기의 설계가 해당 항공기의 업무와 관련된 항공기기술기준에 적합하고 신청인이 제시한 운용범위에서 안전하게 운항할 수 있음을 입증한 경우: 제한형식증명
가. 산불진화, 수색구조 등 국토교통부령으로 정하는 특정한 업무에 사용되는 항공기(나목의 항공기

를 제외한다)

나. 「군용항공기 비행안전성 인증에 관한 법률」 제4조 제5항 제1호에 따른 형식인증을 받아 제작된 항공기로서 산불진화, 수색구조 등 국토교통부령으로 정하는 특정한 업무를 수행하도록 개조된 항공기

③ 국토교통부장관은 제2항 제1호의 형식증명(이하 "형식증명"이라 한다) 또는 같은 항 제2호의 제한형식증명(이하 "제한형식증명"이라 한다)을 하는 경우 국토교통부령으로 정하는 바에 따라 형식증명서 또는 제한형식증명서를 발급하여야 한다. 〈개정 2017. 12. 26.〉

④ 형식증명서 또는 제한형식증명서를 양도·양수하려는 자는 국토교통부령으로 정하는 바에 따라 국토교통부장관에게 양도사실을 보고하고 해당 증명서의 재발급을 신청하여야 한다. 〈개정 2017. 12. 26.〉

⑤ 형식증명, 제한형식증명 또는 제21조에 따른 형식증명승인을 받은 항공기등의 설계를 변경하기 위하여 부가적인 증명(이하 "부가형식증명"이라 한다)을 받으려는 자는 국토교통부령으로 정하는 바에 따라 국토교통부장관에게 부가형식증명을 신청하여야 한다. 〈개정 2017. 12. 26.〉

⑥ 국토교통부장관은 부가형식증명을 하는 경우 국토교통부령으로 정하는 바에 따라 부가형식증명서를 발급하여야 한다. 〈신설 2017. 12. 26.〉

⑦ 국토교통부장관은 다음 각 호의 어느 하나에 해당하는 경우 해당 항공기등에 대한 형식증명, 제한형식증명 또는 부가형식증명을 취소하거나 6개월 이내의 기간을 정하여 그 효력의 정지를 명할 수 있다. 다만, 제1호에 해당하는 경우에는 형식증명, 제한형식증명 또는 부가형식증명을 취소하여야 한다. 〈개정 2017. 12. 26.〉

1. 거짓이나 그 밖의 부정한 방법으로 형식증명, 제한형식증명 또는 부가형식증명을 받은 경우
2. 항공기등이 형식증명, 제한형식증명 또는 부가형식증명 당시의 항공기기술기준 등에 적합하지 아니하게 된 경우

[제목개정 2017. 12. 26.]

제21조【형식증명승인】 ① 항공기등의 설계에 관하여 외국정부로부터 형식증명을 받은 자가 해당 항공기등에 대하여 항공기기술기준에 적합함을 승인(이하 "형식증명승인"이라 한다)받으려는 경우 국토교통부령으로 정하는 바에 따라 항공기등의 형식별로 국토교통부장관에게 형식증명승인을 신청하여야 한다. 다만, 다음 각 호의 어느 하나에 해당하는 항공기의 경우에는 장착된 발동기와 프로펠러를 포함하여 신청할 수 있다. 〈개정 2017. 12. 26.〉

1. 최대이륙중량 5천700킬로그램 이하의 비행기
2. 최대이륙중량 3천175킬로그램 이하의 헬리콥터

② 제1항에도 불구하고 대한민국과 항공기등의 감항성에 관한 항공안전협정을 체결한 국가로부터 형식증명을 받은 제1항 각 호의 항공기 및 그 항공기에 장착된 발동기와 프로펠러의 경우에는 제1항에 따른 형식증명승인을 받은 것으로 본다. 〈신설 2017. 12. 26.〉

③ 국토교통부장관은 형식증명승인을 할 때에는 해당 항공기등(제2항에 따라 형식증명승인을 받은 것으로 보는 항공기 및 그 항공기에 장착된 발동기와 프로펠러는 제외한다)이 항공기기술기준에 적합한지를 검사하여야 한다. 다만, 대한민국과 항공기등의 감항성에 관한 항공안전협정을 체결한 국가로부터 형식

증명을 받은 항공기등에 대해서는 해당 협정에서 정하는 바에 따라 검사의 일부를 생략할 수 있다. 〈개정 2017. 12. 26.〉

④ 국토교통부장관은 제3항에 따른 검사 결과 해당 항공기등이 항공기기술기준에 적합하다고 인정하는 경우에는 국토교통부령으로 정하는 바에 따라 형식증명승인서를 발급하여야 한다. 〈개정 2017. 12. 26.〉

⑤ 국토교통부장관은 형식증명 또는 형식증명승인을 받은 항공기등으로서 외국정부로부터 그 설계에 관한 부가형식증명을 받은 사항이 있는 경우에는 국토교통부령으로 정하는 바에 따라 부가적인 형식증명승인(이하 "부가형식증명승인"이라 한다)을 할 수 있다. 〈개정 2017. 12. 26.〉

⑥ 국토교통부장관은 부가형식증명승인을 할 때에는 해당 항공기등이 항공기기술기준에 적합한지를 검사한 후 적합하다고 인정하는 경우에는 국토교통부령으로 정하는 바에 따라 부가형식증명승인서를 발급하여야 한다. 다만, 대한민국과 항공기등의 감항성에 관한 항공안전협정을 체결한 국가로부터 부가형식증명을 받은 사항에 대해서는 해당 협정에서 정하는 바에 따라 검사의 일부를 생략할 수 있다. 〈개정 2017. 12. 26.〉

⑦ 국토교통부장관은 다음 각 호의 어느 하나에 해당하는 경우에는 해당 항공기등에 대한 형식증명승인 또는 부가형식증명승인을 취소하거나 6개월 이내의 기간을 정하여 그 효력의 정지를 명할 수 있다. 다만, 제1호에 해당하는 경우에는 형식증명승인 또는 부가형식증명승인을 취소하여야 한다. 〈개정 2017. 12. 26.〉

1. 거짓이나 그 밖의 부정한 방법으로 형식증명승인 또는 부가형식증명승인을 받은 경우
2. 항공기등이 형식증명승인 또는 부가형식증명승인 당시의 항공기기술기준에 적합하지 아니하게 된 경우

제22조 【제작증명】 ① 형식증명 또는 제한형식증명에 따라 인가된 설계에 일치하게 항공기등을 제작할 수 있는 기술, 설비, 인력 및 품질관리체계 등을 갖추고 있음을 증명(이하 "제작증명"이라 한다)받으려는 자는 국토교통부령으로 정하는 바에 따라 국토교통부장관에게 제작증명을 신청하여야 한다. 〈개정 2017. 12. 26.〉

② 국토교통부장관은 제1항에 따른 신청을 받은 경우 항공기등을 제작하려는 자가 형식증명 또는 제한형식증명에 따라 인가된 설계에 일치하게 항공기등을 제작할 수 있는 기술, 설비, 인력 및 품질관리체계 등을 갖추고 있는지를 검사하여야 한다. 〈개정 2017. 12. 26.〉

③ 국토교통부장관은 제1항에 따라 제작증명을 하는 경우 국토교통부령으로 정하는 바에 따라 제작증명서를 발급하여야 한다. 이 경우 제작증명서는 타인에게 양도·양수할 수 없다. 〈신설 2017. 12. 26.〉

④ 제작증명을 받은 자는 항공기등, 장비품 또는 부품의 감항성에 영향을 미칠 수 있는 설비의 이전이나 증설 또는 품질관리체계의 변경 등 국토교통부령으로 정하는 사유가 발생하는 경우 이를 국토교통부장관에게 보고하여야 한다. 〈신설 2017. 12. 26.〉

⑤ 국토교통부장관은 다음 각 호의 어느 하나에 해당하는 경우에는 제작증명을 취소하거나 6개월 이내의 기간을 정하여 그 효력의 정지를 명할 수 있다. 다만, 제1호에 해당하는 경우에는 제작증명을 취소하여야 한다. 〈개정 2017. 12. 26.〉

1. 거짓이나 그 밖의 부정한 방법으로 제작증명을 받은 경우
2. 항공기등이 제작증명 당시의 항공기기술기준에 적합하지 아니하게 된 경우

제23조 【감항증명 및 감항성 유지】 ① 항공기가 감항성이 있다는 증명(이하 "감항증명"이라 한다)을 받으려는 자는 국토교통부령으로 정하는 바에 따라 국토교통부장관에게 감항증명을 신청하여야 한다.

② 감항증명은 대한민국 국적을 가진 항공기가 아니면 받을 수 없다. 다만, 국토교통부령으로 정하는 항공기의 경우에는 그러하지 아니하다.

③ 누구든지 다음 각 호의 어느 하나에 해당하는 감항증명을 받지 아니한 항공기를 운항하여서는 아니 된다. 〈개정 2017. 12. 26.〉

1. 표준감항증명: 해당 항공기가 형식증명 또는 형식증명승인에 따라 인가된 설계에 일치하게 제작되고 안전하게 운항할 수 있다고 판단되는 경우에 발급하는 증명
2. 특별감항증명: 해당 항공기가 제한형식증명을 받았거나 항공기의 연구, 개발 등 국토교통부령으로 정하는 경우로서 항공기 제작자 또는 소유자등이 제시한 운용범위를 검토하여 안전하게 운항할 수 있다고 판단되는 경우에 발급하는 증명

④ 국토교통부장관은 제3항 각 호의 어느 하나에 해당하는 감항증명을 하는 경우 국토교통부령으로 정하는 바에 따라 해당 항공기의 설계, 제작과정, 완성 후의 상태와 비행성능에 대하여 검사하고 해당 항공기의 운용한계(運用限界)를 지정하여야 한다. 다만, 다음 각 호의 어느 하나에 해당하는 항공기의 경우에는 국토교통부령으로 정하는 바에 따라 검사의 일부를 생략할 수 있다. 〈신설 2017. 12. 26.〉

1. 형식증명, 제한형식증명 또는 형식증명승인을 받은 항공기
2. 제작증명을 받은 자가 제작한 항공기
3. 항공기를 수출하는 외국정부로부터 감항성이 있다는 승인을 받아 수입하는 항공기

⑤ 감항증명의 유효기간은 1년으로 한다. 다만, 항공기의 형식 및 소유자등(제32조 제2항에 따른 위탁을 받은 자를 포함한다)의 감항성 유지능력 등을 고려하여 국토교통부령으로 정하는 바에 따라 유효기간을 연장할 수 있다. 〈개정 2017. 12. 26.〉

⑥ 국토교통부장관은 제4항에 따른 검사 결과 항공기가 감항성이 있다고 판단되는 경우 국토교통부령으로 정하는 바에 따라 감항증명서를 발급하여야 한다. 〈신설 2017. 12. 26.〉

⑦ 국토교통부장관은 다음 각 호의 어느 하나에 해당하는 경우에는 해당 항공기에 대한 감항증명을 취소하거나 6개월 이내의 기간을 정하여 그 효력의 정지를 명할 수 있다. 다만, 제1호에 해당하는 경우에는 감항증명을 취소하여야 한다. 〈개정 2017. 12. 26.〉

1. 거짓이나 그 밖의 부정한 방법으로 감항증명을 받은 경우
2. 항공기가 감항증명 당시의 항공기기술기준에 적합하지 아니하게 된 경우

⑧ 항공기를 운항하려는 소유자등은 국토교통부령으로 정하는 바에 따라 그 항공기의 감항성을 유지하여야 한다. 〈개정 2017. 12. 26.〉

⑨ 국토교통부장관은 제8항에 따라 소유자등이 해당 항공기의 감항성을 유지하는지를 수시로 검사하여야 하며, 항공기의 감항성 유지를 위하여 소유자등에게 항공기등, 장비품 또는 부품에 대한 정비등에 관한 감항성개선 또는 그 밖의 검사·정비등을 명할 수 있다. 〈개정 2017. 12. 26.〉

제24조 【감항승인】 ① 우리나라에서 제작, 운항 또는 정비등을 한 항공기등, 장비품 또는 부품을 타인에게 제공하려는 자는 국토교통부령으로 정하는 바에 따라 국토교통부장관의 감항승인을 받을 수 있다.

② 국토교통부장관은 제1항에 따른 감항승인을 할 때에는 해당 항공기등, 장비품 또는 부품이 항공기기술기준 또는 제27조 제1항에 따른 기술표준품의 형식승인기준에 적합하고, 안전하게 운용할 수 있다고 판단하는 경우에는 감항승인을 하여야 한다.

③ 국토교통부장관은 다음 각 호의 어느 하나에 해당하는 경우에는 제2항에 따른 감항승인을 취소하거나 6개월 이내의 기간을 정하여 그 효력의 정지를 명할 수 있다. 다만, 제1호에 해당하는 경우에는 그 감항승인을 취소하여야 한다.

1. 거짓이나 그 밖의 부정한 방법으로 감항승인을 받은 경우
2. 항공기등, 장비품 또는 부품이 감항승인 당시의 항공기기술기준 또는 제27조 제1항에 따른 기술표준품의 형식승인기준에 적합하지 아니하게 된 경우

제25조 【소음기준적합증명】 ① 국토교통부령으로 정하는 항공기의 소유자등은 감항증명을 받는 경우와 수리·개조 등으로 항공기의 소음치(騷音値)가 변동된 경우에는 국토교통부령으로 정하는 바에 따라 그 항공기가 제19조 제2호의 소음기준에 적합한지에 대하여 국토교통부장관의 증명(이하 "소음기준적합증명"이라 한다)을 받아야 한다.

② 소음기준적합증명을 받지 아니하거나 항공기기술기준에 적합하지 아니한 항공기를 운항해서는 아니 된다. 다만, 국토교통부령으로 정하는 바에 따라 국토교통부장관의 운항허가를 받은 경우에는 그러하지 아니하다.

③ 국토교통부장관은 다음 각 호의 어느 하나에 해당하는 경우에는 소음기준적합증명을 취소하거나 6개월 이내의 기간을 정하여 그 효력의 정지를 명할 수 있다. 다만, 제1호에 해당하는 경우에는 소음기준적합증명을 취소하여야 한다.

1. 거짓이나 그 밖의 부정한 방법으로 소음기준적합증명을 받은 경우
2. 항공기가 소음기준적합증명 당시의 항공기기술기준에 적합하지 아니하게 된 경우

제26조 【항공기기술기준 변경에 따른 요구】 국토교통부장관은 항공기기술기준이 변경되어 형식증명을 받은 항공기가 변경된 항공기기술기준에 적합하지 아니하게 된 경우에는 형식증명을 받거나 양수한 자 또는 소유자등에게 변경된 항공기기술기준을 따르도록 요구할 수 있다. 이 경우 형식증명을 받거나 양수한 자 또는 소유자등은 이에 따라야 한다.

제27조 【기술표준품 형식승인】 ① 항공기등의 감항성을 확보하기 위하여 국토교통부장관이 정하여 고시하는 장비품(시험 또는 연구·개발 목적으로 설계·제작하는 경우는 제외한다. 이하 "기술표준품"이라 한다)을 설계·제작하려는 자는 국토교통부장관이 정하여 고시하는 기술표준품의 형식승인기준(이하 "기술표준품형식승인기준"이라 한다)에 따라 해당 기술표준품의 설계·제작에 대하여 국토교통부장관의 승인(이하 "기술표준품형식승인"이라 한다)을 받아야 한다. 다만, 대한민국과 기술표준품의 형식승인에 관한 항공안전협정을 체결한 국가로부터 형식승인을 받은 기술표준품으로서 국토교통부령으로 정하는 기술표준품은 기술표준품형식승인을 받은 것으로 본다.

② 국토교통부장관은 기술표준품형식승인을 할 때에는 기술표준품의 설계·제작에 대하여 기술표준품형식승인기준에 적합한지를 검사한 후 적합하다고 인정하는 경우에는 국토교통부령으로 정하는 바에

따라 기술표준품형식승인서를 발급하여야 한다.

③ 누구든지 기술표준품형식승인을 받지 아니한 기술표준품을 제작·판매하거나 항공기등에 사용해서는 아니 된다.

④ 국토교통부장관은 다음 각 호의 어느 하나에 해당하는 경우에는 해당 기술표준품형식승인을 취소하거나 6개월 이내의 기간을 정하여 그 효력의 정지를 명할 수 있다. 다만, 제1호에 해당하는 경우에는 기술표준품형식승인을 취소하여야 한다.

1. 거짓이나 그 밖의 부정한 방법으로 기술표준품형식승인을 받은 경우
2. 기술표준품이 기술표준품형식승인 당시의 기술표준품형식승인기준에 적합하지 아니하게 된 경우

제28조 【부품등제작자증명】 ① 항공기등에 사용할 장비품 또는 부품을 제작하려는 자는 국토교통부령으로 정하는 바에 따라 항공기기술기준에 적합하게 장비품 또는 부품을 제작할 수 있는 인력, 설비, 기술 및 검사체계 등을 갖추고 있는지에 대하여 국토교통부장관의 증명(이하 "부품등제작자증명"이라 한다)을 받아야 한다. 다만, 다음 각 호의 어느 하나에 해당하는 장비품 또는 부품을 제작하려는 경우에는 그러하지 아니하다.

1. 형식증명 또는 부가형식증명 당시 또는 형식증명승인 또는 부가형식증명승인 당시 장착되었던 장비품 또는 부품의 제작자가 제작하는 같은 종류의 장비품 또는 부품
2. 기술표준품형식승인을 받아 제작하는 기술표준품
3. 그 밖에 국토교통부령으로 정하는 장비품 또는 부품

② 국토교통부장관은 부품등제작자증명을 할 때에는 항공기기술기준에 적합하게 장비품 또는 부품을 제작할 수 있는지를 검사한 후 적합하다고 인정하는 경우에는 국토교통부령으로 정하는 바에 따라 부품등제작자증명서를 발급하여야 한다.

③ 누구든지 부품등제작자증명을 받지 아니한 장비품 또는 부품을 제작·판매하거나 항공기등 또는 장비품에 사용해서는 아니 된다.

④ 대한민국과 항공안전협정을 체결한 국가로부터 부품등제작자증명을 받은 경우에는 부품등제작자증명을 받은 것으로 본다.

⑤ 국토교통부장관은 다음 각 호의 어느 하나에 해당하는 경우에는 부품등제작자증명을 취소하거나 6개월 이내의 기간을 정하여 그 효력의 정지를 명할 수 있다. 다만, 제1호에 해당하는 경우에는 부품등제작자증명을 취소하여야 한다.

1. 거짓이나 그 밖의 부정한 방법으로 부품등제작자증명을 받은 경우
2. 장비품 또는 부품이 부품등제작자증명 당시의 항공기기술기준에 적합하지 아니하게 된 경우

제29조 【과징금의 부과】 ① 국토교통부장관은 제20조 제7항, 제22조 제5항, 제27조 제4항 또는 제28조 제5항에 따라 형식증명, 제한형식증명, 부가형식증명, 제작증명, 기술표준품형식승인 또는 부품등제작자증명의 효력정지를 명하는 경우로서 그 증명이나 승인의 효력정지가 항공기 이용자 등에게 심한 불편을 주거나 공익을 해칠 우려가 있는 경우에는 그 증명이나 승인의 효력정지처분을 갈음하여 1억원 이하의 과징금을 부과할 수 있다. 〈개정 2017. 12. 26.〉

② 제1항에 따른 과징금 부과의 구체적인 기준, 절차 및 그 밖에 필요한 사항은 대통령령으로 정한다.
③ 국토교통부장관은 제1항에 따라 과징금을 내야 할 자가 납부기한까지 과징금을 내지 아니하면 국세 체납처분의 예에 따라 징수한다.

제30조 【수리 · 개조승인】 ① 감항증명을 받은 항공기의 소유자등은 해당 항공기등, 장비품 또는 부품을 국토교통부령으로 정하는 범위에서 수리하거나 개조하려면 국토교통부령으로 정하는 바에 따라 그 수리 · 개조가 항공기기술기준에 적합한지에 대하여 국토교통부장관의 승인(이하 "수리 · 개조승인"이라 한다)을 받아야 한다.
② 소유자등은 수리 · 개조승인을 받지 아니한 항공기등, 장비품 또는 부품을 운항 또는 항공기등에 사용해서는 아니 된다.
③ 제1항에도 불구하고 다음 각 호의 어느 하나에 해당하는 경우로서 항공기기술기준에 적합한 경우에는 수리 · 개조승인을 받은 것으로 본다.
1. 기술표준품형식승인을 받은 자가 제작한 기술표준품을 그가 수리 · 개조하는 경우
2. 부품등제작자증명을 받은 자가 제작한 장비품 또는 부품을 그가 수리 · 개조하는 경우
3. 제97조 제1항에 따른 정비조직인증을 받은 자가 항공기등, 장비품 또는 부품을 수리 · 개조하는 경우

제31조 【항공기등의 검사 등】 ① 국토교통부장관은 제20조 부터 제25조까지, 제27조, 제28조, 제30조 및 제97조에 따른 증명 · 승인 또는 정비조직인증을 할 때에는 국토교통부장관이 정하는 바에 따라 미리 해당 항공기등 및 장비품을 검사하거나 이를 제작 또는 정비하려는 조직, 시설 및 인력 등을 검사하여야 한다.
② 국토교통부장관은 제1항에 따른 검사를 하기 위하여 다음 각 호의 어느 하나에 해당하는 사람 중에서 항공기등 및 장비품을 검사할 사람(이하 "검사관"이라 한다)을 임명 또는 위촉한다.
1. 제35조 제8호의 항공정비사 자격증명을 받은 사람
2. 「국가기술자격법」에 따른 항공분야의 기사 이상의 자격을 취득한 사람
3. 항공기술 관련 분야에서 학사 이상의 학위를 취득한 후 3년 이상 항공기의 설계, 제작, 정비 또는 품질보증 업무에 종사한 경력이 있는 사람
4. 국가기관등항공기의 설계, 제작, 정비 또는 품질보증 업무에 5년 이상 종사한 경력이 있는 사람
③ 국토교통부장관은 국토교통부 소속 공무원이 아닌 검사관이 제1항에 따른 검사를 한 경우에는 예산의 범위에서 수당을 지급할 수 있다.

제32조 【항공기등의 정비등의 확인】 ① 소유자등은 항공기등, 장비품 또는 부품에 대하여 정비등(국토교통부령으로 정하는 경미한 정비 및 제30조 제1항에 따른 수리 · 개조는 제외한다. 이하 이 조에서 같다)을 한 경우에는 제35조 제8호의 항공정비사 자격증명을 받은 사람으로서 국토교통부령으로 정하는 자격요건을 갖춘 사람으로부터 그 항공기등, 장비품 또는 부품에 대하여 국토교통부령으로 정하는 방법에 따라 감항성을 확인받지 아니하면 이를 운항 또는 항공기등에 사용해서는 아니 된다. 다만, 감항성을 확인받기 곤란한 대한민국 외의 지역에서 항공기등, 장비품 또는 부품에 대하여 정비등을 하는 경우로서 국토교통부령으로 정하는 자격요건을 갖춘 자로부터 그 항공기등, 장비품 또는 부품에 대하여 감항

성을 확인받은 경우에는 이를 운항 또는 항공기등에 사용할 수 있다.

② 소유자등은 항공기등, 장비품 또는 부품에 대한 정비등을 위탁하려는 경우에는 제97조 제1항에 따른 정비조직인증을 받은 자 또는 그 항공기등, 장비품 또는 부품을 제작한 자에게 위탁하여야 한다.

제33조 【항공기 등에 발생한 고장, 결함 또는 기능장애 보고 의무】 ① 형식증명, 부가형식증명, 제작증명, 기술표준품형식승인 또는 부품등제작자증명을 받은 자는 그가 제작하거나 인증을 받은 항공기등, 장비품 또는 부품이 설계 또는 제작의 결함으로 인하여 국토교통부령으로 정하는 고장, 결함 또는 기능장애가 발생한 것을 알게 된 경우에는 국토교통부령으로 정하는 바에 따라 국토교통부장관에게 그 사실을 보고하여야 한다.

② 항공운송사업자, 항공기사용사업자 등 대통령령으로 정하는 소유자등 또는 제97조 제1항에 따른 정비조직인증을 받은 자는 항공기를 운영하거나 정비하는 중에 국토교통부령으로 정하는 고장, 결함 또는 기능장애가 발생한 것을 알게 된 경우에는 국토교통부령으로 정하는 바에 따라 국토교통부장관에게 그 사실을 보고하여야 한다.

제4장 항공종사자 등

제34조 【항공종사자 자격증명 등】 ① 항공업무에 종사하려는 사람은 국토교통부령으로 정하는 바에 따라 국토교통부장관으로부터 항공종사자 자격증명(이하 "자격증명"이라 한다)을 받아야 한다. 다만, 항공업무 중 무인항공기의 운항 업무인 경우에는 그러하지 아니하다.

② 다음 각 호의 어느 하나에 해당하는 사람은 자격증명을 받을 수 없다.

1. 다음 각 목의 구분에 따른 나이 미만인 사람
   가. 자가용 조종사 자격: 17세(제37조에 따라 자가용 조종사의 자격증명을 활공기에 한정하는 경우에는 16세)
   나. 사업용 조종사, 부조종사, 항공사, 항공기관사, 항공교통관제사 및 항공정비사 자격: 18세
   다. 운송용 조종사 및 운항관리사 자격: 21세
2. 제43조 제1항에 따른 자격증명 취소처분을 받고 그 취소일부터 2년이 지나지 아니한 사람(취소된 자격증명을 다시 받는 경우에 한정한다)

③ 제1항 및 제2항에도 불구하고 「군사기지 및 군사시설 보호법」을 적용받는 항공작전기지에서 항공기를 관제하는 군인은 국방부장관으로부터 자격인정을 받아 항공교통관제 업무를 수행할 수 있다.

제35조 【자격증명의 종류】 자격증명의 종류는 다음과 같이 구분한다.

1. 운송용 조종사
2. 사업용 조종사
3. 자가용 조종사
4. 부조종사
5. 항공사
6. 항공기관사

7. 항공교통관제사
8. 항공정비사
9. 운항관리사

제36조 【업무범위】 ① 자격증명의 종류에 따른 업무범위는 별표와 같다.

② 자격증명을 받은 사람은 그가 받은 자격증명의 종류에 따른 업무범위 외의 업무에 종사해서는 아니 된다.

③ 다음 각 호의 어느 하나에 해당하는 경우에는 제1항 및 제2항을 적용하지 아니한다.

1. 국토교통부령으로 정하는 항공기에 탑승하여 조종(항공기에 탑승하여 그 기체 및 발동기를 다루는 것을 포함한다. 이하 같다)하는 경우
2. 새로운 종류, 등급 또는 형식의 항공기에 탑승하여 시험비행 등을 하는 경우로서 국토교통부령으로 정하는 바에 따라 국토교통부장관의 허가를 받은 경우

제37조 【자격증명의 한정】 ① 국토교통부장관은 다음 각 호의 구분에 따라 자격증명에 대한 한정을 할 수 있다. 〈개정 2019. 8. 27.〉

1. 운송용 조종사, 사업용 조종사, 자가용 조종사, 부조종사 또는 항공기관사 자격의 경우: 항공기의 종류, 등급 또는 형식
2. 항공정비사 자격의 경우: 항공기·경량항공기의 종류 및 정비분야

② 제1항에 따라 자격증명의 한정을 받은 항공종사자는 그 한정된 종류, 등급 또는 형식 외의 항공기·경량항공기나 한정된 정비분야 외의 항공업무에 종사해서는 아니 된다. 〈개정 2019. 8. 27.〉

③ 제1항에 따른 자격증명의 한정에 필요한 세부사항은 국토교통부령으로 정한다.

[시행일 : 2020.2.28.] 제37조

제38조 【시험의 실시 및 면제】 ① 자격증명을 받으려는 사람은 국토교통부령으로 정하는 바에 따라 항공업무에 종사하는 데 필요한 지식 및 능력에 관하여 국토교통부장관이 실시하는 학과시험 및 실기시험에 합격하여야 한다.

② 국토교통부장관은 제37조에 따라 자격증명을 항공기·경량항공기의 종류, 등급 또는 형식별로 한정(제44조에 따른 계기비행증명 및 조종교육증명을 포함한다)하는 경우에는 항공기·경량항공기 탑승경력 및 정비경력 등을 심사하여야 한다. 이 경우 항공기·경량항공기의 종류 및 등급에 대한 최초의 자격증명의 한정은 실기시험으로 심사할 수 있다. 〈개정 2019. 8. 27.〉

③ 국토교통부장관은 다음 각 호의 어느 하나에 해당하는 사람에게는 국토교통부령으로 정하는 바에 따라 제1항 및 제2항에 따른 시험 및 심사의 전부 또는 일부를 면제할 수 있다. 〈개정 2019. 8. 27.〉

1. 외국정부로부터 자격증명을 받은 사람
2. 제48조에 따른 전문교육기관의 교육과정을 이수한 사람
3. 항공기·경량항공기 탑승경력 및 정비경력 등 실무경험이 있는 사람
4. 「국가기술자격법」에 따른 항공기술분야의 자격을 가진 사람

④ 국토교통부장관은 제1항에 따라 학과시험 및 실기시험에 합격한 사람에 대해서는 자격증명서를 발급

하여야 한다.

[시행일 : 2020.2.28.] 제38조

제39조【모의비행장치를 이용한 자격증명 실기시험의 실시 등】 ① 국토교통부장관은 항공기 대신 국토교통부장관이 지정하는 모의비행장치를 이용하여 제38조 제1항에 따른 실기시험을 실시할 수 있다.

② 국토교통부장관이 지정하는 모의비행장치를 이용한 탑승경력은 제38조 제2항 전단에 따른 항공기 탑승경력으로 본다.

③ 제2항에 따른 모의비행장치의 지정기준과 탑승경력의 인정 등에 필요한 사항은 국토교통부령으로 정한다.

제40조【항공신체검사증명】 ① 다음 각 호의 어느 하나에 해당하는 사람은 자격증명의 종류별로 국토교통부장관의 항공신체검사증명을 받아야 한다.

1. 운항승무원
2. 제35조 제7호의 자격증명을 받고 항공교통관제 업무를 하는 사람

② 제1항에 따른 자격증명의 종류별 항공신체검사증명의 기준, 방법, 유효기간 등에 필요한 사항은 국토교통부령으로 정한다.

③ 국토교통부장관은 제1항에 따른 자격증명의 종류별 항공신체검사증명을 받으려는 사람이 제2항에 따른 자격증명의 종류별 항공신체검사증명의 기준에 적합한 경우에는 항공신체검사증명서를 발급하여야 한다.

④ 국토교통부장관은 제1항에 따른 자격증명의 종류별 항공신체검사증명을 받으려는 사람이 제2항에 따른 자격증명의 종류별 항공신체검사증명의 기준에 일부 미달한 경우에도 국토교통부령으로 정하는 바에 따라 항공신체검사를 받은 사람의 경험 및 능력을 고려하여 필요하다고 인정하는 경우에는 해당 항공업무의 범위를 한정하여 항공신체검사증명서를 발급할 수 있다.

⑤ 제1항에 따른 자격증명의 종류별 항공신체검사증명 결과에 불복하는 사람은 국토교통부령으로 정하는 바에 따라 국토교통부장관에게 이의신청을 할 수 있다.

⑥ 국토교통부장관은 제5항에 따른 이의신청에 대한 결정을 한 경우에는 지체 없이 신청인에게 그 결정 내용을 알려야 한다.

제41조【항공신체검사명령】 국토교통부장관은 특히 필요하다고 인정하는 경우에는 항공신체검사증명의 유효기간이 지나지 아니한 운항승무원 및 항공교통관제사에게 제40조에 따른 항공신체검사를 받을 것을 명할 수 있다.

제42조【항공업무 등에 종사 제한】 제40조 제2항에 따른 자격증명의 종류별 항공신체검사증명의 기준에 적합하지 아니한 운항승무원 및 항공교통관제사는 종전 항공신체검사증명의 유효기간이 남아 있는 경우에도 항공업무(제46조에 따른 항공기 조종연습 및 제47조에 따른 항공교통관제연습을 포함한다)에 종사해서는 아니 된다.

제43조 【자격증명 · 항공신체검사증명의 취소 등】 ① 국토교통부장관은 항공종사자가 다음 각 호의 어느 하나에 해당하는 경우에는 그 자격증명이나 자격증명의 한정(이하 이 조에서 "자격증명등"이라 한다)을 취소하거나 1년 이내의 기간을 정하여 자격증명등의 효력정지를 명할 수 있다. 다만, 제1호 또는 제31호에 해당하는 경우에는 해당 자격증명등을 취소하여야 한다. 〈개정 2019. 8. 27.〉

1. 거짓이나 그 밖의 부정한 방법으로 자격증명등을 받은 경우
2. 이 법을 위반하여 벌금 이상의 형을 선고 받은 경우
3. 항공종사자로서 항공업무를 수행할 때 고의 또는 중대한 과실로 항공기사고를 일으켜 인명피해나 재산피해를 발생시킨 경우
4. 제32조 제1항 본문에 따라 정비등을 확인하는 항공종사자가 국토교통부령으로 정하는 방법에 따라 감항성을 확인하지 아니한 경우
5. 제36조 제2항을 위반하여 자격증명의 종류에 따른 업무범위 외의 업무에 종사한 경우
6. 제37조 제2항을 위반하여 자격증명의 한정을 받은 항공종사자가 한정된 종류, 등급 또는 형식 외의 항공기 · 경량항공기나 한정된 정비분야 외의 항공업무에 종사한 경우
7. 제40조 제1항(제46조 제4항 및 제47조 제4항에서 준용하는 경우를 포함한다)을 위반하여 항공신체검사증명을 받지 아니하고 항공업무(제46조에 따른 항공기 조종연습 및 제47조에 따른 항공교통관제연습을 포함한다. 이하 이 항 제8호, 제13호, 제14호 및 제16호에서 같다)에 종사한 경우
8. 제42조를 위반하여 제40조 제2항에 따른 자격증명의 종류별 항공신체검사증명의 기준에 적합하지 아니한 운항승무원 및 항공교통관제사가 항공업무에 종사한 경우
9. 제44조 제1항을 위반하여 계기비행증명을 받지 아니하고 계기비행 또는 계기비행방식에 따른 비행을 한 경우
10. 제44조 제2항을 위반하여 조종교육증명을 받지 아니하고 조종교육을 한 경우
11. 제45조 제1항을 위반하여 항공영어구술능력증명을 받지 아니하고 같은 항 각 호의 어느 하나에 해당하는 업무에 종사한 경우
12. 제55조를 위반하여 국토교통부령으로 정하는 비행경험이 없이 같은 조 각 호의 어느 하나에 해당하는 항공기를 운항하거나 계기비행 · 야간비행 또는 제44조 제2항에 따른 조종교육의 업무에 종사한 경우
13. 제57조 제1항을 위반하여 주류등의 영향으로 항공업무를 정상적으로 수행할 수 없는 상태에서 항공업무에 종사한 경우
14. 제57조 제2항을 위반하여 항공업무에 종사하는 동안에 같은 조 제1항에 따른 주류등을 섭취하거나 사용한 경우
15. 제57조 제3항을 위반하여 같은 조 제1항에 따른 주류등의 섭취 및 사용 여부의 측정 요구에 따르지 아니한 경우
16. 항공업무를 수행할 때 고의 또는 중대한 과실로 항공기준사고, 항공안전장애 또는 제61조 제1항에 따른 항공안전위해요인을 발생시킨 경우
17. 제62조 제2항 또는 제4항부터 제6항까지에 따른 기장의 의무를 이행하지 아니한 경우

18. 제63조를 위반하여 조종사가 운항자격의 인정 또는 심사를 받지 아니하고 운항한 경우
19. 제65조 제2항을 위반하여 기장이 운항관리사의 승인을 받지 아니하고 항공기를 출발시키거나 비행계획을 변경한 경우
20. 제66조를 위반하여 이륙·착륙 장소가 아닌 곳에서 이륙하거나 착륙한 경우
21. 제67조 제1항을 위반하여 비행규칙을 따르지 아니하고 비행한 경우
22. 제68조를 위반하여 같은 조 각 호의 어느 하나에 해당하는 비행 또는 행위를 한 경우
23. 제70조 제1항을 위반하여 허가를 받지 아니하고 항공기로 위험물을 운송한 경우
24. 제76조 제2항을 위반하여 항공업무를 수행한 경우
25. 제77조 제2항을 위반하여 같은 조 제1항에 따른 운항기술기준을 준수하지 아니하고 비행을 하거나 업무를 수행한 경우
26. 제79조 제1항을 위반하여 국토교통부장관이 정하여 공고하는 비행의 방식 및 절차에 따르지 아니하고 비관제공역(非管制空域) 또는 주의공역(注意空域)에서 비행한 경우
27. 제79조 제2항을 위반하여 허가를 받지 아니하거나 국토교통부장관이 정하는 비행의 방식 및 절차에 따르지 아니하고 통제공역에서 비행한 경우
28. 제84조 제1항을 위반하여 국토교통부장관 또는 항공교통업무증명을 받은 자가 지시하는 이동·이륙·착륙의 순서 및 시기와 비행의 방법에 따르지 아니한 경우
29. 제90조 제4항(제96조 제1항에서 준용하는 경우를 포함한다)을 위반하여 운영기준을 준수하지 아니하고 비행을 하거나 업무를 수행한 경우
30. 제93조 제5항 후단(제96조 제2항에서 준용하는 경우를 포함한다)을 위반하여 운항규정 또는 정비규정을 준수하지 아니하고 업무를 수행한 경우
30의2. 제108조 제4항 본문에 따라 경량항공기 또는 그 장비품·부품의 정비사항을 확인하는 항공종사자가 국토교통부령으로 정하는 방법에 따라 확인하지 아니한 경우
31. 이 조에 따른 자격증명등의 정지명령을 위반하여 정지기간에 항공업무에 종사한 경우

② 국토교통부장관은 항공종사자가 다음 각 호의 어느 하나에 해당하는 경우에는 그 항공신체검사증명을 취소하거나 1년 이내의 기간을 정하여 항공신체검사증명의 효력정지를 명할 수 있다. 다만, 제1호에 해당하는 경우에는 항공신체검사증명을 취소하여야 한다.

1. 거짓이나 그 밖의 부정한 방법으로 항공신체검사증명을 받은 경우
2. 제1항 제13호부터 제15호까지의 어느 하나에 해당하는 경우
3. 제40조 제2항에 따른 자격증명의 종류별 항공신체검사증명의 기준에 맞지 아니하게 되어 항공업무를 수행하기에 부적합하다고 인정되는 경우
4. 제41조에 따른 항공신체검사명령에 따르지 아니한 경우
5. 제42조를 위반하여 항공업무에 종사한 경우
6. 제76조 제2항을 위반하여 항공신체검사증명서를 소지하지 아니하고 항공업무에 종사한 경우

③ 자격증명등의 시험에 응시하거나 심사를 받는 사람 또는 항공신체검사를 받는 사람이 그 시험이나 심사 또는 검사에서 부정한 행위를 한 경우에는 그 부정한 행위를 한 날부터 각각 2년간 이 법에 따른

자격증명등의 시험에 응시하거나 심사를 받을 수 없으며, 이 법에 따른 항공신체검사를 받을 수 없다.
④ 제1항 및 제2항에 따른 처분의 기준 및 절차와 그 밖에 필요한 사항은 국토교통부령으로 정한다.
[시행일 : 2020.2.28.] 제43조

제44조 【계기비행증명 및 조종교육증명】 ① 운송용 조종사(헬리콥터를 조종하는 경우만 해당한다), 사업용 조종사, 자가용 조종사 또는 부조종사의 자격증명을 받은 사람은 그가 사용할 수 있는 항공기의 종류로 다음 각 호의 비행을 하려면 국토교통부령으로 정하는 바에 따라 국토교통부장관의 계기비행증명을 받아야 한다.

1. 계기비행
2. 계기비행방식에 따른 비행

② 다음 각 호의 조종연습을 하는 사람에 대하여 조종교육을 하려는 사람은 비행시간을 고려하여 그 항공기의 종류별 · 등급별로 국토교통부령으로 정하는 바에 따라 국토교통부장관의 조종교육증명을 받아야 한다. 〈개정 2017. 10. 24.〉

1. 제35조 제1호부터 제4호까지의 자격증명을 받지 아니한 사람이 항공기(제36조 제3항에 따라 국토교통부령으로 정하는 항공기는 제외한다)에 탑승하여 하는 조종연습
2. 제35조 제1호부터 제4호까지의 자격증명을 받은 사람이 그 자격증명에 대하여 제37조에 따라 한정을 받은 종류 외의 항공기에 탑승하여 하는 조종연습

③ 제2항에 따른 조종교육증명에 필요한 사항은 국토교통부령으로 정한다.
④ 제1항에 따른 계기비행증명 및 제2항에 따른 조종교육증명의 시험 및 취소 등에 관하여는 제38조 및 제43조 제1항 · 제3항을 준용한다.

제45조 【항공영어구술능력증명】 ① 다음 각 호의 어느 하나에 해당하는 업무에 종사하려는 사람은 국토교통부장관의 항공영어구술능력증명을 받아야 한다.

1. 두 나라 이상을 운항하는 항공기의 조종
2. 두 나라 이상을 운항하는 항공기에 대한 관제
3. 「공항시설법」 제53조에 따른 항공통신업무 중 두 나라 이상을 운항하는 항공기에 대한 무선통신

② 제1항에 따른 항공영어구술능력증명(이하 "항공영어구술능력증명"이라 한다)을 위한 시험의 실시, 항공영어구술능력증명의 등급, 등급별 합격기준, 등급별 유효기간 등에 필요한 사항은 국토교통부령으로 정한다.
③ 국토교통부장관은 항공영어구술능력증명을 받으려는 사람이 제2항에 따른 등급별 합격기준에 적합한 경우에는 국토교통부령으로 정하는 바에 따라 항공영어구술능력증명서를 발급하여야 한다.
④ 제3항에도 불구하고 제34조 제3항에 따라 국방부장관으로부터 자격인정을 받아 항공교통관제 업무를 수행하는 사람으로서 항공영어구술능력증명을 받으려는 사람이 제2항에 따른 등급별 합격기준에 적합한 경우에는 국방부장관이 항공영어구술능력증명서를 발급할 수 있다.
⑤ 외국정부로부터 항공영어구술능력증명을 받은 사람은 해당 등급별 유효기간의 범위에서 제2항에 따른 항공영어구술능력증명을 위한 시험이 면제된다.

⑥ 항공영어구술능력증명의 취소 등에 관하여는 제43조 제1항 제1호 및 같은 조 제3항을 준용한다. 이 경우 "자격증명등"은 "항공영어구술능력증명"으로 본다.

제46조【항공기의 조종연습】 ① 다음 각 호의 조종연습을 위한 조종에 관하여는 제36조 제1항·제2항 및 제37조 제2항을 적용하지 아니한다.

1. 제35조 제1호부터 제4호까지에 따른 자격증명 및 제40조에 따른 항공신체검사증명을 받은 사람이 한정받은 등급 또는 형식 외의 항공기(한정받은 종류의 항공기만 해당한다)에 탑승하여 하는 조종연습으로서 그 항공기를 조종할 수 있는 자격증명 및 항공신체검사증명을 받은 사람(그 항공기를 조종할 수 있는 지식 및 능력이 있다고 인정하여 국토교통부장관이 지정한 사람을 포함한다)의 감독으로 이루어지는 조종연습
2. 제44조 제2항 제1호에 따른 조종연습으로서 그 조종연습에 관하여 국토교통부장관의 허가를 받고 조종교육증명을 받은 사람의 감독으로 이루어지는 조종연습
3. 제44조 제2항 제2호에 따른 조종연습으로서 조종교육증명을 받은 사람의 감독으로 이루어지는 조종연습

② 국토교통부장관은 제1항 제2호에 따른 조종연습의 허가 신청을 받은 경우 신청인이 항공기의 조종연습을 하기에 필요한 능력이 있다고 인정되는 경우에는 국토교통부령으로 정하는 바에 따라 그 조종연습을 허가하여야 한다.

③ 제1항 제2호에 따른 허가는 신청인에게 항공기 조종연습허가서를 발급함으로써 한다.

④ 제1항 제2호에 따른 허가를 받은 사람의 항공신체검사증명, 그 허가의 취소 등에 관하여는 제40조부터 제43조까지의 규정을 준용한다.

⑤ 제3항에 따른 항공기 조종연습허가서를 받은 사람이 조종연습을 할 때에는 항공기 조종연습허가서와 항공신체검사증명서를 지녀야 한다.

제47조【항공교통관제연습】 ① 제35조 제7호의 항공교통관제사 자격증명을 받지 아니한 사람이 항공교통관제 업무를 연습(이하 "항공교통관제연습"이라 한다)하려는 경우에는 국토교통부장관의 항공교통관제연습허가를 받고 국토교통부령으로 정하는 자격요건을 갖춘 사람의 감독 하에 항공교통관제연습을 하여야 한다.

② 국토교통부장관은 제1항에 따른 항공교통관제연습허가 신청을 받은 경우에는 신청인이 항공교통관제연습을 하기에 필요한 능력이 있다고 인정되면 국토교통부령으로 정하는 바에 따라 그 항공교통관제연습을 허가하여야 한다.

③ 제1항에 따른 항공교통관제연습의 허가는 신청인에게 항공교통관제연습허가서를 발급함으로써 한다.

④ 제1항에 따른 항공교통관제연습 허가를 받은 사람의 항공신체검사증명, 그 허가의 취소 등에 관하여는 제40조 부터 제43조까지의 규정을 준용한다.

⑤ 제3항에 따른 항공교통관제연습허가서를 받은 사람이 항공교통관제연습을 할 때에는 항공교통관제연습허가서와 항공신체검사증명서를 지녀야 한다.

제48조 【전문교육기관의 지정 등】 ① 항공종사자를 양성하려는 자는 국토교통부령으로 정하는 바에 따라 국토교통부장관으로부터 항공종사자 전문교육기관(이하 "전문교육기관"이라 한다)으로 지정을 받을 수 있다. 다만, 제35조 제1호부터 제4호까지의 항공종사자를 양성하려는 자는 전문교육기관으로 지정을 받아야 한다.

② 제1항에 따라 전문교육기관으로 지정을 받으려는 자는 국토교통부령으로 정하는 기준(이하 "전문교육기관 지정기준"이라 한다)에 따라 교육과목, 교육방법, 인력, 시설 및 장비 등 교육훈련체계를 갖추어야 한다.

③ 국토교통부장관은 전문교육기관을 지정하는 경우에는 교육과정, 교관의 인원·자격 및 교육평가방법 등 국토교통부령으로 정하는 사항이 명시된 훈련운영기준을 전문교육기관지정서와 함께 해당 전문교육기관으로 지정받은 자에게 발급하여야 한다.

④ 국토교통부장관은 교육훈련 과정에서의 안전을 확보하기 위하여 필요하다고 판단되면 직권으로 또는 전문교육기관의 신청을 받아 제3항에 따른 훈련운영기준을 변경할 수 있다.

⑤ 전문교육기관으로 지정을 받은 자는 제3항에 따른 훈련운영기준 또는 제4항에 따라 변경된 훈련운영기준을 준수하여야 한다.

⑥ 전문교육기관으로 지정을 받은 자는 훈련운영기준에 따라 교육훈련체계를 계속적으로 유지하여야 하며, 새로운 교육과정의 개설 등으로 교육훈련체계가 변경된 경우에는 국토교통부장관이 실시하는 검사를 받아야 한다.

⑦ 국토교통부장관은 전문교육기관으로 지정받은 자가 교육훈련체계를 유지하고 있는지 여부를 정기 또는 수시로 검사하여야 한다.

⑧ 국토교통부장관은 전문교육기관이 항공운송사업에 필요한 항공종사자를 양성하는 경우에는 예산의 범위에서 필요한 경비의 전부 또는 일부를 지원할 수 있다.

⑨ 국토교통부장관은 항공교육훈련 정보를 국민에게 제공하고 전문교육기관 등 항공교육훈련기관을 체계적으로 관리하기 위하여 시스템(이하 "항공교육훈련통합관리시스템"이라 한다)을 구축·운영하여야 한다.

⑩ 국토교통부장관은 항공교육훈련통합관리시스템을 구축·운영하기 위하여 「항공사업법」 제2조 제35호에 따른 항공교통사업자 또는 항공교육훈련기관 등에게 필요한 자료 또는 정보의 제공을 요청할 수 있다. 이 경우 자료나 정보의 제공을 요청받은 자는 정당한 사유가 없으면 이에 따라야 한다.

[전문개정 2017. 10. 24.]

제48조의2 【전문교육기관 지정의 취소 등】 ① 국토교통부장관은 전문교육기관으로 지정받은 자가 다음 각 호의 어느 하나에 해당하는 경우에는 그 지정을 취소하거나 6개월 이내의 기간을 정하여 그 업무의 정지를 명할 수 있다. 다만, 제1호 또는 제8호에 해당하는 경우에는 그 지정을 취소하여야 한다.

1. 거짓이나 그 밖의 부정한 방법으로 전문교육기관으로 지정받은 경우
2. 정당한 사유 없이 전문교육기관 지정기준을 위반한 경우
3. 제48조 제5항을 위반하여 정당한 사유 없이 훈련운영기준을 준수하지 아니한 경우
4. 정당한 사유 없이 제48조 제10항에 따른 국토교통부장관의 자료 또는 정보제공의 요청을 따르지

아니한 경우
5. 전문교육기관으로 지정받은 이후 2년을 초과하는 기간 동안 교육과정을 개설하지 아니한 경우
6. 고의 또는 중대한 과실로 항공기사고를 발생시키거나 소속 항공종사자에 대하여 관리 · 감독하는 상당한 주의의무를 게을리하여 항공기사고가 발생한 경우
7. 제58조 제2항을 위반하여 다음 각 목의 어느 하나에 해당하는 경우
가. 업무를 시작하기 전까지 항공안전관리시스템을 마련하지 아니한 경우
나. 승인을 받지 아니하고 항공안전관리시스템을 운용한 경우
다. 항공안전관리시스템을 승인받은 내용과 다르게 운용한 경우
라. 승인을 받지 아니하고 국토교통부령으로 정하는 중요사항을 변경한 경우
8. 이 항 본문에 따른 업무정지 기간에 업무를 한 경우
② 제1항에 따른 처분의 세부기준 및 절차와 그 밖에 필요한 사항은 국토교통부령으로 정한다.
[본조신설 2017. 10. 24.]

제48조의3【전문교육기관 지정을 받은 자에 대한 과징금의 부과】 ① 국토교통부장관은 전문교육기관 지정을 받은 자가 제48조의2제2호부터 제7호까지의 어느 하나에 해당하여 그 업무의 정지를 명하여야 하는 경우로서 그 업무를 정지하는 경우 전문교육기관 이용자 등에게 심한 불편을 주거나 공익을 해칠 우려가 있는 경우에는 업무정지 처분을 갈음하여 10억원 이하의 과징금을 부과할 수 있다.
② 제1항에 따른 과징금 부과의 구체적인 기준, 절차 및 그 밖에 필요한 사항은 대통령령으로 정한다.
③ 국토교통부장관은 제1항에 따라 과징금을 내야 할 자가 납부기한까지 과징금을 내지 아니하면 국세 체납처분의 예에 따라 징수한다.
[본조신설 2017. 10. 24.]

제49조【항공전문의사의 지정 등】 ① 국토교통부장관은 제40조에 따른 자격증명의 종류별 항공신체검사증명을 효율적이고 전문적으로 하기 위하여 국토교통부령으로 정하는 바에 따라 항공의학에 관한 전문교육을 받은 전문의사(이하 "항공전문의사"라 한다)를 지정하여 제40조에 따른 항공신체검사증명에 관한 업무를 대행하게 할 수 있다.
② 교육이수실적, 경력 등 항공전문의사의 지정기준은 국토교통부령으로 정한다.
③ 항공전문의사는 국토교통부령으로 정하는 바에 따라 국토교통부장관이 정기적으로 실시하는 전문교육을 받아야 한다.

제50조【항공전문의사 지정의 취소 등】 ① 국토교통부장관은 항공전문의사가 다음 각 호의 어느 하나에 해당하는 경우에는 그 지정을 취소하거나 1년 이내의 기간을 정하여 그 지정의 효력정지를 명할 수 있다. 다만 제1호, 제3호, 제4호 또는 제6호부터 제8호까지의 어느 하나에 해당하는 경우에는 그 지정을 취소하여야 한다.
1. 거짓이나 그 밖의 부정한 방법으로 항공전문의사로 지정받은 경우
2. 항공전문의사가 제40조에 따른 항공신체검사증명서의 발급 등 국토교통부령으로 정하는 업무를 게을리 수행한 경우

3. 이 조에 따른 항공전문의사 지정의 효력정지 기간에 제40조에 따른 항공신체검사증명에 관한 업무를 수행한 경우
4. 항공전문의사가 제49조 제2항에 따른 지정기준에 적합하지 아니하게 된 경우
5. 항공전문의사가 제49조 제3항에 따른 전문교육을 받지 아니한 경우
6. 항공전문의사가 고의 또는 중대한 과실로 항공신체검사증명서를 잘못 발급한 경우
7. 항공전문의사가 「의료법」 제65조 또는 제66조에 따라 자격이 취소 또는 정지된 경우
8. 본인이 지정 취소를 요청한 경우

② 제1항에 따른 처분기준 및 처분절차 등은 국토교통부령으로 정한다.

제5장 항공기의 운항

제51조 【무선설비의 설치·운용 의무】 항공기를 운항하려는 자 또는 소유자등은 해당 항공기에 비상위치 무선표지설비, 2차감시레이더용 트랜스폰더 등 국토교통부령으로 정하는 무선설비를 설치·운용하여야 한다.

제52조 【항공계기 등의 설치·탑재 및 운용 등】 ① 항공기를 운항하려는 자 또는 소유자등은 해당 항공기에 항공기 안전운항을 위하여 필요한 항공계기(航空計器), 장비, 서류, 구급용구 등(이하 "항공계기등"이라 한다)을 설치하거나 탑재하여 운용하여야 한다. 이 경우 최대이륙중량이 600킬로그램 초과 5천700킬로그램 이하인 비행기에는 사고예방 및 안전운항에 필요한 장비를 추가로 설치할 수 있다. 〈개정 2017.1.17.〉

② 제1항에 따라 항공계기등을 설치하거나 탑재하여야 할 항공기, 항공계기등의 종류, 설치·탑재기준 및 그 운용방법 등에 필요한 사항은 국토교통부령으로 정한다.

제53조 【항공기의 연료】 항공기를 운항하려는 자 또는 소유자등은 항공기에 국토교통부령으로 정하는 양의 연료를 싣지 아니하고 항공기를 운항해서는 아니 된다.

제54조 【항공기의 등불】 항공기를 운항하거나 야간(해가 진 뒤부터 해가 뜨기 전까지를 말한다. 이하 같다)에 비행장에 주기(駐機) 또는 정박(碇泊)시키는 사람은 국토교통부령으로 정하는 바에 따라 등불로 항공기의 위치를 나타내야 한다.

제55조 【운항승무원의 비행경험】 다음 각 호의 어느 하나에 해당하는 항공기를 운항하려고 하거나 계기비행·야간비행 또는 제44조 제2항에 따른 조종교육 업무에 종사하려는 운항승무원은 국토교통부령으로 정하는 비행경험(모의비행장치를 이용하여 얻은 비행경험을 포함한다)이 있어야 한다.

1. 항공운송사업 또는 항공기사용사업에 사용되는 항공기
2. 항공기 중량, 승객 좌석 수 등 국토교통부령으로 정하는 기준에 해당하는 항공기로서 국외 운항에 사용되는 항공기(이하 "국외운항항공기"라 한다)

제56조 【승무원 피로관리】 ① 항공운송사업자, 항공기사용사업자 또는 국외운항항공기 소유자등은 다음 각 호의 어느 하나 이상의 방법으로 소속 운항승무원 및 객실승무원(이하 "승무원"이라 한다)의 피로를

관리하여야 한다.

1. 국토교통부령으로 정하는 승무원의 승무시간, 비행근무시간, 근무시간 등(이하 "승무시간등"이라 한다)의 제한기준을 따르는 방법
2. 피로위험관리시스템을 마련하여 운용하는 방법

② 항공운송사업자, 항공기사용사업자 또는 국외운항항공기 소유자등이 피로위험관리시스템을 마련하여 운용하려는 경우에는 국토교통부령으로 정하는 바에 따라 국토교통부장관의 승인을 받아 운용하여야 한다. 승인 받은 사항 중 국토교통부령으로 정하는 중요사항을 변경하는 경우에도 또한 같다.

③ 항공운송사업자, 항공기사용사업자 또는 국외운항항공기 소유자등은 제1항 제1호에 따라 승무원의 피로를 관리하는 경우에는 승무원의 승무시간등에 대한 기록을 15개월 이상 보관하여야 한다.

[시행일 2019.3.30: 제56조 제1항 제2호, 제2항]

제57조 【주류등의 섭취 · 사용 제한】 ① 항공종사자(제46조에 따른 항공기 조종연습 및 제47조에 따른 항공교통관제연습을 하는 사람을 포함한다. 이하 이 조에서 같다) 및 객실승무원은 「주세법」 제3조 제1호에 따른 주류, 「마약류 관리에 관한 법률」 제2조 제1호에 따른 마약류 또는 「화학물질관리법」 제22조 제1항에 따른 환각물질 등(이하 "주류등"이라 한다)의 영향으로 항공업무(제46조에 따른 항공기 조종연습 및 제47조에 따른 항공교통관제연습을 포함한다. 이하 이 조에서 같다) 또는 객실승무원의 업무를 정상적으로 수행할 수 없는 상태에서는 항공업무 또는 객실승무원의 업무에 종사해서는 아니 된다.

② 항공종사자 및 객실승무원은 항공업무 또는 객실승무원의 업무에 종사하는 동안에는 주류등을 섭취하거나 사용해서는 아니 된다.

③ 국토교통부장관은 항공안전과 위험 방지를 위하여 필요하다고 인정하거나 항공종사자 및 객실승무원이 제1항 또는 제2항을 위반하여 항공업무 또는 객실승무원의 업무를 하였다고 인정할 만한 상당한 이유가 있을 때에는 주류등의 섭취 및 사용 여부를 호흡측정기 검사 등의 방법으로 측정할 수 있으며, 항공종사자 및 객실승무원은 이러한 측정에 응하여야 한다.

④ 국토교통부장관은 항공종사자 또는 객실승무원이 제3항에 따른 측정 결과에 불복하면 그 항공종사자 또는 객실승무원의 동의를 받아 혈액 채취 또는 소변 검사 등의 방법으로 주류등의 섭취 및 사용 여부를 다시 측정할 수 있다.

⑤ 주류등의 영향으로 항공업무 또는 객실승무원의 업무를 정상적으로 수행할 수 없는 상태의 기준은 다음 각 호와 같다.

1. 주정성분이 있는 음료의 섭취로 혈중알코올농도가 0.02퍼센트 이상인 경우
2. 「마약류 관리에 관한 법률」 제2조 제1호에 따른 마약류를 사용한 경우
3. 「화학물질관리법」 제22조 제1항에 따른 환각물질을 사용한 경우

⑥ 제1항부터 제5항까지의 규정에 따라 주류등의 종류 및 그 측정에 필요한 세부 절차 및 측정기록의 관리 등에 필요한 사항은 국토교통부령으로 정한다.

제58조 【국가 항공안전프로그램 등】 ① 국토교통부장관은 다음 각 호의 사항이 포함된 항공안전프로그램을 마련하여 고시하여야 한다. 〈개정 2019. 8. 27.〉

1. 항공안전에 관한 정책, 달성목표 및 조직체계
2. 항공안전 위험도의 관리
3. 항공안전보증
4. 항공안전증진
5. 삭제 〈2019. 8. 27.〉
6. 삭제 〈2019. 8. 27.〉

② 다음 각 호의 어느 하나에 해당하는 자는 제작, 교육, 운항 또는 사업 등을 시작하기 전까지 제1항에 따른 항공안전프로그램에 따라 항공기사고 등의 예방 및 비행안전의 확보를 위한 항공안전관리시스템을 마련하고, 국토교통부장관의 승인을 받아 운용하여야 한다. 승인받은 사항 중 국토교통부령으로 정하는 중요사항을 변경할 때에도 또한 같다. 〈개정 2017. 10. 24., 2019. 8. 27.〉

1. 형식증명, 부가형식증명, 제작증명, 기술표준품형식승인 또는 부품등제작자증명을 받은 자
2. 제35조 제1호부터 제4호까지의 항공종사자 양성을 위하여 제48조 제1항 단서에 따라 지정된 전문교육기관
3. 항공교통업무증명을 받은 자
4. 제90조(제96조 제1항에서 준용하는 경우를 포함한다)에 따른 운항증명을 받은 항공운송사업자 및 항공기사용사업자
5. 항공기정비업자로서 제97조 제1항에 따른 정비조직인증을 받은 자
6. 「공항시설법」 제38조 제1항에 따라 공항운영증명을 받은 자
7. 「공항시설법」 제43조 제2항에 따라 항행안전시설을 설치한 자
8. 제55조 제2호에 따른 국외운항항공기를 소유 또는 임차하여 사용할 수 있는 권리가 있는 자

③ 국토교통부장관은 제83조 제1항부터 제3항까지에 따라 국토교통부장관이 하는 업무를 체계적으로 수행하기 위하여 제1항에 따른 항공안전프로그램에 따라 그 업무에 관한 항공안전관리시스템을 구축·운용하여야 한다.

④ 제2항 제4호에 따른 항공운송사업자 중 국토교통부령으로 정하는 항공운송사업자는 항공안전관리시스템을 구축할 때 다음 각 호의 사항을 포함한 비행자료분석프로그램(Flight data analysis program)을 마련하여야 한다. 〈신설 2019. 8. 27.〉

1. 비행자료를 수집할 수 있는 장치의 장착 및 운영절차
2. 비행자료와 분석결과의 보호 및 활용에 관한 사항
3. 그 밖에 비행자료의 보존 및 품질관리 요건 등 국토교통부장관이 고시하는 사항

⑤ 국토교통부장관 또는 제2항 제3호에 따라 항공안전관리시스템을 마련해야 하는 자가 제83조 제1항에 따른 항공교통관제 업무 중 레이더를 이용하여 항공교통관제 업무를 수행하려는 경우에는 항공안전관리시스템에 다음 각 호의 사항을 포함하여야 한다. 〈신설 2019. 8. 27.〉

1. 레이더 자료를 수집할 수 있는 장치의 설치 및 운영절차
2. 레이더 자료와 분석결과의 보호 및 활용에 관한 사항

⑥ 제4항에 따른 항공운송사업자 또는 제5항에 따라 레이더를 이용하여 항공교통관제 업무를 수행하는

자는 제4항 또는 제5항에 따라 수집한 자료와 그 분석결과를 항공기사고 등을 예방하고 항공안전을 확보할 목적으로만 사용하여야 하며, 분석결과를 이유로 관련된 사람에게 해고·전보·징계·부당한 대우 또는 그 밖에 신분이나 처우와 관련하여 불이익한 조치를 취해서는 아니 된다. 〈신설 2019. 8. 27.〉
⑦ 제1항부터 제3항까지에서 규정한 사항 외에 다음 각 호의 사항은 국토교통부령으로 정한다. 〈개정 2019. 8. 27.〉

1. 제1항에 따른 항공안전프로그램의 마련에 필요한 사항
2. 제2항에 따른 항공안전관리시스템에 포함되어야 할 사항, 항공안전관리시스템의 승인기준 및 구축·운용에 필요한 사항
3. 제3항에 따른 업무에 관한 항공안전관리시스템의 구축·운용에 필요한 사항

[제목개정 2019. 8. 27.]
[시행일 : 2020.2.28.] 제58조

제59조 【항공안전 의무보고】 ① 항공기사고, 항공기준사고 또는 항공안전장애 중 국토교통부령으로 정하는 사항(이하 "의무보고 대상 항공안전장애"라 한다)을 발생시켰거나 항공기사고, 항공기준사고 또는 의무보고 대상 항공안전장애가 발생한 것을 알게 된 항공종사자 등 관계인은 국토교통부장관에게 그 사실을 보고하여야 한다. 다만, 제33조에 따라 고장, 결함 또는 기능장애가 발생한 사실을 국토교통부장관에게 보고한 경우에는 이 조에 따른 보고를 한 것으로 본다. 〈개정 2019. 8. 27.〉
② 국토교통부장관은 제1항에 따른 보고(이하 "항공안전 의무보고"라 한다)를 통하여 접수한 내용을 이 법에 따른 경우를 제외하고는 제3자에게 제공하거나 일반에게 공개해서는 아니 된다. 〈신설 2019. 8. 27.〉
③ 누구든지 항공안전 의무보고를 한 사람에 대하여 이를 이유로 해고·전보·징계·부당한 대우 또는 그 밖에 신분이나 처우와 관련하여 불이익한 조치를 취해서는 아니 된다. 〈신설 2019. 8. 27.〉
④ 제1항에 따른 항공종사자 등 관계인의 범위, 보고에 포함되어야 할 사항, 시기, 보고 방법 및 절차 등은 국토교통부령으로 정한다. 〈개정 2019. 8. 27.〉
[시행일 : 2020.2.28.] 제59조

제60조 【사실조사】 ① 국토교통부장관은 제59조 제1항에 따른 보고를 받은 경우 또는 제59조 제1항에 따른 보고를 받지 않았으나 항공기사고, 항공기준사고 또는 의무보고 대상 항공안전장애가 발생한 것을 인지하게 된 경우 이에 대한 사실 여부와 이 법의 위반사항 등을 파악하기 위한 조사를 할 수 있다. 〈개정 2019. 8. 27.〉
② 국토교통부장관은 제33조 및 제59조 제1항에 따라 의무보고 대상 항공안전장애에 대한 보고가 이루어진 경우 이 법 및 「공항시설법」에 따른 행정처분을 아니할 수 있다. 다만, 제1항에 따른 조사결과 고의 또는 중대한 과실로 의무보고 대상 항공안전장애를 발생시킨 경우에는 그러하지 아니하다. 〈신설 2019. 8. 27.〉
③ 제1항에 따른 사실조사의 절차 및 방법 등에 관하여는 제132조 제2항 및 제4항부터 제9항까지의 규정을 준용한다. 〈개정 2019. 8. 27.〉
④ 제1항부터 제3항까지에서 규정한 사항 외에 사실조사 수행에 필요한 사항은 국토교통부장관이 정한

다. 〈신설 2019. 8. 27.〉
[시행일 : 2020.2.28.] 제60조

제61조(항공안전 자율보고) ① 누구든지 제59조 제1항에 따른 의무보고 대상 항공안전장애 외의 항공안전장애(이하 "자율보고대상 항공안전장애"라 한다)를 발생시켰거나 발생한 것을 알게 된 경우 또는 항공안전위해요인이 발생한 것을 알게 되거나 발생이 의심되는 경우에는 국토교통부령으로 정하는 바에 따라 그 사실을 국토교통부장관에게 보고할 수 있다. 〈개정 2019. 8. 27.〉
② 국토교통부장관은 제1항에 따른 보고(이하 "항공안전 자율보고"라 한다)를 통하여 접수한 내용을 이 법에 따른 경우를 제외하고는 제3자에게 제공하거나 일반에게 공개해서는 아니 된다. 〈개정 2019. 8. 27.〉
③ 누구든지 항공안전 자율보고를 한 사람에 대하여 이를 이유로 해고·전보·징계·부당한 대우 또는 그 밖에 신분이나 처우와 관련하여 불이익한 조치를 해서는 아니 된다.
④ 국토교통부장관은 자율보고대상 항공안전장애 또는 항공안전위해요인을 발생시킨 사람이 그 발생일부터 10일 이내에 항공안전 자율보고를 한 경우에는 고의 또는 중대한 과실로 발생시킨 경우에 해당하지 않는 한 이 법 및 「공항시설법」에 따른 처분을 하여서는 아니 된다. 〈개정 2019. 8. 27.〉
⑤ 제1항부터 제4항까지에서 규정한 사항 외에 항공안전 자율보고에 포함되어야 할 사항, 보고 방법 및 절차 등은 국토교통부령으로 정한다.
[시행일 : 2020.2.28.] 제61조

제62조 【기장의 권한 등】 ① 항공기의 운항 안전에 대하여 책임을 지는 사람(이하 "기장"이라 한다)은 그 항공기의 승무원을 지휘·감독한다.
② 기장은 국토교통부령으로 정하는 바에 따라 항공기의 운항에 필요한 준비가 끝난 것을 확인한 후가 아니면 항공기를 출발시켜서는 아니 된다.
③ 기장은 항공기나 여객에 위난(危難)이 발생하였거나 발생할 우려가 있다고 인정될 때에는 항공기에 있는 여객에게 피난방법과 그 밖에 안전에 관하여 필요한 사항을 명할 수 있다.
④ 기장은 운항 중 그 항공기에 위난이 발생하였을 때에는 여객을 구조하고, 지상 또는 수상(水上)에 있는 사람이나 물건에 대한 위난 방지에 필요한 수단을 마련하여야 하며, 여객과 그 밖에 항공기에 있는 사람을 그 항공기에서 나가게 한 후가 아니면 항공기를 떠나서는 아니 된다.
⑤ 기장은 항공기사고, 항공기준사고 또는 의무보고 대상 항공안전장애가 발생하였을 때에는 국토교통부령으로 정하는 바에 따라 국토교통부장관에게 그 사실을 보고하여야 한다. 다만, 기장이 보고할 수 없는 경우에는 그 항공기의 소유자등이 보고를 하여야 한다. 〈개정 2019. 8. 27.〉
⑥ 기장은 다른 항공기에서 항공기사고, 항공기준사고 또는 의무보고 대상 항공안전장애가 발생한 것을 알았을 때에는 국토교통부령으로 정하는 바에 따라 국토교통부장관에게 그 사실을 보고하여야 한다. 다만, 무선설비를 통하여 그 사실을 안 경우에는 그러하지 아니하다. 〈개정 2019. 8. 27.〉
⑦ 항공종사자 등 이해관계인이 제59조 제1항에 따라 보고한 경우에는 제5항 본문 및 제6항 본문은 적용하지 아니한다.
[시행일 : 2020.2.28.] 제62조

제63조 【기장 등의 운항자격】 ① 다음 각 호의 어느 하나에 해당하는 항공기의 기장은 지식 및 기량에 관하여, 기장 외의 조종사는 기량에 관하여 국토교통부장관의 자격인정을 받아야 한다.

1. 항공운송사업에 사용되는 항공기
2. 항공기사용사업에 사용되는 항공기 중 국토교통부령으로 정하는 업무에 사용되는 항공기
3. 국외운항항공기

② 국토교통부장관은 제1항에 따른 자격인정을 받은 사람에 대하여 그 지식 또는 기량의 유무를 정기적으로 심사하여야 하며, 특히 필요하다고 인정하는 경우에는 수시로 지식 또는 기량의 유무를 심사할 수 있다.

③ 국토교통부장관은 제1항에 따른 자격인정을 받은 사람이 제2항에 따른 심사를 받지 아니하거나 그 심사에 합격하지 못한 경우에는 그 자격인정을 취소하여야 한다.

④ 국토교통부장관은 필요하다고 인정할 때에는 국토교통부령으로 정하는 바에 따라 지정한 항공운송사업자 또는 항공기사용사업자에게 소속 기장 또는 기장 외의 조종사에 대하여 제1항에 따른 자격인정 또는 제2항에 따른 심사를 하게 할 수 있다.

⑤ 제4항에 따라 자격인정을 받거나 그 심사에 합격한 기장 또는 기장 외의 조종사는 제1항에 따른 자격인정 및 제2항에 따른 심사를 받은 것으로 본다. 이 경우 제3항을 준용한다.

⑥ 국토교통부장관은 제4항에도 불구하고 필요하다고 인정할 때에는 국토교통부령으로 정하는 기장 또는 기장 외의 조종사에 대하여 제2항에 따른 심사를 할 수 있다.

⑦ 항공운송사업에 종사하는 항공기의 기장은 운항하려는 지역, 노선 및 공항(국토교통부령으로 정하는 지역, 노선 및 공항에 관한 것만 해당한다)에 대한 경험요건을 갖추어야 한다.

⑧ 제1항부터 제7항까지의 규정에 따른 자격인정・심사 또는 경험요건 등에 필요한 사항은 국토교통부령으로 정한다.

제64조 【모의비행장치를 이용한 운항자격 심사 등】 국토교통부장관은 비상시의 조치 등 항공기로 제63조에 따른 자격인정 또는 심사를 하기 곤란한 사항에 대해서는 제39조 제3항에 따라 국토교통부장관이 지정한 모의비행장치를 이용하여 제63조에 따른 자격인정 또는 심사를 할 수 있다.

제65조 【운항관리사】 ① 항공운송사업자와 국외운항항공기 소유자등은 국토교통부령으로 정하는 바에 따라 운항관리사를 두어야 한다.

② 제1항에 따라 운항관리사를 두어야 하는 자가 운항하는 항공기의 기장은 그 항공기를 출발시키거나 비행계획을 변경하려는 경우에는 운항관리사의 승인을 받아야 한다.

③ 제1항에 따라 운항관리사를 두어야 하는 자는 국토교통부령으로 정하는 바에 따라 운항관리사가 해당 업무를 원활하게 수행하는 데 필요한 지식 및 경험을 갖출 수 있도록 필요한 교육훈련을 하여야 한다.

제66조 【항공기 이륙·착륙의 장소】 ① 누구든지 항공기(활공기와 비행선은 제외한다)를 비행장이 아닌 곳(해당 항공기에 요구되는 비행장 기준에 맞지 아니하는 비행장을 포함한다)에서 이륙하거나 착륙하여서는 아니 된다. 다만, 각 호의 경우에는 그러하지 아니하다.

1. 안전과 관련한 비상상황 등 불가피한 사유가 있는 경우로서 국토교통부장관의 허가를 받은 경우

2. 제90조 제2항에 따라 국토교통부장관이 발급한 운영기준에 따르는 경우

② 제1항 제1호에 따른 허가에 필요한 세부 기준 및 절차와 그 밖에 필요한 사항은 대통령령으로 정한다.

제67조 【항공기의 비행규칙】 ① 항공기를 운항하려는 사람은 「국제민간항공협약」 및 같은 협약 부속서에 따라 국토교통부령으로 정하는 비행에 관한 기준·절차·방식 등(이하 "비행규칙"이라 한다)에 따라 비행하여야 한다.

② 비행규칙은 다음 각 호와 같이 구분한다.

1. 재산 및 인명을 보호하기 위한 비행절차 등 일반적인 사항에 관한 규칙
2. 시계비행에 관한 규칙
3. 계기비행에 관한 규칙
4. 비행계획의 작성·제출·접수 및 통보 등에 관한 규칙
5. 그 밖에 비행안전을 위하여 필요한 사항에 관한 규칙

제68조 【항공기의 비행 중 금지행위 등】 항공기를 운항하려는 사람은 생명과 재산을 보호하기 위하여 다음 각 호의 어느 하나에 해당하는 비행 또는 행위를 해서는 아니 된다. 다만, 국토교통부령으로 정하는 바에 따라 국토교통부장관의 허가를 받은 경우에는 그러하지 아니하다.

1. 국토교통부령으로 정하는 최저비행고도(最低飛行高度) 아래에서의 비행
2. 물건의 투하(投下) 또는 살포
3. 낙하산 강하(降下)
4. 국토교통부령으로 정하는 구역에서 뒤집어서 비행하거나 옆으로 세워서 비행하는 등의 곡예비행
5. 무인항공기의 비행
6. 그 밖에 생명과 재산에 위해를 끼치거나 위해를 끼칠 우려가 있는 비행 또는 행위로서 국토교통부령으로 정하는 비행 또는 행위

제69조 【긴급항공기의 지정 등】 ① 응급환자의 수송 등 국토교통부령으로 정하는 긴급한 업무에 항공기를 사용하려는 소유자등은 그 항공기에 대하여 국토교통부장관의 지정을 받아야 한다.

② 제1항에 따라 국토교통부장관의 지정을 받은 항공기(이하 "긴급항공기"라 한다)를 제1항에 따른 긴급한 업무의 수행을 위하여 운항하는 경우에는 제66조 및 제68조 제1호·제2호를 적용하지 아니한다.

③ 긴급항공기의 지정 및 운항절차 등에 필요한 사항은 국토교통부령으로 정한다.

④ 국토교통부장관은 긴급항공기의 소유자등이 다음 각 호의 어느 하나에 해당하는 경우에는 그 긴급항공기의 지정을 취소할 수 있다. 다만, 제1호에 해당하는 경우에는 그 긴급항공기의 지정을 취소하여야 한다.

1. 거짓이나 그 밖의 부정한 방법으로 긴급항공기로 지정받은 경우
2. 제3항에 따른 운항절차를 준수하지 아니하는 경우

⑤ 제4항에 따라 긴급항공기의 지정 취소처분을 받은 자는 취소처분을 받은 날부터 2년 이내에는 긴급항공기의 지정을 받을 수 없다.

제70조 【위험물 운송 등】 ① 항공기를 이용하여 폭발성이나 연소성이 높은 물건 등 국토교통부령으로 정하는 위험물(이하 "위험물"이라 한다)을 운송하려는 자는 국토교통부령으로 정하는 바에 따라 국토교통부장관의 허가를 받아야 한다.

② 제90조 제1항에 따른 운항증명을 받은 자가 위험물 탑재 정보의 전달방법 등 국토교통부령으로 정하는 기준을 충족하는 경우에는 제1항에 따른 허가를 받은 것으로 본다.

③ 항공기를 이용하여 운송되는 위험물을 포장·적재(積載)·저장·운송 또는 처리(이하 "위험물취급"이라 한다)하는 자(이하 "위험물취급자"라 한다)는 항공상의 위험 방지 및 인명의 안전을 위하여 국토교통부장관이 정하여 고시하는 위험물취급의 절차 및 방법에 따라야 한다.

제71조 【위험물 포장 및 용기의 검사 등】 ① 위험물의 운송에 사용되는 포장 및 용기를 제조·수입하여 판매하려는 자는 그 포장 및 용기의 안전성에 대하여 국토교통부장관이 실시하는 검사를 받아야 한다.

② 제1항에 따른 포장 및 용기의 검사방법·합격기준 등에 필요한 사항은 국토교통부장관이 정하여 고시한다.

③ 국토교통부장관은 위험물의 용기 및 포장에 관한 검사업무를 전문적으로 수행하는 기관(이하 "포장·용기검사기관"이라 한다)을 지정하여 제1항에 따른 검사를 하게 할 수 있다.

④ 검사인력, 검사장비 등 포장·용기검사기관의 지정기준 및 운영 등에 필요한 사항은 국토교통부령으로 정한다.

⑤ 국토교통부장관은 포장·용기검사기관이 다음 각 호의 어느 하나에 해당하는 경우에는 그 지정을 취소하거나 6개월 이내의 기간을 정하여 그 업무의 전부 또는 일부의 정지를 명할 수 있다. 다만, 제1호에 해당하는 경우에는 그 지정을 취소하여야 한다. 〈개정 2017. 1. 17.〉

1. 거짓이나 그 밖의 부정한 방법으로 포장·용기검사기관으로 지정받은 경우
2. 포장·용기검사기관이 제2항에 따른 포장 및 용기의 검사방법·합격기준 등을 위반하여 제1항에 따른 검사를 한 경우
3. 제4항에 따른 지정기준에 맞지 아니하게 된 경우

⑥ 제5항에 따른 처분의 세부기준 등 그 밖에 필요한 사항은 국토교통부령으로 정한다.

제72조 【위험물취급에 관한 교육 등】 ① 위험물취급자는 위험물취급에 관하여 국토교통부장관이 실시하는 교육을 받아야 한다. 다만, 국제민간항공기구(International Civil Aviation Organization) 등 국제기구 및 국제항공운송협회(International Air Transport Association)가 인정한 교육기관에서 위험물취급에 관한 교육을 이수한 경우에는 그러하지 아니하다.

② 제1항에 따라 교육을 받아야 하는 위험물취급자의 구체적인 범위와 교육 내용 등에 필요한 사항은 국토교통부장관이 정하여 고시한다.

③ 국토교통부장관은 제1항에 따른 교육을 효율적으로 하기 위하여 위험물취급에 관한 교육을 전문적으로 하는 전문교육기관(이하 "위험물전문교육기관"이라 한다)을 지정하여 위험물취급자에 대한 교육을 하게 할 수 있다.

④ 교육인력, 시설, 장비 등 위험물전문교육기관의 지정기준 및 운영 등에 필요한 사항은 국토교통부령으로 정한다.

⑤ 국토교통부장관은 위험물전문교육기관이 다음 각 호의 어느 하나에 해당하는 경우에는 그 지정을 취소하거나 6개월 이내의 기간을 정하여 그 업무의 전부 또는 일부의 정지를 명할 수 있다. 다만, 제1호에 해당하는 경우에는 그 지정을 취소하여야 한다.

1. 거짓이나 그 밖의 부정한 방법으로 위험물전문교육기관으로 지정받은 경우
2. 제4항에 따른 지정기준에 맞지 아니하게 된 경우

⑥ 제5항에 따른 처분의 세부기준 등 그 밖에 필요한 사항은 국토교통부령으로 정한다.

제73조【전자기기의 사용제한】 국토교통부장관은 운항 중인 항공기의 항행 및 통신장비에 대한 전자파 간섭 등의 영향을 방지하기 위하여 국토교통부령으로 정하는 바에 따라 여객이 지닌 전자기기의 사용을 제한할 수 있다.

제74조【회항시간 연장운항의 승인】 ① 항공운송사업자가 2개 이상의 발동기를 가진 비행기로서 국토교통부령으로 정하는 비행기를 다음 각 호의 구분에 따른 순항속도(巡航速度)로 가장 가까운 공항까지 비행하여 착륙할 수 있는 시간이 국토교통부령으로 정하는 시간을 초과하는 지점이 있는 노선을 운항하려면 국토교통부령으로 정하는 바에 따라 국토교통부장관의 승인을 받아야 한다.

1. 2개의 발동기를 가진 비행기: 1개의 발동기가 작동하지 아니할 때의 순항속도
2. 3개 이상의 발동기를 가진 비행기: 모든 발동기가 작동할 때의 순항속도

② 국토교통부장관은 제1항에 따른 승인을 하려는 경우에는 제77조 제1항에 따라 고시하는 운항기술기준에 적합한지를 확인하여야 한다.

제75조【수직분리축소공역 등에서의 항공기 운항 승인】 ① 다음 각 호의 어느 하나에 해당하는 공역에서 항공기를 운항하려는 소유자등은 국토교통부령으로 정하는 바에 따라 국토교통부장관의 승인을 받아야 한다. 다만, 수색·구조를 위하여 제1호의 공역에서 운항하려는 경우 등 국토교통부령으로 정하는 경우에는 그러하지 아니하다.

1. 수직분리고도를 축소하여 운영하는 공역(이하 "수직분리축소공역"이라 한다)
2. 특정한 항행성능을 갖춘 항공기만 운항이 허용되는 공역(이하 "성능기반항행요구공역"이라 한다)
3. 그 밖에 공역을 효율적으로 운영하기 위하여 국토교통부령으로 정하는 공역

② 국토교통부장관은 제1항에 따른 승인을 하려는 경우에는 제77조 제1항에 따라 고시하는 운항기술기준에 적합한지를 확인하여야 한다.

제76조【승무원 등의 탑승 등】 ① 항공기를 운항하려는 자는 그 항공기에 국토교통부령으로 정하는 바에 따라 운항의 안전에 필요한 승무원을 태워야 한다.

② 운항승무원 또는 항공교통관제사가 항공업무를 수행하는 경우에는 국토교통부령으로 정하는 바에 따라 자격증명서 및 항공신체검사증명서를 소지하여야 하며, 운항승무원 또는 항공교통관제사가 아닌 항공종사자가 항공업무를 수행하는 경우에는 국토교통부령으로 정하는 바에 따라 자격증명서를 소지하여야 한다.

③ 항공운송사업자 및 항공기사용사업자는 국토교통부령으로 정하는 바에 따라 항공기에 태우는 승무원에게 해당 업무 수행에 필요한 교육훈련을 하여야 한다.

제77조 【항공기의 안전운항을 위한 운항기술기준】 ① 국토교통부장관은 항공기 안전운항을 확보하기 위하여 이 법과 「국제민간항공협약」 및 같은 협약 부속서에서 정한 범위에서 다음 각 호의 사항이 포함된 운항기술기준을 정하여 고시할 수 있다.

1. 자격증명
2. 항공훈련기관
3. 항공기 등록 및 등록부호 표시
4. 항공기 감항성
5. 정비조직인증기준
6. 항공기 계기 및 장비
7. 항공기 운항
8. 항공운송사업의 운항증명 및 관리
9. 그 밖에 안전운항을 위하여 필요한 사항으로서 국토교통부령으로 정하는 사항

② 소유자등 및 항공종사자는 제1항에 따른 운항기술기준을 준수하여야 한다.

제6장 공역 및 항공교통업무 등

제78조 【공역 등의 지정】 ① 국토교통부장관은 공역을 체계적이고 효율적으로 관리하기 위하여 필요하다고 인정할 때에는 비행정보구역을 다음 각 호의 공역으로 구분하여 지정·공고할 수 있다.

1. 관제공역: 항공교통의 안전을 위하여 항공기의 비행 순서·시기 및 방법 등에 관하여 제84조 제1항에 따라 국토교통부장관 또는 항공교통업무증명을 받은 자의 지시를 받아야 할 필요가 있는 공역으로서 관제권 및 관제구를 포함하는 공역
2. 비관제공역: 관제공역 외의 공역으로서 항공기의 조종사에게 비행에 관한 조언·비행정보 등을 제공할 필요가 있는 공역
3. 통제공역: 항공교통의 안전을 위하여 항공기의 비행을 금지하거나 제한할 필요가 있는 공역
4. 주의공역: 항공기의 조종사가 비행 시 특별한 주의·경계·식별 등이 필요한 공역

② 국토교통부장관은 필요하다고 인정할 때에는 국토교통부령으로 정하는 바에 따라 제1항에 따른 공역을 세분하여 지정·공고할 수 있다.

③ 제1항 및 제2항에 따른 공역의 설정기준 및 지정절차 등 그 밖에 필요한 사항은 국토교통부령으로 정한다.

제79조 【항공기의 비행제한 등】 ① 제78조 제1항에 따른 비관제공역 또는 주의공역에서 항공기를 운항하려는 사람은 그 공역에 대하여 국토교통부장관이 정하여 공고하는 비행의 방식 및 절차에 따라야 한다.

② 항공기를 운항하려는 사람은 제78조 제1항에 따른 통제공역에서 비행해서는 아니 된다. 다만, 국토

교통부령으로 정하는 바에 따라 국토교통부장관의 허가를 받아 그 공역에 대하여 국토교통부장관이 정하는 비행의 방식 및 절차에 따라 비행하는 경우에는 그러하지 아니하다.

제80조 【공역위원회의 설치】 ① 제78조에 따른 공역의 설정 및 관리에 필요한 사항을 심의하기 위하여 국토교통부장관 소속으로 공역위원회를 둔다.

② 제1항에서 규정한 사항 외에 공역위원회의 구성·운영 및 기능 등에 필요한 사항은 대통령령으로 정한다.

제81조 【항공교통안전에 관한 관계 행정기관의 장의 협조】 ① 국토교통부장관은 항공교통의 안전을 확보하기 위하여 다음 각 호의 사항에 관하여 관계 행정기관의 장과 상호 협조하여야 한다. 이 경우 국가안보를 고려하여야 한다.

1. 항공교통관제에 관한 사항
2. 효율적인 공역관리에 관한 사항
3. 그 밖에 항공교통의 안전을 위하여 필요한 사항

② 제1항에 따른 협조 요청에 필요한 세부 사항은 대통령령으로 정한다.

제82조 【전시 상황 등에서의 공역관리】 전시(戰時) 및 「통합방위법」에 따른 통합방위사태 선포 시의 공역관리에 관하여는 각각 전시 관계법 및 「통합방위법」에서 정하는 바에 따른다.

제83조 【항공교통업무의 제공 등】 ① 국토교통부장관 또는 항공교통업무증명을 받은 자는 비행장, 공항, 관제권 또는 관제구에서 항공기 또는 경량항공기 등에 항공교통관제 업무를 제공할 수 있다.

② 국토교통부장관 또는 항공교통업무증명을 받은 자는 비행정보구역에서 항공기 또는 경량항공기의 안전하고 효율적인 운항을 위하여 비행장, 공항 및 항행안전시설의 운용 상태 등 항공기 또는 경량항공기의 운항과 관련된 조언 및 정보를 조종사 또는 관련 기관 등에 제공할 수 있다.

③ 국토교통부장관 또는 항공교통업무증명을 받은 자는 비행정보구역에서 수색·구조를 필요로 하는 항공기 또는 경량항공기에 관한 정보를 조종사 또는 관련 기관 등에 제공할 수 있다.

④ 제1항부터 제3항까지의 규정에 따라 국토교통부장관 또는 항공교통업무증명을 받은 자가 하는 업무(이하 "항공교통업무"라 한다)의 제공 영역, 대상, 내용, 절차 등에 필요한 사항은 국토교통부령으로 정한다.

제84조 【항공교통관제 업무 지시의 준수】 ① 비행장, 공항, 관제권 또는 관제구에서 항공기를 이동·이륙·착륙시키거나 비행하려는 자는 국토교통부장관 또는 항공교통업무증명을 받은 자가 지시하는 이동·이륙·착륙의 순서 및 시기와 비행의 방법에 따라야 한다.

② 비행장 또는 공항의 이동지역에서 차량의 운행, 비행장 또는 공항의 유지·보수, 그 밖의 업무를 수행하는 자는 항공교통의 안전을 위하여 국토교통부장관 또는 항공교통업무증명을 받은 자의 지시에 따라야 한다.

제85조 【항공교통업무증명 등】 ① 국토교통부장관 외의 자가 항공교통업무를 제공하려는 경우에는 국토교통부령으로 정하는 바에 따라 항공교통업무를 제공할 수 있는 체계(이하 "항공교통업무제공체계"라 한

다)를 갖추어 국토교통부장관의 항공교통업무증명을 받아야 한다.

② 국토교통부장관은 항공교통업무증명에 필요한 인력·시설·장비, 항공교통업무규정에 관한 요건 및 항공교통업무증명절차 등(이하 "항공교통업무증명기준"이라 한다)을 정하여 고시하여야 한다.

③ 국토교통부장관은 항공교통업무증명을 할 때에는 항공교통업무증명기준에 적합한지를 검사하여 적합하다고 인정되는 경우에는 국토교통부령으로 정하는 바에 따라 항공교통업무증명서를 발급하여야 한다.

④ 항공교통업무증명을 받은 자는 항공교통업무증명을 받았을 때의 항공교통업무제공체계를 유지하여야 하며, 항공교통업무증명기준을 준수하여야 한다.

⑤ 항공교통업무증명을 받은 자는 항공교통업무제공체계를 변경하려는 경우 국토교통부령으로 정하는 바에 따라 국토교통부장관에게 신고하여야 한다. 다만, 제2항에 따른 항공교통업무규정 등 국토교통부령으로 정하는 중요사항을 변경하려는 경우에는 국토교통부장관의 승인을 받아야 한다.

⑥ 제5항 본문에 따른 변경신고가 신고서의 기재사항 및 첨부서류에 흠이 없고, 법령 등에 규정된 형식상의 요건을 충족하는 경우에는 신고서가 접수기관에 도달된 때에 신고 의무가 이행된 것으로 본다. 〈신설 2017. 8. 9.〉

⑦ 국토교통부장관은 항공교통업무증명기준이 변경되어 항공교통업무증명을 받은 자의 항공교통업무제공체계가 변경된 항공교통업무증명기준에 적합하지 아니하게 된 경우 변경된 항공교통업무증명기준을 따르도록 명할 수 있다. 〈개정 2017. 8. 9.〉

⑧ 국토교통부장관은 항공교통업무증명을 받은 자가 항공교통업무제공체계를 계속적으로 유지하고 있는지를 정기 또는 수시로 검사할 수 있다. 〈개정 2017. 8. 9.〉

⑨ 국토교통부장관은 제8항에 따른 검사 결과 항공교통안전에 위험을 초래할 수 있는 사항이 발견되었을 때에는 국토교통부령으로 정하는 바에 따라 시정조치를 명할 수 있다. 〈개정 2017. 8. 9.〉

第86조 【항공교통업무증명의 취소 등】 ① 국토교통부장관은 항공교통업무증명을 받은 자가 다음 각 호의 어느 하나에 해당하는 경우에는 항공교통업무증명을 취소하거나 6개월 이내의 기간을 정하여 항공교통업무 제공의 정지를 명할 수 있다. 다만, 제1호 또는 제8호에 해당하는 경우에는 항공교통업무증명을 취소하여야 한다. 〈개정 2017. 8. 9.〉

1. 거짓이나 그 밖의 부정한 방법으로 항공교통업무증명을 받은 경우
2. 제58조 제2항을 위반하여 다음 각 목의 어느 하나에 해당하는 경우
   가. 항공교통업무 제공을 시작하기 전까지 항공안전관리시스템을 마련하지 아니한 경우
   나. 승인을 받지 아니하고 항공안전관리시스템을 운용한 경우
   다. 항공안전관리시스템을 승인받은 내용과 다르게 운용한 경우
   라. 승인을 받지 아니하고 국토교통부령으로 정하는 중요사항을 변경한 경우
3. 제85조 제4항을 위반하여 항공교통업무제공체계를 계속적으로 유지하지 아니하거나 항공교통업무증명기준을 준수하지 아니하고 항공교통업무를 제공한 경우
4. 제85조 제5항을 위반하여 신고를 하지 아니하거나 승인을 받지 아니하고 항공교통업무제공체계를 변경한 경우

5. 제85조 제7항을 위반하여 변경된 항공교통업무증명기준에 따르도록 한 명령에 따르지 아니한 경우
6. 제85조 제9항에 따른 시정조치 명령을 이행하지 아니한 경우
7. 고의 또는 중대한 과실로 항공기사고를 발생시키거나 소속 항공종사자에 대하여 관리·감독하는 상당한 주의의무를 게을리하여 항공기사고가 발생한 경우
8. 이 조에 따른 항공교통업무 제공의 정지기간에 항공교통업무를 제공한 경우

② 제1항에 따른 처분의 세부기준 등 그 밖에 필요한 사항은 국토교통부령으로 정한다.

제87조 【항공교통업무증명을 받은 자에 대한 과징금의 부과】 ① 국토교통부장관은 항공교통업무증명을 받은 자가 제86조 제1항 제2호부터 제7호까지의 어느 하나에 해당하여 항공교통업무 제공의 정지를 명하여야 하는 경우로서 그 항공교통업무 제공을 정지하면 비행장 이용자 등에게 심한 불편을 주거나 공익을 해칠 우려가 있는 경우에는 항공교통업무 제공의 정지처분을 갈음하여 1억원 이하의 과징금을 부과할 수 있다.

② 제1항에 따른 과징금 부과의 구체적인 기준, 절차 및 그 밖에 필요한 사항은 대통령령으로 정한다.

③ 국토교통부장관은 제1항에 따른 과징금을 내야 할 자가 납부기한까지 과징금을 내지 아니하면 국세 체납처분의 예에 따라 징수한다.

제88조 【수색구조 지원계획의 수립·시행】 국토교통부장관은 항공기가 조난되는 경우 항공기 수색이나 인명구조를 위하여 대통령령으로 정하는 바에 따라 관계 행정기관의 역할 등을 정한 항공기 수색·구조 지원에 관한 계획을 수립·시행하여야 한다.

제89조 【항공정보의 제공 등】 ① 국토교통부장관은 항공기 운항의 안전성·정규성 및 효율성을 확보하기 위하여 필요한 정보(이하 "항공정보"라 한다)를 비행정보구역에서 비행하는 사람 등에게 제공하여야 한다.

② 국토교통부장관은 항공로, 항행안전시설, 비행장, 공항, 관제권 등 항공기 운항에 필요한 정보가 표시된 지도(이하 "항공지도"라 한다)를 발간(發刊)하여야 한다.

③ 제1항 및 제2항에서 규정한 사항 외에 항공정보 또는 항공지도의 내용, 제공방법, 측정단위 등에 필요한 사항은 국토교통부령으로 정한다.

제7장 항공운송사업자 등에 대한 안전관리

제1절 항공운송사업자에 대한 안전관리

제90조 【항공운송사업자의 운항증명】 ① 항공운송사업자는 운항을 시작하기 전까지 국토교통부령으로 정하는 기준에 따라 인력, 장비, 시설, 운항관리지원 및 정비관리지원 등 안전운항체계에 대하여 국토교통부장관의 검사를 받은 후 운항증명을 받아야 한다.

② 국토교통부장관은 제1항에 따른 운항증명(이하 "운항증명"이라 한다)을 하는 경우에는 운항하려는 항공로, 공항 및 항공기 정비방법 등에 관하여 국토교통부령으로 정하는 운항조건과 제한 사항이 명시된 운영기준을 운항증명서와 함께 해당 항공운송사업자에게 발급하여야 한다.

③ 국토교통부장관은 항공기의 안전운항을 확보하기 위하여 필요하다고 판단되면 직권으로 또는 항공운송사업자의 신청을 받아 제2항에 따른 운영기준을 변경할 수 있다.
④ 항공운송사업자 또는 항공운송사업자에 속한 항공종사자는 제2항에 따른 운영기준을 준수하여야 한다.
⑤ 운항증명을 받은 항공운송사업자는 최초로 운항증명을 받았을 때의 안전운항체계를 유지하여야 하며, 노선의 개설 등으로 안전운항체계가 변경된 경우에는 국토교통부장관이 실시하는 검사를 받아야 한다.
⑥ 국토교통부장관은 항공기 안전운항을 확보하기 위하여 운항증명을 받은 항공운송사업자가 안전운항체계를 유지하고 있는지를 정기 또는 수시로 검사하여야 한다.
⑦ 국토교통부장관은 제6항에 따른 정기검사 또는 수시검사를 하는 중에 다음 각 호의 어느 하나에 해당하여 긴급한 조치가 필요하게 되었을 때에는 국토교통부령으로 정하는 바에 따라 항공기 또는 노선의 운항을 정지하게 하거나 항공종사자의 업무를 정지하게 할 수 있다.
1. 항공기의 감항성에 영향을 미칠 수 있는 사항이 발견된 경우
2. 항공기의 운항과 관련된 항공종사자가 교육훈련 또는 운항자격 등 이 법에 따라 해당 업무에 종사하는 데 필요한 요건을 충족하지 못하고 있음이 발견된 경우
3. 승무시간 기준, 비행규칙 등 항공기의 안전운항을 위하여 이 법에서 정한 기준을 따르지 아니하고 있는 경우
4. 운항하려는 공항 또는 활주로의 상태 등이 항공기의 안전운항에 위험을 줄 수 있는 상태인 경우
5. 그 밖에 안전운항체계에 영향을 미칠 수 있는 상황으로 판단되는 경우
⑧ 국토교통부장관은 제7항에 따른 정지처분의 사유가 없어진 경우에는 지체 없이 그 처분을 취소하여야 한다.

제91조 【항공운송사업자의 운항증명 취소 등】 ① 국토교통부장관은 운항증명을 받은 항공운송사업자가 다음 각 호의 어느 하나에 해당하는 경우에는 운항증명을 취소하거나 6개월 이내의 기간을 정하여 항공기 운항의 정지를 명할 수 있다. 다만, 제1호, 제39호 또는 제49호의 어느 하나에 해당하는 경우에는 운항증명을 취소하여야 한다. 〈개정 2017. 12. 26., 2019. 8. 27.〉
1. 거짓이나 그 밖의 부정한 방법으로 운항증명을 받은 경우
2. 제18조 제1항을 위반하여 국적・등록기호 및 소유자등의 성명 또는 명칭을 표시하지 아니한 항공기를 운항한 경우
3. 제23조 제3항을 위반하여 감항증명을 받지 아니한 항공기를 운항한 경우
4. 제23조 제9항에 따른 항공기의 감항성 유지를 위한 항공기등, 장비품 또는 부품에 대한 정비등에 관한 감항성개선 또는 그 밖에 검사・정비등의 명령을 이행하지 아니하고 이를 운항 또는 항공기등에 사용한 경우
5. 제25조 제2항을 위반하여 소음기준적합증명을 받지 아니하거나 항공기기술기준에 적합하지 아니한 항공기를 운항한 경우
6. 제26조를 위반하여 변경된 항공기기술기준을 따르도록 한 요구에 따르지 아니한 경우

7. 제27조 제3항을 위반하여 기술표준품형식승인을 받지 아니한 기술표준품을 항공기등에 사용한 경우
8. 제28조 제3항을 위반하여 부품등제작자증명을 받지 아니한 장비품 또는 부품을 항공기등 또는 장비품에 사용한 경우
9. 제30조 제2항을 위반하여 수리·개조승인을 받지 아니한 항공기등을 운항하거나 장비품·부품을 항공기등에 사용한 경우
10. 제32조 제1항을 위반하여 정비등을 한 항공기등, 장비품 또는 부품에 대하여 감항성을 확인받지 아니하고 운항 또는 항공기등에 사용한 경우
11. 제42조를 위반하여 제40조 제2항에 따른 자격증명의 종류별 항공신체검사증명의 기준에 적합하지 아니한 운항승무원을 항공업무에 종사하게 한 경우
12. 제51조를 위반하여 국토교통부령으로 정한 무선설비를 설치하지 아니한 항공기 또는 설치한 무선설비가 운용되지 아니하는 항공기를 운항한 경우
13. 제52조를 위반하여 항공기에 항공계기등을 설치하거나 탑재하지 아니하고 운항하거나, 그 운용방법 등을 따르지 아니한 경우
14. 제53조를 위반하여 항공기에 국토교통부령으로 정하는 양의 연료를 싣지 아니하고 운항한 경우
15. 제54조를 위반하여 항공기를 운항하거나 야간에 비행장에 주기 또는 정박시키는 경우에 국토교통부령으로 정하는 바에 따라 등불로 항공기의 위치를 나타내지 아니한 경우
16. 제55조를 위반하여 국토교통부령으로 정하는 비행경험이 없는 운항승무원에게 항공기를 운항하게 하거나 계기비행·야간비행 또는 조종교육의 업무에 종사하게 한 경우
17. 제56조 제1항을 위반하여 소속 승무원의 피로를 관리하지 아니한 경우
18. 제56조 제2항을 위반하여 국토교통부장관의 승인을 받지 아니하고 피로위험관리시스템을 운용하거나 중요사항을 변경한 경우
19. 제57조 제1항을 위반하여 항공종사자 또는 객실승무원이 주류등의 영향으로 항공업무 또는 객실승무원의 업무를 정상적으로 수행할 수 없는 상태에서 항공업무 또는 객실승무원의 업무에 종사하게 한 경우
20. 제58조 제2항을 위반하여 다음 각 목의 어느 하나에 해당하는 경우
    가. 사업을 시작하기 전까지 항공안전관리시스템을 마련하지 아니한 경우
    나. 승인을 받지 아니하고 항공안전관리시스템을 운용한 경우
    다. 항공안전관리시스템을 승인받은 내용과 다르게 운용한 경우
    라. 승인을 받지 아니하고 국토교통부령으로 정하는 중요 사항을 변경한 경우
21. 제62조 제5항 단서를 위반하여 항공기사고, 항공기준사고 또는 의무보고 대상 항공안전장애가 발생한 경우에 국토교통부령으로 정하는 바에 따라 발생 사실을 보고하지 아니한 경우
22. 제63조 제4항에 따라 자격인정 또는 심사를 할 때 소속 기장 또는 기장 외의 조종사에 대하여 부당한 방법으로 자격인정 또는 심사를 한 경우
23. 제63조 제7항을 위반하여 운항하려는 지역, 노선 및 공항에 대한 경험요건을 갖추지 아니한 기장에게 운항을 하게 한 경우

24. 제65조 제1항을 위반하여 운항관리사를 두지 아니한 경우
25. 제65조 제3항을 위반하여 국토교통부령으로 정하는 바에 따라 운항관리사가 해당 업무를 수행하는 데 필요한 교육훈련을 하지 아니하고 해당 업무에 종사하게 한 경우
26. 제66조를 위반하여 이륙·착륙 장소가 아닌 곳에서 항공기를 이륙하거나 착륙하게 한 경우
27. 제68조를 위반하여 같은 조 각 호의 어느 하나에 해당하는 비행 또는 행위를 하게 한 경우
28. 제70조 제1항을 위반하여 허가를 받지 아니하고 항공기를 이용하여 위험물을 운송한 경우
29. 제70조 제3항을 위반하여 국토교통부장관이 고시하는 위험물취급의 절차 및 방법에 따르지 아니하고 위험물을 취급한 경우
30. 제72조 제1항을 위반하여 위험물취급에 관한 교육을 받지 아니한 사람에게 위험물취급을 하게 한 경우
31. 제74조 제1항을 위반하여 승인을 받지 아니하고 비행기를 운항한 경우
32. 제75조 제1항을 위반하여 승인을 받지 아니하고 같은 항 각 호의 어느 하나에 해당하는 공역에서 항공기를 운항한 경우
33. 제76조 제1항을 위반하여 국토교통부령으로 정하는 바에 따라 운항의 안전에 필요한 승무원을 태우지 아니하고 항공기를 운항한 경우
34. 제76조 제3항을 위반하여 항공기에 태우는 승무원에 대하여 해당 업무를 수행하는 데 필요한 교육훈련을 하지 아니한 경우
35. 제77조 제2항을 위반하여 같은 조 제1항에 따른 운항기술기준을 준수하지 아니하고 운항하거나 업무를 한 경우
36. 제90조 제1항을 위반하여 운항증명을 받지 아니하고 운항을 시작한 경우
37. 제90조 제4항을 위반하여 운영기준을 준수하지 아니한 경우
38. 제90조 제5항을 위반하여 안전운항체계를 유지하지 아니하거나 변경된 안전운항체계를 검사받지 아니하고 항공기를 운항한 경우
39. 제90조 제7항을 위반하여 항공기 또는 노선 운항의 정지처분에 따르지 아니하고 항공기를 운항한 경우
40. 제93조 제1항 본문 또는 같은 조 제2항 단서를 위반하여 국토교통부장관의 인가를 받지 아니하고 운항규정 또는 정비규정을 마련하였거나 국토교통부령으로 정하는 중요사항을 변경한 경우
41. 제93조 제2항 본문을 위반하여 국토교통부장관에게 신고하지 아니하고 운항규정 또는 정비규정을 변경한 경우
42. 제93조 제5항 전단을 위반하여 같은 조 제1항 본문 또는 제2항 단서에 따라 인가를 받거나 같은 조 제2항 본문에 따라 신고한 운항규정 또는 정비규정을 해당 종사자에게 제공하지 아니한 경우
43. 제93조 제5항 후단을 위반하여 같은 조 제1항 본문 또는 제2항 단서에 따라 인가를 받거나 같은 조 제2항 본문에 따라 신고한 운항규정 또는 정비규정을 준수하지 아니하고 항공기를 운항하거나 정비한 경우
44. 제94조 각 호에 따른 항공운송의 안전을 위한 명령을 따르지 아니한 경우

45. 제132조 제1항에 따라 업무(항공안전 활동을 수행하기 위한 것만 해당한다)에 관한 보고를 하지 아니하거나 서류를 제출하지 아니하는 경우 또는 거짓으로 보고하거나 서류를 제출한 경우
46. 제132조 제2항에 따른 항공기 등에의 출입이나 장부·서류 등의 검사(항공안전 활동을 수행하기 위한 것만 해당한다)를 거부·방해 또는 기피한 경우
47. 제132조 제2항에 따른 관계인에 대한 질문(항공안전 활동을 수행하기 위한 것만 해당한다)에 답변하지 아니하거나 거짓으로 답변한 경우
48. 고의 또는 중대한 과실에 의하여 또는 항공종사자의 선임·감독에 관하여 상당한 주의의무를 게을리하여 항공기사고 또는 항공기준사고를 발생시킨 경우
49. 이 조에 따른 항공기 운항의 정지기간에 운항한 경우

② 제1항에 따른 처분의 세부기준 및 절차 등 그 밖에 필요한 사항은 국토교통부령으로 정한다.

[시행일 : 2019. 3. 30.] 제91조 제1항 제17호(제56조 제1항 제2호에 관한 부분만 해당한다), 제91조 제1항 제18호

[시행일 : 2020.2.28.] 제91조

제92조 【항공운송사업자에 대한 과징금의 부과】 ① 국토교통부장관은 운항증명을 받은 항공운송사업자가 제91조 제1항 제2호부터 제38호까지 또는 제40호부터 제48호까지의 어느 하나에 해당하여 항공기 운항의 정지를 명하여야 하는 경우로서 그 운항을 정지하면 항공기 이용자 등에게 심한 불편을 주거나 공익을 해칠 우려가 있는 경우에는 항공기의 운항정지처분을 갈음하여 100억원 이하의 과징금을 부과할 수 있다.

② 제1항에 따른 과징금 부과의 구체적인 기준, 절차 및 그 밖에 필요한 사항은 대통령령으로 정한다.

③ 국토교통부장관은 제1항에 따른 과징금을 내야 할 자가 납부기한까지 과징금을 내지 아니하면 국세 체납처분의 예에 따라 징수한다.

제93조 【항공운송사업자의 운항규정 및 정비규정】 ① 항공운송사업자는 운항을 시작하기 전까지 국토교통부령으로 정하는 바에 따라 항공기의 운항에 관한 운항규정 및 정비에 관한 정비규정을 마련하여 국토교통부장관의 인가를 받아야 한다. 다만, 운항규정 및 정비규정을 운항증명에 포함하여 운항증명을 받은 경우에는 그러하지 아니하다.

② 항공운송사업자는 제1항 본문에 따라 인가를 받은 운항규정 또는 정비규정을 변경하려는 경우에는 국토교통부령으로 정하는 바에 따라 국토교통부장관에게 신고하여야 한다. 다만, 최소장비목록, 승무원 훈련프로그램 등 국토교통부령으로 정하는 중요사항을 변경하려는 경우에는 국토교통부장관의 인가를 받아야 한다.

③ 국토교통부장관은 제1항 본문 또는 제2항 단서에 따라 인가하려는 경우에는 제77조 제1항에 따른 운항기술기준에 적합한지를 확인하여야 한다.

④ 국토교통부장관은 제1항 본문 또는 제2항 단서에 따라 인가하는 경우 조건 또는 기한을 붙이거나 조건 또는 기한을 변경할 수 있다. 다만, 그 조건 또는 기한은 공공의 이익 증진이나 인가의 시행에 필요한 최소한도의 것이어야 하며, 해당 항공운송사업자에게 부당한 의무를 부과하는 것이어서는 아니 된다.

⑤ 항공운송사업자는 제1항 본문 또는 제2항 단서에 따라 국토교통부장관의 인가를 받거나 제2항 본문에 따라 국토교통부장관에게 신고한 운항규정 또는 정비규정을 항공기의 운항 또는 정비에 관한 업무를 수행하는 종사자에게 제공하여야 한다. 이 경우 항공운송사업자와 항공기의 운항 또는 정비에 관한 업무를 수행하는 종사자는 운항규정 또는 정비규정을 준수하여야 한다.

제94조【항공운송사업자에 대한 안전개선명령】 국토교통부장관은 항공운송의 안전을 위하여 필요하다고 인정되는 경우에는 항공운송사업자에게 다음 각 호의 사항을 명할 수 있다.

1. 항공기 및 그 밖의 시설의 개선
2. 항공에 관한 국제조약을 이행하기 위하여 필요한 사항
3. 그 밖에 항공기의 안전운항에 대한 방해 요소를 제거하기 위하여 필요한 사항

제2절 항공기사용사업자에 대한 안전관리

제95조【항공기사용사업자의 운항증명 취소 등】 ① 국토교통부장관은 제96조 제1항에서 준용하는 제90조에 따라 운항증명을 받은 항공기사용사업자가 제91조 제1항 각 호의 어느 하나에 해당하는 경우에는 운항증명을 취소하거나 6개월 이내의 기간을 정하여 항공기 운항의 정지를 명할 수 있다. 다만, 제91조 제1항 제1호, 제39호 또는 제49호의 어느 하나에 해당하는 경우에는 운항증명을 취소하여야 한다.

② 국토교통부장관은 항공기사용사업자(제96조 제1항에서 준용하는 제90조에 따라 운항증명을 받은 항공기사용사업자는 제외한다)가 제91조 제1항 제2호부터 제22호까지, 제26호부터 제30호까지 및 제32호부터 제48호까지의 어느 하나에 해당하는 경우에는 6개월 이내의 기간을 정하여 항공기 운항의 정지를 명할 수 있다.

③ 제1항 및 제2항에 따른 처분의 세분기준 및 절차와 그 밖에 필요한 사항은 국토교통부령으로 정한다. 〈신설 2017. 1. 17.〉

④ 국토교통부장관은 제1항 또는 제2항에 따라 항공기 운항의 정지를 명하여야 하는 경우로서 그 운항을 정지하면 항공기 이용자 등에게 심한 불편을 주거나 공익을 해칠 우려가 있는 경우에는 항공기의 운항정지처분을 갈음하여 3억원 이하의 과징금을 부과할 수 있다. 〈개정 2017. 1. 17.〉

⑤ 제4항에 따른 과징금 부과의 구체적인 기준, 절차 및 그 밖에 필요한 사항은 대통령령으로 정한다. 〈개정 2017. 1. 17.〉

⑥ 국토교통부장관은 제4항에 따른 과징금을 내야 할 자가 납부기한까지 과징금을 내지 아니하면 국세체납처분의 예에 따라 징수한다. 〈개정 2017. 1. 17.〉

제96조【항공기사용사업자에 대한 준용규정】 ① 항공기사용사업자 중 국토교통부령으로 정하는 업무를 하는 항공기사용사업자에 대해서는 제90조를 준용한다.

② 항공기사용사업자의 운항규정 또는 정비규정의 인가 등에 관하여는 제93조 및 제94조를 준용한다.

제3절 항공기정비업자에 대한 안전관리

제97조 【정비조직인증 등】 ① 제8조에 따라 대한민국 국적을 취득한 항공기와 이에 사용되는 발동기, 프로펠러, 장비품 또는 부품의 정비등의 업무 등 국토교통부령으로 정하는 업무를 하려는 항공기정비업자 또는 외국의 항공기정비업자는 그 업무를 시작하기 전까지 국토교통부장관이 정하여 고시하는 인력, 설비 및 검사체계 등에 관한 기준(이하 "정비조직인증기준"이라 한다)에 적합한 인력, 설비 등을 갖추어 국토교통부장관의 인증(이하 "정비조직인증"이라 한다)을 받아야 한다. 다만, 대한민국과 정비조직인증에 관한 항공안전협정을 체결한 국가로부터 정비조직인증을 받은 자는 국토교통부장관의 정비조직인증을 받은 것으로 본다.

② 국토교통부장관은 정비조직인증을 하는 경우에는 정비등의 범위·방법 및 품질관리절차 등을 정한 세부 운영기준을 정비조직인증서와 함께 해당 항공기정비업자에게 발급하여야 한다.

③ 항공기등, 장비품 또는 부품에 대한 정비등을 하는 경우에는 그 항공기등, 장비품 또는 부품을 제작한 자가 정하거나 국토교통부장관이 인정한 정비등에 관한 방법 및 절차 등을 준수하여야 한다.

제98조 【정비조직인증의 취소 등】 ① 국토교통부장관은 정비조직인증을 받은 자가 다음 각 호의 어느 하나에 해당하는 경우에는 정비조직인증을 취소하거나 6개월 이내의 기간을 정하여 그 효력의 정지를 명할 수 있다. 다만, 제1호 또는 제5호에 해당하는 경우에는 그 정비조직인증을 취소하여야 한다.

1. 거짓이나 그 밖의 부정한 방법으로 정비조직인증을 받은 경우
2. 제58조 제2항을 위반하여 다음 각 목의 어느 하나에 해당하는 경우
   가. 업무를 시작하기 전까지 항공안전관리시스템을 마련하지 아니한 경우
   나. 승인을 받지 아니하고 항공안전관리시스템을 운용한 경우
   다. 항공안전관리시스템을 승인받은 내용과 다르게 운용한 경우
   라. 승인을 받지 아니하고 국토교통부령으로 정하는 중요 사항을 변경한 경우
3. 정당한 사유 없이 정비조직인증기준을 위반한 경우
4. 고의 또는 중대한 과실에 의하거나 항공종사자에 대한 관리·감독에 관하여 상당한 주의의무를 게을리함으로써 항공기사고가 발생한 경우
5. 이 조에 따른 효력정지기간에 업무를 한 경우

② 제1항에 따른 처분의 기준은 국토교통부령으로 정한다.

제99조 【정비조직인증을 받은 자에 대한 과징금의 부과】 ① 국토교통부장관은 정비조직인증을 받은 자가 제98조 제1항 제2호부터 제4호까지의 어느 하나에 해당하여 그 효력의 정지를 명하여야 하는 경우로서 그 효력을 정지하는 경우 그 업무의 이용자 등에게 심한 불편을 주거나 공익을 해칠 우려가 있는 경우에는 효력정지처분을 갈음하여 5억원 이하의 과징금을 부과할 수 있다.

② 제1항에 따른 과징금 부과의 구체적인 기준, 절차 및 그 밖에 필요한 사항은 대통령령으로 정한다.

③ 국토교통부장관은 제1항에 따라 과징금을 내야 할 자가 납부기한까지 과징금을 내지 아니하면 국세 체납처분의 예에 따라 징수한다.

제8장 외국항공기

제100조 【외국항공기의 항행】 ① 외국 국적을 가진 항공기의 사용자(외국, 외국의 공공단체 또는 이에 준하는 자를 포함한다)는 다음 각 호의 어느 하나에 해당하는 항행을 하려면 국토교통부장관의 허가를 받아야 한다. 다만, 「항공사업법」 제54조 및 제55조에 따른 허가를 받은 자는 그러하지 아니하다.

1. 영공 밖에서 이륙하여 대한민국에 착륙하는 항행
2. 대한민국에서 이륙하여 영공 밖에 착륙하는 항행
3. 영공 밖에서 이륙하여 대한민국에 착륙하지 아니하고 영공을 통과하여 영공 밖에 착륙하는 항행

② 외국의 군, 세관 또는 경찰의 업무에 사용되는 항공기는 제1항을 적용할 때에는 해당 국가가 사용하는 항공기로 본다.

③ 제1항 각 호의 어느 하나에 해당하는 항행을 하는 자는 국토교통부장관이 요구하는 경우 지체 없이 국토교통부장관이 지정한 비행장에 착륙하여야 한다.

제101조 【외국항공기의 국내 사용】 외국 국적을 가진 항공기(「항공사업법」 제54조 및 제55조에 따른 허가를 받은 자가 해당 운송에 사용하는 항공기는 제외한다)는 대한민국 각 지역 간을 운항해서는 아니 된다. 다만, 국토교통부령으로 정하는 바에 따라 국토교통부장관의 허가를 받은 경우에는 그러하지 아니하다.

제102조 【증명서 등의 인정】 다음 각 호의 어느 하나에 해당하는 항공기의 감항성 및 그 승무원의 자격에 관하여 해당 항공기의 국적인 외국정부가 한 증명 및 그 밖의 행위는 이 법에 따라 한 것으로 본다.

1. 제100조 제1항 각 호의 어느 하나에 해당하는 항행을 하는 외국 국적의 항공기
2. 「항공사업법」 제54조 및 제55조에 따른 허가를 받은 자가 사용하는 외국 국적의 항공기

제103조 【외국인국제항공운송사업자에 대한 운항증명승인 등】 ① 「항공사업법」 제54조에 따라 외국인 국제항공운송사업 허가를 받으려는 자는 국토교통부령으로 정하는 기준에 따라 그가 속한 국가에서 발급받은 운항증명과 운항조건·제한사항을 정한 운영기준에 대하여 국토교통부장관의 운항증명승인을 받아야 한다.

② 국토교통부장관은 제1항에 따른 운항증명승인을 하는 경우에는 운항하려는 항공로, 공항 등에 관하여 운항조건·제한사항을 정한 서류를 운항증명승인서와 함께 발급할 수 있다.

③ 「항공사업법」 제54조에 따라 외국인 국제항공운송사업 허가를 받은 자(이하 "외국인국제항공운송사업자"라 한다)와 그에 속한 항공종사자는 제2항에 따라 발급된 운항조건·제한사항을 준수하여야 한다.

④ 국토교통부장관은 외국인국제항공운송사업자가 사용하는 항공기의 안전운항을 위하여 국토교통부령으로 정하는 바에 따라 제2항에 따른 운항조건·제한사항을 변경할 수 있다.

⑤ 외국인국제항공운송사업자는 대한민국에 노선의 개설 등에 따른 운항증명승인 또는 운항조건·제한사항이 변경된 경우에는 국토교통부장관의 변경승인을 받아야 한다.

⑥ 국토교통부장관은 항공기의 안전운항을 위하여 외국인국제항공운송사업자가 사용하는 항공기에 대하여 검사를 할 수 있다.

⑦ 국토교통부장관은 제6항에 따른 검사 중 긴급히 조치하지 아니할 경우 항공기의 안전운항에 중대한 위험을 초래할 수 있는 사항이 발견되었을 때에는 국토교통부령으로 정하는 바에 따라 해당 항공기의 운항을 정지하거나 항공종사자의 업무를 정지할 수 있다.
⑧ 국토교통부장관은 제7항에 따라 한 정지처분의 사유가 없어진 경우에는 지체 없이 그 처분을 취소하거나 변경하여야 한다.

제104조【안전운항을 위한 외국인국제항공운송사업자의 준수사항 등】 ① 외국인국제항공운송사업자는 다음 각 호의 서류를 국토교통부령으로 정하는 바에 따라 항공기에 싣고 운항하여야 한다.
1. 제103조 제2항에 따라 국토교통부장관이 발급한 운항증명승인서와 운항조건 · 제한사항을 정한 서류
2. 외국인국제항공운송사업자가 속한 국가가 발급한 운항증명 사본 및 운영기준 사본
3. 그 밖에 「국제민간항공협약」 및 같은 협약의 부속서에 따라 항공기에 싣고 운항하여야 할 서류 등

② 외국인국제항공운송사업자와 그에 속한 항공종사자는 제1항 제2호의 운영기준을 준수하여야 한다.
③ 국토교통부장관은 항공기의 안전운항을 위하여 외국인국제항공운송사업자와 그에 속한 항공종사자가 제1항 제2호의 운영기준을 준수하는지 등에 대하여 정기 또는 수시로 검사할 수 있다.
④ 국토교통부장관은 제3항에 따른 정기검사 또는 수시검사에서 긴급히 조치하지 아니할 경우 항공기의 안전운항에 중대한 위험을 초래할 수 있는 사항이 발견되었을 때에는 국토교통부령으로 정하는 바에 따라 해당 항공기의 운항을 정지하거나 항공종사자의 업무를 정지할 수 있다.
⑤ 국토교통부장관은 제4항에 따른 정지처분의 사유가 없어지면 지체 없이 그 처분을 취소하여야 한다.

제105조【외국인국제항공운송사업자의 항공기 운항의 정지 등】 ① 국토교통부장관은 외국인국제항공운송사업자가 다음 각 호의 어느 하나에 해당하는 경우에는 6개월 이내의 기간을 정하여 항공기 운항의 정지를 명할 수 있다. 다만, 제1호 또는 제6호에 해당하는 경우에는 운항증명승인을 취소하여야 한다.
1. 거짓이나 그 밖의 부정한 방법으로 운항증명승인을 받은 경우
2. 제103조 제1항을 위반하여 운항증명승인을 받지 아니하고 운항한 경우
3. 제103조 제3항을 위반하여 같은 조 제2항에 따른 운항조건 · 제한사항을 준수하지 아니한 경우
4. 제103조 제5항을 위반하여 변경승인을 받지 아니하고 운항한 경우
5. 제106조에서 준용하는 제94조 각 호에 따른 항공운송의 안전을 위한 명령에 따르지 아니한 경우
6. 이 조에 따른 항공기 운항의 정지기간에 항공기를 운항한 경우

② 제1항에 따른 처분의 세부기준 등 그 밖에 필요한 사항은 국토교통부령으로 정한다.

제106조【외국인국제항공운송사업자에 대한 준용규정】 외국인국제항공운송사업자의 항공안전 의무보고 및 자율보고 등에 관하여는 제59조, 제61조, 제92조 및 제94조를 준용한다.

제107조【외국항공기의 유상운송에 대한 운항안전성 검사】 「항공사업법」 제55조에 따라 외국항공기의 유상운송 허가를 받으려는 자는 국토교통부령으로 정하는 기준에 따라 그가 속한 국가에서 발급받은 운항증명과 운항조건 · 제한사항을 정한 운영기준에 대하여 국토교통부장관이 실시하는 운항안전성 검사를 받아야 한다.

제9장 경량항공기

제108조 【경량항공기 안전성인증 등】 ① 시험비행 등 국토교통부령으로 정하는 경우로서 국토교통부장관의 허가를 받은 경우를 제외하고는 경량항공기를 소유하거나 사용할 수 있는 권리가 있는 자(이하 "경량항공기소유자등"이라 한다)는 국토교통부령으로 정하는 기관 또는 단체의 장으로부터 그가 정한 안전성인증의 유효기간 및 절차·방법 등에 따라 그 경량항공기가 국토교통부장관이 정하여 고시하는 비행안전을 위한 기술상의 기준에 적합하다는 안전성인증을 받지 아니하고 비행하여서는 아니 된다. 이 경우 안전성인증의 유효기간 및 절차·방법 등에 대해서는 국토교통부장관의 승인을 받아야 하며, 변경할 때에도 또한 같다.

② 제1항에 따라 국토교통부령으로 정하는 기관 또는 단체의 장이 안전성인증을 할 때에는 국토교통부령으로 정하는 바에 따라 안전성인증 등급을 부여하고, 그 등급에 따른 운용범위를 지정하여야 한다.

③ 경량항공기소유자등 또는 경량항공기를 사용하여 비행하려는 사람은 제2항에 따라 부여된 안전성인증 등급에 따른 운용범위를 준수하여 비행하여야 한다.

④ 경량항공기소유자등 또는 경량항공기를 사용하여 비행하려는 사람은 경량항공기 또는 그 장비품·부품을 정비한 경우에는 제35조 제8호의 항공정비사 자격증명을 가진 사람으로부터 국토교통부령으로 정하는 방법에 따라 안전하게 운용할 수 있다는 확인을 받지 아니하고 비행하여서는 아니 된다. 다만, 국토교통부령으로 정하는 경미한 정비는 그러하지 아니하다.

제109조 【경량항공기 조종사 자격증명】 ① 경량항공기를 사용하여 비행하려는 사람은 국토교통부령으로 정하는 바에 따라 국토교통부장관의 자격증명(이하 "경량항공기 조종사 자격증명"이라 한다)을 받아야 한다.

② 다음 각 호의 어느 하나에 해당하는 사람은 경량항공기 조종사 자격증명을 받을 수 없다.

1. 17세 미만인 사람
2. 제114조 제1항에 따른 경량항공기 조종사 자격증명 취소처분을 받고 그 취소일부터 2년이 지나지 아니한 사람

제110조 【경량항공기 조종사 업무범위】 경량항공기 조종사 자격증명을 받은 사람은 경량항공기에 탑승하여 경량항공기를 조종하는 업무(이하 "경량항공기 조종업무"라 한다) 외의 업무를 해서는 아니 된다. 다만, 새로운 종류의 경량항공기에 탑승하여 시험비행 등을 하는 경우로서 국토교통부령으로 정하는 바에 따라 국토교통부장관의 허가를 받은 경우에는 그러하지 아니하다.

제111조 【경량항공기 조종사 자격증명의 한정】 ① 국토교통부장관은 경량항공기 조종사 자격증명을 하는 경우에는 경량항공기의 종류를 한정할 수 있다.

② 제1항에 따라 경량항공기 조종사 자격증명의 한정을 받은 사람은 그 한정된 경량항공기 종류 외의 경량항공기를 조종해서는 아니 된다.

③ 제1항에 따른 경량항공기 조종사 자격증명의 한정에 필요한 세부 사항은 국토교통부령으로 정한다.

제112조 【경량항공기 조종사 자격증명 시험의 실시 및 면제】 ① 경량항공기 조종사 자격증명을 받으려는 사람은 국토교통부령으로 정하는 바에 따라 경량항공기 조종업무에 종사하는 데 필요한 지식 및 능력에 관하여 국토교통부장관이 실시하는 학과시험 및 실기시험에 합격하여야 한다.

② 국토교통부장관은 제111조에 따라 경량항공기 조종사 자격증명(제115조에 따른 경량항공기 조종교육증명을 포함한다)을 경량항공기의 종류별로 한정하는 경우에는 경량항공기 탑승경력 등을 심사하여야 한다. 이 경우 종류에 대한 최초의 경량항공기 조종사 자격증명의 한정은 실기시험을 실시하여 심사할 수 있다.

③ 국토교통부장관은 다음 각 호의 어느 하나에 해당하는 사람에게는 국토교통부령으로 정하는 바에 따라 제1항 및 제2항에 따른 시험 및 심사의 전부 또는 일부를 면제할 수 있다.

1. 제35조 제1호부터 제4호까지의 자격증명 또는 외국정부로부터 경량항공기 조종사 자격증명을 받은 사람
2. 제117조에 따른 경량항공기 전문교육기관의 교육과정을 이수한 사람
3. 해당 분야에 관한 실무경험이 있는 사람

④ 국토교통부장관은 제1항에 따라 학과시험 및 실기시험에 합격한 사람에 대해서는 경량항공기 조종사 자격증명서를 발급하여야 한다.

제113조 【경량항공기 조종사의 항공신체검사증명】 ① 경량항공기 조종사 자격증명을 받고 경량항공기 조종업무를 하려는 사람(제116조에 따라 경량항공기 조종연습을 하는 사람을 포함한다)은 국토교통부장관의 항공신체검사증명을 받아야 한다.

② 제1항에 따른 항공신체검사증명에 관하여는 제40조 제2항부터 제6항까지의 규정을 준용한다.

제114조 【경량항공기 조종사 자격증명등·항공신체검사증명의 취소 등】 ① 국토교통부장관은 경량항공기 조종사 자격증명을 받은 사람이 다음 각 호의 어느 하나에 해당하는 경우에는 그 경량항공기 조종사 자격증명이나 자격증명의 한정(이하 이 조에서 "자격증명등"이라 한다)을 취소하거나 1년 이내의 기간을 정하여 자격증명등의 효력정지를 명할 수 있다. 다만, 제1호 또는 제17호의 어느 하나에 해당하는 경우에는 자격증명등을 취소하여야 한다.

1. 거짓이나 그 밖의 부정한 방법으로 자격증명등을 받은 경우
2. 이 법을 위반하여 벌금 이상의 형을 선고받은 경우
3. 경량항공기 조종업무를 수행할 때 고의 또는 중대한 과실로 경량항공기사고를 일으켜 인명피해나 재산피해를 발생시킨 경우
4. 제110조 본문을 위반하여 경량항공기 조종업무 외의 업무에 종사한 경우
5. 제111조 제2항을 위반하여 경량항공기 조종사 자격증명의 한정을 받은 사람이 한정된 경량항공기 종류 외의 경량항공기를 조종한 경우
6. 제113조(제116조 제5항에서 준용하는 경우를 포함한다)를 위반하여 항공신체검사증명을 받지 아니하고 경량항공기 조종업무를 하거나 경량항공기 조종연습을 한 경우
7. 제115조 제1항을 위반하여 조종교육증명을 받지 아니하고 조종교육을 한 경우

8. 제115조 제2항을 위반하여 국토교통부장관이 정하는 교육을 받지 아니한 경우
9. 제118조를 위반하여 이륙·착륙 장소가 아닌 곳 또는 「공항시설법」 제25조 제6항에 따라 사용이 중지된 이착륙장에서 경량항공기를 이륙하거나 착륙하게 한 경우
10. 제121조 제2항에서 준용하는 제57조 제1항을 위반하여 주류등의 영향으로 경량항공기 조종업무(제116조에 따른 경량항공기 조종연습을 포함한다)를 정상적으로 수행할 수 없는 상태에서 경량항공기를 사용하여 비행한 경우
11. 제121조 제2항에서 준용하는 제57조 제2항을 위반하여 경량항공기 조종업무(제116조에 따른 경량항공기 조종연습을 포함한다)에 종사하는 동안에 같은 조 제1항에 따른 주류등을 섭취하거나 사용한 경우
12. 제121조 제2항에서 준용하는 제57조 제3항을 위반하여 같은 조 제1항에 따른 주류등의 섭취 및 사용 여부의 측정 요구에 따르지 아니한 경우
13. 제121조 제3항에서 준용하는 제67조 제1항을 위반하여 비행규칙을 따르지 아니하고 비행한 경우
14. 제121조 제4항에서 준용하는 제79조 제1항을 위반하여 국토교통부장관이 정하여 공고하는 비행의 방식 및 절차에 따르지 아니하고 비관제공역 또는 주의공역에서 비행한 경우
15. 제121조 제4항에서 준용하는 제79조 제2항을 위반하여 허가를 받지 아니하거나 국토교통부장관이 정하는 비행의 방식 및 절차에 따르지 아니하고 통제공역에서 비행한 경우
16. 제121조 제5항에서 준용하는 제84조 제1항을 위반하여 국토교통부장관 또는 항공교통업무증명을 받은 자가 지시하는 이동·이륙·착륙의 순서 및 시기와 비행의 방법에 따르지 아니한 경우
17. 이 조에 따른 자격증명등의 효력정지기간에 경량항공기 조종업무에 종사한 경우

② 국토교통부장관은 경량항공기 조종업무를 하는 사람이 다음 각 호의 어느 하나에 해당하는 경우에는 그 항공신체검사증명을 취소하거나 1년 이내의 기간을 정하여 항공신체검사증명의 효력정지를 명할 수 있다. 다만, 제1호에 해당하는 경우에는 항공신체검사증명을 취소하여야 한다.

1. 거짓이나 그 밖의 부정한 방법으로 항공신체검사증명을 받은 경우
2. 제113조 제2항에서 준용하는 제40조 제2항에 따른 자격증명의 종류별 항공신체검사증명의 기준에 맞지 아니하게 되어 경량항공기 조종업무를 수행하기에 부적합하다고 인정되는 경우
3. 제1항 제10호부터 제12호까지의 어느 하나에 해당하는 경우

③ 자격증명등의 시험에 응시하거나 심사를 받는 사람이 그 시험 또는 심사에서 부정행위를 하거나 항공신체검사를 받는 사람이 그 검사에서 부정한 행위를 한 경우에는 그 부정행위를 한 날부터 각각 2년 동안 이 법에 따른 자격증명등의 시험에 응시하거나 심사를 받을 수 없으며, 이 법에 따른 항공신체검사를 받을 수 없다.

④ 제1항 및 제2항에 따른 처분의 기준 및 절차와 그 밖에 필요한 사항은 국토교통부령으로 정한다.

제115조 【경량항공기 조종교육증명】 ① 다음 각 호의 조종연습을 하는 사람에 대하여 경량항공기 조종교육을 하려는 사람은 그 경량항공기의 종류별로 국토교통부령으로 정하는 바에 따라 국토교통부장관의 조종교육증명을 받아야 한다.

1. 경량항공기 조종사 자격증명을 받지 아니한 사람이 경량항공기에 탑승하여 하는 조종연습

2. 경량항공기 조종사 자격증명을 받은 사람이 그 경량항공기 조종사 자격증명에 대하여 제111조에 따른 한정을 받은 종류 외의 경량항공기에 탑승하여 하는 조종연습

② 제1항에 따른 조종교육증명(이하 "경량항공기 조종교육증명"이라 한다)은 경량항공기 조종교육증명서를 발급함으로써 하며, 경량항공기 조종교육증명을 받은 자는 국토교통부장관이 정하는 바에 따라 교육을 받아야 한다.

③ 경량항공기 조종교육증명의 시험 및 취소 등에 관하여는 제112조 및 제114조 제1항·제3항을 준용한다.

제116조 【경량항공기 조종연습】 ① 제115조 제1항 제1호의 조종연습을 하려는 사람은 그 조종연습에 관하여 국토교통부령으로 정하는 바에 따라 국토교통부장관의 허가를 받고 경량항공기 조종교육증명을 받은 사람의 감독 하에 조종연습을 하여야 한다.

② 제115조 제1항 제2호의 조종연습을 하려는 사람은 경량항공기 조종교육증명을 받은 사람의 감독 하에 조종연습을 하여야 한다.

③ 제1항에 따른 조종연습에 대해서는 제109조 제1항을 적용하지 아니하고, 제2항에 따른 조종연습에 대해서는 제111조 제2항을 적용하지 아니한다.

④ 국토교통부장관은 제1항에 따라 조종연습의 허가 신청을 받은 경우 신청인이 경량항공기 조종연습을 하기에 필요한 능력이 있다고 인정될 때에는 국토교통부령으로 정하는 바에 따라 그 조종연습을 허가하고, 신청인에게 경량항공기 조종연습허가서를 발급한다.

⑤ 제4항에 따른 허가를 받은 사람의 항공신체검사증명 등에 관하여는 제113조 및 제114조를 준용한다.

⑥ 제4항에 따른 허가를 받은 사람이 경량항공기 조종연습을 할 때에는 경량항공기 조종연습허가서와 항공신체검사증명서를 지녀야 한다.

제117조 【경량항공기 전문교육기관의 지정 등】 ① 국토교통부장관은 경량항공기 조종사를 양성하기 위하여 국토교통부령으로 정하는 바에 따라 경량항공기 전문교육기관을 지정할 수 있다.

② 국토교통부장관은 제1항에 따라 지정된 경량항공기 전문교육기관이 경량항공기 조종사를 양성하는 경우에는 예산의 범위에서 필요한 경비의 전부 또는 일부를 지원할 수 있다.

③ 경량항공기 전문교육기관의 교육과목, 교육방법, 인력, 시설 및 장비 등의 지정기준은 국토교통부령으로 정한다.

④ 국토교통부장관은 경량항공기 전문교육기관으로 지정받은 자가 다음 각 호의 어느 하나에 해당하는 경우에는 그 지정을 취소할 수 있다. 다만, 제1호에 해당하는 경우에는 그 지정을 취소하여야 한다.

1. 거짓이나 그 밖의 부정한 방법으로 경량항공기 전문교육기관으로 지정받은 경우
2. 제3항에 따른 경량항공기 전문교육기관의 지정기준 중 국토교통부령으로 정하는 사항을 위반한 경우

제118조 【경량항공기 이륙·착륙의 장소】 ① 누구든지 경량항공기를 비행장(군 비행장은 제외한다) 또는 이착륙장이 아닌 곳에서 이륙하거나 착륙하여서는 아니 된다. 다만, 안전과 관련한 비상상황 등 불가피한 사유가 있는 경우로서 국토교통부장관의 허가를 받은 경우에는 그러하지 아니한다.

② 제1항 단서에 따른 허가에 필요한 세부기준 및 절차와 그 밖에 필요한 사항은 대통령령으로 정한다.

제119조【경량항공기 무선설비 등의 설치·운용 의무】 국토교통부령으로 정하는 경량항공기를 항공에 사용하려는 사람 또는 소유자등은 해당 경량항공기에 무선교신용 장비, 항공기 식별용 트랜스폰더 등 국토교통부령으로 정하는 무선설비를 설치·운용하여야 한다.

제120조【경량항공기 조종사의 준수사항】 ① 경량항공기 조종사는 경량항공기로 인하여 인명이나 재산에 피해가 발생하지 아니하도록 국토교통부령으로 정하는 준수사항을 지켜야 한다.

② 경량항공기 조종사는 경량항공기사고가 발생하였을 때에는 지체 없이 국토교통부령으로 정하는 바에 따라 국토교통부장관에게 그 사실을 보고하여야 한다. 다만, 경량항공기 조종사가 보고할 수 없을 때에는 그 경량항공기소유자등이 경량항공기사고를 보고하여야 한다.

제121조【경량항공기에 대한 준용규정】 ① 경량항공기의 등록 등에 관하여는 제7조 부터 제18조까지의 규정을 준용한다.

② 경량항공기에 대한 주류등의 섭취·사용 제한에 관하여는 제57조를 준용한다.

③ 경량항공기의 비행규칙에 관하여는 제67조를 준용한다.

④ 경량항공기의 비행제한에 관하여는 제79조를 준용한다.

⑤ 경량항공기에 대한 항공교통관제 업무 지시의 준수에 관하여는 제84조를 준용한다.

제10장 초경량비행장치

제122조【초경량비행장치 신고】 ① 초경량비행장치를 소유하거나 사용할 수 있는 권리가 있는 자(이하 "초경량비행장치소유자등"이라 한다)는 초경량비행장치의 종류, 용도, 소유자의 성명, 제129조 제4항에 따른 개인정보 및 개인위치정보의 수집 가능 여부 등을 국토교통부령으로 정하는 바에 따라 국토교통부장관에게 신고하여야 한다. 다만, 대통령령으로 정하는 초경량비행장치는 그러하지 아니하다.

② 국토교통부장관은 제1항에 따라 초경량비행장치의 신고를 받은 경우 그 초경량비행장치소유자등에게 신고번호를 발급하여야 한다.

③ 제2항에 따라 신고번호를 발급받은 초경량비행장치소유자등은 그 신고번호를 해당 초경량비행장치에 표시하여야 한다.

제123조【초경량비행장치 변경신고 등】 ① 초경량비행장치소유자등은 제122조 제1항에 따라 신고한 초경량비행장의 용도, 소유자의 성명 등 국토교통부령으로 정하는 사항을 변경하려는 경우에는 국토교통부령으로 정하는 바에 따라 국토교통부장관에게 변경신고를 하여야 한다.

② 초경량비행장치소유자등은 제122조 제1항에 따라 신고한 초경량비행장치가 멸실되었거나 그 초경량비행장치를 해체(정비등, 수송 또는 보관하기 위한 해체는 제외한다)한 경우에는 그 사유가 발생한 날부터 15일 이내에 국토교통부장관에게 말소신고를 하여야 한다.

③ 초경량비행장치소유자등이 제2항에 따른 말소신고를 하지 아니하면 국토교통부장관은 30일 이상의 기간을 정하여 말소신고를 할 것을 해당 초경량비행장치소유자등에게 최고하여야 한다.

④ 제3항에 따른 최고를 한 후에도 해당 초경량비행장치소유자등이 말소신고를 하지 아니하면 국토교통

부장관은 직권으로 그 신고번호를 말소할 수 있으며, 신고번호가 말소된 때에는 그 사실을 해당 초경량비행장치소유자등 및 그 밖의 이해관계인에게 알려야 한다.

제124조 【초경량비행장치 안전성인증】 시험비행 등 국토교통부령으로 정하는 경우로서 국토교통부장관의 허가를 받은 경우를 제외하고는 동력비행장치 등 국토교통부령으로 정하는 초경량비행장치를 사용하여 비행하려는 사람은 국토교통부령으로 정하는 기관 또는 단체의 장으로부터 그가 정한 안정성인증의 유효기간 및 절차·방법 등에 따라 그 초경량비행장치가 국토교통부장관이 정하여 고시하는 비행안전을 위한 기술상의 기준에 적합하다는 안전성인증을 받지 아니하고 비행하여서는 아니 된다. 이 경우 안전성인증의 유효기간 및 절차·방법 등에 대해서는 국토교통부장관의 승인을 받아야 하며, 변경할 때에도 또한 같다.

제125조 【초경량비행장치 조종자 증명 등】 ① 동력비행장치 등 국토교통부령으로 정하는 초경량비행장치를 사용하여 비행하려는 사람은 국토교통부령으로 정하는 기관 또는 단체의 장으로부터 그가 정한 해당 초경량비행장치별 자격기준 및 시험의 절차·방법에 따라 해당 초경량비행장치의 조종을 위하여 발급하는 증명(이하 "초경량비행장치 조종자 증명"이라 한다)을 받아야 한다. 이 경우 해당 초경량비행장치별 자격기준 및 시험의 절차·방법 등에 관하여는 국토교통부령으로 정하는 바에 따라 국토교통부장관의 승인을 받아야 하며, 변경할 때에도 또한 같다.

② 국토교통부장관은 초경량비행장치 조종자 증명을 받은 사람이 다음 각 호의 어느 하나에 해당하는 경우에는 초경량비행장치 조종자 증명을 취소하거나 1년 이내의 기간을 정하여 그 효력의 정지를 명할 수 있다. 다만, 제1호 또는 제8호의 어느 하나에 해당하는 경우에는 초경량비행장치 조종자 증명을 취소하여야 한다.

1. 거짓이나 그 밖의 부정한 방법으로 초경량비행장치 조종자 증명을 받은 경우
2. 이 법을 위반하여 벌금 이상의 형을 선고받은 경우
3. 초경량비행장치의 조종자로서 업무를 수행할 때 고의 또는 중대한 과실로 초경량비행장치사고를 일으켜 인명피해나 재산피해를 발생시킨 경우
4. 제129조 제1항에 따른 초경량비행장치 조종자의 준수사항을 위반한 경우
5. 제131조에서 준용하는 제57조 제1항을 위반하여 주류등의 영향으로 초경량비행장치를 사용하여 비행을 정상적으로 수행할 수 없는 상태에서 초경량비행장치를 사용하여 비행한 경우
6. 제131조에서 준용하는 제57조 제2항을 위반하여 초경량비행장치를 사용하여 비행하는 동안에 같은 조 제1항에 따른 주류등을 섭취하거나 사용한 경우
7. 제131조에서 준용하는 제57조 제3항을 위반하여 같은 조 제1항에 따른 주류등의 섭취 및 사용 여부의 측정 요구에 따르지 아니한 경우
8. 이 조에 따른 초경량비행장치 조종자 증명의 효력정지기간에 초경량비행장치를 사용하여 비행한 경우

③ 국토교통부장관은 초경량비행장치 조종자 증명을 위한 초경량비행장치 실기시험장, 교육장 등의 시설을 지정·구축·운영할 수 있다. 〈신설 2017.8.9〉

제126조 【초경량비행장치 전문교육기관의 지정 등】 ① 국토교통부장관은 초경량비행장치 조종자를 양성하기 위하여 국토교통부령으로 정하는 바에 따라 초경량비행장치 전문교육기관(이하 "초경량비행장치 전문교육기관"이라 한다)을 지정할 수 있다.

② 국토교통부장관은 초경량비행장치 전문교육기관이 초경량비행장치 조종자를 양성하는 경우에는 예산의 범위에서 필요한 경비의 전부 또는 일부를 지원할 수 있다.

③ 초경량비행장치 전문교육기관의 교육과목, 교육방법, 인력, 시설 및 장비 등의 지정기준은 국토교통부령으로 정한다.

④ 국토교통부장관은 초경량비행장치 전문교육기관으로 지정받은 자가 다음 각 호의 어느 하나에 해당하는 경우에는 그 지정을 취소할 수 있다. 다만, 제1호에 해당하는 경우에는 그 지정을 취소하여야 한다.

1. 거짓이나 그 밖의 부정한 방법으로 초경량비행장치 전문교육기관으로 지정받은 경우
2. 제3항에 따른 초경량비행장치 전문교육기관의 지정기준 중 국토교통부령으로 정하는 기준에 미달하는 경우

⑤ 국토교통부장관은 초경량비행장치 전문교육기관으로 지정받은 자가 제3항의 지정기준을 충족·유지하고 있는지에 대하여 관련 사항을 보고하게 하거나 자료를 제출하게 할 수 있다. 〈신설 2017. 8. 9.〉

⑥ 국토교통부장관은 초경량비행장치 전문교육기관으로 지정받은 자가 제3항의 지정기준을 충족·유지하고 있는지에 대하여 관계 공무원으로 하여금 사무소 등을 출입하여 관계 서류나 시설·장비 등을 검사하게 할 수 있다. 이 경우 검사를 하는 공무원은 그 권한을 나타내는 증표를 지니고 이를 관계인에게 내보여야 한다. 〈신설 2017. 8. 9.〉

제127조 【초경량비행장치 비행승인】 ① 국토교통부장관은 초경량비행장치의 비행안전을 위하여 필요하다고 인정하는 경우에는 초경량비행장치의 비행을 제한하는 공역(이하 "초경량비행장치 비행제한공역"이라 한다)을 지정하여 고시할 수 있다.

② 동력비행장치 등 국토교통부령으로 정하는 초경량비행장치를 사용하여 국토교통부장관이 고시하는 초경량비행장치 비행제한공역에서 비행하려는 사람은 국토교통부령으로 정하는 바에 따라 미리 국토교통부장관으로부터 비행승인을 받아야 한다. 다만, 비행장 및 이착륙장의 주변 등 대통령령으로 정하는 제한된 범위에서 비행하려는 경우는 제외한다.

③ 제2항 본문에 따른 비행승인 대상이 아닌 경우라 하더라도 다음 각 호의 어느 하나에 해당하는 경우에는 제2항의 절차에 따라 국토교통부장관의 비행승인을 받아야 한다. 〈신설 2017. 8. 9.〉

1. 제68조 제1호에 따른 국토교통부령으로 정하는 고도 이상에서 비행하는 경우
2. 제78조 제1항에 따른 관제공역·통제공역·주의공역 중 국토교통부령으로 정하는 구역에서 비행하는 경우

④ 제2항 및 제3항 제2호에 따른 국토교통부장관의 비행승인이 필요한 때에 제131조의2제2항에 따라 무인비행장치를 비행하려는 경우 해당 국가기관등의 장이 국토교통부령으로 정하는 바에 따라 사전에 그 사실을 국토교통부장관에게 알리면 비행승인을 받은 것으로 본다. 〈신설 2019. 8. 27.〉

[시행일 : 2020.2.28.] 제127조

제128조 【초경량비행장치 구조 지원 장비 장착 의무】 초경량비행장치를 사용하여 초경량비행장치 비행제한 공역에서 비행하려는 사람은 안전한 비행과 초경량비행장치사고 시 신속한 구조 활동을 위하여 국토교통부령으로 정하는 장비를 장착하거나 휴대하여야 한다. 다만, 무인비행장치 등 국토교통부령으로 정하는 초경량비행장치는 그러하지 아니하다.

제129조 【초경량비행장치 조종자 등의 준수사항】 ① 초경량비행장치의 조종자는 초경량비행장치로 인하여 인명이나 재산에 피해가 발생하지 아니하도록 국토교통부령으로 정하는 준수사항을 지켜야 한다.

② 초경량비행장치 조종자는 무인자유기구를 비행시켜서는 아니 된다. 다만, 국토교통부령으로 정하는 바에 따라 국토교통부장관의 허가를 받은 경우에는 그러하지 아니하다.

③ 초경량비행장치 조종자는 초경량비행장치사고가 발생하였을 때에는 국토교통부령으로 정하는 바에 따라 지체 없이 국토교통부장관에게 그 사실을 보고하여야 한다. 다만, 초경량비행장치 조종자가 보고할 수 없을 때에는 그 초경량비행장치소유자등이 초경량비행장치사고를 보고하여야 한다.

④ 무인비행장치 조종자는 무인비행장치를 사용하여 「개인정보 보호법」 제2조 제1호에 따른 개인정보(이하 "개인정보"라 한다) 또는 「위치정보의 보호 및 이용 등에 관한 법률」 제2조 제2호에 따른 개인위치정보(이하 "개인위치정보"라 한다) 등 개인의 공적·사적 생활과 관련된 정보를 수집하거나 이를 전송하는 경우 타인의 자유와 권리를 침해하지 아니하도록 하여야 하며 형식, 절차 등 세부적인 사항에 관하여는 각각 해당 법률에서 정하는 바에 따른다. 〈개정 2017. 8. 9〉

⑤ 제1항에도 불구하고 초경량비행장치 중 무인비행장치 조종자로서 야간에 비행 등을 위하여 국토교통부령으로 정하는 바에 따라 국토교통부장관의 승인을 받은 자는 그 승인 범위 내에서 비행할 수 있다. 이 경우 국토교통부장관은 국토교통부장관이 고시하는 무인비행장치 특별비행을 위한 안전기준에 적합한지 여부를 검사하여야 한다. 개정 2017. 8. 9〉

제130조 【초경량비행장치사용사업자에 대한 안전개선명령】 국토교통부장관은 초경량비행장치사용사업의 안전을 위하여 필요하다고 인정되는 경우에는 초경량비행장치사용사업자에게 다음 각 호의 사항을 명할 수 있다.

1. 초경량비행장치 및 그 밖의 시설의 개선
2. 그 밖에 초경량비행장치의 비행안전에 대한 방해 요소를 제거하기 위하여 필요한 사항으로서 국토교통부령으로 정하는 사항

제131조 【초경량비행장치에 대한 준용규정】 초경량비행장치소유자등 또는 초경량비행장치를 사용하여 비행하려는 사람에 대한 주류등의 섭취·사용 제한에 관하여는 제57조를 준용한다.

제131조의2 【무인비행장치의 적용 특례】 ① 군용·경찰용 또는 세관용 무인비행장치와 이에 관련된 업무에 종사하는 사람에 대하여는 이 법을 적용하지 아니한다.

② 국가기관등이 소유하거나 임차한 무인비행장치를 재해·재난 등으로 인한 수색·구조, 화재의 진화, 응급환자 후송, 그 밖에 국토교통부령으로 정하는 공공목적으로 긴급히 비행(훈련을 포함한다)하는 경우(국토교통부령으로 정하는 바에 따라 안전관리 방안을 마련한 경우에 한정한다)에는 제129조 제1항, 제2항, 제4항 및 제5항을 적용하지 아니한다.

③ 제129조 제3항을 이 조 제2항에 적용할 때에는 "국토교통부장관"은 "소관 행정기관의 장"으로 본다. 이 경우 소관 행정기관의 장은 제129조 제3항에 따라 보고받은 사실을 국토교통부장관에게 알려야 한다. [본조신설 2017. 8. 9]

제11장 보칙

제132조 【항공안전 활동】 ① 국토교통부장관은 항공안전의 확보를 위하여 다음 각 호의 어느 하나에 해당하는 자에게 그 업무에 관한 보고를 하게 하거나 서류를 제출하게 할 수 있다.

1. 항공기등, 장비품 또는 부품의 제작 또는 정비등을 하는 자
2. 비행장, 이착륙장, 공항, 공항시설 또는 항행안전시설의 설치자 및 관리자
3. 항공종사자 및 초경량비행장치 조종자
4. 항공교통업무증명을 받은 자
5. 항공운송사업자(외국인국제항공운송사업자 및 외국항공기로 유상운송을 하는 자를 포함한다. 이하 이 조에서 같다), 항공기사용사업자, 항공기정비업자, 초경량비행장치사용사업자, 「항공사업법」 제2조 제22호에 따른 항공기대여업자 및 「항공사업법」 제2조 제27호에 따른 항공레저스포츠사업자
6. 그 밖에 항공기, 경량항공기 또는 초경량비행장치를 계속하여 사용하는 자

② 국토교통부장관은 이 법을 시행하기 위하여 특히 필요한 경우에는 소속 공무원으로 하여금 제1항 각 호의 어느 하나에 해당하는 자의 다음 각 호의 어느 하나의 장소에 출입하여 항공기, 경량항공기 또는 초경량비행장치, 항행안전시설, 장부, 서류, 그 밖의 물건을 검사하거나 관계인에게 질문하게 할 수 있다. 이 경우 국토교통부장관은 검사 등의 업무를 효율적으로 수행하기 위하여 특히 필요하다고 인정하면 국토교통부령으로 정하는 자격을 갖춘 항공안전에 관한 전문가를 위촉하여 검사 등의 업무에 관한 자문에 응하게 할 수 있다.

1. 사무소, 공장이나 그 밖의 사업장
2. 비행장, 이착륙장, 공항, 공항시설, 항행안전시설 또는 그 시설의 공사장
3. 항공기 또는 경량항공기의 정치장
4. 항공기, 경량항공기 또는 초경량비행장치

③ 국토교통부장관은 항공운송사업자가 취항하는 공항에 대하여 국토교통부령으로 정하는 바에 따라 정기적인 안전성검사를 하여야 한다.

④ 제2항 및 제3항에 따른 검사 또는 질문을 하려면 검사 또는 질문을 하기 7일 전까지 검사 또는 질문의 일시, 사유 및 내용 등의 계획을 피검사자 또는 피질문자에게 알려야 한다. 다만, 긴급한 경우이거나 사전에 알리면 증거인멸 등으로 검사 또는 질문의 목적을 달성할 수 없다고 인정하는 경우에는 그러하지 아니하다.

⑤ 제2항 및 제3항에 따른 검사 또는 질문을 하는 공무원은 그 권한을 표시하는 증표를 지니고, 이를 관계인에게 보여주어야 한다.

⑥ 제5항에 따른 증표에 관하여 필요한 사항은 국토교통부령으로 정한다.

⑦ 제2항 및 제3항에 따른 검사 또는 질문을 한 경우에는 그 결과를 피검사자 또는 피질문자에게 서면으로 알려야 한다.

⑧ 국토교통부장관은 제2항 또는 제3항에 따른 검사를 하는 중에 긴급히 조치하지 아니할 경우 항공기, 경량항공기 또는 초경량비행장치의 안전운항에 중대한 위험을 초래할 수 있는 사항이 발견되었을 때에는 국토교통부령으로 정하는 바에 따라 항공기, 경량항공기 또는 초경량비행장치의 운항 또는 항행안전시설의 운용을 일시 정지하게 하거나 항공종사자, 초경량비행장치 조종자 또는 항행안전시설을 관리하는 자의 업무를 일시 정지하게 할 수 있다.

⑨ 국토교통부장관은 제2항 또는 제3항에 따른 검사 결과 항공기, 경량항공기 또는 초경량비행장치의 안전운항에 위험을 초래할 수 있는 사항을 발견한 경우에는 그 검사를 받은 자에게 시정조치 등을 명할 수 있다.

제133조 【항공운송사업자에 관한 안전도 정보의 공개】 국토교통부장관은 국민이 항공기를 안전하게 이용할 수 있도록 국토교통부령으로 정하는 바에 따라 다음 각 호의 사항이 포함된 항공운송사업자(외국인국제항공운송사업자를 포함한다. 이하 이 조에서 같다)에 관한 안전도 정보를 공개하여야 한다.

1. 국토교통부령으로 정하는 항공기사고에 관한 정보
2. 항공운송사업자가 속한 국가에 대한 국제민간항공기구(ICAO)의 안전평가 결과[국제민간항공기구(ICAO)에서 안전기준에 미달하여 항공기사고의 위험도가 높은 것으로 공개한 국가만 해당한다]
3. 그 밖에 항공운송사업자의 안전과 관련하여 국토교통부령으로 정하는 사항

제134조 【청문】 국토교통부장관은 다음 각 호의 어느 하나에 해당하는 처분을 하려면 청문을 하여야 한다. 〈개정 2017. 10. 24., 2017. 12. 26.〉

1. 제20조 제7항에 따른 형식증명 또는 부가형식증명의 취소
2. 제21조 제7항에 따른 형식증명승인 또는 부가형식증명승인의 취소
3. 제22조 제5항에 따른 제작증명의 취소
4. 제23조 제7항에 따른 감항증명의 취소
5. 제24조 제3항에 따른 감항승인의 취소
6. 제25조 제3항에 따른 소음기준적합증명의 취소
7. 제27조 제4항에 따른 기술표준품형식승인의 취소
8. 제28조 제5항에 따른 부품등제작자증명의 취소
9. 제43조 제1항 또는 제2항에 따른 자격증명등 또는 항공신체검사증명의 취소 또는 효력정지
10. 제44조 제4항에서 준용하는 제43조 제1항에 따른 계기비행증명 또는 조종교육증명의 취소
11. 제45조 제6항에서 준용하는 제43조 제1항에 따른 항공영어구술능력증명의 취소
12. 제48조의2에 따른 전문교육기관 지정의 취소
13. 제50조 제1항에 따른 항공전문의사 지정의 취소 또는 효력정지
14. 제63조 제3항에 따른 자격인정의 취소
15. 제71조 제5항에 따른 포장·용기검사기관 지정의 취소

16. 제72조 제5항에 따른 위험물전문교육기관 지정의 취소
17. 제86조 제1항에 따른 항공교통업무증명의 취소
18. 제91조 제1항 또는 제95조 제1항에 따른 운항증명의 취소
19. 제98조 제1항에 따른 정비조직인증의 취소
20. 제105조 제1항 단서에 따른 운항증명승인의 취소
21. 제114조 제1항 또는 제2항에 따른 자격증명등 또는 항공신체검사증명의 취소
22. 제115조 제3항에서 준용하는 제114조 제1항에 따른 조종교육증명의 취소
23. 제117조 제4항에 따른 경량항공기 전문교육기관 지정의 취소
24. 제125조 제2항에 따른 초경량비행장치 조종자 증명의 취소
25. 제126조 제4항에 따른 초경량비행장치 전문교육기관 지정의 취소

제135조 【권한의 위임 · 위탁】 ① 이 법에 따른 국토교통부장관의 권한은 그 일부를 대통령령으로 정하는 바에 따라 특별시장 · 광역시장 · 특별자치시장 · 도지사 · 특별자치도지사 또는 국토교통부장관 소속 기관의 장에게 위임할 수 있다.

② 국토교통부장관은 제20조부터 제25조까지, 제27조, 제28조 및 제30조에 따른 증명, 승인 또는 검사에 관한 업무를 대통령령으로 정하는 바에 따라 전문검사기관을 지정하여 위탁할 수 있다.

③ 국토교통부장관은 제30조에 따른 수리 · 개조승인에 관한 권한 중 국가기관등항공기의 수리 · 개조승인에 관한 권한을 대통령령으로 정하는 바에 따라 관계 중앙행정기관의 장에게 위탁할 수 있다.

④ 국토교통부장관은 제89조 제1항에 따른 업무를 대통령령으로 정하는 바에 따라 「항공사업법」 제68조 제1항에 따른 한국항공협회(이하 "협회"라 한다)에 위탁할 수 있다.

⑤ 국토교통부장관은 다음 각 호의 업무를 대통령령으로 정하는 바에 따라 「한국교통안전공단법」에 따른 한국교통안전공단(이하 "한국교통안전공단"이라 한다) 또는 항공 관련 기관 · 단체에 위탁할 수 있다. 〈개정 2017. 8. 9., 2017. 10. 24.〉

1. 제38조에 따른 자격증명 시험업무 및 자격증명 한정심사업무와 자격증명서의 발급에 관한 업무
2. 제44조에 따른 계기비행증명업무 및 조종교육증명업무와 증명서의 발급에 관한 업무
3. 제45조 제3항에 따른 항공영어구술능력증명서의 발급에 관한 업무
4. 제48조 제9항 및 제10항에 따른 항공교육훈련통합관리시스템에 관한 업무
5. 제61조에 따른 항공안전 자율보고의 접수 · 분석 및 전파에 관한 업무
6. 제112조에 따른 경량항공기 조종사 자격증명 시험업무 및 자격증명 한정심사업무와 자격증명서의 발급에 관한 업무
7. 제115조 제1항 및 제2항에 따른 경량항공기 조종교육증명업무와 증명서의 발급 및 경량항공기 조종교육증명을 받은 자에 대한 교육에 관한 업무
8. 제125조 제1항에 따른 초경량비행장치 조종자 증명에 관한 업무
9. 제125조 제3항에 따른 실기시험장, 교육장 등 시설의 지정 · 구축 · 운영에 관한 업무
10. 제126조 제1항 및 제5항에 따른 초경량비행장치 전문교육기관의 지정 및 지정조건의 충족 · 유지 여부 확인에 관한 업무

⑥ 국토교통부장관은 다음 각 호의 업무를 대통령령으로 정하는 바에 따라 항공의학 관련 전문기관 또는 단체에 위탁할 수 있다.

1. 제40조에 따른 항공신체검사증명에 관한 업무
2. 제49조 제3항에 따른 항공전문의사의 교육에 관한 업무

⑦ 국토교통부장관은 제45조 제2항에 따른 항공영어구술능력증명시험의 실시에 관한 업무를 대통령령으로 정하는 바에 따라 한국교통안전공단 또는 영어평가 관련 전문기관·단체에 위탁할 수 있다. 〈개정 2017. 8. 9., 2017. 10. 24.〉

⑧ 국토교통부장관은 다음 각 호의 업무를 대통령령으로 정하는 바에 따라 「항공안전기술원법」에 따른 항공안전기술원 또는 항공 관련 기관·단체에 위탁할 수 있다. 〈신설 2017. 1. 17., 2017. 8. 9., 2019. 8. 27.〉

1. 「국제민간항공협약」 및 같은 협약 부속서에서 채택된 표준과 권고되는 방식에 따라 제19조, 제67조, 제70조 및 제77조에 따른 항공기기술기준, 비행규칙, 위험물취급의 절차·방법 및 운항기술기준을 정하기 위한 연구 업무
2. 제59조에 따른 항공안전 의무보고의 분석 및 전파에 관한 업무
3. 제129조 제5항 후단에 따른 검사에 관한 업무
4. 그 밖에 항공기의 안전한 항행을 위한 연구·분석 업무로서 대통령령으로 정하는 업무

[시행일 : 2020.2.28.] 제135조

제136조 【수수료 등】 ① 다음 각 호의 어느 하나에 해당하는 자는 국토교통부령으로 정하는 수수료를 국토교통부장관에게 내야 한다. 다만, 제135조 제2항 및 제4항부터 제7항까지의 규정에 따라 권한이 위탁된 경우에는 그 수탁기관에 내야 한다.

1. 이 법에 따른 증명·승인·인증·등록 또는 검사(이하 "검사등"이라 한다)를 받으려는 자
2. 이 법에 따른 증명서 또는 허가서의 발급 또는 재발급을 신청하는 자

② 검사등을 위하여 현지출장이 필요한 경우에는 그 출장에 드는 여비를 신청인이 내야 한다. 이 경우 여비의 기준은 국토교통부령으로 정한다.

제137조 【벌칙 적용에서 공무원 의제】 다음 각 호의 어느 하나에 해당하는 사람은 「형법」 제129조 부터 제132조까지의 규정을 적용할 때 공무원으로 본다. 〈개정 2017. 1. 17.〉

1. 제31조 제2항에 따른 검사관 중 공무원이 아닌 사람
2. 제135조 제2항 및 제4항부터 제8항까지의 규정에 따라 국토교통부장관이 위탁한 업무에 종사하는 전문검사기관, 협회, 전문기관 또는 단체 등의 임직원

제12장 벌칙

제138조 【항행 중 항공기 위험 발생의 죄】 ① 사람이 현존하는 항공기, 경량항공기 또는 초경량비행장치를 항행 중에 추락 또는 전복(顚覆)시키거나 파괴한 사람은 사형, 무기징역 또는 5년 이상의 징역에 처한다.

② 제140조의 죄를 지어 사람이 현존하는 항공기, 경량항공기 또는 초경량비행장치를 항행 중에 추락 또는 전복시키거나 파괴한 사람은 사형, 무기징역 또는 5년 이상의 징역에 처한다.

제139조【항행 중 항공기 위험 발생으로 인한 치사치상의 죄】 제138조의 죄를 지어 사람을 사상(死傷)에 이르게 한 사람은 사형, 무기징역 또는 7년 이상의 징역에 처한다.

제140조【항공상 위험 발생 등의 죄】 비행장, 이착륙장, 공항시설 또는 항행안전시설을 파손하거나 그 밖의 방법으로 항공상의 위험을 발생시킨 사람은 10년 이하의 징역에 처한다. 〈개정 2017. 10. 24.〉

제141조【미수범】 제138조 제1항 및 제140조의 미수범은 처벌한다.

제142조【기장 등의 탑승자 권리행사 방해의 죄】 ① 직권을 남용하여 항공기에 있는 사람에게 그의 의무가 아닌 일을 시키거나 그의 권리행사를 방해한 기장 또는 조종사는 1년 이상 10년 이하의 징역에 처한다.
② 폭력을 행사하여 제1항의 죄를 지은 기장 또는 조종사는 3년 이상 15년 이하의 징역에 처한다. 〈개정 2017. 10. 24.〉

제143조【기장의 항공기 이탈의 죄】 제62조 제4항을 위반하여 항공기를 떠난 기장(기장의 임무를 수행할 사람을 포함한다)은 5년 이하의 징역에 처한다.

제144조【감항증명을 받지 아니한 항공기 사용 등의 죄】 다음 각 호의 어느 하나에 해당하는 자는 3년 이하의 징역 또는 5천만원 이하의 벌금에 처한다.

1. 제23조 또는 제25조를 위반하여 감항증명 또는 소음기준적합증명을 받지 아니하거나 감항증명 또는 소음기준적합증명이 취소 또는 정지된 항공기를 운항한 자
2. 제27조 제3항을 위반하여 기술표준품형식승인을 받지 아니한 기술표준품을 제작·판매하거나 항공기등에 사용한 자
3. 제28조 제3항을 위반하여 부품등제작자증명을 받지 아니한 장비품 또는 부품을 제작·판매하거나 항공기등 또는 장비품에 사용한 자
4. 제30조를 위반하여 수리·개조승인을 받지 아니한 항공기등, 장비품 또는 부품을 운항 또는 항공기등에 사용한 자
5. 제32조 제1항을 위반하여 정비등을 한 항공기등, 장비품 또는 부품에 대하여 감항성을 확인받지 아니하고 운항 또는 항공기등에 사용한 자

제144조의2【전문교육기관의 지정 위반에 관한 죄】 제48조 제1항 단서를 위반하여 전문교육기관의 지정을 받지 아니하고 제35조 제1호부터 제4호까지의 항공종사자를 양성하기 위하여 항공기등을 사용한 자는 3년 이하의 징역 또는 3천만원 이하의 벌금에 처한다.
[본조신설 2017.10.24.]

제145조【운항증명 등의 위반에 관한 죄】 다음 각 호의 어느 하나에 해당하는 자는 3년 이하의 징역 또는 3천만원 이하의 벌금에 처한다.

1. 제90조 제1항(제96조 제1항에서 준용하는 경우를 포함한다)에 따른 운항증명을 받지 아니하고 운항

을 시작한 항공운송사업자 또는 항공기사용사업자
2. 제97조를 위반하여 정비조직인증을 받지 아니하고 항공기등, 장비품 또는 부품에 대한 정비등을 한 항공기정비업자 또는 외국의 항공기정비업자

제146조 【주류등의 섭취 · 사용 등의 죄】 다음 각 호의 어느 하나에 해당하는 사람은 3년 이하의 징역 또는 3천만원 이하의 벌금에 처한다.
1. 제57조 제1항을 위반하여 주류등의 영향으로 항공업무(제46조에 따른 항공기 조종연습 및 제47조에 따른 항공교통관제연습을 포함한다) 또는 객실승무원의 업무를 정상적으로 수행할 수 없는 상태에서 그 업무에 종사한 항공종사자(제46조에 따른 항공기 조종연습 및 제47조에 따른 항공교통관제연습을 하는 사람을 포함한다. 이하 이 조에서 같다) 또는 객실승무원
2. 제57조 제2항을 위반하여 주류등을 섭취하거나 사용한 항공종사자 또는 객실승무원
3. 제57조 제3항을 위반하여 국토교통부장관의 측정에 응하지 아니한 항공종사자 또는 객실승무원

제147조 【항공교통업무증명 위반에 관한 죄】 ① 제85조 제1항을 위반하여 항공교통업무증명을 받지 아니하고 항공교통업무를 제공한 자는 3년 이하의 징역 또는 3천만원 이하의 벌금에 처한다.
② 다음 각 호의 어느 하나에 해당하는 자는 1천만원 이하의 벌금에 처한다.
1. 제85조 제4항을 위반하여 항공교통업무제공체계를 유지하지 아니하거나 항공교통업무증명기준을 준수하지 아니한 자
2. 제85조 제5항을 위반하여 신고를 하지 아니하거나 승인을 받지 아니하고 항공교통업무제공체계를 변경한 자

제148조 【무자격자의 항공업무 종사 등의 죄】 다음 각 호의 어느 하나에 해당하는 사람은 2년 이하의 징역 또는 2천만원 이하의 벌금에 처한다. 〈개정 2017. 1. 17.〉
1. 제34조를 위반하여 자격증명을 받지 아니하고 항공업무에 종사한 사람
2. 제36조 제2항을 위반하여 그가 받은 자격증명의 종류에 따른 업무범위 외의 업무에 종사한 사람
3. 제43조(제46조 제4항 및 제47조 제4항에서 준용하는 경우를 포함한다)에 따른 효력정지명령을 위반한 사람
4. 제45조를 위반하여 항공영어구술능력증명을 받지 아니하고 같은 조 제1항 각 호의 어느 하나에 해당하는 업무에 종사한 사람

제149조 【과실에 따른 항공상 위험 발생 등의 죄】 ① 과실로 항공기 · 경량항공기 · 초경량비행장치 · 비행장 · 이착륙장 · 공항시설 또는 항행안전시설을 파손하거나, 그 밖의 방법으로 항공상의 위험을 발생시키거나 항행 중인 항공기를 추락 또는 전복시키거나 파괴한 사람은 1년 이하의 징역 또는 1천만원 이하의 벌금에 처한다. 〈개정 2017. 1. 17.〉
② 업무상 과실 또는 중대한 과실로 제1항의 죄를 지은 경우에는 3년 이하의 징역 또는 5천만원 이하의 벌금에 처한다.

제150조 【무표시 등의 죄】 제18조에 따른 표시를 하지 아니하거나 거짓 표시를 한 항공기를 운항한 소유자등은 1년 이하의 징역 또는 1천만원 이하의 벌금에 처한다. 〈개정 2017. 1. 17.〉

제151조 【승무원을 승무시키지 아니한 죄】 항공종사자의 자격증명이 없는 사람을 항공기에 승무(乘務)시키거나 이 법에 따라 항공기에 승무시켜야 할 승무원을 승무시키지 아니한 소유자등은 1년 이하의 징역 또는 1천만원 이하의 벌금에 처한다. 〈개정 2017. 1. 17.〉

제152조 【무자격 계기비행 등의 죄】 제44조 제1항·제2항 또는 제55조를 위반한 자는 2천만원 이하의 벌금에 처한다.

제153조 【무선설비 등의 미설치·운용의 죄】 제51조 부터 제54조까지의 규정을 위반한 자는 2천만원 이하의 벌금에 처한다.

제154조 【무허가 위험물 운송의 죄】 제70조 제1항을 위반한 자는 2천만원이하의 벌금에 처한다.

제155조 【수직분리축소공역 등에서 승인 없이 운항한 죄】 제75조를 위반하여 국토교통부장관의 승인을 받지 아니하고 같은 조 제1항 각 호의 어느 하나에 해당하는 공역에서 항공기를 운항한 소유자등은 1천만원 이하의 벌금에 처한다.

제156조 【항공운송사업자 등의 업무 등에 관한 죄】 항공운송사업자 또는 항공기사용사업자가 다음 각 호의 어느 하나에 해당하는 경우에는 1천만원 이하의 벌금에 처한다.

1. 제74조를 위반하여 승인을 받지 아니하고 비행기를 운항한 경우
2. 제93조 제5항 후단(제96조 제2항에서 준용하는 경우를 포함한다)을 위반하여 운항규정 또는 정비규정을 준수하지 아니하고 항공기를 운항하거나 정비한 경우
3. 제94조(제96조 제2항에서 준용하는 경우를 포함한다)에 따른 항공운송의 안전을 위한 명령을 이행하지 아니한 경우

제157조 【외국인국제항공운송사업자의 업무 등에 관한 죄】 외국인국제항공운송사업자가 다음 각 호의 어느 하나에 해당하는 경우에는 1천만원 이하의 벌금에 처한다.

1. 제104조 제1항을 위반하여 같은 항 각 호의 서류를 항공기에 싣지 아니하고 운항한 경우
2. 제105조에 따른 항공기 운항의 정지명령을 위반한 경우
3. 제106조에서 준용하는 제94조에 따른 항공운송의 안전을 위한 명령을 이행하지 아니한 경우

제158조 【기장 등의 보고의무 등의 위반에 관한 죄】 다음 각 호의 어느 하나에 해당하는 자는 500만원 이하의 벌금에 처한다. 〈개정 2019. 8. 27.〉

1. 제62조 제5항 또는 제6항을 위반하여 항공기사고·항공기준사고 또는 의무보고 대상 항공안전장애에 관한 보고를 하지 아니하거나 거짓으로 한 자
2. 제65조 제2항에 따른 승인을 받지 아니하고 항공기를 출발시키거나 비행계획을 변경한 자
   [시행일 : 2020.2.28.] 제158조

제159조 【운항승무원 등의 직무에 관한 죄】 ① 운항승무원 등으로서 다음 각 호의 어느 하나에 해당하는 자는 500만원 이하의 벌금에 처한다.

1. 제66조 부터 제68조까지, 제79조 또는 제100조 제1항을 위반한 자
2. 제84조 제1항에 따른 지시에 따르지 아니한 자
3. 제100조 제3항에 따른 착륙 요구에 따르지 아니한 자

② 기장 외의 운항승무원이 제1항에 따른 죄를 지은 경우에는 그 행위자를 벌하는 외에 기장도 500만원 이하의 벌금에 처한다.

제160조 【경량항공기 불법 사용 등의 죄】 ① 다음 각 호의 어느 하나에 해당하는 자는 3년 이하의 징역 또는 3천만원 이하의 벌금에 처한다.

1. 제121조 제2항에서 준용하는 제57조 제1항을 위반하여 주류등의 영향으로 경량항공기를 사용하여 비행을 정상적으로 수행할 수 없는 상태에서 경량항공기를 사용하여 비행을 한 사람
2. 제121조 제2항에서 준용하는 제57조 제2항을 위반하여 경량항공기를 사용하여 비행하는 동안에 주류등을 섭취하거나 사용한 사람
3. 제121조 제2항에서 준용하는 제57조 제3항을 위반하여 국토교통부장관의 측정 요구에 따르지 아니한 사람

② 제110조 본문을 위반하여 경량항공기 조종업무 외의 업무를 한 사람은 2년 이하의 징역 또는 2천만원 이하의 벌금에 처한다.

③ 제108조 제1항에 따른 안전성인증을 받지 아니한 경량항공기를 사용하여 비행을 한 자 또는 비행을 하게 한 자는 1년 이하의 징역 또는 1천만원 이하의 벌금에 처한다.

④ 다음 각 호의 어느 하나에 해당하는 자는 6개월 이하의 징역 또는 500만원 이하의 벌금에 처한다.

1. 제109조 제1항을 위반하여 경량항공기 조종사 자격증명을 받지 아니하고 경량항공기를 사용하여 비행을 한 사람
2. 제121조 제1항에서 준용하는 제7조를 위반하여 등록을 하지 아니한 경량항공기를 사용하여 비행을 한 자
3. 제121조 제1항에서 준용하는 제18조 제1항을 위반하여 국적 및 등록기호를 표시하지 아니하거나 거짓으로 표시한 경량항공기를 사용하여 비행을 한 사람

⑤ 제115조 제1항을 위반하여 경량항공기 조종교육증명을 받지 아니하고 조종교육을 한 사람은 2천만원 이하의 벌금에 처한다.

⑥ 제119조를 위반하여 무선설비를 설치・운용하지 아니한 자는 500만원 이하의 벌금에 처한다.

⑦ 다음 각 호의 어느 하나에 해당하는 사람은 300만원 이하의 벌금에 처한다.

1. 제118조를 위반하여 경량항공기를 사용하여 이륙・착륙 장소가 아닌 곳 또는 「공항시설법」 제25조 제6항에 따라 사용이 중지된 이착륙장에서 이륙하거나 착륙한 사람
2. 제121조 제4항에서 준용하는 제79조 제2항을 위반하여 통제공역에서 비행한 사람

제161조 【초경량비행장치 불법 사용 등의 죄】 ① 다음 각 호의 어느 하나에 해당하는 자는 3년 이하의 징역 또는 3천만원 이하의 벌금에 처한다.

1. 제131조에서 준용하는 제57조 제1항을 위반하여 주류등의 영향으로 초경량비행장치를 사용하여 비행을 정상적으로 수행할 수 없는 상태에서 초경량비행장치를 사용하여 비행을 한 사람
2. 제131조에서 준용하는 제57조 제2항을 위반하여 초경량비행장치를 사용하여 비행하는 동안에 주류등을 섭취하거나 사용한 사람
3. 제131조에서 준용하는 제57조 제3항을 위반하여 국토교통부장관의 측정 요구에 따르지 아니한 사람

② 제124조에 따른 비행안전을 위한 기술상의 기준에 적합하다는 안전성인증을 받지 아니한 초경량비행장치를 사용하여 제125조 제1항에 따른 초경량비행장치 조종자 증명을 받지 아니하고 비행을 한 사람은 1년 이하의 징역 또는 1천만원 이하의 벌금에 처한다.

③ 제122조 또는 제123조를 위반하여 초경량비행장치의 신고 또는 변경신고를 하지 아니하고 비행을 한 자는 6개월 이하의 징역 또는 500만원 이하의 벌금에 처한다.

④ 제129조 제2항을 위반하여 국토교통부장관의 허가를 받지 아니하고 무인자유기구를 비행시킨 사람은 500만원 이하의 벌금에 처한다.

⑤ 제127조 제2항을 위반하여 국토교통부장관의 승인을 받지 아니하고 초경량비행장치 비행제한공역을 비행한 사람은 200만원 이하의 벌금에 처한다.

제162조 【명령 위반의 죄】 제130조에 따른 초경량비행장치사용사업의 안전을 위한 명령을 이행하지 아니한 초경량비행장치사용사업자는 1천만원 이하의 벌금에 처한다.

제163조 【검사 거부 등의 죄】 제132조 제2항 및 제3항에 따른 검사 또는 출입을 거부·방해하거나 기피한 자는 500만원 이하의 벌금에 처한다.

제164조 【양벌규정】 법인의 대표자나 법인 또는 개인의 대리인, 사용인, 그 밖의 종업원이 그 법인 또는 개인의 업무에 관하여 제144조, 제145조, 제148조, 제150조 부터 제154조까지, 제156조, 제157조 및 제159조 부터 제163조까지의 어느 하나에 해당하는 위반행위를 하면 그 행위자를 벌하는 외에 그 법인 또는 개인에게도 해당 조문의 벌금형을 과(科)한다. 다만, 법인 또는 개인이 그 위반행위를 방지하기 위하여 해당 업무에 관하여 상당한 주의와 감독을 게을리하지 아니한 경우에는 그러하지 아니하다.

제165조 【벌칙 적용의 특례】 제144조, 제156조 및 제163조의 벌칙에 관한 규정을 적용할 때 제92조(제106조에서 준용하는 경우를 포함한다) 또는 제95조 제4항에 따라 과징금을 부과할 수 있는 행위에 대해서는 국토교통부장관의 고발이 있어야 공소를 제기할 수 있으며, 과징금을 부과한 행위에 대해서는 과태료를 부과할 수 없다. 〈개정 2017. 1. 17.〉

제166조 【과태료】 ① 다음 각 호의 어느 하나에 해당하는 자에게는 500만원 이하의 과태료를 부과한다.

1. 제56조 제1항을 위반하여 같은 항 각 호의 어느 하나 이상의 방법으로 소속 승무원의 피로를 관리하지 아니한 자(항공운송사업자 및 항공기사용사업자는 제외한다)
2. 제56조 제2항을 위반하여 국토교통부장관의 승인을 받지 아니하고 피로위험관리시스템을 운용하거

나 중요사항을 변경한 자(항공운송사업자 및 항공기사용사업자는 제외한다)

3. 제58조 제2항을 위반하여 다음 각 목의 어느 하나에 해당하는 자(제58조 제2항 제1호 및 제4호에 해당하는 자 중 항공운송사업자 및 항공기사용사업자 외의 자만 해당한다)
   가. 제작 또는 운항 등을 시작하기 전까지 항공안전관리시스템을 마련하지 아니한 자
   나. 국토교통부장관의 승인을 받지 아니하고 항공안전관리시스템을 운용한 자
   다. 항공안전관리시스템을 승인받은 내용과 다르게 운용한 자
   라. 국토교통부장관의 승인을 받지 아니하고 국토교통부령으로 정하는 중요사항을 변경한 자
4. 제65조 제1항을 위반하여 운항관리사를 두지 아니하고 항공기를 운항한 항공운송사업자 외의 자
5. 제65조 제3항을 위반하여 운항관리사가 해당 업무를 수행하는 데 필요한 교육훈련을 하지 아니하고 업무에 종사하게 한 항공운송사업자 외의 자
6. 제70조 제3항에 따른 위험물취급의 절차와 방법에 따르지 아니하고 위험물취급을 한 자
7. 제71조 제1항에 따른 검사를 받지 아니한 포장 및 용기를 판매한 자
8. 제72조 제1항을 위반하여 위험물취급에 필요한 교육을 받지 아니하고 위험물취급을 한 자
9. 제115조 제2항을 위반하여 국토교통부장관이 정하는 바에 따라 교육을 받지 아니하고 경량항공기 조종교육을 한 자
10. 제124조를 위반하여 초경량비행장치의 비행안전을 위한 기술상의 기준에 적합하다는 안전성인증을 받지 아니하고 비행한 사람(제161조 제2항이 적용되는 경우는 제외한다)
11. 제132조 제1항에 따른 보고 등을 하지 아니하거나 거짓 보고 등을 한 사람
12. 제132조 제2항에 따른 질문에 대하여 거짓 진술을 한 사람
13. 제132조 제8항에 따른 운항정지, 운용정지 또는 업무정지를 따르지 아니한 자
14. 제132조 제9항에 따른 시정조치 등의 명령에 따르지 아니한 자

② 다음 각 호의 어느 하나에 해당하는 자에게는 300만원 이하의 과태료를 부과한다.

1. 제108조 제4항을 위반하여 국토교통부령으로 정하는 방법에 따라 안전하게 운용할 수 있다는 확인을 받지 아니하고 경량항공기를 사용하여 비행한 사람
2. 제120조 제1항을 위반하여 국토교통부령으로 정하는 준수사항을 따르지 아니하고 경량항공기를 사용하여 비행한 사람
3. 제125조 제1항을 위반하여 초경량비행장치 조종자 증명을 받지 아니하고 초경량비행장치를 사용하여 비행을 한 사람(제161조 제2항이 적용되는 경우는 제외한다)

③ 다음 각 호의 어느 하나에 해당하는 자에게는 200만원 이하의 과태료를 부과한다. 〈개정 2017. 8. 9.〉

1. 제13조 또는 제15조 제1항을 위반하여 변경등록 또는 말소등록의 신청을 하지 아니한 자
2. 제17조 제1항을 위반하여 항공기 등록기호표를 부착하지 아니하고 항공기를 사용한 자
3. 제26조를 위반하여 변경된 항공기기술기준을 따르도록 한 요구에 따르지 아니한 자
4. 항공종사자가 아닌 사람으로서 고의 또는 중대한 과실로 제61조 제1항의 항공안전위해요인을 발생시킨 사람
5. 제84조 제2항(제121조 제5항에서 준용하는 경우를 포함한다)을 위반하여 항공교통의 안전을 위한

국토교통부장관 또는 항공교통업무증명을 받은 자의 지시에 따르지 아니한 자
6. 제93조 제5항 후단(제96조 제2항에서 준용하는 경우를 포함한다)을 위반하여 운항규정 또는 정비규정을 준수하지 아니하고 항공기의 운항 또는 정비에 관한 업무를 수행한 종사자
7. 제108조 제3항을 위반하여 부여된 안전성인증 등급에 따른 운용범위를 준수하지 아니하고 경량항공기를 사용하여 비행한 사람
8. 제129조 제1항을 위반하여 국토교통부령으로 정하는 준수사항을 따르지 아니하고 초경량비행장치를 이용하여 비행한 사람
9. 제127조 제3항을 위반하여 국토교통부장관의 승인을 받지 아니하고 초경량비행장치를 이용하여 비행한 사람
10. 제129조 제5항을 위반하여 국토교통부장관이 승인한 범위 외에서 비행한 사람

④ 다음 각 호의 어느 하나에 해당하는 자에게는 100만원 이하의 과태료를 부과한다. 〈개정 2019. 8. 27.〉
1. 제33조에 따른 보고를 하지 아니하거나 거짓으로 보고한 자
2. 제59조 제1항(제106조에서 준용하는 경우를 포함한다)을 위반하여 항공기사고, 항공기준사고 또는 의무보고 대상 항공안전장애를 보고하지 아니하거나 거짓으로 보고한 자
3. 제121조 제1항에서 준용하는 제17조 제1항을 위반하여 경량항공기 등록기호표를 부착하지 아니한 경량항공기소유자등
4. 제122조 제3항을 위반하여 신고번호를 해당 초경량비행장치에 표시하지 아니하거나 거짓으로 표시한 초경량비행장치소유자등
5. 제128조를 위반하여 국토교통부령으로 정하는 장비를 장착하거나 휴대하지 아니하고 초경량비행장치를 사용하여 비행을 한 자

⑤ 다음 각 호의 어느 하나에 해당하는 자에게는 50만원 이하의 과태료를 부과한다.
1. 제120조 제2항을 위반하여 경량항공기사고에 관한 보고를 하지 아니하거나 거짓으로 보고한 경량항공기 조종사 또는 그 경량항공기소유자등
2. 제121조 제1항에서 준용하는 제13조 또는 제15조를 위반하여 경량항공기의 변경등록 또는 말소등록을 신청하지 아니한 경량항공기소유자등

⑥ 다음 각 호의 어느 하나에 해당하는 자에게는 30만원 이하의 과태료를 부과한다.
1. 제123조 제2항을 위반하여 초경량비행장치의 말소신고를 하지 아니한 초경량비행장치소유자등
2. 제129조 제3항을 위반하여 초경량비행장치사고에 관한 보고를 하지 아니하거나 거짓으로 보고한 초경량비행장치 조종자 또는 그 초경량비행장치소유자등

[시행일 : 2019. 3. 30.] 제166조 제1항 제1호(제56조 제1항 제2호에 관한 부분만 해당한다), 제166조 제1항 제2호

[시행일 : 2020.2.28.] 제166조

제167조 【과태료의 부과·징수절차】 제166조에 따른 과태료는 대통령령으로 정하는 바에 따라 국토교통부장관이 부과·징수한다.

부 칙[제14116호, 2016.3.29.]

제1조【시행일】 이 법은 공포 후 1년이 경과한 날부터 시행한다. 다만, 제56조 제1항 제2호, 같은 조 제2항, 제91조 제1항 제17호(제56조 제1항 제2호에 관한 부분만 해당한다)·제18호 및 제166조 제1항 제1호(제56조 제1항 제2호에 관한 부분만 해당한다)·제2호는 공포 후 3년이 경과한 날부터 시행한다.

제2조【다른 법률의 폐지】 항공법은 폐지한다.

제3조【과징금 부과에 관한 적용례】 제29조에 따른 과징금 부과는 법률 제13381호 항공법 일부개정법률 시행 후 최초로 증명이나 승인의 효력을 정지시킬 수 있는 사유가 발생한 경우부터 적용한다.

제4조【항공기 등에 발생한 고장, 결함 또는 기능장애 보고 의무에 관한 적용례】 제33조에 따른 보고는 법률 제12706호 항공법 일부개정법률 시행 후 발생한 것부터 적용한다.

제5조【초경량비행장치 말소신고 최고 등에 관한 적용례】 제123조 제3항 및 제4항에 따른 초경량비행장치의 말소신고 최고 및 신고번호의 직권 말소는 법률 제12256호 항공법 일부개정법률 시행 당시 최초로 말소신고를 하여야 하는 기간이 지난 초경량비행장치소유자등 부터 적용한다.

제6조【종전의「항공법」에 따른 처분 등에 관한 일반적 경과조치】 이 법 시행 당시 종전의「항공법」에 따라 한 행정기관의 행위 또는 행정기관에 대한 행위는 그에 해당하는 규정이 이 법에 있는 경우에는 이 법에 따른 행정기관의 행위 또는 행정기관에 대한 행위로 본다.

제7조【항공안전정책기본계획에 관한 경과조치】 제6조에 따른 항공안전정책기본계획은 이 법 시행 후 1년 이내에 수립하여야 한다.

제8조【항공기 등록 등에 관한 경과조치】 ① 이 법 시행 당시 종전의「항공법」제3조(제24조 제9항에서 준용하는 경우를 포함한다)에 따라 등록된 항공기 및 경량항공기는 제7조(제121조 제1항에서 준용하는 경우를 포함한다)에 따라 등록된 것으로 본다.

② 이 법 시행 당시 종전의「항공법」제23조 제1항에 따라 신고한 초경량비행장치는 제122조 제1항에 따라 신고한 것으로 본다.

③ 이 법 시행 당시 종전의「항공법」제9조(제24조 제9항에서 준용하는 경우를 포함한다) 또는 제23조 제1항에 따라 발급된 등록증명서 또는 신고번호는 제12조(제121조 제1항에서 준용하는 경우를 포함한다) 또는 제122조 제2항에 따라 발급된 것으로 본다.

제9조【항공기 등 등록기호표의 부착에 관한 경과조치】 이 법 시행 당시 종전의「항공법」제14조(제24조 제9항에서 준용하는 경우를 포함한다)에 따라 항공기 또는 경량항공기에 부착한 등록기호표는 제17조(제121조 제1항에서 준용하는 경우를 포함한다)에 따라 항공기 또는 경량항공기에 부착한 등록기호표로 본다.

제10조【항공기 기술기준에 관한 경과조치】 이 법 시행 당시 종전의「항공법」제17조 제2항에 따라 고시한 항공기 기술기준은 제19조에 따라 고시한 항공기기술기준으로 본다.

제11조 【형식증명 등에 관한 경과조치】 ① 이 법 시행 당시 종전의 「항공법」 제17조 제1항에 따라 발급받은 형식증명, 종전의 「항공법」 제17조 제4항에 따라 발급받은 부가형식증명, 종전의 「항공법」 제17조의2제1항에 따라 발급받은 형식증명승인, 종전의 「항공법」 제17조의2제4항에 따라 발급받은 부가형식증명승인, 종전의 「항공법」 제15조에 따라 발급받은 감항증명, 종전의 「항공법」 제15조의2에 따라 발급받은 감항승인, 종전의 「항공법」 제16조에 따라 발급받은 소음기준적합증명 및 종전의 「항공법」 제20조의2에 따라 발급받은 부품등제작자증명으로서 이 법 시행 당시 유효한 것은 제20조, 제21조, 제23조부터 제25조까지 및 제28조에 따라 발급받은 증명 또는 승인으로 본다.

② 법률 제11244호 항공법 일부개정법률 시행 당시 종전의 규정에 따라 감항증명을 받은 항공기는 제23조 제3항 제1호에 따른 표준감항증명을 받은 것으로 본다.

③ 법률 제11244호 항공법 일부개정법률 시행 당시 종전의 규정에 따라 시험비행 등의 허가를 받은 항공기는 제23조 제3항 제2호에 따른 특별감항증명을 받은 것으로 본다.

제12조 【제작증명에 관한 경과조치】 이 법 시행 당시 종전의 「항공법」 제17조의3제1항 및 제2항에 따라 제작증명을 받거나 받은 것으로 보는 자(법률 제7024호 항공법중개정법률 부칙 제2조에 따라 제작증명을 받은 것으로 보는 자를 포함한다)는 제22조에 따라 제작증명을 받은 것으로 본다.

제13조 【기술표준품 형식승인에 관한 경과조치】 ① 이 법 시행 당시 종전의 「항공법」 제20조에 따라 기술표준품에 대한 형식승인을 받은 자는 제27조에 따라 기술표준품형식승인을 받은 것으로 본다.

② 법률 제7024호 항공법중개정법률 시행 당시 종전의 규정에 따라 예비품증명을 받은 기술표준품은 제27조에 따라 기술표준품형식승인을 받은 것으로 본다.

③ 법률 제7024호 항공법중개정법률 시행 당시 종전의 규정에 따라 형식증명 또는 형식증명승인을 받은 항공기등에 장착되었던 기술표준품은 제27조에 따라 기술표준품형식승인을 받은 것으로 본다.

제14조 【수리·개조승인에 관한 경과조치】 이 법 시행 당시 종전의 「항공법」 제19조에 따라 수리ㆍ개조승인을 받은 자(법률 제7024호 항공법중개정법률 부칙 제3조에 따라 수리ㆍ개조승인을 받은 것으로 보는 자를 포함한다)는 제30조에 따라 수리ㆍ개조승인을 받은 것으로 본다.

제15조 【항공기등의 정비등의 확인에 관한 경과조치】 종전의 「항공법」 제22조에 따라 항공기등, 장비품 또는 부품의 정비등에 대하여 확인을 받은 것은 제32조 제1항에 따라 감항성을 확인받은 것으로 본다.

제16조 【항공종사자 자격증명 등에 관한 경과조치】 ① 이 법 시행 당시 종전의 「항공법」 제25조 제1항 및 제28조 제1항에 따라 받은 항공종사자 자격증명 및 자격증명의 한정은 제34조 제1항 및 제37조 제1항에 따라 받은 항공종사자 자격증명 및 자격증명의 한정으로 본다.

② 법률 제5794호 항공법중개정법률 시행 당시 종전의 규정에 따라 사업용조종사자격증명을 받은 자는 별표의 사업용 조종사의 업무 범위란 제4호에 따른 업무를 할 수 있다.

③ 법률 제9780호 항공법 일부개정법률 시행 당시 종전의 규정에 따라 항공공장정비사 자격증명을 받은 사람은 제35조 제8호의 항공정비사 자격증명을 받은 것으로 본다.

④ 이 법 시행 당시 종전의 「항공법」 제25조 제1항 및 제28조 제1항에 따라 받은 경량항공기 조종사

자격증명 및 자격증명의 한정은 제109조 제1항 및 제111조 제1항에 따라 받은 경량항공기 조종사 자격증명 및 자격증명의 한정으로 본다.

⑤ 법률 제9780호 항공법 일부개정법률 시행 당시 종전의 「항공법」 제23조 제3항에 따라 초경량비행장치의 비행에 관한 자격증명을 받은 사람은 제109조 제1항에 따른 경량항공기 조종사 자격증명을 받은 것으로 본다.

⑥ 이 법 시행 당시 종전의 「항공법」 제23조 제3항에 따라 받은 초경량비행장치 조종자 증명은 제125조 제1항에 따라 받은 초경량비행장치 조종자 증명으로 본다.

제17조 【항공신체검사증명 등에 관한 경과조치】 ① 이 법 시행 당시 종전의 「항공법」 제31조에 따라 받은 항공신체검사증명은 제40조 및 제113조 제1항에 따라 받은 항공신체검사증명으로 본다.

② 이 법 시행 당시 종전의 「항공법」 제34조의2에 따라 받은 항공영어구술능력증명은 제45조에 따라 받은 항공영어구술능력증명으로 본다.

③ 법률 제7691호 항공법 일부개정법률 부칙 제6조 제1항에 따라 발급된 항공영어구술능력증명으로서 이 법 시행 당시 유효한 것은 제45조에 따라 발급받은 것으로 본다.

제18조 【계기비행증명 및 조종교육증명 등에 관한 경과조치】 ① 이 법 시행 당시 종전의 「항공법」 제34조 제1항에 따라 받은 계기비행증명은 제44조 제1항에 따라 받은 계기비행증명으로 본다.

② 이 법 시행 당시 종전의 「항공법」 제34조 제2항에 따라 받은 조종교육증명은 제44조 제2항에 따라 받은 항공기 조종교육증명 또는 제115조 제1항에 따라 받은 경량항공기 조종교육증명으로 본다.

③ 법률 제7024호 항공법중개정법률 시행 당시 종전의 규정에 따라 받은 회전익항공기 운송용 조종사의 자격증명은 제44조 제1항에 따라 받은 계기비행증명으로 본다.

④ 법률 제9780호 항공법 일부개정법률 시행 당시 교통안전공단에 초경량비행장치 지도조종자로 등록한 사람은 제115조 제1항에 따른 경량항공기 조종교육증명을 받은 것으로 본다.

제19조 【조종연습의 허가에 관한 경과조치】 이 법 시행 당시 종전의 「항공법」 제35조 제2항에 따라 받은 조종연습의 허가는 제46조 제2항에 따라 받은 항공기 조종연습의 허가 또는 제116조 제4항에 따라 받은 경량항공기 조종연습의 허가로 본다.

제20조 【항공교통관제연습에 관한 경과조치】 이 법 시행 당시 항공교통관제 업무를 연습할 수 있는 시설에서 제35조 제7호의 항공교통관제사 자격증명을 받은 사람의 감독 하에 항공교통관제 업무를 연습하고 있는 사람은 제47조 제1항에 따른 허가를 받은 것으로 본다.

제21조 【전문교육기관에 대한 경과조치】 이 법 시행 당시 종전의 「항공법」 제29조의3에 따라 지정된 전문교육기관(법률 제7024호 항공법중개정법률 부칙 제5조에 따라 지정을 받은 것으로 보는 전문교육기관을 포함한다)은 제48조에 따라 전문교육기관으로 지정된 것으로 본다.

제22조 【항공전문의사에 대한 경과조치】 이 법 시행 당시 종전의 「항공법」 제31조의2에 따라 항공전문의사로 지정된 자(법률 제7691호 항공법 일부개정법률 부칙 제5조에 따라 항공전문의사로 지정받은 것으로 보는 자를 포함한다)는 제49조에 따라 항공전문의사로 지정된 것으로 본다.

제23조【항공안전프로그램 및 항공안전관리시스템에 관한 경과조치】 ① 이 법 시행 당시 종전의 「항공법」 제49조 제1항에 따라 국토교통부장관이 고시한 항공안전프로그램은 제58조 제1항에 따라 국토교통부장관이 고시한 것으로 본다.

② 이 법 시행 당시 종전의 「항공법」 제49조 제2항에 따라 국토교통부장관의 승인을 받은 항공안전관리시스템은 제58조 제2항에 따라 국토교통부장관의 승인을 받은 것으로 본다.

제24조【항공안전관리시스템 마련·운용에 관한 경과조치】 제58조 제2항 제1호, 제3호 및 제4호(항공기사용사업자만 해당한다)에 따라 항공안전관리시스템을 마련하여 운용하여야 하는 자는 이 법 시행 후 2년 이내에 항공안전관리시스템을 마련하여 국토교통부장관의 승인을 받아야 한다.

제25조【기장 등의 운항자격에 관한 경과조치】 ① 이 법 시행 당시 종전의 「항공법」 제51조 제1항에 따라 자격인정을 받은 항공기의 기장 및 기장 외의 조종사와 같은 조 제5항에 따라 자격인정을 받은 것으로 보는 조종사는 제63조 제1항 및 제5항에 따라 자격인정을 받은 것으로 본다.

② 법률 제6513호 항공법중개정법률 시행 당시 항공운송사업에 사용되는 항공기의 조종사로 근무 중인 사람은 제63조 제1항에 따라 자격인정을 받은 것으로 본다.

제26조【항공기 이륙·착륙의 장소에 관한 경과조치】 이 법 시행 당시 종전의 「항공법」 제53조 제1항 제1호에 따라 받은 허가는 제66조 제1항 제1호에 따라 받은 허가로 본다.

제27조【항공기의 비행 중 금지행위 등에 관한 경과조치】 이 법 시행 당시 종전의 「항공법」 제55조 단서에 따라 받은 허가는 제68조 단서에 따라 받은 허가로 본다.

제28조【긴급항공기에 관한 경과조치】 이 법 시행 당시 종전의 「항공법」 제56조에 따라 지정을 받은 긴급항공기는 제69조에 따라 지정을 받은 긴급항공기로 본다.

제29조【위험물 운송 등에 관한 경과조치】 ① 이 법 시행 당시 종전의 「항공법」 제59조 제1항에 따라 받은 허가는 제70조 제1항에 따라 받은 허가로 본다.

② 이 법 시행 당시 종전의 「항공법」 제59조 제2항에 따라 고시한 위험물취급의 절차 및 방법은 제70조 제3항에 따라 고시한 위험물취급의 절차 및 방법으로 본다.

제30조【위험물 포장 및 용기의 검사 등에 관한 경과조치】 ① 이 법 시행 당시 종전의 「항공법」 제60조에 따라 검사를 받은 포장 및 용기는 제71조에 따라 검사를 받은 것으로 본다.

② 이 법 시행 당시 종전의 「항공법」 제60조 제3항에 따라 지정된 포장·용기검사기관은 제71조 제3항에 따라 지정된 것으로 본다.

제31조【위험물취급 전문교육기관에 대한 경과조치】 이 법 시행 당시 종전의 「항공법」 제61조 제3항에 따라 지정된 위험물취급에 관한 전문교육기관은 제72조 제3항에 따라 지정된 위험물전문교육기관으로 본다.

제32조【회항시간 연장운항의 승인에 관한 경과조치】 이 법 시행 당시 종전의 「항공법」 제69조의2에 따라 승인을 받은 비행기(법률 제12706호 항공법 일부개정법률 부칙 제4조 제1항에 따라 승인을 받은 것으로 보는 비행기를 포함한다)는 제74조에 따라 승인을 받은 것으로 본다.

제33조【수직분리축소공역 등에서의 운항승인에 관한 경과조치】 이 법 시행 당시 종전의 「항공법」 제69조의3에 따라 승인을 받은 항공기는 제75조에 따라 승인을 받은 것으로 본다.

제34조【운항기술기준에 관한 경과조치】 이 법 시행 당시 종전의 「항공법」 제74조의2에 따라 고시한 운항기술기준은 제77조 제1항에 따라 고시한 운항기술기준으로 본다.

제35조【공역 및 비행제한 등에 관한 경과조치】 ① 이 법 시행 당시 종전의 「항공법」 제38조 제2항 및 제3항에 따라 지정·공고된 공역은 제78조 제1항 및 제2항에 따라 지정·공고된 것으로 본다.

② 이 법 시행 당시 종전의 「항공법」 제38조의2에 따라 국토교통부장관이 공고한 비행의 방식과 절차는 제79조에 따라 국토교통부장관이 공고한 것으로 본다.

③ 이 법 시행 당시 종전의 「항공법」 제38조의2제2항 단서에 따라 받은 허가는 제79조 제2항 단서에 따라 받은 허가로 본다.

제36조【공역위원회 설치에 관한 경과조치】 이 법 시행 당시 종전의 「항공법」 제38조의3에 따라 설치된 공역위원회는 제80조에 따라 설치된 것으로 본다.

제37조【항공교통업무증명에 관한 경과조치】 이 법 시행 당시 항공교통업무를 제공하는 국토교통부장관 외의 자는 제85조 제1항에 따라 이 법 시행 후 2년 이내에 항공교통업무증명을 받아야 한다.

제38조【운항증명 등에 관한 경과조치】 ① 이 법 시행 당시 종전의 「항공법」 제115조의2제1항 및 제2항(제134조 제3항에서 준용하는 경우를 포함한다)에 따른 운항증명 및 운영기준은 제90조 제1항 및 제2항(제96조 제1항에서 준용하는 경우를 포함한다)에 따른 운항증명 및 운영기준으로 본다.

② 법률 제9780호 항공법 일부개정법률 시행 당시 종전의 규정에 따라 정기항공운송사업자 또는 부정기항공운송사업자가 받은 운항증명은 제90조 제1항에 따라 받은 운항증명으로 본다.

제39조【운항규정 및 정비규정에 관한 경과조치】 이 법 시행 당시 종전의 「항공법」 제116조 제1항(제132조 제3항 및 제134조 제3항에서 준용하는 경우를 포함한다)에 따라 국토교통부장관에게 신고하였거나 인가를 받은 운항규정 및 정비규정은 제93조(제96조 제2항에서 준용하는 경우를 포함한다)에 따라 신고하거나 인가를 받은 운항규정 및 정비규정으로 본다.

제40조【정비조직인증에 관한 경과조치】 이 법 시행 당시 종전의 「항공법」 제138조 제1항에 따라 정비조직인증을 받은 자(법률 제7024호 항공법중개정법률 부칙 제6조 제2항에 따라 정비조직인증을 받은 것으로 보는 자를 포함한다)는 제97조 제1항에 따라 정비조직인증을 받은 것으로 본다.

제41조【외국항공기의 항행허가에 관한 경과조치】 이 법 시행 당시 종전의 「항공법」 제144조 제1항에 따라 허가를 받은 자는 제100조 제1항에 따라 허가를 받은 것으로 본다.

제42조【외국항공기의 국내 사용에 관한 경과조치】 이 법 시행 당시 종전의 「항공법」 제145조 단서에 따라 허가를 받은 항공기는 제101조 단서에 따라 허가를 받은 것으로 본다.

제43조【외국인 국제항공운송사업자에 대한 운항증명승인에 관한 경과조치】 이 법 시행 당시 종전의 「항공법」 제147조 제1항에 따라 허가를 받은 자는 제103조 제1항에 따라 운항증명승인을 받은 것으로 본다.

제44조【외국항공기의 유상운송에 대한 운항안전성 검사에 관한 경과조치】 이 법 시행 당시 종전의 「항공법」 제148조 제1항에 따라 허가를 받은 자는 제107조에 따라 운항안전성 검사를 받은 것으로 본다.

제45조【경량항공기 안전성인증에 관한 경과조치】 이 법 시행 당시 종전의 「항공법」 제24조 제2항에 따라 안전성인증을 받은 경량항공기는 제108조 제1항에 따라 안전성인증을 받은 것으로 본다.

제46조【경량항공기 정비 확인에 관한 경과조치】 이 법 시행 당시 종전의 「항공법」 제24조 제4항에 따라 경량항공기, 장비품 또는 부품의 정비에 대하여 확인을 받은 경량항공기 소유자 또는 경량항공기를 사용하여 비행하려는 사람(법률 제12256호 항공법 일부개정법률 부칙 제10조에 따라 정비 확인을 받은 것으로 보는 사람을 포함한다)은 제108조 제4항에 따라 정비 확인을 받은 것으로 본다.

제47조【경량항공기 조종교육증명을 받은 자에 대한 교육에 관한 경과조치】 이 법 시행 당시 종전의 「항공법」 제24조 제9항에서 준용하는 제34조에 따라 경량항공기 조종교육증명을 받은 사람은 제115조 제2항에 따라 이 법 시행 후 1년 이내에 교육을 받아야 한다.

제48조【경량항공기 이륙·착륙의 장소 및 초경량비행장치의 비행승인에 관한 경과조치】 ① 이 법 시행 당시 종전의 「항공법」 제53조 제2항 단서에 따라 받은 허가는 제118조 제1항 단서에 따라 받은 허가로 본다.
② 이 법 시행 당시 종전의 「항공법」 제23조 제2항에 따라 받은 초경량비행장치 비행승인은 제127조 제2항에 따라 받은 초경량비행장치 비행승인으로 본다.

제49조【초경량비행장치의 안전성인증에 관한 경과조치】 이 법 시행 당시 종전의 「항공법」 제23조 제4항에 따라 안전성인증을 받은 초경량비행장치는 제124조에 따라 안전성인증을 받은 것으로 본다.

제50조【초경량비행장치 전문교육기관 지정에 관한 경과조치】 이 법 시행 당시 종전의 「항공법」 제23조 제6항에 따라 지정받은 초경량비행장치 전문교육기관은 제126조 제1항에 따라 지정받은 초경량비행장치 전문교육기관으로 본다.

제51조【초경량비행장치 비행제한공역에 관한 경과조치】 이 법 시행 당시 종전의 「항공법」 제23조 제2항에 따라 국토교통부장관이 고시한 초경량비행장치 비행제한공역은 제127조 제1항에 따라 고시한 초경량비행장치 비행제한공역으로 본다.

제52조【행정처분 및 과징금에 관한 경과조치】 이 법 시행 전의 위반행위에 대한 행정처분 및 과징금에 관하여는 종전의 「항공법」에 따른다.

제53조【벌칙 및 과태료에 관한 경과조치】 이 법 시행 전의 행위에 대하여 벌칙 및 과태료를 적용할 때에는 종전의 「항공법」에 따른다.

제54조【다른 법률의 개정】 ① 공무원범죄에 관한 몰수 특례법 일부를 다음과 같이 개정한다.
제28조 중 "「항공법」"을 "「항공안전법」"으로 한다.
② 공중 등 협박목적 및 대량살상무기확산을 위한 자금조달행위의 금지에 관한 법률 일부를 다음과 같이 개정한다.
제2조 제1호나목(1)부터 (3)까지 외의 부분 중 "「항공법」 제2조 제1호"를 "「항공안전법」 제2조 제1호"로

한다.
③ 공항소음 방지 및 소음대책지역 지원에 관한 법률 일부를 다음과 같이 개정한다.
제2조 제3호 중 "「항공법」 제2조 제1호"를 "「항공안전법」 제2조 제1호"로 한다.
제17조 제1항 중 "「항공법」 제3조"를 "「항공안전법」 제7조"로 한다.
④ 교통안전법 일부를 다음과 같이 개정한다.
제2조 제1호다목 중 "「항공법」"을 "「항공안전법」"으로 한다.
⑤ 교통약자의 이동편의 증진법 일부를 다음과 같이 개정한다.
제2조 제2호라목 중 "「항공법」 제2조 제1호"를 "「항공안전법」 제2조 제1호"로 한다.
⑥ 국세징수법 일부를 다음과 같이 개정한다.
제46조 제1항 전단 중 "「항공법」"을 "「항공안전법」"으로 한다.
⑦ 군용항공기 비행안전성 인증에 관한 법률 일부를 다음과 같이 개정한다.
제14조의 제목 중 "「항공법」"을 "「항공안전법」"으로 하고, 같은 조 중 "「항공법」제17조"를 "「항공안전법」 제20조"로, "같은 법 제17조의2에 따라 형식증명 승인"을 "같은 법 제21조에 따라 형식증명승인"으로 한다.
⑧ 군용항공기 운용 등에 관한 법률 일부를 다음과 같이 개정한다.
제3조 제1항 단서 중 "「항공법」"을 "「항공안전법」"으로 한다.
제4조 제1항 본문 중 "「항공법」제38조 제2항 제3호"를 "「항공안전법」 제78조 제1항 제3호"로 하고, 같은 조 제2항 중 "「항공법」제38조 제2항 제4호"를 "「항공안전법」 제78조 제1항 제4호"로 한다.
제6조 제4항 제2호 중 "「항공법」"을 "「항공안전법」"으로 한다.
제8조 제1항 단서 중 "「항공법」 제34조의2"를 "「항공안전법」 제45조"로 하고, 같은 조 제2항 중 "「항공법」"을 "「항공안전법」"으로 한다.
법률 제13774호 군용항공기 운용 등에 관한 법률 일부개정법률 제9조의2제2항 전단 중 "「항공법」 제54조 제2항 제4호"를 "「항공안전법」 제67조 제2항 제4호"로 한다.
제10조 제1항 각 호 외의 부분 전단 중 "「항공법」"을 "「항공안전법」"으로 한다.
⑨ 기상법 일부를 다음과 같이 개정한다.
제9조 제1항 제2호 중 "「항공법」 제40조"를 "「항공안전법」 제51조"로 한다.
⑩ 마약류 불법거래 방지에 관한 특례법 일부를 다음과 같이 개정한다.
제38조 중 "「항공법」"을 "「항공안전법」"으로 한다.
⑪ 물류정책기본법 일부를 다음과 같이 개정한다.
제44조 제2호, 제3호 및 제4호 중 "「항공법」"을 각각 "「항공사업법」, 「항공안전법」, 「공항시설법」"으로 한다.
⑫ 불법정치자금 등의 몰수에 관한 특례법 일부를 다음과 같이 개정한다.
제27조 중 "「항공법」"을 "「항공안전법」"으로 한다.
⑬ 산업표준화법 일부를 다음과 같이 개정한다.
제26조 제18호 중 "「항공법」 제20조의2"를 "「항공안전법」 제28조"로 한다.

⑭ 여신전문금융업법 일부를 다음과 같이 개정한다.
제33조 제2항 중 "「항공법」 제6조"를 "「항공안전법」 제10조"로 한다.
⑮ 응급의료에 관한 법률 일부를 다음과 같이 개정한다.
제14조 제1항 제9호 중 "「항공법」 제2조 제4호 및 제5호"를 "「항공안전법」 제2조 제14호 및 제17호"로 한다.
제47조의2제1항 제3호 중 "「항공법」 제2조 제1호"를 "「항공안전법」 제2조 제1호"로 한다.
〈16〉 자동차 등 특정동산 저당법 일부를 다음과 같이 개정한다.
제3조 제4호 중 "「항공법」"을 "「항공안전법」"으로 한다.
제5조 제1항 제6호 중 "「항공법」 제8조 제1항(같은 법 제24조 제9항에서 준용하는 경우를 포함한다)"을 "「항공안전법」 제11조 제1항(같은 법 제121조 제1항에서 준용하는 경우를 포함한다)"으로 한다.
제6조 제4호 가목 중 "「항공법」 제12조 제1항 제3호(같은 법 제24조 제9항에서 준용하는 경우를 포함한다)"를 "「항공안전법」 제15조 제1항 제3호(같은 법 제121조 제1항에서 준용하는 경우를 포함한다)"로 한다.
제6조 제4호 나목 중 "「항공법」 제12조 제2항(같은 법 제24조 제9항에서 준용하는 경우를 포함한다)"을 "「항공안전법」 제15조 제2항(같은 법 제121조 제1항에서 준용하는 경우를 포함한다)"으로 한다.
제7조 제5항 중 "「항공법」 제12조 제1항 제3호(같은 법 제24조 제9항에서 준용하는 경우를 포함한다)"를 "「항공안전법」 제15조 제1항 제3호(같은 법 제121조 제1항에서 준용하는 경우를 포함한다)"로 한다.
〈17〉 전파법 일부를 다음과 같이 개정한다.
제20조 제2항 제3호 중 "「항공법」 제145조 단서 및 제148조"를 "「항공안전법」 제101조 단서 및 「항공사업법」 제55조"로 한다.
법률 제13588호 전파법 일부개정법률 제22조 제2항 중 "「항공법」"을 "「항공안전법」"으로 한다.
〈18〉 지방세법 일부를 다음과 같이 개정한다.
제7조 제2항 본문 중 "「항공법」"을 "「항공안전법」"으로 한다.
제12조 제1항 제4호가목 중 "「항공법」 제3조 단서"를 "「항공안전법」 제7조 단서"로 한다.
제108조 제5호 중 "「항공법」"을 "「항공안전법」"으로 한다.
〈19〉 한국공항공사법 일부를 다음과 같이 개정한다.
제9조 제1항 제1호의2 중 "「항공법」 제2조 제4호"를 "「항공안전법」 제2조 제14호"로 한다.
〈20〉 항공보안법 일부를 다음과 같이 개정한다.
제23조 제1항 제5호 중 "「항공법」 제61조의2"를 "「항공안전법」 제73조"로 한다.
제39조 제1항 중 "「항공법」 제157조 제1항"을 "「항공안전법」 제138조 제1항"으로 한다.
제41조 중 "「항공법」 제156조"를 "「항공안전법」 제140조"로 한다.
〈21〉 항공안전기술원법 일부를 다음과 같이 개정한다.
제6조 제1호 중 "「항공법」 제15조 제8항"을 "「항공안전법」 제23조 제8항"으로 한다.
제6조 제2호 중 "「항공법」 제17조, 제17조의2, 제17조의3, 제20조, 제20조의2, 제23조 제4항, 제24조 제2항 및 제80조의2"를 "「항공안전법」 제20조, 제21조, 제22조, 제27조, 제28조, 제108조 제1항, 제124

조 및 「공항시설법」 제52조"로 한다.

〈22〉 항공우주산업개발 촉진법 일부를 다음과 같이 개정한다.

제2조 제1호 중 "「항공법」에 의한 항공기"를 "「항공안전법」 제2조 제1호에 따른 항공기"로 한다.

제11조 제2항 후단을 다음과 같이 한다.

이 경우 국토교통부장관은 특별한 사유가 없으면 「항공안전법」 제23조 제3항 제2호에 따른 특별감항증명을 하여야 한다.

〈23〉 항공·철도 사고조사에 관한 법률 일부를 다음과 같이 개정한다.

제2조 제1항 제1호 및 제2호를 각각 다음과 같이 한다.

1. "항공사고"란 「항공안전법」 제2조 제6호에 따른 항공기사고, 같은 조 제7호에 따른 경량항공기사고 및 같은 조 제8호에 따른 초경량비행장치사고를 말한다.
2. "항공기준사고"란 「항공안전법」 제2조 제9호에 따른 항공기준사고를 말한다.

제2조 제2항 중 "「항공법」"을 "「항공사업법」·「항공안전법」·「공항시설법」"으로 한다.

제3조 제2항 각 호 외의 부분 중 "「항공법」 제2조 제2호"를 "「항공안전법」 제2조 제4호"로 하고, 같은 조 제3항 중 "「항공법」 제2조의3"을 "「항공안전법」 제3조"로 한다.

제17조 제1항 본문 중 "「항공법」 제50조 제5항 단서"를 "「항공안전법」 제62조 제5항 단서"로 하고, 같은 항 단서 중 "「항공법」 제2조 제2호"를 "「항공안전법」 제2조 제4호"로 한다.

제55조 【다른 법령과의 관계】 이 법 시행 당시 다른 법령에서 종전의 「항공법」 또는 그 규정을 인용하고 있는 경우 이 법 중 그에 해당하는 규정이 있는 경우에는 종전의 「항공법」 또는 그 규정을 갈음하여 이 법 또는 이 법의 해당 조항을 인용한 것으로 본다.

부 칙[제14551호, 2017.1.17.]

제1조 【시행일】 이 법은 2017년 3월 30일부터 시행한다. 다만, 제71조 제5항 제2호·제3호, 제135조 제8항, 제137조 제2호, 제148조, 제149조 제1항, 제150조 및 제151조의 개정규정은 공포 후 6개월이 경과한 날부터 시행한다.

제2조 【포장·용기검사기관의 지정 취소 등에 관한 적용례】 제71조 제5항 제2호의 개정규정은 같은 개정규정 시행 후 최초로 포장·용기검사기관이 하는 위험물의 포장 및 용기에 관한 검사부터 적용한다.

부 칙[제14872호, 2017.8.9.]

이 법은 공포 후 3개월이 경과한 날부터 시행한다.

부 칙[제14939호(한국교통안전공단법), 2017.10.24.]

제1조 【시행일】 이 법은 2018년 1월 1일부터 시행한다.

제2조 생략

제3조 【다른 법률의 개정】 ①부터 ⑩까지 생략

⑪ 법률 제14872호 항공안전법 일부개정법률 일부를 다음과 같이 개정한다.

제135조 제5항 각 호 외의 부분 중 "「교통안전공단법」에 따른 교통안전공단(이하 "교통안전공단"이라 한다)"을 "「한국교통안전공단법」에 따른 한국교통안전공단(이하 "한국교통안전공단"이라 한다)"으로 하고, 같은 조 제7항 중 "교통안전공단"을 "한국교통안전공단"으로 한다.

⑫ 생략

부 칙[제14955호, 2017.10.24.]

제1조 【시행일】 이 법은 공포 후 6개월이 경과한 날부터 시행한다.

제2조 【조종교육증명에 관한 경과조치】 ① 이 법 시행 당시 제37조에 따라 항공기의 종류 및 등급한정을 받은 운송용 조종사 또는 사업용 조종사로서 종전의 제44조에 따라 조종교육증명을 받은 사람은 제44조 제2항의 개정규정에 따라 그 항공기의 종류별·등급별로 조종교육증명을 받은 것으로 본다.

② 이 법 시행 당시 종전의 제44조에 따라 조종교육증명을 받은 사람은 이 법 시행 후 1년 이내에 조종교육증명을 재교부받아야 한다.

제3조 【전문교육기관 지정에 관한 경과조치】 ① 이 법 시행 당시 종전의 규정에 따라 국토교통부장관으로부터 전문교육기관의 지정을 받은 전문교육기관은 이 법에 따라 전문교육기관의 지정을 받은 것으로 본다. 다만, 해당 전문교육기관은 이 법 시행 후 6개월까지 제48조 제3항의 개정규정에 따른 훈련운영기준을 발급받아야 한다.

② 이 법 시행 당시 전문교육기관으로 지정받지 아니하고 제35조 제1호부터 제4호까지의 항공종사자를 양성하고 있는 경우에는 이 법 시행 후 1년까지 이 법에 따른 기준을 갖추어 전문교육기관으로 지정받아야 한다.

부 칙[제15326호, 2017.12.26.]

제1조 【시행일】 이 법은 공포 후 6개월이 경과한 날부터 시행한다.

제2조 【다른 법률의 개정】 항공안전기술원법 일부를 다음과 같이 개정한다.

제6조 제1호 중 "제23조 제8항"을 "제23조 제9항"으로 한다.

별표 / 서식

[별표] 자격증명별 업무범위(제36조 제1항 관련)

자격	업무 범위
운송용 조종사	항공기에 탑승하여 다음 각 호의 행위를 하는 것 1. 사업용 조종사의 자격을 가진 사람이 할 수 있는 행위 2. 항공운송사업의 목적을 위하여 사용하는 항공기를 조종하는 행위
사업용 조종사	항공기에 탑승하여 다음 각 호의 행위를 하는 것 1. 자가용 조종사의 자격을 가진 사람이 할 수 있는 행위 2. 무상으로 운항하는 항공기를 보수를 받고 조종하는 행위 3. 항공기사용사업에 사용하는 항공기를 조종하는 행위 4. 항공운송사업에 사용하는 항공기(1명의 조종사가 필요한 항공기만 해당한다)를 조종하는 행위 5. 기장 외의 조종사로서 항공운송사업에 사용하는 항공기를 조종하는 행위
자가용 조종사	무상으로 운항하는 항공기를 보수를 받지 아니하고 조종하는 행위
부조종사	비행기에 탑승하여 다음 각 호의 행위를 하는 것 1. 자가용 조종사의 자격을 가진 사람이 할 수 있는 행위 2. 기장 외의 조종사로서 비행기를 조종하는 행위
항공사	항공기에 탑승하여 그 위치 및 항로의 측정과 항공상의 자료를 산출하는 행위
항공기관사	항공기에 탑승하여 발동기 및 기체를 취급하는 행위(조종장치의 조작은 제외한다)
항공교통관제사	항공교통의 안전·신속 및 질서를 유지하기 위하여 항공기 운항을 관제하는 행위
항공정비사	다음 각 호의 행위를 하는 것 1. 제32조 제1항에 따라 정비등을 한 항공기등, 장비품 또는 부품에 대하여 감항성을 확인하는 행위 2. 제108조 제4항에 따라 정비를 한 경량항공기 또는 그 장비품·부품에 대하여 안전하게 운용할 수 있음을 확인하는 행위
운항관리사	항공운송사업에 사용되는 항공기 또는 국외운항항공기의 운항에 필요한 다음 각 호의 사항을 확인하는 행위 1. 비행계획의 작성 및 변경 2. 항공기 연료 소비량의 산출 3. 항공기 운항의 통제 및 감시

저자소개

권희춘

kwonheechoon@gmail.com

- 전국 LUG(Linux User Group) 자문교수
- 수원시 정보과학축제 운영위원
- 기상청 외국인 ICT과정 전담교수
- 지식경제부 NEP/GS 포상위원회 위원
- (사)한국전자출판협회 전자출판 교육센터장 및 이사
- (사)경기정보산업협회 정보기술교육원장
- 수원여자대학 교수
- 한양사이버대학원 IT-MBA과정 교수
- (사)한국창의과학교육협회 상임이사 : (2011.2 ~ 현재)
- (사)한국IT융합산업진흥원 부원장(2010 ~ 현재)
- (사)한국인지과학산업협회 사무총장(2014 ~ 현재)
- (사)한국창의과학진흥협회 회장(2018 ~ 현재)
- 경찰대학 치안정책과정 교수
- 경찰대학 명예경찰관 경위
- 경찰대학 자문위원
- 서울지방경찰청 스마트 치안자문단(드론)
- 초경량 비행장치 무인멀티콥터 조종자, 지도조종자(교관)

최준호

enproffe@naver.com

- 서울공업고등학교 전자과 졸업
- 성균관대학교 전자공학과 졸업
- 국가기술자격 기술사외 16종
- LG전자 기술연구소 선임연구원
- 국내외 특허실용신안 26건
- 전자응용 기술사(한국기술사회)
- 국제 기술사(APEC, EMF-IRPE)
- 원자력발전소 정비기술자문
- 산업인력관리공단 기술위원
- 드론 카페매니저(1976년 UC~, 1980년 RC ~, RC조종 경력 39년)

정가 25,000원

하늘의 눈 드론학

2020년 1월 10일 초판 인쇄
2020년 1월 20일 초판 발행
저　자 : 권희춘 · 최준호
발행자 : 송　준
발행처 : 홍릉과학출판사
주　소 : 서울시 강북구 인수봉로 50길 10
01093
등　록 : 1976년 10월 21일 제5-66호
전　화 : (02) 999-2274~5, 903-7037
팩　스 : (02) 905-6729
e-mail: hongpub@hongpub.co.kr
http://www.hongpub.co.kr
ISBN: 979-11-5600-710-4